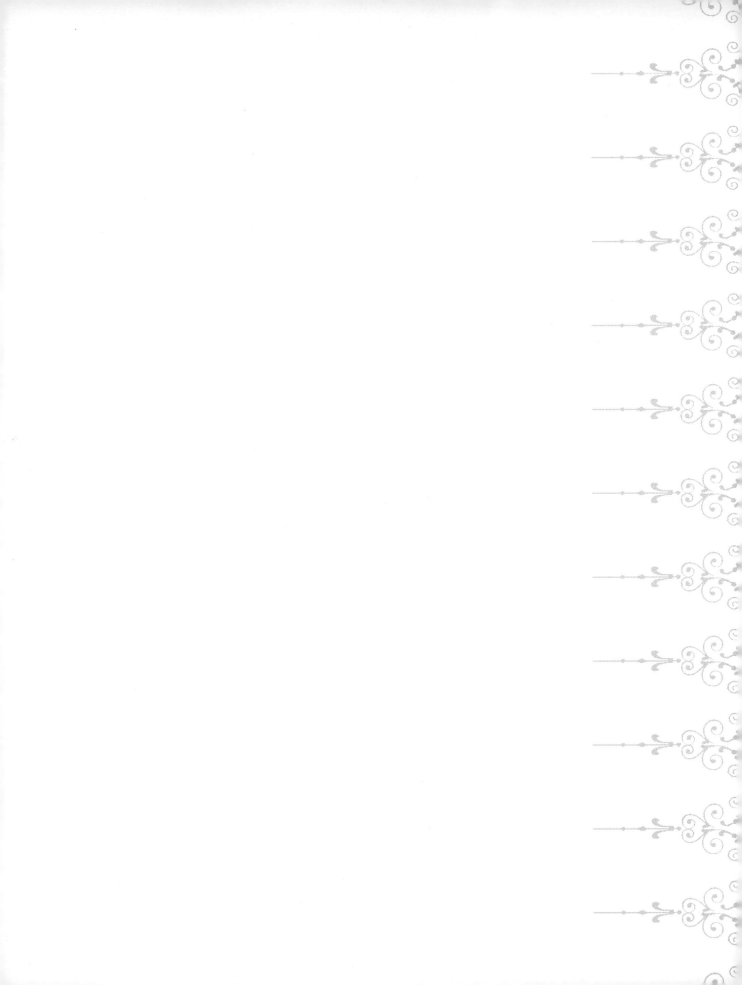

甜點之王
法式烘焙聖經

甜點之王
法式烘焙聖經

作者——賈奇・菲佛 Jacquy Pfeiffer　瑪莎・蘿絲薛曼 Martha Rose Shulman
譯者——妞仔（黃宜貞）

甜點之王法式烘焙聖經

原文書名　The Art of French Pastry
作　　者　賈奇‧菲佛（Jacquy Pfeiffer）、瑪莎‧蘿絲薛曼（Martha Rose Shulman）
譯　　者　妞仔（黃宜貞）

總 編 輯　王秀婷
主　　編　廖怡茜
責任編輯　李　華
版　　權　向艷宇
行銷業務　黃明雪、陳彥儒

發 行 人　涂玉雲
出　　版　積木文化
　　　　　104台北市民生東路二段141號11樓
　　　　　電話：(02) 2500-7696｜傳真：(02) 2500-1953
　　　　　官方部落格：www.cubepress.com.tw
　　　　　讀者服務信箱：service_cube@hmg.com.tw
發　　行　英屬蓋曼群島商家庭傳媒股份有限公司城邦分公司
　　　　　台北市民生東路二段141號2樓
　　　　　讀者服務專線：(02)25007718-9｜24小時傳真專線：(02)25001990-1
　　　　　服務時間：週一至週五09:30-12:00、13:30-17:00
　　　　　郵撥：19863813｜戶名：書虫股份有限公司
　　　　　網站：城邦讀書花園｜網址：www.cite.com.tw
香港發行所　城邦（香港）出版集團有限公司
　　　　　香港灣仔駱克道193號東超商業中心1樓
　　　　　電話：+852-25086231｜傳真：+852-25789337
　　　　　電子信箱：hkcite@biznetvigator.com
馬新發行所　城邦（馬新）出版集團 Cite（M）Sdn Bhd
　　　　　41, Jalan Radin Anum, Bandar Baru Sri Petaling, 57000 Kuala Lumpur, Malaysia.
　　　　　電話：(603) 90578822｜傳真：(603) 90576622
　　　　　電子信箱：cite@cite.com.my

製版印刷　上晴彩色印刷製版有限公司
封面設計　曲文瑩
內頁排版　菩薩蠻電腦科技有限公司

2017年 5月23日 初版一刷
售　價／NT$1500
ISBN　978-986-459-082-7

Printed in Taiwan.

有著作權‧翻印必究

城邦讀書花園
www.cite.com.tw

國家圖書館出版品預行編目資料

甜點之王法式烘焙聖經 / 賈奇.菲佛(Jacquy
Pfeiffer), 瑪莎.蘿絲薛曼(Martha Rose Shulman)
著；黃宜貞譯. -- 初版. -- 臺北市：積木文化出版：
家庭傳媒城邦分公司發行, 2017.05
　　面；　公分. -- (食之華；24)
譯自：The art of French pastry
ISBN 978-986-459-082-7(精裝)

1.點心食譜 2.法國

427.16　　　　　　　　　　　　106001118

封面圖攝影：Paul Strabbing

獻給我的妹妹 *Nathalie*

目錄

甜點人生

父親的糕餅鋪位於阿爾薩斯（Alsatian）一個名為馬勒海姆（Marlenheim）的小鎮上。我在那兒長大，我的床就在烤爐的正上方，冬天舒適暖和，但是夏季炎熱的夜晚就煎熬了。自有記憶以來，每天早上現烤麵包的撲鼻香氣，是唯一叫得醒我的鬧鐘。父親的一日作息與所有傳統六、七〇年代法國糕餅師傅一樣——從午夜醒來工作到隔天中午，午飯後從下午一點睡到四點，然後再從九點睡到午夜，接著起床照料打理麵團……。母親負責照顧店裡，每天早晨五點開始準備，準時六點開門營業，迎接早就排起長龍隊伍的顧客們，一直到晚間七點打烊。

我的母親很熟悉顧客們的喜好——誰偏愛烤得不那麼上色的麵包，誰卻喜歡焦糖色的麵包，她全牢記在心。哪位顧客習慣購買可頌、一次都買幾個；記得要預留咕咕霍夫麵包給鄰居，或保留六顆肉桂卷給另一位客人……。阿爾薩斯人對吃很講究，一位成功的糕餅師傅一定要能夠照顧客人的各別好惡，因為一旦客人感到不滿意，就算不會公開抱怨，卻絕對不會再來光顧！我那身材嬌小的母親，整天熱情活潑地在一筆又一筆的訂單間打轉，她在收銀機旁放有一本記帳用的小筆記本，她結帳的速度非常快。在我十四歲的某一個星期六，一向在店裡幫忙的姊姊因故告假，只好由我上場代打。我那時天真的認為，算錢、收錢會有多難呢？但母親卻對我露出頗具深意的微笑，因為客人對我們的期待可是一點都不低。那天我親身體驗到他們從我肩膀後方投射過來的熱切眼神，盯著我算錢（好險我的算術還不錯）。一個早上下來，壓力大得我懇求母親以後別再叫我幫忙了，「我願意刷地板，清洗鍋盆，或幫忙父親做廚房裡的任何事，但是，不要再讓我面對顧客了！」她則得意地說：「現在你知道我每天過的是什麼生活了！」

放學後、週末或休假時，我和兄弟姊妹們都會被要求到店裡幫忙，我們總是竭盡所能到處躲，逃去附近的山丘、庭院或農場改建的穀倉裡玩耍，但是最終都會被父母找到。父親十分嚴厲、廚房裡永遠都需要幫手，待辦工作永遠不會結束——將烤盤抹油、清洗烤模、製作香頌派

（chaussons）需要削大量的蘋果，黃香李（mirabelles）或紫香李（quetsches）等著切塊被做成水果塔。每週四父親會做一次塔皮薄脆的洋蔥鹹塔（tartes à l'oignon d'Alsace），這代表著有一大堆的洋蔥需要剝皮，母親會把它們切成絲再以奶油炒香。有時，我會被指定幫忙為酥皮小塔殼（vol au vents）塗上色蛋液，那可是件相當重要的工作，因為如果塗太多，很容易造成小塔殼無法膨脹長高。

每當歲末將近，我們就得開始為成千上百的聖誕節餅乾忙碌，全家族的人會聚在一起一邊工作一邊聆聽 Edith Piaf、Charles Trenet、Maurice Chevalier 等幾位五、六〇年代法國歌星的專輯，一遍又一遍。如今再聽到這些歌曲時總讓我心生懷念，但當時我的感受可真是生不如死。如果學校放假，而父親的助手又湊巧翹班，那麼我會在半夜被叫醒，幫他秤出一份份 350 克重的麵團，好製作法國棍子麵包（baguettes）和巴塔麵包（batards）——這兩種麵包在法國有明確的法令規定重量，多一克少一克都不行。由於缺乏經驗，在秤重時，麵團老是黏在手上與我難分難捨，看著父親身手敏捷的整形麵團，我總覺得狼狽又挫折。

那間我父母只靠著 250 法郎（相當於 50 美元），血汗交織一手建立起來的糕餅鋪，對我來說也不全然只有痛苦回憶，因為我一直都很喜歡動手做東西。放學後，我不是在踢足球、跟哥哥姊姊一起參加活動，就是照料從穀倉救出的受傷小動物，除此之外，大多的課餘時間我都是在烹飪。

我會向母親要一些剩下的麵團，趁著父親在午睡的時間，興致高昂地花好幾小時捏造型或發明創意料理。然後將這些作品送進雖然已經熄火、但熱度仍可以維持好一陣子的磚造烤窯裡烘烤。我實在是太喜歡捏塑東西了，母親因此會特地將包裹在巴比貝爾起司（Babybel cheese）外面的紅色蠟塊蒐集起來留給我，蠟塊在我手裡變身為朵朵玫瑰花，天天玩都不會膩。

我一路看著父親的生意漸漸茁壯，慢慢了解到，只要努力工作以及堅守原則，身為手藝人也能有好生活（阿爾薩斯人很龜毛，原則一大堆）。父親常常告誡我，不要走食品相關行業，實在太辛苦了，然而我知道他其實偷偷希望我有朝一日能繼承糕餅鋪。但我想學更複雜的手藝，例如甜點。於是我請父親幫忙打聽哪位糕餅師傅有招收學徒。

父親算是我甜點之路的啟蒙老師，雖然他是一名傳統「糕餅師傅」（boulanger）而不是「甜點師」（pâtissier），但是他也製作閃電泡芙、千層酥、餅乾跟蛋糕。阿爾薩斯是個守舊的地方，數百年以來糕餅師傅們遵循著日曆上的節慶，生產著重複的應景品項。舉凡我們村莊裡的慶生活動、基督徒的聖餐儀式（first communion）、結業式或結婚典禮，都表示父親的糕餅鋪會跟著忙

碎。父親也能做出水準之上的海綿蛋糕搭配美味的巧克力、咖啡或香草口味的奶油糖霜（butter cream，在那個年代很流行），然後在蛋糕上以古典蕾絲擠花裝飾。如果村莊裡有人結婚，他就等著接到三十、四十或五十份蛋糕的訂單；傳統上，當家裡有人結婚，父母長輩必須準備有夾餡和裝飾的蛋糕作為謝禮，贈送給前來觀禮的賓客。

這時，兄弟姊妹們往往要花上好幾個小時幫忙把海綿蛋糕切片、刷塗加有櫻桃白蘭地的糖酒液，接著夾入奶油糖霜餡。父親負責為蛋糕包上翻糖或杏仁膏，在側面黏上烤過的杏仁片，最後在蛋糕表面擠花裝飾。在開始當甜點學徒之後，我依然會在週末回家幫忙，或在一些繁忙的節慶期間，利用每天下班時間幫忙。那時我已經能夠做擠花裝飾了，而幫父親裝飾難以計數的蛋糕，也大大磨練了我的擠花技術。

從我下定決心當一名甜點學徒，到能在蛋糕上擠出美麗的蕾絲花，經過了一段非常艱苦的路程。我受訓的地方在史特拉斯堡（Strasbourg），距離我家二十公里遠，老闆約翰‧克勞斯（Jean Clauss）是一位甜點達人、一位好老師，但同時也是一個酒鬼。1976 年 9 月，當我這僅僅十五歲的鄉下男孩走進他的店鋪大門後，命運就此大不同。在本書裡，你會陸續讀到一些悲慘的故事，期間我不只一次燃起了放棄的念頭，但我的目標很堅定，也深知在當學徒期間穩紮穩打從基層學

起，對於未來的甜點生涯有著關鍵性的影響。我常常對自己精神喊話，告訴自己若半途而廢，一定沒有好下場，而且將再也沒臉見父親。

我最終沒有被嚴格的訓練打倒，反而因此激盪出更多火花，在美好的甜點世界一路向前。後來我在阿爾薩斯一家大型糕餅鋪裡工作，服兵役期間更擔任法國海軍的甜點師（除了法國，還有哪個國家的軍隊會派甜點師駐守非洲海岸呢？）由於這些嚇人的工作經驗，我的甜點大門一扇又一扇地打開。

1991 年我移居美國芝加哥，負責主持費爾蒙特飯店（Hotel Fairmont）的甜點部門，清楚感受到了「教學」才是我的天職。某種程度上來說，我在二十三歲時的第一份海外工作其實也是教學。那時我到沙烏地阿拉伯擔任甜點主廚，到職時才發現我的團隊分別是由來自菲律賓、印度、孟加拉、斯里蘭卡、巴基斯坦等地三十五位完全沒有甜點經驗的人員所組成。那份工作十分艱難，但是我一向熱愛挑戰，也正因如此，我才會無可自拔愛著甜點。後來我陸續在汶萊、香港、美國的帕羅奧圖（Palo Alto）及芝加哥工作，將一批又一批毫無相關經驗的人訓練成甜點製作員。接著在工作之餘，我開始在住處的閣樓，不是很正式地開辦一些巧克力課程。1995 年，我和事業夥伴塞巴斯汀（Sébastien Canonne）開設了「法式甜點學校」（French Pastry School），當時美國沒有這種學校，而目前我們的學校擁有很高的

聲譽與評價。

　　我以溫柔和善的方式培育對甜點有熱情的學生及眾多的甜點師（比我的老師友善多了），然而嚴格、高標準的要求也沒有少。在學習的初始階段，一定要幫學生打下穩固基礎，並激起對甜點專業的無限渴望，這是學生們是否能順利走下去的關鍵。近二十年來，我日日與學生接觸，傳授專業技藝，因此我很明白哪些技巧可能較有難度，需視為挑戰；而新手們可能會犯的錯誤，我也都能大致掌握。

　　一本好的食譜書，應該要像一位好老師，能達到鼓舞激勵之效，並幫助學生踏出正確的第一步。如果不了解烘焙背後的原理，很難真正學好烘焙。因此在本書中，我也會極力將每一種技法的原理解釋清楚。

　　本書讀來，猶如我親自站在你身後，看著你精確地秤取材料，不時叮嚀要靜待材料回到室溫再開始；擀開塔皮時是否施力過重；提醒你在哪個步驟該使用打蛋器而不是橡皮刮刀；看著你製作泡芙麵糊時，確實將麵粉加入液體中（而非倒過來）。除了伴隨時時提點與步驟裡不可或缺的細節，我還會分享許多甜點人生路上所發生的小故事。這本書將教你如何正確製作法式經典甜點，以及一些我從小吃到大，非常道地且美味的阿爾薩斯特色糕點。

　　在每一份食譜中，我都會仔細說明為什麼需要用到某些特定的食材；這樣的技術、操作手法何以能成功；並提醒你要留意哪些可能會出錯的環節；如果不幸真的出錯了，我會告訴你該怎麼挽救。這些文字或許看似冗長，卻都是成功的關鍵。我想給予大家的不僅僅是份能做出美麗海綿蛋糕或完美蘋果塔的食譜，還希望能教給你實在的背景知識與工藝之道。無論是要往專業領域發展或只是自家烘焙的熱愛者，製作甜點都需要抱持這樣認真的精神，這是甜點師的基本態度，我在學校也是這樣教導學生。隨著本書的教程，你的技術與能力一定會精進，人人都能期許自己成為傳統法式甜點工藝師。

法式烘焙的匠心

這絕對是一本「烘焙教科書」，其中仔細記載了我自小到大所習得的工藝技術，可說是我的私人工具書；我也以此套教程指導了上百位學生，希望你能藉由本書走進法式糕點的殿堂。書中的食譜皆設計成符合在家烘焙的條件，但你可以發現其中的知識涵量，遠遠多過其他寫給專業人士的食譜書，甚至比我在甜點學校傳授的還要豐富。有了這本書，你可以隨時參看查閱，每份食譜之中皆藏有許多實用教學，有如身歷甜點學校。本書不但能讓你學會製作傳統法式甜點，也能讓你的烹飪技能大大提升。

我相信即使是在家自學，也能練就所有的甜點工藝技術，只要具備以下兩項條件：這本書，以及你付出的耐心與毅力。本書將提供一切甜點製作的必要知識及正確的工具使用建議，請你以精確的方式操作食譜，加上不斷練習，一定就會有所收穫。

或許大家多少有學習樂器、打毛線或某項運動的經驗。如果光是靠看著樂譜或只練習一次曲目，絕對不可能擁有在觀眾面前演奏巴哈的實力。首先要先熟記樂譜，然後實際彈奏後，再一小段一小段地重複練習。如果是打毛線，一開始要先學會各種不同的針織手法及應用，並在正式挑戰織毛衣之前，嘗試先織一條圍巾。烘焙也是相同的道理——必須先學會準備泡芙麵糊及卡士達餡，並練習擠花，進而才有能力做出一份好的閃電泡芙。

大多數的烘焙技巧，不可能第一次嘗試就做得好，例如完美的擠出閃電泡芙麵糊；但是只要多加練習，雙手最終就能感受到訣竅。愈磨練，技巧就能愈精進，這正是工藝的迷人之處。為了減少起步時的挫折感，我將盡其所能地把所有注意事項都提點出來——我會告訴你擠花袋該怎麼拿，擠花嘴距離烤盤的距離和角度、在什麼時候該停止施力、最後要怎麼結束，才能避免留下小尖尾端。當你在執行食譜上遇到不清楚的地方，可隨時參考相關章節，必能解惑。

製作甜點多少要懂一點化學，烘焙的化學原理很重要，食材彼此之間的化學反應，關係著甜點的成敗。因此在捲起袖子做甜點前，沒有了解

這些基本原理，就如同在沒有任何機械概念之下，試著修車子。當了解技術與化學在烘焙上所扮演的角色之後，才能在操作食譜時百戰百勝。

我在本書中想要傳達的訊息（你可能會覺得我有點囉唆，但一再重複確實有其必要），就是我在課堂上一再強調的內容。我期盼這本書能激勵、幫助你成為一位真正的甜點工藝師。無論你計畫執業或單純為培養興趣，與這本書一同學習，你將會擁有許多滿意開心的顧客（或親友）。

如何使用本書

接下來的內容，尤其是第一章，都是按照程度循序漸進來安排的課程，在「法式烘焙的基礎與經典」之中，每一道食譜都是幾個世紀以來廣受喜愛的品項。學生們有時會想要跳躍式的學習或迫不及待發揮創造力，而我總是非常堅持他們必須先熟練經典的項目。學生必須能製作出傳統的可頌，才可以創造個人風格的可頌。如果沒有精通第一章裡的基礎技術，一定無法把第二章到第六章的經典食譜做好。因此我的建議是，先反覆練習第一章的食譜，直到上手，再繼續往下。第一章的每一份食譜最後，都會列出使用到相同技術的「相關食譜」，因此你可以在學習完第一章的技術後，依此決定要晉級實作哪個喜愛的甜點。

學習掌握時間，也是一門重要課題。每一道甜點的製作，都是一項專案計畫，只要執行得當，就能為賓客們帶來至高享受。不要在宴客當天，正忙著料理主菜、前菜跟配菜時，才臨時決定製作複雜的甜點，例如修女泡芙（104 頁）。修女泡芙的製作過程包括了：準備泡芙麵糊、卡士達餡和翻糖、填餡、沾裹翻糖、組合，最後以慕斯琳奶油餡（41 頁）擠花。像修女泡芙這樣的甜點，應抱著製作工藝品的心情來進行流程規劃。在長長的週末午後，事先將所需用到的工具全數取出排好，慢慢製作。如果甜點成功了，就拿去分送給親朋好友、鄰居或帶去聚會分享。若你真的想在家宴時以泡芙當作飯後甜點，那麼最好事先製作泡芙麵糊甚至烤好泡芙殼，然後冷凍起來。

書裡也有很多簡單又好吃的食譜，例如巴黎——布列斯特泡芙（101 頁）或第六章裡面的任何一款塔派食譜（派皮能預先做好備用）。無論你對哪一道食譜有興趣，在準備製作之前，請從頭到尾仔細地閱讀食譜兩次，自我評估是不是對於那份甜點的所有組成元素感到自信且能自在達成，最後才動手做。藉由這樣的方式，也能幫助你衡量，從開始到完成大概所需要花費的時間，才不至於在過程中產生壓力。有些甜點素材可以事先做好，冷凍保存，只要學會這個步驟，就可以在一週甚至一個月前從容做好半成品，需要時

快速地端出令人驚豔的甜點作品。一旦你能得心應手地駕馭基礎食譜之後，在經典食譜中遇到相同步驟時，就能熟練地直接動手操作。

秤量食材：重量與體積

每學期新生開學的第一週，我一定會跟學生強調秤量材料的重要性，學生們的反應總是非常有趣。精確的秤量食材，才能製作出水準一致的甜點。當他們得知在接下來的六個月裡，必須一一親自秤取所需的食材後，皆不可置信地面面相覷。有人顯得憂心，有人甚至會生氣，還有部分的學生，則是因為無法使用老奶奶傳承下來的古董秤量工具學習接下來的課程，感到非常失望。總有學生會很不滿地質問，材料若以秤量的方式計算，很難自由改變份量。我只能再三保證，秤重比較精確，在歐洲已經使用數個世紀了，而且也不是什麼難事。我會跟學生說：「你們美國人都能將人類送上月球了！我相信把食材放上磅秤，增一些或減一點，調整到正確的份量，應該也非難事才對。」

然後，我會拿出一個量杯（一邊在心中竊喜），在學生面前裝滿一杯麵粉，倒到秤上，並在黑板上寫下測得的數字，如 123 克。接著同樣的事再做一次，結果可能是 125 克。我總共會進行十次，得出的結果絕對不會有任何兩次相同，

屢試不爽。我以這個實驗向學生證明一件基本但重要的事：以杯或匙為測量工具，並不符合烘焙上所需要的精確度。只要不是用秤的，就會有誤差，而每次的成果不一致，在烘焙領域中是很致命的缺點。若你無法以精確的方式秤量食譜中建議的材料份量，就無法檢視該食譜的真正成果，唯有透過這種方式，才能保證每次都成功。

我知道很多人習慣用體積（杯、匙）來測量材料，若你認為差別不大，請務必實驗看看。麵粉或糖粉等粉類材料用量杯裝滿時，粉類的溼度、填裝時的緊實程度、在袋中保存了多久、過篩與否，還有不同量杯之間的誤差……，太多的因素造成次次都取用了不一樣的量。就算是液體材料，不同的人在目測讀取量杯上的刻度時，也都不盡相同。更別說量匙了，每次挖取的誤差大到驚人。

你知道 200 克的麵粉「大約」等於 1½ 杯＋1 大匙＋1¼ 小匙嗎？在本書的所有食譜中，你可以看到材料表中間欄有重量（克）份量，而最右欄有體積份量，若以前曾經是喜歡以體積來測取食材的人，這能幫助你對照多少份量的材料大致是幾克，以便盡快養成以公制重量秤量食材的習慣。如果你採用體積份量來測量食材，我無法保證食譜的成功。所以我有時故意在那一欄放上「略估」這樣的字眼，相信每一位專業的廚師都會同意這個論點。

以秤重的方式準備材料，其實也比較有效率，所以我要鄭重地建議各位開始使用一樣工具……，好啦，嚴格來說是兩樣——除了普通電子秤之外，還需要微量電子秤，用來秤取量少的食材如香料粉或鹽等。使用時，將碗或攪拌盆放在秤上，歸零後，倒入材料；無論是液體、固體、蛋、蘋果、堅果、麵粉或香料。你會發現，需要清洗的東西變少了，而且重點是，次次都會成功。這也是為什麼那些一開始頑固拒絕秤量食材的學生們，試了幾次後都紛紛被電子秤收服了。

烘焙小叮嚀

在製作甜點的所有步驟中，最微妙的當屬「放進烤箱裡烘烤」這個關鍵階段。營業烘焙通常使用多層的對流恆溫烤箱，和家用烤箱大不相同，而書中的食譜都經過家用烤箱的測試。本書的共同作者瑪莎（Martha Rose Shulman）家裡的烤箱是古董 Wedgwood 瓦斯烤箱，而我家裡的是 KitchenAid 電烤箱。雖然我也偏好瓦斯烤箱，但是書裡的食譜無論是使用電烤箱或瓦斯烤箱都能得到不錯的成果。

以下提供幾點關於烘烤步驟的建議：

• 使用家用烤箱做甜點時，大多數的時候都是將層架放在烤箱的中間層，這裡受熱較均勻，能得到最接近營業用烤箱的結果。除非有特別說明，否則這本書裡大多數的食譜，在烘烤時都是將層架放置於中間層。

• 如果烤盤放在下層，底部較容易烤熟。相反的，如果烤盤放在上層，頂部就比較容易烤熟。如果你打算烤披薩，把它擺在烤箱裡偏低的位置是很合理的作法，因為我們希望麵皮受熱較餡料多一些。反過來說，如果是要將檸檬塔的蛋白霜烤上色，那麼就要讓檸檬塔接近烤箱上層。

• 現在市面上的家用烤箱，常見的有「對流恆溫烤箱」（旋風式）或一般烤箱（非旋風式）。對流恆溫烤箱裡有風扇，能幫助烤箱裡的空氣循環良好、熱度分布均勻，效能很不錯，如果家裡使用這種烤箱，上、下層可以各放一個烤盤一起烤。烘烤到一半或三分之二的時間時，記得要以最快速度將上下層交換，並且將烤盤裡外旋轉一百八十度，盡量不要讓烤箱門開著太久。常規的電烤箱，熱源來自烤箱內部四周的加熱線圈。而瓦斯烤箱的熱源則是內部的火源處。如果使用一般烤箱，我建議你一次只要烘烤一盤，因為烤箱內部沒有風扇幫助熱空氣循環，塞太滿的話會有受熱不均勻的問題。

• 準確的溫度很重要，建議每隔一段時間就檢測一次家中烤箱的溫度。將烤箱預熱到一定溫度後，以探針式或烤箱專用的溫度計，實際測量

內部的溫度是否和顯示的數字相符合。如果有落差，建議你請機械技師到府調整。一般而言，家用烤箱的溫度不太會有很大誤差，並非真的需要常常調整。

‧另外，我還想送大家一句話：「好奇心會害死蛋糕。」（Curiosity kills the cake.）有些烘焙師傅可能因為好奇，也可能因為沒有耐心，在烘烤甜點的過程中多次打開烤箱門查看。我總是告誡學生，打開烤箱門之前請三思，除非真的有必要，否則不要隨便在過程中開烤箱門。家用烤箱的效能不像專業烤箱那麼好，每開一次烤箱門，會喪失極大量的熱度。溫度驟降，對於烘焙的過程會有很嚴重的影響。穩定持續、不受打擾的烤箱環境，才能烤出完美的成品。

‧不要「害怕烤過頭」！我在烘焙學校十七年之中，親眼看著這種恐慌在每個學期一再重複出現。學生們在製作甜點時常常烤得不夠久，最後甜點看起來白白的、香氣不足，麵團中的筋也因受熱不足而吃起來太硬、難以消化。上色深一些的成品，除了能帶出香氣外，質感也會更酥脆好吃。

‧選擇烘焙器材也很重要。市面上的烘焙工具，例如烤模、烤盤等，都有很多種材質可供選擇，如金屬、陶瓷、玻璃或矽膠。在歐洲，大部分的專業甜點師會使用藍鋼（blue steel）或黑鋼（black steel）製的烤盤，我認為這是最好的烘焙材質，因為它們的導熱能力非常好，而且不需另外鋪烘焙紙或矽膠墊，只要薄薄塗一層奶油，就能直接使用。雖然這個材質的器材價位偏高，但只要好好保養，可以用一輩子。我習慣在每次使用完後，趁著還有溫度時擦拭乾淨，很少用水洗，因為鋼遇到水分容易生鏽。

美國市面上販售的烤盤，大多是鋁製或鋁合金材質，鋁的導熱度很差，而且也不能直接在上面烘烤，因為鋁金屬的特性，可能會在成品上留下灰色的痕跡，實在不是一種很理想的烘焙器具材質。

用矽膠烤模或在烤盤上鋪一層矽膠墊，是另一個變通的好方法。矽膠墊和矽膠模實在是顛覆性的發明，完全不需要做任何塗抹油脂的防沾黏處理，既實用又方便。矽膠材質輕、從不生鏽，而且是軟的，可以變形；矽膠的存在絕對讓烘焙師傅的日子變得輕鬆許多。但是，如果你的作品需要烤上色，例如泡芙，那麼矽膠墊會在麵糊跟烤盤之間形成緩衝，與鋪烘焙紙的效果大不同。

最後，陶瓷或耐熱玻璃材質的導熱度也不太好。雖然有時也會用到這類器皿，但只局限於特定項目，例如烤布蕾或麵包布丁。至於陶瓷或玻璃製的塔派烤盤，我則完全不推薦，鋼製的塔派烤模是我的唯一首選。

· 導言 ·
基本工具與材料

必備工具

「工欲善其事，必先利其器。」（Use the right tool for the right job.）是我的烘焙座右銘之一，品質良好的工具能降低工序難度。然而，你也不需要一次購入世界上所有的烘焙器材，那樣只會徒增負擔。以下列出一些基本工具，有了這些，就足以應付本書裡大部分的食譜；而且這些都是你會一輩子珍惜而且使用頻率很高的烘焙工具。

電子秤

電子秤是成功烘焙的主要工具，它能讓你精確地秤量材料。我推薦美國製的 Doran Scale PC400，它的造型猶如一輛坦克，而且非常精準，秤重範圍從 1 克到 2270 克。若想當個講求精確的甜點師，電子秤絕對是值得投資的工具。對於一些用量小卻很關鍵的材料，例如泡打粉，則需要用微量電子秤，最小至少要可以秤到 0.1 克。這些電子秤不貴，網路商店就找得到。

產品官網：www.doranscales.com

煮糖適用的電子溫度計

你當然也可以用傳統玻璃製的溫度計,但在我的教學經驗中,每學期幾乎都會有學生因此忙著清理碎玻璃,所以我的結論是:電子式溫度計是最安全的選擇。我喜歡那種可以監測肉塊在烤箱裡溫度的溫度計,最好同時有計時跟測溫度的功能,當達到設定的溫度時,還會響鈴。

電子食物溫度計的探針通常會連著一條長長的線路,不能浸到水或粗魯使用,否則容易故障。我建議多備一份探針配件,一旦故障可以立刻替換。紅外線原理的溫度計只能測得物體表面的溫度,因此不適合使用在烘焙上。購買溫度計時務必確認產品可以測到高溫 300°F(149°C)以上,而且要同時有攝氏和華氏兩種單位。我喜歡由 hermoWorks 出產的 Therma K 和 Thermapen 兩種型號的溫度計。

產品官網:www.thermoworks.com

桌上型攪拌機及氣球狀、槳狀和鉤狀攪拌頭

如果你計劃好好認真研究烘焙,那麼你絕對需要一臺桌上型攪拌機,眾多品牌中 KitchenAid 是最佳選擇。書裡幾乎每一道食譜,KitchenAid 都派得上用場。

產品官網:www.kitchenaid.com

手持均質機／攪拌棒

書裡許多乳化或處理滑順醬汁、餡料時,會需要使用到這種東西。它能高效率的絞碎材料、均質混合物。

產品官網:www.kitchenaid.com

砧板

塑膠材質的也不錯,但是身為傳統派的我,偏愛使用木頭砧板。我習慣在砧板下方墊一片防滑橡膠片,這樣可以避免使用時砧板滑動;放一塊沾溼的廚房紙巾也有同樣的效果。絕對不要讓木製砧板浸泡在水中,否則容易彎曲變形。如果廚房裡同時需要處理器味濃重的食材,例如大蒜或洋蔥,記得一定要在不同的砧板上工作。

產品官網:www.johnboos.com

木製擀麵棍

市面上充斥著各式各樣的擀麵棍,有塑膠的、金屬的、大理石的,甚至是矽膠的。但是我依然建議使用厚重木材質的擀麵棍,尤其最好是櫸木(beech)或黃楊木(boxwood)等扎實厚重的擀麵棍,才不容易變形。好的木材製成的擀麵棍可能價位會昂貴些,但只要好好保養(使用完畢後先以塑膠刮板刮下沾黏的麵團,再以溼布擦拭乾淨),可以用上一輩子。絕對不要讓木製擀麵棍浸泡在水中,否則容易腫脹變形,從此不再平直。我習慣使用一根到底的擀麵棍,但是你也能選擇兩端有把手的設計。不要使用兩端漸收小的法式擀麵棍(tapered French rolling pins),這款擀麵棍容易擀不均勻。

產品官網:www.backmann24.com

烘焙紙

盡量選購有矽膠塗層的烘焙紙,防沾黏效果最好。烘焙材料店應該都買得到。而在某些專門供貨給餐廳或烘焙廚房的廠商,還可以買到一整

盒已經裁切成制式烤盤大小的烘焙紙，使用起來更方便。

矽膠墊（silicone silpat）

矽膠材質的烘焙墊片，完全顛覆了以往烘焙的模式。麵團放在上面可以進烤箱烤，烤好的成品還能直接連同矽膠墊一起冷凍起來保存。

如果在這上面擀塔派麵團或製作千層酥皮麵團，其爽快程度足以拯救你的甜點生涯。建議購買一張全尺寸（37×48cm）的矽膠墊，在擀麵時鋪在工作檯上。另外再買兩張和常規烤盤尺寸相同（30×42cm）的矽膠墊，烘烤時使用。收納時，應避免折疊塞進抽屜，久了容易破損。最好平放保存，不行的話，鬆鬆地捲起收藏。在學校裡，我們會用夾子夾在掛鍋盆器具的架子上。雖然矽膠墊比烘焙紙貴多了，但可以一再重複使用，且防沾黏效果極佳，絕對是值得的投資。

產品官網：www.demarleathome.com

FLEXIPAN 矽膠模

食品等級的矽膠模，常應用於烘烤或甜點塑形。和矽膠墊相似，使用時不會散發氣味，事前完全不需做任何防沾黏處理，非常容易上手。同時也很輕巧，而且可以丟進洗碗機清洗。

產品官網：www.demarleathome.com

拋棄式擠花袋

擠花袋的英文是 pastry bag 或 piping bags，兩者指的是一樣的東西。市面上有各式各樣的擠花袋，有的是布質的。而我最推薦的是一款採用厚實的塑膠製成，最好是內裡光滑（內容物很容易擠出），而外面採霧面處理、能防手滑的拋棄式擠花袋。於衛生和效率上的考量，專業廚房只使用一次後就會丟棄，但在家庭使用時，只要好好清洗，也能重複使用。推薦購買那種整捲的產品，比較不占空間，並且最好備有大型（18 吋）與小型（12 吋）的各一捲。

產品官網：www.backmann24.com

擠花嘴

擠花嘴應該備有圓形和星形完整的一套。請挑選不鏽鋼材質、不易變形的擠花嘴。

產品官網：www.backmann24.com

小、中、大有蓋煮鍋

適當大小的煮鍋很重要，尤其是在煮焦糖或卡士達餡時，請挑選厚重的不鏽鋼材質。如果使用太大的鍋子，鍋中的食物接觸過多的熱度，會容易燒焦。如果用了太小的鍋子，則會有突沸溢出的危險。我個人偏愛 Matfer 品牌的湯鍋。

產品官網：www.matferbourgeatusa.com

小、中、大攪拌盆

攪拌盆也請挑選厚重不鏽鋼材質的，玻璃因為有缺角碎裂的疑慮，在專業廚房不允許使用。

產品官網：www.matferbourgeatusa.com

可微波的碗

準備小型與中型各一，常使用於融化巧克力或奶油。如果是玻璃製品，使用時請格外小心。

9吋塔模／環

請準備兩個。我建議購買以鍍鋅或不鏽鋼金屬製成的產品。我個人喜歡使用塔環多於塔模，塔環沒有底，可以直接放在烤盤上烘烤，對專業的甜點師而言比較實用。有底的塔模比較適合家用烘焙。我偏愛 Matfer 品牌的塔模／環。

產品官網：www.matferbourgeatusa.com

瀝網或篩網

請挑選不鏽鋼材質、細目的產品。

保鮮膜和錫箔紙

建議向專業供應商或大型量販店購買大捲、韌性強的保鮮膜及錫箔紙。比一般家用保鮮膜和錫箔紙厚，能更妥善的保存、保護食物。

製作起司的棉質紗布

過濾液態混合物的最佳工具。能瀝出細碎的香草及香料，以求得乾淨的液體材料。可於烘焙器材行或雜貨店購得。

大、小型不鏽鋼材質的打蛋器

打蛋器的握把可以是不鏽鋼或塑膠材質，但頭的部分必須是不鏽鋼材質。除了一般的打蛋器，另外一種長相較圓胖，由較多線條組成的氣球狀打蛋器也很好用，打發蛋白及混拌麵糊時的效率很高。我推薦 Matfer 的產品。

產品官網：www.matferbourgeatusa.com

耐高溫的橡皮刮刀

建議備有大、小各一支。大支的表面寬，適合用於折拌麵糊。一定要選可以耐高溫的材質，製作焦糖時才不會融化。橡皮刮刀或具有圓弧端的刮板，能將攪拌盆中的麵糊完全刮取乾淨（若使用湯匙是無法辦到的）。橡膠容易殘留氣味，若你也有在料理中使用橡皮刮刀的習慣，建議另備一組甜點專用的，不要混用。

有圓弧端的刮板

這是一種四方形的硬質塑膠片，其中一邊呈圓弧型。用於將東西從攪拌盆中刮取出來，非常實用，烘培器材行都買得到。

平直和有折角的金屬抹刀

理想上，應該擁有中型（刀片長 9 吋）平直型與折角型的各一把，再加上一把小型（刀片長 4 吋）折角型的。折角型的抹刀，手把處和刀片之間有一個垂直折角，從側面看呈一個 L 形。刀片部分必須是不鏽鋼材質，而握把則常見是木頭或塑膠材質。和所有刀具一樣，抹刀只要好好保養，這輩子就只需要投資這麼一次。

冰淇淋挖勺

除了用於挖取冰淇淋之外，也能挖取餅乾生麵糊，使每次拿取的份量一致。建議購入三種尺寸：直徑 25mm、35mm 和 56mm。

圓形及波浪紋路的餅乾壓切模

最好選購不鏽鋼材質的，保養得當能用一輩子。一套由大到小尺寸齊全的圓形壓切模，不僅能用於製作餅乾，還用來刨巧克力花（378 頁）。我推薦 Matfer 品牌。產

品官網：www.matferbourgeatusa.com

削皮器／刀

每位廚師對於削皮器都有自己的偏好。而我的挑選守則很簡單——選擇使用起來最為順手的。在甜點廚房裡，我們會使用削皮器削水果、蔬菜，還會用來做巧克力刨花。大多數的人喜歡 Y 字型握把式的削皮刀。

尺

烘焙時，我們不只秤量東西，也經常需要測量長度。建議買一把不鏽鋼材質、同時標有英吋及公分的尺。一般文具店買得到的那種就可以了。

陶瓷烤杯

用於呈現甜點的漂亮器皿，如咖啡巧克力凍慕斯（289 頁）。我推薦 Revol 公司生產的各式小型容器。

產品官網：www.revolusa.com

安全的鞋子

製作甜點時應穿著包趾且底部防滑的鞋子。工作時小刀從桌面掉落、狠狠刺入腳掌，這可是我的親身慘痛經歷，不是什麼虛構故事。廚房地板有可能會溼溼滑滑，鍋爐上也可能無預警地有滾燙的玩意兒飛濺出來；因此選一雙能夠讓你一次站上好幾個小時的舒適鞋子很重要。我個人喜歡 Dansko 製作的木底鞋。

產品官網：www.dansko.com

烤盤

在專業的甜點廚房裡，我們不會使用全平面的餅乾烤盤或一般超級市場裡常見的輕量烤盤。

強烈建議使用厚實材質的烤盤。烘焙界常規使用的全尺寸烤盤，大小為 28×42cm，遠遠大於一般家庭烤箱裡的烤盤，請挑選適合自家烤箱的尺寸。理論上，烤盤至少要備兩個，如果能夠擁有四個，你一定會活得更快樂。小尺寸的烤盤可以用來烤堅果，或快速冷卻卡士達餡，也很實用。烤盤到處都買得到，我喜歡的專業全黑烤盤可以在：www.dr.ca、www.matferbourgeatusa.com 買到。

小刀

很多任務都需要小刀的幫忙，無需購買多昂貴的刀具，但請盡量選購預算內品質最好的。

撈取用瀝勺

由線圈組成的平寬、圓形網狀瀝勺，用於從液體中將物品撈取出，同時瀝去液體。尤其做油炸甜點時，一定會用到。

烘焙專用毛刷

毛刷也會經常用到，無論是在麵團上刷蛋液、在完成的糕點上刷亮釉，或製作焦糖醬煮糖時，需要用沾溼的毛刷將鍋壁上結晶的糖粒洗刷下去。乾燥的毛刷還可以刷去多餘的防沾黏手粉。建議備有中、小型毛刷各一支，挑選時以毛質柔軟的為佳。烘焙器材行都有賣。

蛋糕模

書中的小型蛋糕，例如黑森林巧克力蛋糕（259 頁），會用到直徑 7 吋的蛋糕模或矽膠模，其他常見的蛋糕大小則是 9 吋。金屬模我推薦 Matfer 的，矽膠模則推薦 Flexipans。

麵包模

5×9 吋的長方形烤模可以同時用於烘烤磅蛋糕及一般的香料麵包。如果能使用更瘦長的模子，那麼麵包受熱就能更有效率。Matfer 有出產 9.9×3.1 吋，以及 10×3.5 吋這兩款較常規瘦長的產品。

產品官網：www.matferbourgeatusa.com

烤披薩用石板

石板的導熱能力雖然不像金屬那麼好，但能提供穩定的熱度，緩慢地將溫度送進麵團裡，能有效形成香脆的外皮。這也是為什麼講究的工藝級麵包一定要使用鋪有磚塊的烤箱烘烤。

麵包割紋刀

很多款麵包在整形完送入烤箱前，會在麵團上切劃紋路。割紋能使麵包在烘烤時不會隨性龜裂。使用專門的刀來進行此步驟，較容易上手。

乳膠耐熱手套

操作滾燙焦糖或黏膩翻糖時，你會需要戴上乳膠手套保護自己，乳膠材質的耐熱手套到處都買得到。

廚房專用計時器

建議使用探針式電子溫度計上附屬的計時功能就可以了。

電動冰淇淋機

要製作冰淇淋的話，就一定需要一臺。

披薩滾輪刀

用於切披薩或生麵團都很方便。

磨皮器

用來削磨下柑橘類的果皮或將肉豆蔻磨粉。市面上有許多尺寸可選，最小的比較好用。

廚房用剪刀

剪刀也很常用到，值得投資一把高品質的，可以用一輩子。

圍裙

養成在廚房裡穿圍裙的習慣，除了避免弄髒衣物之外，更重要的是能保護你不被熱湯、汁、油，甚至是火傷害。建議選擇連身的款式。

長刀

對廚師而言重要的工具之一，於甜點烘焙領域中也是重要夥伴。切千層酥皮、切碎堅果或切水果，長刀都能派上用場；理想的刀鋒長度至少要 25 公分以上。長刀的材質最好是厚重的不鏽鋼合金，並且隨時以磨刀器、磨刀石磨利以保持最佳狀態。

披薩長鏟

用於將麵包或披薩麵團送進或取出烤爐。

烤箱隔熱手套／隔熱墊

我偏愛布製的隔熱手套勝過矽膠材質的，因布製手套較防滑。

塑膠容器

保存食物時很方便，例如常用的半公升優格保存盒。

選擇性添購的工具

電動鋸齒刀

我個人使用電動鋸齒刀的頻率不算高，但是一旦需要切千層酥或薄切肉片時，還真沒別的工具切出的成果能和它相比擬。價位不會太高，網路上有很多型號可以選擇，除了要插電的，也有無線的產品。

營業用冰箱和家用急速降溫冰箱

若你家空間不大，也只有一般的 110 伏特插座，專門生產營業用冷凍櫃的 Irinox 公司最近推出一款型號 EF 10.1 Multi Fresh 的新產品，適合家用同時兼具冷藏和急速降溫功能。這部機器可維持在 0°F的低溫，使熱燙的食物在短時間內快速降溫。

產品官網：www.irinoxusa.com

真空包裝機

將冷凍庫當作時光膠囊，東西一旦放進去就再也不拿出來，是大多數人常常犯的錯誤。食物如果只用保鮮膜包，放進冷凍庫裡時間一久，就會吸附冷凍庫的味道。真空包裝機所使用的塑膠膜比保鮮膜厚很多，因此能有效地保存食材和成品數個月（不是數年）。我每隔一段時間就會為冷凍庫進行大掃除，那些被丟棄的食物的價值，就足以購入一臺真空包裝機了。選購時，除了評比機器本體外，其使用的袋子品質以及封包的方式更為重要。我推薦 VacMaster Pro 140，它有堅固的機械結構及強大性能。

產品官網：www.vacmaster.aryvacmaster.com

滾輪打洞器

將擀開的麵皮刺出許多小洞，在英文上稱為「docking dough」，目的是在烘烤時讓水氣溢散，以免麵團變形。用叉子刺洞也可以，不過，若你每天都有一大堆千層酥皮需要打洞時，購入一把滾輪打洞器是不錯的投資。

巧克力刨花的專門工具

專門用來做巧克力刨花的工具英文稱為「manual shavers for chocolate decoration」。一般的蔬果削皮刀，或長直徑的圓形金屬餅乾壓切模也

能做到相近的效果。需要的話可以到烘焙器材行或網路商店找。

聖諾黑（St. Honoré）特殊造型擠花嘴

圓形的擠花嘴，但在圓周上的一角有個 V 字切口。

塑膠條／片

用於製作慕斯蛋糕時，將塑膠條／片，圈在金屬環內側，以避免慕斯和金屬環沾黏而難以脫模。塑膠條遇熱會融化，因此絕對不可以加熱。在製作巧克力裝飾時，也常會使用到——將完成調溫的巧克力塗抹在塑膠條上然後塑型，待巧克力乾燥硬化後再將塑膠片剝除。黑森林巧克力蛋糕上的巧克力裝飾就是這樣做的。

基本認知

如果你留有長髮，建議紮成馬尾，除了衛生上的考量，同時也是自身安全的維護，沒有人希望一頭披散的長髮被攪進攪拌機裡吧？同時，我也建議移除身上叮叮咚咚的飾品或戒指，以免它們不小心成為蛋糕的一部分。

必備食材

在我當學徒時，學到很重要的一課就是「永遠尊重、珍惜食材」。完美熟成的桃子和香氣飽滿的大溪地香草莢，是無可取代的恩賜。好的器具跟好的食材都是烘焙成功的必要條件。

盡你所能，使用最好的麵粉、奶油和巧克力，會是成功的第一步。好的材料不僅嚐起來比較美味，同時也是不含添加物或化學物質的保證，因此也能得到穩定的結果。如果你在學習烘焙的起步時，就使用低廉的材料，那麼你會學得很辛苦。

書中食譜所列出的食材，不可隨意替換。食材之間會產生不同作用，因此每道食譜所用到的每樣食材都有其不可取代的意義。若食譜中指定要用全脂鮮奶（脂肪含量 3.5%）、35%脂肪量的鮮奶油，以及 82%脂肪含量的法式奶油，而你卻以脫脂鮮奶或脂肪含量較低的奶油取代，那麼材料之間的作用就會不一樣。而且，所謂低脂或低糖的材料往往含有人工添加物，對身體有害。

食材必須保存在陰涼乾燥的地方，避開細菌喜愛的潮溼跟熱源環境，廚房裡的櫥櫃算是很好的存放處。堅果和堅果粉因為含有高度油脂成分，最好冷藏或冷凍保存，只要記得在使用前讓食材先回到室溫。有些材料——如泡打粉，放愈久活性愈低；而麵粉等材料，存放一陣子後容易生蟲。因此，食材一定要按照購入的時間順序來使用，我們稱為：「先來者先走。」（FIFO，first in, first out.）

烘焙是很現實的，用什麼材料就做出什麼東西。如果你使用了合成食材，那你就只能做出合成蛋糕。

糖

市面上販售的大多是蔗糖，有時你也能看見在歐洲國家算是大宗的「甜菜糖」（beet sugar），兩者可以互相替用，效果都不錯。書裡的食譜使

用到了（白）砂糖、大顆粒天然粗糖（turbinado 又稱為 sugar in the raw）、紅／黑糖和糖粉。在每道食譜裡的「食材解密」部分，我會個別解釋為何要選用特定的糖。至於代糖或其他類似龍舌蘭糖漿（agave nectar）等甜味劑在烘焙上的應用，我沒有太多的經驗可以分享。

糖粉（powdered sugar、confectioners' sugar 或 10X sugar），是將白砂糖更進一步磨細成粉狀，在烘焙上如果需要達到細緻質感，我們會以糖粉取代砂糖。英文品名 10X 的 X 代表著糖顆粒的細緻度，可分為由 4X 到 14X 十一種規格，大多數的雜貨商店都能購得 10X 的糖（糖粉）也是適用於烘焙的細緻度。

由於糖不含有水分，只需以密閉容器盛裝，室溫下就能保存得很好。

海鹽

由海水提煉而成，沒有經過太繁複的程序，因而能保留住具層次的風味，適合用於烘焙。一般的食鹽（table salt）經由多道手續精煉，而且被研磨得更細，嚐起來比海鹽鹹，不適合用於甜點，比較適合用於一般料理。另外常見的「猶太鹽」（Kosher salt），因為結晶顆粒比較粗，不像海鹽容易溶解，也不適用於烘焙。

海鹽以購入時的原包裝，保存於室溫下即可。

蜂蜜

許多食譜都有用到少量蜂蜜。蜂蜜的葡萄糖及果糖含量高，所以甜度很高，同時蜂蜜也具有天然乳化劑的特性，能將脂肪大分子裂解成小分子。我一向習慣使用品質好的苜蓿蜂蜜（clover honey），大家可以自行依個人味覺和嗅覺的喜好，勇於嘗試不同種類的蜂蜜。苜蓿蜂蜜的味道較為平實，如果使用其他種類的蜂蜜，使用前務必先嚐嚐看。像是刺槐蜂蜜（acacia honey）和鼠尾草蜂蜜（sage honey），也很容易和甜點搭配應用，但是栗子蜂蜜（chestnut honey）帶有苦味，如果加在甜點裡，對於滋味一定有很大的影響，因此我通常不會使用。

如果買來的蜂蜜在罐子裡發生結晶的現象，可以放進微波爐裡以 50%的功率微波 30 秒至 1 分鐘，就能再次恢復清澈。

密閉的蜂蜜於室溫下可以保存數個月。一旦開罐後，每次使用後要記得將罐子外面擦拭乾淨，以免招來螞蟻。

玉米糖漿

玉米糖漿為轉化糖的一種，也就是成分裡有添加酸，可以避免糖漿變硬或結晶反砂。正因有抗結晶的特性，舉凡在有加熱或煮糖的步驟中，例如：煮焦糖、製作義大利蛋白霜、糖果、冰淇淋或雪酪，都會添加少量的玉米糖漿。玉米糖漿還具有抓住水分的功能，能讓甜點溼潤。市售的玉米糖漿有許多種口味可以選擇，我建議你使用沒添加香料的原味糖漿，以免影響甜點的味道。

麵粉：低、中、高筋（蛋糕、通用、麵包麵粉）

麵粉一向是烘焙裡最主要且固定的材料，因此向可信賴的通路固定購買品質好的麵粉。在美

國，我會推薦 King Arthur Flour，品質好又穩定。

所有的小麥麵粉都含有澱粉以及固定比例的麩質（也就是小麥的蛋白質成分，筋度的來源）。不同種類的麵粉，有不同比例的麩質／筋度，在每道食譜裡的「食材解密」部分，我會解釋得更詳細。

麵粉的保存期限不長，因此並不建議大量囤積，只需備有比平均用量多一點的份量就可以，並妥善保存於有蓋的密閉容器內。如果手邊有超過需求的大量麵粉，更要好好保存在涼爽的地方。如果在麵粉裡不幸發現蟲，那麼整間廚房裡的米、麥片等穀類產品很有可能都已經被蟲攻占了，必須全數丟棄。

產品官網：www.kingarthurflour.com

免活化的乾酵母（active dry yeast）

免活化的乾酵母是種生命力很強的材料，在超級市場都可以買到。但酵母的活性會隨著時間而遞減，最終完全失效，購買時需觀察產品是否已在架上擺放很久。書裡使用到的酵母皆是這種乾酵母，也是我最推薦、最能維持產品穩定度的酵母種類。乾燥酵母存放在購入時的原廠小包裝，保存於室溫下即可。

香草莢、香草萃取液（vanilla extract）或香草膏（vanilla paste）

沒有任何香料可以取代或仿造天然香草莢的香氣。我最愛大溪地產的香草莢，它有濃郁的香氣。你當然可以依食譜中與其他材料的合拍與否，或自身的喜好，選擇其他產地的香草莢。墨西哥產的香草莢帶有一絲刺激的氣味，馬達加斯加的香草莢則是偏香甜也較溫和。

若選用液體香草產品，請千萬不要使用香草精或任何化學合成的仿造品。我推薦使用，事實上也是我唯一會使用的牌子，是 1970 年發跡於伊利諾伊州（Illinois）的 Nielsen-Massey。

所有的香草莢、液、膏，都需存放於密閉容器內，保存於室溫避免光線直射。購買香草萃取液時，務必親聞挑選你認定最天然的。使用香草時用量要保守，只需一點點，香氣就很飽足了。

產品官網：www.nielsenmassey.com

脂肪含量82%的法式奶油（French-style butter）

奶油是另一項甜點食譜裡的要角，使用脂肪含量 82%的奶油，更是重要關鍵。在法國，只有脂肪含量 82%的奶油才會被認為是「好奶油」，低於標準是不行的。一塊 82%脂肪含量的奶油，另外含有 2%的蛋白質以及 16%的水。這樣比例成分的奶油做出的甜點或糕餅能有穩定的表現。如果使用脂肪含量低的奶油，也就表示有相對高的水分，水分會使作品坍塌的機率升高。另外，若奶油水分含量高，在烤箱中加熱時會形成較多的水蒸氣，因而拖緩烘烤時間。我和學生們固定使用 Plugra 牌的奶油數十年了，奶油本身有豐富的香氣，烘烤出的成品表現也很優異且穩定。

奶油可放冰箱冷藏兩週，在餿壞或開始吸附冰箱裡其他食物氣味之前，要盡快使用完畢。放冷凍庫可保存將近一個月。購買奶油可以四處比價看看，找出較划算的通路。

產品官網：www.plugra.com

鮮奶油（heavy cream）及鮮奶

在我的食譜中所使用到的鮮奶油都是脂肪含量 35% 的產品，鮮奶則是要有 3.5% 的脂肪含量，盡可能選用有機商品。鮮奶油和鮮奶皆需冷藏保存，並以包裝上保存期限為準。如果使用無脂、低脂鮮奶取代全脂鮮奶，或以脫脂鮮奶油取代鮮奶油，就無法做出書中食譜原先預期的成果。

蛋

盡量使用野放雞蛋。野放雞所生的蛋，膽固醇及飽和脂肪含量比較低，而且有較多的維他命和 omega 脂肪酸。而且香氣更足，蛋黃、蛋白也較飽滿扎實，做出的烘焙成品會有很好的支撐性。書中使用的雞蛋為特大號，平均一顆的重量約為 50 ～ 55 克之間。秤取蛋的方式很簡單——敲開蛋、倒入碗中，輕輕攪散十秒後，秤取所需的重量即可。

堅果及堅果粉

唯有使用高品質的堅果，才能得到最滿溢撲鼻的香氣。我最常、也最愛使用的是杏仁粉（almond flour 或 almond powder），和其他的堅果粉比起來，杏仁粉有最佳的吸水保溼功能。我也很常使用杏仁片，要挑厚薄一致的，用來裝飾蛋糕或製作成巧克力牛軋脆片（59 頁）。

擁有迷人香氣的榛果，也擁有我的愛。所有種類的堅果和堅果粉，都帶有油脂及水分，也因此容易腐敗，建議以真空袋裝好，保存於冰箱冷藏或冷凍中。書中所有使用的堅果及堅果粉，都來自創立於 1924 年的 American Almond 公司，我

的學生們也都非常滿意。

產品官網：www.americanalmond.com

蘋果和 NH 果膠（NH pectin）

果膠是由蘋果或柑橘類水果的皮中萃取出來的天然物質，具有促使凝結的特性，同時能吸收食譜中其他材料的水分。水果裡能萃取出兩種果膠：一種是一般指的果膠（pectin）、蘋果果膠（apple pectin）或黃果膠（yellow pectin），能幫助液體凝結——其凝結作用是不可逆的；另一種則是 NH 果膠，常應用於製作果凍或蛋糕亮面，加熱後會再次融化，是可逆的凝結作用。兩種果膠的保存法，都是裝在密閉容器中，室溫保存即可。

翻糖（fondant）和翻糖粉（fondant powder）

市面上販售的翻糖有塊狀以及粉狀兩種。使用粉狀翻糖時需加水調開，常用於沾裹閃電泡芙、修女泡芙或圓形泡芙製作亮面。室溫下保存於密閉容器內即可。

可可粉

烘焙用的所有巧克力材料，都必須盡量使用高品質的。可可粉是由烘烤過的可可豆固形物製成，因此真正的可可粉應該呈現深棕色。如果顏色偏淺棕色或是灰色，那麼很有可能是有添加物的非純天然可可粉。我推薦 Barry Callebaut 的產品，品質很好、穩定性高，使用起來也很容易上手。可可粉不含任何水分，因此只需裝於密閉容器中，室溫下保存即可。

產品官網：www.cacao-barry.com

巧克力

沒有任何方法可以模擬或仿造真正的巧克力。天然巧克力的組成成分有可可固形物（cocoa masssolids）、糖，以及由可可豆中萃取出來的天然脂肪，可可脂（cocoa butter）。建議大家購買包裝上標示有可調溫、被覆（couverture）等字詞的巧克力，這表示此巧克力至少含有 31%的可可脂。巧克力融化後所具有的滑順流動性，主要就是來自可可脂，也正由於可可脂的含量足夠，使得巧克力能融於口腔內的溫度。可調溫巧克力在包裝上所標示的百分比數字，代表可可脂與可可固形物的含量。舉例來說，62%的巧克力，代表含有 31%的可可脂與 31%的可可固形物。和葡萄酒一樣，巧克力的製造商也會有自己獨家的巧克力配方、比例以及製作方法。我個人很喜歡使用 Barry Callebaut 的巧克力產品。

一定要避免使用不含天然可可脂的巧克力糖（confectionery 或 coating chocolate），這類巧克力使用仿造可可脂的植物油或蠟製作而成，嚐起來風味大相逕庭。

巧克力不含任何水分，因此只要存放於密閉容器內或以保鮮膜包裹妥當，放置於室溫下即可。

香料

說到香料，住在芝加哥的我簡直被寵壞了，當地品牌 Patty and Tom Erd（創立於 1957 年）所經營的「香料屋」（Spice House）裡，應有盡有。「香料屋」目前已傳承由第二代經營，他們在香料領域的知識深厚。

我特別喜歡他們引進的錫蘭肉桂，有著香濃的餘韻。在香料的使用上必須特別提醒的是，雖然香料往往沒有過期壞掉的疑慮，但是隨著暴露在空氣中愈久，其中具揮發性的油脂和香氣，也會跟著逐漸逸散消失。最好一次購入少量，以確保在香氣最足的狀態下使用完畢。

產品官網：www.thespicehouse.com

玉米粉

由玉米製成的白色粉末。在料理上，常常用來讓醬汁變濃稠。在甜點上，因為玉米粉不含筋度的特質，在製作海綿蛋糕時常常用以取代部分麵粉（在海綿蛋糕的食譜裡，如果正好玉米粉用完了，也能以馬鈴薯粉替代）。玉米粉也是使卡士達餡濃稠的重要食材，由於不含筋度，能賦予醬汁滑順的質感。以原包裝或密閉容器，室溫下保存即可。

烘焙用蘇打粉（baking soda）

烘焙用的蘇打粉呈白色粉末狀，嚐起來有些鹹。當蘇打粉和麵糊裡的酸性成分接觸後，作用產生二氧化碳氣體，會使得麵糊膨脹變大。常用於磅蛋糕、鬆餅，以及其他常見的快速麵包。超級市場應該都買得到，以原包裝或密閉容器，室溫下保存即可。

塔塔粉（cream of tartar）

烘焙用的塔塔粉，是製作葡萄酒時的副產物，呈白色粉末狀。它是酸性物質，因此能穩定蛋白霜和糖。

市售泡打粉中通常也含有塔塔粉的成分。以原包裝或密閉容器，室溫下保存即可。

泡打粉（baking powder）

泡打粉是一種白色粉末狀的蓬鬆劑，由蘇打粉及塔塔粉組成。幾乎所有的快速麵包食譜都需要使用泡打粉，一旦接觸到酸、水分或熱，泡打粉就開始活化作用。泡打粉以原包裝或密閉容器，室溫下保存即可。買來的泡打粉活性會隨著時間遞減，建議每次購買小量就好。我在採購時會選用無鋁泡打粉，一樣也是以原包裝或密閉容器，室溫下保存即可。

水果

選購水果的原則也很簡單——好品質的水果，成就優質的甜點。確定你使用的是熟度足夠的水果，舉凡有撞傷、還不夠熟或過熟的水果，都應該避免使用。產地直銷的農夫市集，是最好購物地點，多多和農夫們討教，他們能給你一些選擇上的建議。

使用當季的水果是最好的策略，但如果你非得在冬天使用夏季莓果，那麼冷凍水果是最佳選擇。超市裡的冷凍水果通常是在當季盛產且熟度最剛好時，被冷凍保存下來的。或如果你有真空包裝機，在水果盛產時，買足一批真空包裝冷凍起來，就整年無虞了。

非必備食材、包裝材

可可脂（cocoa butter）

可可脂是由可可豆中萃取出來的天然脂肪，組成是百分之百的脂肪固形物，不含任何水分。用可可脂在食物上薄薄地覆蓋一層，例如焦糖堅果（51 頁），可以隔絕溼氣。用剩的可可脂以保鮮膜妥善包裹，保存在陰涼處。

扭結麵包專用鹼水

製作扭結麵包（351 頁）時，為了追求那層特殊的香氣，你會需要用到氫氧化鈉，也就是所謂的「鹼水」（lye 或 caustic soda）。那是一種強鹼粉末，製作鹼漬魚（lutefisk）、扭結麵包、貝果（bagel）和玉米片（hominy）時都需要使用到。使用時以冷水攪勻，絕對不要使用熱水，並且一定要帶乳膠手套。最重要的是，不要讓孩童和寵物接觸到。

扭結麵包專用鹽粒（pretzel salt）

白色、粗大，不會融化的鹽粒。用於製作扭結麵包、鹽味貝果或佛卡夏（focaccia）。

乾燥劑（silica gel）

乾燥劑能有效吸收溼度，讓怕潮溼的成品，如焦糖堅果或牛軋脆片，保持乾燥。

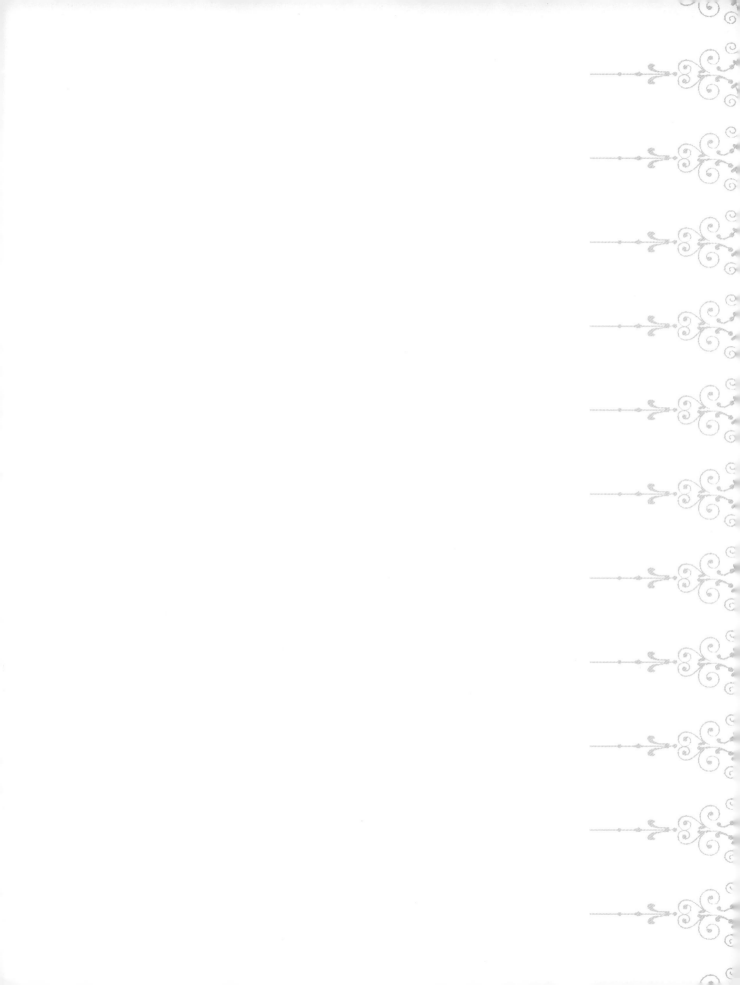

甜點之王

法式烘焙聖經

第一章

法式烘焙的基礎

本章所收錄的食譜與技巧，是我們在學習法式烘焙時最需要熟練的部分。這些內容是整個學習課程的重要梁柱，愈往下探索鑽研，你或許會發現自己需要常常翻回第一章，再次復習這些基礎。烘焙也好，料理也是，每份食譜之間其實有著緊密的相關性，長久練習下來，你就能發現這種連結。例如千層酥皮、泡芙麵糊和卡士達餡，這三種截然不同的東西，其實在很多方面是相似且交織在一起的。若以法式甜點組成一棵家族樹，幾個世紀以來由眾多甜點師創造、樹立的基礎技術，就是這棵大樹的重要根基。透過前人的無數次實作，為何成功、為何失敗，都是很可貴的經驗集結。倘若沒有這些珍貴的基礎，就沒有踩著前人的腳步而發展出來的經典與現代甜點。

不要心急，好好花時間細心鑽研這一章，反覆操作直到得心應手。一定要記得，製作任何一項甜點元素，都需要花上一段時間才能練就正確的判斷力及培養出手感，耐心和練習是駕馭法式糕點的成功之鑰。透過一再重複的演練，你才能培養出「烘焙肌力」——在攪打一盆泡芙麵糊或卡士達餡時，你就知道我的意思了；以及「烘焙記憶」——例如不需經過任何思考就知道擠花閃電泡芙時，手中握住的擠花袋該持多高，還有千層酥皮麵團摸起來該是什麼樣的感覺，擀開時又該如何施力。我會盡力地解釋材料與材料之間發生的化學反應，也會向你說明混合材料或烘烤時所發生的作用。但是，唯有透過你自己反覆地實際練習，才能真正了解我想傳達給你的知識精髓。如此一來，這套課程才有完整的意義，你也將擁有深入研究以及接受挑戰的能力與自信。

創造力與糕點

　　如果你是個有創意的人，那麼駕馭本章的基礎就更顯重要。學跑之前，我們必須先學會走。沒有掌握好糕點的基礎要領，後續的創造或創意充其量也只能說是朝向錯誤的方向奔跑而已。創造力是進步成長的源頭，我很鼓勵也很感激我的學生們一向勇於創新。然而，在我的教學生涯中，看了太多創意過頭的學生在發揮創造力的同時忘了甜點的基本原則。如果烘焙基礎功練得夠純熟，這將是可以避免的錯誤。

　　有一天，一位學生創作了一款甜點名為「前無古人的咖哩烤布蕾」，我滿心期待地開始試吃，但才第一匙入口，就難以下嚥。隨後我跟那位學生解釋，這樣的口味之所以「前無古人」，或許是因為，呃，咖哩和烤布蕾不搭。那位學生先是同意我的評語，緊接著又說：「雖然不好吃，但是味道『很有趣』。」我回答，有趣的糕點（如果不是那麼令人喜愛的話）只能讓人們短暫玩味。但是，按部就班製作出已讓世人享受好幾個世紀的經典款糕點，則讓人回味無窮。也許那位學生日後會成為一位創意甜點大師，甚至找出好吃的咖哩烤布蕾配方，但那款烤布蕾的恐怖滋味，我至今仍難以忘懷。

亮釉糖霜
Sugar Icing Glaze

份量 ｜ 190 g

材料	重量	體積（略估）
水	40g	2 大匙＋2 小匙
現榨檸檬汁	5g	1¼ 小匙
糖粉	150g	1½ 杯

這個亮釉糖霜配方，我習慣使用在早餐酥皮類糕點或餅乾上。當糕餅一出爐，馬上刷上薄薄的一層，藉由糕餅本身的熱度，使得亮釉糖霜裡的水分快速蒸發，僅留下猶如磁釉般的淋面。檸檬汁則提供這層亮釉一絲清爽的酸香。

作法

1 取一高筒狀容器，放入水及檸檬汁。

2 同一容器內倒入糖粉，切勿攪拌（否則容易結塊）。以橡皮刮刀或湯匙背面，將所有的糖粉壓沉入液體中，靜置於室溫下 30 分鐘，使糖粉自行溶解。使用前，攪拌 5 秒，檢查確保沒有任何結塊。

3 以烘焙用毛刷沾取，刷於剛出爐的糕餅上。

完成了？完成了！

刷於剛出爐糕餅上，利用其餘溫使得亮釉糖霜的水分蒸發，乾燥後將在糕餅上形成薄薄一層閃亮薄脆的糖霜，除了美觀之外，這層糖霜也具有保持糕餅溼潤的功能。若是完成的糖霜液有些許結塊，請耐心等待糖粉溶解，或用篩網過濾掉。

保存

沒用完的糖霜液以蓋子蓋緊或保鮮膜裹緊，放進冰箱，最多可保存 1 個月。然而隨著靜置的時間愈長，有些糖粉可能會有沉澱的現象，每次使用前，都記得要先攪拌一下。

開始之前

→ 準備好以下工具，並確定所有材料都已回到室溫：

電子秤，將單位調整為公制
容量約 1 公升的塑膠或不鏽鋼高筒狀容器
1 支橡皮刮刀，或大湯匙
1 支不鏽鋼打蛋器
1 支烘焙用毛刷
保鮮膜

→ 請認真把食譜讀兩次。

食材解密

使用正確的材料，是確保得到完美成品的的關鍵。

一般市面上販售的糖粉為了防潮，會在糖粉中添加 3%～5%玉米粉，如此可避免糖粉吸收溼氣而結塊。因此在溶解糖粉時，最好不要攪拌，攪拌會讓玉米粉結塊。

檸檬汁具酸度。在含糖液體中加入酸性物質，可以避免液體中的糖結晶變回固體。亮釉因此會有些彈性，不會變得硬硬脆脆的。不過，如果硬脆口感是你追求的效果，可以將食譜中的檸檬汁減半，就可以達到目的。

簡易糖水
Simple Syrup

材料	重量	體積（略估）
糖	135g	¾ 杯
水	100g	½ 杯

開始之前

→ 準備好以下工具，並確定所有材料都已回到室溫：

電子秤，將單位調整為公制
1 個中型煮鍋
1 支橡皮刮刀
1 個有蓋的容器或罐子

→ 請認真把食譜讀兩次。

簡易糖水其實不只是「糖加水」那麼簡單。正確糖、水比例的糖水，有天然保鮮劑的功能。這裡提供的正是糖、水比例剛好，且不會太甜的配方，可應用在許多不同的食譜中。

作法

1 中型煮鍋中，放入糖及水，使用橡皮刮刀攪拌均勻。以中火加熱沸騰至所有的糖都溶解。

2 熄火後，將糖水倒入另外準備的容器或罐子內，趁熱將蓋子稍稍蓋上，但不要完全蓋緊。於室溫下靜置 2 小時放涼後，旋緊蓋子，放進冰箱中保存。

完成了？完成了！

完成的糖水，應透明清澈，看不見任何糖結晶顆粒。

保存

置於冰箱中可保存 2 週。

私藏祕技

→ **學到賺到**：若是糖水在放涼的過程中，上方沒有蓋子稍微覆蓋，糖水表面會形成薄薄一層糖結晶，而這層薄薄的糖結晶最終會使得整罐糖水都結晶。糖水剛煮好，趁熱將蓋子掩上，當水蒸氣升起，接觸到蓋子，再次凝結成水珠滴回糖水表面，形成一層水層，就可以預防高濃度的糖水結晶。

上色蛋液
Egg Wash

份量 | 55 g

材料	重量	體積（略估）
全蛋	50g	超大型蛋 1 顆
鮮奶油（35%脂肪含量）或 全脂鮮奶（3.5%脂肪含量）	5g	1 小匙
海鹽	0.4g	一小撮

上色蛋液經常應用於生麵包麵團或塔派糕點。烘烤前刷上上色蛋液，烤後作品表面就會有薄薄一層亮釉光澤，這層亮釉不但可以隔絕糕點麵包與空氣的接觸，避免溼氣滲入，有助於保存，在視覺上，更為烘焙作品增添美味感。

作法

取一個小碗，加入全蛋、鮮奶油或鮮奶以及海鹽，以打蛋器攪拌均勻，接著以細目的篩網過濾，裝進有蓋容器內，密封後，冰箱中可保存最多 2 天。

開始之前

→ 準備好以下工具，並確定所有材料都已回到室溫：

電子秤，將單位調整為公制
1 個小碗
1 支不鏽鋼打蛋器

→ 請認真把食譜讀兩次。

全蛋秤重

雞蛋往往以大小分級販售，然而即使為同等級的蛋，每一粒的大小仍有極大的差異。如何正確的秤出食譜所需的全蛋？在容器內打入重量略短少於食譜所需的數顆全蛋，再另取一個小碗，打散一顆全蛋，緩緩加入其中，直到總重量達到食譜要求。

防沾黏用麵粉奶油糊
Flour And Butter Mixture For Cake Pans

材料	重量	體積（略估）
奶油（法式，82% 脂肪含量）	40g	3 大匙
低筋麵粉	8g	1 大匙 ＋1 小匙

開始之前

→ 準備好以下工具，並確定所有材料都已回到室溫：

電子秤，將單位調整為公制
1 個小碗
1 支橡皮刮刀

→ 請認真把食譜讀兩次。

當我要烘烤磅蛋糕或其他含糖量高的甜點時，我會使用這個麵粉奶油糊配方塗抹在金屬蛋糕烤模上。因為含高糖的糕餅，食譜中的糖受熱後分化融解，會產生很高的黏性。此防沾黏的配方中已含有麵粉，將傳統的「先塗奶油再篩上麵粉覆蓋」的兩個步驟簡化為一，非常方便。

作法

室溫放軟的奶油，連同麵粉一起攪拌均勻。可用於磅蛋糕、海綿蛋糕。以及其他相似的蛋糕食譜（其他麵包或布里歐許麵包，因含糖量不高，不容易沾黏，因此不需使用此麵粉奶油糊）。保存於冰箱或冷凍庫裡，每次使用前先讓麵糊回到室溫才使用。

香酥顆粒
Streusel

份量 | 280 g

材料	重量	體積（略估）
奶油（法式，82% 脂肪含量）	60g	4 大匙
大顆粒天然粗糖 （Tsurbinado）	88g	⅓ 杯
低筋麵粉	70g	½ 杯
杏仁粉（去皮膜，白色）	70g	¾ 杯
肉桂粉	1g	½ 小匙
櫻桃白蘭地（Kirschwasser）	13g	1 大匙

　　香酥顆粒的英文是「crumble」，在法國則稱為「Streusel」。在冷凍庫的一角隨時備有一些，隨手一抓可以當各款甜點的酥頂，也能當做塔皮使用，非常實用方便。我習慣在冷凍庫裡常備有一些烤過的香酥顆粒，來家裡拜訪的朋友不用等待就有酥頂冰淇淋可吃。

作法

1 烤箱預熱 325°F ／160°C。烤盤鋪上一層烘焙紙。

2 奶油切成邊長約 1cm 的小塊，和所有材料一起倒進攪拌盆，攪拌機以中速攪拌約 2 分鐘，直到混和物形成大小不同（約 0.6～0.9cm）的粗糙顆粒狀。也可以雙手指尖快速搓混材料，或將所有材料攪拌成一大團，取一個有格紋的網子，將麵團壓透穿過網子的孔洞，藉以產生許多均勻的小顆粒麵團。

3 將這些顆粒，平攤均勻分散於鋪有烘焙紙的烤盤上，送進烤箱烘烤 20～25 分鐘，過程中偶而翻拌，直到所有顆粒金黃酥脆。徹底放涼後，移至密閉容器或塑膠袋中，放於冰箱或冷凍庫中保存。使用前依需要，決定是否再稍加烘烤。

保存

　　未烘烤過的生香酥顆粒麵團，置於冰箱中可以保存 2～3 天。但我習慣做完就烤好，再保存於密閉容器或袋子中，放冷凍庫可以保存長達 1 個月，若是放冰箱則至多 3 天。

開始之前

→　準備好以下工具，並確定所有材料都已回到室溫：

電子秤，將單位調整為公制
1 個鋪有烘焙紙的烤盤
1 支小刀
桌上型攪拌機，搭配槳狀攪拌頭
1 支橡皮刮刀，或金屬湯匙

→　請認真把食譜讀兩次。

製作香酥顆粒超級簡單，使用冰的硬奶油塊，而非室溫軟化的奶油是其關鍵。若奶油過軟，很容易在混合的過程中變成一團均質的麵團。

食譜中提到的大顆粒天然粗糖，專有名詞是「Turbinado」，可以白糖、紅糖甚至兩種混合替用。

杏仁粉也能以任何其他堅果粉類替換，唯一的例外是開心果粉，因為開心果粉在烘烤時易烤過頭，或上色過快。我推薦榛果粉、杏仁粉、核桃粉或胡桃粉，用來製作香酥顆粒最對味。若是追求更上一層的酥脆口感，可以在原堅果粉用量之外，再額外添加 20g 切碎的堅果。

肉桂粉可依個人喜好省略或以其他香料替換，香料只要少許就好，以 0.3～0.5g 為原則，尤其是香氣厚重的香料如薑粉、肉豆蔻粉（nutmeg）或肉豆蔻皮（mace），使用於甜點中很容易由配角搶戲變主角。香料在甜點裡的表現應該僅是一絲後味餘韻即可。

櫻桃白蘭地為香酥顆粒添入一股絕佳的滋味，其中的酒精成分在烘烤過程中會揮發殆盡，若因個人喜好而省略也無大礙。櫻桃白蘭地原產於阿爾薩斯，然而其他高酒精濃度的蘭姆酒（rum）亦能替用。

香酥顆粒相關食譜

泡芙麵糊
Pâte à Choux

約可製作 **80** 顆泡芙（實際數量依泡芙的款式、大小而定）

材料	重量	體積（略估）
全脂鮮奶 （**3.5%**脂肪含量）	125g	½ 杯
水	125g	½ 杯＋2½ 小匙
奶油 （法式，**82%** 脂肪含量）	110g	7½ 大匙
白糖	5g	1 小匙
海鹽	2g	¼ 小匙
中筋麵粉，過篩	140g	1 杯＋2 大匙
全蛋	220g，依需要略增減	4～5 顆，依需要略增減
上色蛋液 （**7** 頁）	1 份	1 份

泡芙麵糊是製作閃電泡芙（éclair）、圓形泡芙（profiteroles）、橢圓莎拉堡焦糖泡芙（salambos），以及起司鹹口味泡芙（Gougères）等的基底麵糊，這款麵糊能變出世界上所有的泡芙。即便我已在甜點界打滾了那麼久，依然深深被她的多變之姿感動。

這份食譜的份量可能遠遠多過你想製作的泡芙數量。我就直說好了，這個份量足夠你做出書裡接下來的各款泡芙的好幾倍。

然而這個份量的麵糊比較容易成功，嚴格說來也不算太多。因為泡芙麵糊無論是未烘烤的生麵糊，或烤好的泡芙殼，皆能冷凍保存好一陣子，當你有空時，烤一批數量供過於求的泡芙又有何不可呢？

多餘的麵糊，在烤盤上擠花成想要的形狀，冷凍變硬後收集在容器或塑膠袋中，待需要時再拿出烘烤。也能一整批全數烤好，放涼後再冷凍保存。只要製作一次，就可以有一堆速成泡芙材料，多美好啊！若是將這份食譜減量製作，小量的麵糊在攪拌混合時，較不易掌握，困難度會大大上升。

著手製作泡芙麵糊前，請先閱讀擠花技巧說明（15～20 頁）。在學校裡，當我的學生第一次製作泡芙麵糊時，主要目的是為了拿來練習擠花，而不是烤出泡芙。我非常鼓勵讀者，也以同樣的學習方針，製作一批泡芙麵糊來放心地練習擠花，練習、練習、再練習。

開始之前

✦ 準備好以下工具，並確定所有材料都已回到室溫：

電子秤，將單位調整為公制
1 個篩網
1～2 個烤盤，並鋪上烘焙紙
1 個中型煮鍋
1 支橡皮刮刀或木製湯勺
1 支不鏽鋼打蛋器
桌上型攪拌機，搭配槳狀攪拌頭
1 個麵團專用的刮板
1 個擠花袋，裝上 ⅜ 吋圓形擠花嘴
1 支叉子
1 支烘焙用毛刷

✦ 分別秤好所需的材料，並依食譜，欲使用順序先後排列好，在製作時方便順手，也能避免困惑。

✦ 開始製作時再篩麵粉。若是先篩好置於一旁，麵粉會吸收空氣中的溼氣，容易造成麵糊結塊。

✦ 請認真把食譜讀兩次。

脱脂鮮奶水分過多，請務必使用全脂鮮奶。

麵粉和全蛋之間的作用，是泡芙麵糊膨起呈中空狀的重要一環。麵糊開始烘烤時，麵粉中的澱粉因飽含水氣溼度，加熱後欲以氣體及蒸氣的狀態一起釋放，卻被蛋液捕捉，進而使得泡芙麵糊鼓脹膨起。麵粉中的麩質（筋度）和雞蛋中的蛋白質相互牽引融合作用成泡芙表面的脆皮，因此，蛋用量愈多，泡芙也愈益膨脹。

奶油提供美好的香氣，不該使用其他油脂取代。糖使得泡芙烘烤上色，並提供些許甜度。海鹽讓泡芙烤後呈現金黃棕色，也讓泡芙的滋味更有層次。

打蛋器和木製湯勺或橡皮刮刀

泡芙麵糊在麵粉倒入煮沸液體後的攪拌步驟，有些食譜會建議使用橡皮刮刀或木製湯勺。然而，當你實際操作時（尤其身處溼度高的國家），往往無法避免麵糊裡有結塊產生的窘境。試想，將帶有溼氣的麵粉，一股腦兒地加入一鍋液體中，而你稍有怠慢，沒有即刻派出打蛋器與之對抗，這場戰役誰會大勝？肯定不是你，你只能落得接下來使盡吃奶力氣都無法擺脫惱人結塊的下場。打蛋器絕對是助你勝利的武器，我的學生們全都同意。

製作麵糊

1 烤箱預熱 400°F／200°C。烤盤鋪上一層烘焙紙。中型煮鍋裡，放入鮮奶、水、奶油、糖及鹽，以橡皮刮刀或木製湯勺攪拌均勻後改用打蛋器，同時加熱至整鍋沸騰，此時你會看到奶油、糖與鮮奶彼此均勻融為一體，接著馬上熄火，才不會使液體蒸發太多。在這個步驟，一整鍋均勻質地的液體非常關鍵，不可以有未融化的奶油，或未溶解的糖塊。

2 一鼓作氣地將已過篩的麵粉加入液體中，並立即以打蛋器快速不停地攪拌，你有大約 30 秒的關鍵時間，將液體與麵粉攪拌融合成均勻的一團。不需驚恐，但是動作要快！若是攪拌得太慢，麵粉可能會結塊，很不幸的是，結塊一旦產生，就再也無法還原。麵粉加入液體的一瞬間，你會看見結塊，但是在 30 秒的持續不間斷攪拌後，將會得到質地均勻一致的麵團。

3 將鍋子重新放回爐火上，並將打蛋器換回橡皮刮刀或木製湯勺，以中火加熱，不時翻炒約 1 分鐘，至麵團乾燥。這個步驟是為了煮熟麵粉中的蛋白質。當整份麵團凝結成一大團，且開始黏鍋，同時發出一些「滋滋」的聲音（請仔細聽），就代表麵團已經炒好了。

4 離火後，將麵團移至桌上型攪拌機的攪拌盆中，架好槳狀攪拌頭。麵團移出後，趁鍋子還熱時注水浸泡，清洗時會較輕鬆。

5 備好 220g 全蛋，再額外打散一顆蛋，置於一旁，麵團若是偏乾燥時可以用。先以中速攪打麵團 30 秒，接著調成低速，並開始加入全蛋。每次只加入約一顆全蛋的量，轉中速攪拌至蛋液完全被麵團吸收後，再加一顆的量。每次加蛋時，記得將轉速調低，並避開正在轉動的攪拌槳，以免濺起蛋液（為了你的衣服著想）。加入一半蛋液後，暫停機器，取出攪拌盆，以刮板將黏在底部、盆壁及攪拌槳接觸不到的麵團刮下，接著以同樣的操作流程，直到所有的蛋都加入麵團中。

6 學習判斷何為泡芙麵糊的正確質地：停下攪拌機，取出攪拌盆及攪拌槳，刮下黏在底部的麵糊，以手動稍微攪打麵糊，若是泡芙麵糊質地正確到位了，當你舉起攪拌槳，可以看見黏附在上頭的麵糊呈三角形垂掛（如右頁上圖）。

若是沒有出現三角形麵糊，則需要追加液體——蛋液或溫鮮奶，留意切勿加入過多液體，若是泡芙麵糊過稀，只能全部從頭再來一次，追加麵粉完全無效，因為我試過。因此，追加液體時，務必一小匙一小匙慢慢加，並每加一次就徹底攪拌均勻並再次確認質地

後，才決定要不要再加一小匙，直到看見正確的麵糊。

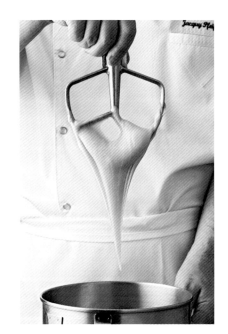

7 當泡芙麵糊達到正確質地時，取出可以掌握的麵糊量，填入裝有 ⅜ 吋圓形擠花嘴的擠花袋中，約半滿（填裝擠花袋以及擠花技巧請見 15～20 頁）。在鋪有烘焙紙的烤盤上，擠出欲製作的泡芙形狀：直徑 3cm 球狀（普通圓形泡芙）、長 3.8cm 橢圓狀（莎拉堡焦糖泡芙，93 頁）、長 7.5～9cm 條狀（閃電泡芙，97 頁），或直徑 2.5cm 球狀（節慶泡芙塔 109 頁），將所有的泡芙麵糊都擠花用罄。在泡芙表面刷上色蛋液，接著使用叉子尖端稍稍施力在泡芙表面劃壓出線條，這個步驟能使泡芙烘烤膨脹時更均勻。

進行至此，整盤的泡芙麵糊，可以直接冷凍至硬後，連同烤盤一起以保鮮膜包覆，或一顆顆取下裝進密閉容器或塑膠袋內，冷凍保存。下次烘烤前，排在鋪有烘焙紙的烤盤上間隔擺放，退冰回到室溫後才進行烘烤。

烘烤說明

1 烘烤前，請務必確認烤箱已達到預熱溫度 400°F／200°C。高溫能使蛋和麵粉中的蛋白質架結在一起，因而形成軟軟的泡芙殼，同時也逼迫泡芙麵糊中的水分逃逸汽化，藉此膨起產生中空。若是烤箱溫度不夠，成品將會扁塌、扎實。一次僅烤一盤泡芙，大約 10～12 分鐘後，可以看見泡芙膨起。

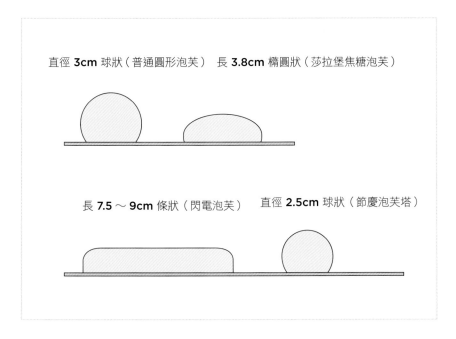

直徑 **3cm** 球狀（普通圓形泡芙）　長 **3.8cm** 橢圓狀（莎拉堡焦糖泡芙）

長 **7.5～9cm** 條狀（閃電泡芙）　直徑 **2.5cm** 球狀（節慶泡芙塔）

2 當泡芙膨起脹大後，將烤箱溫度調低至 325°F／160°C。使用較低的溫度慢慢烤熟，將泡芙烤乾、烤脆，才能維持膨起的中空不塌陷，也避免泡芙有生麵團的味道（法國人不喜歡生麵團口味的甜點噢）。視泡芙大小而定，烤熟大約需要 25 ～ 45 分鐘。

3 完成的泡芙殼外表呈現金黃色。從烤箱中取出，放涼。泡芙放涼後，是另一個可以冷凍保存的時機，連同整個烤盤一起放入冷凍庫，冰到硬後再一顆顆放到密閉容器或塑膠袋裡，冷凍保存。

完成了？完成了！

完成的泡芙，外殼應該呈現接近深棕的金黃色，內部中空膨起，輕敲有空曠的聲響。切開後，只稍稍保有些許溼度。

保存

無論是烤過或未烘烤的泡芙，皆可冷凍保存 1 個月左右。一般來說，我們不會將烤好的泡芙冷藏超過一天，因為冰箱中的溼度會使得泡芙變得溼軟。

解凍說明

烤過後才冷凍保存的泡芙，要吃的時候先於室溫下完全解凍，再送進烤箱以 400°F／200°C 快速烘烤 1 分鐘。直接冷凍的泡芙麵團，則是室溫下完全解凍後，依照上方的說明進行烘烤。

私藏祕技

→ 若是烤箱溫度過高，會產生太多蒸氣，因而造成泡芙表面龜裂或變形，之後若要沾裹焦糖或糖霜，會更加困難。

→ **學到賺到**：如果不小心加入過多的蛋液，造成泡芙麵糊太稀，千萬不要嘗試加入麵粉企圖補救，如此的作法只會得到許多惱人的結塊（不要浪費時間實驗了，我已親身體會慘痛的失敗）。唯一補救的方法是，再重新製作一批不加蛋液的基底麵團（麵粉、海鹽、糖，鮮奶和水），然後將此基底麵團加入過稀的麵糊中，徹底攪拌均勻後，依需要額外添加蛋液。

泡芙擠花技巧

　　當你能駕馭泡芙擠花，就能駕馭任何其他糕點擠花，馬林糖、馬卡龍都不是問題。在我的學校裡，開學第一週就開始學習擠花。每位學生先製作一批泡芙麵糊，然後在矽膠墊上練習擠花。在矽膠墊上練習是個好主意，當你練習完整個擠花袋裡的麵糊後，可以將擠花袋暫時放到高筒狀的容器內，撐開袋口，然後使用刮板平的那一端，將矽膠墊上的麵糊輕鬆刮起，再次填裝回擠花袋中，重複使用、練習。注意！我說「將擠花袋暫時放到高筒狀的容器內」，絕對不要隨手將擠花袋擱在沾有麵糊的矽膠墊上，要是擠花袋的外面弄髒了，變得黏膩滑手，是我無法忍受的大忌。

擠花前，想一想

1 握擠花袋的標準姿勢——（若右手為慣用手）右手在上，拇指和食指像是夾子般的夾住袋口頂端，右手的其他三指，剛好環抱著整個擠花袋，左手在下，引導擠花方向。
2 擠花嘴和烤盤的距離，怎樣才是最好的？
3 擠花嘴的角度對嗎？
4 顆與顆之間有沒有保留適當距離？行與行之間有沒有交錯開來？

填裝擠花袋

1 裝擠花嘴。剪去擠花袋尖尖的末端，把擠花嘴從裡面塞進去，擠花嘴的頭露出約一公分就是最佳狀態，洞不要剪得太大，以免在擠花時，擠花嘴滑出或麵糊由袋子和擠花嘴交接處溢出。裝好後，擠花嘴朝下，放進高筒狀的容器內（至少要高 13cm、直徑 10cm），袋口外翻架在高筒容器外緣，外翻的部分至少需占整個袋子直度的三分之一。你也可以利用手掌的虎口，架著外翻的擠花袋，不過以容器架著會比較容易。
2 使用橡皮刮刀或寬的塑膠刮板，挖取麵糊裝進擠花袋，半滿即可，小心不要裝進空氣。將擠花袋從容器內取出，外翻的部分反折回來，小心平放在乾淨的工作檯面上。接著，使用刮板平的那一端，由袋尾（寬處）往擠花嘴處刮擠，將麵糊往擠花嘴口處集中，同時壓出空氣。

3 舉起擠花袋，（若右手為慣用手）右手的拇指及食指像是一個夾子般，正正的扣在擠花袋上、麵糊填裝的最高點。「拇指食指夾子」要一直跟著麵糊的消耗往下移動穩穩扣住，麵糊就不會隨著擠壓而往袋尾流竄四溢。後三指則是自然追隨在「夾子」下方，它們環抱著擠花袋撐住重量。而擠壓時，則是平均以五根手指頭一起施力。左手擔任引導方向的角色。兩隻手、二十隻手指頭的搭配合作非常重要，左手掌握了擠花袋的角度、與烤盤之間的高度，進而影響麵糊擠出來的形狀。拇指與食指的扭轉施力，將麵糊擠壓到剛好接近，且快要擠出擠花嘴的程度。利用左手，及右手的另外三指合力舉起擠花袋，這就是開始擠花前的標準預備動作。

練習的原則

當你在練習擠花時，一次只練習一種形狀，一種大小，並連續練習 30～45 分鐘，先掌握好一種形狀。例如先練習圓形泡芙，連續練習 30～45 分鐘後才轉換練習其他款，如長條狀閃電泡芙、淚滴狀、巴黎—布蕾斯特車輪狀，或橢圓形的莎拉堡焦糖泡芙。每一款都持續練習 30～45 分鐘，聽起來真的非常枯燥，但我保證，若是你連續 45 分鐘不間斷地練習擠閃電泡芙，那麼你這一輩子都會記住如何擠出大小一致閃電泡芙的手感。而當你熟練一款之後，其他款也會因為經驗的累積，而顯得相對容易駕馭。

控制擠花形狀的因素

1 擠花嘴和烤盤之間的距離。假設你正在擠圓形泡芙，而擠花嘴和烤盤間距只有 0.5cm（右頁圖 1），擠出的形狀就會很扁平。高一點，擠出的形狀才會圓滿，不過若超過 2.5cm（此稱為「失控距離」），麵糊則會開始不受控制。如果擠花嘴和烤盤間距約 1cm，擠出的形狀就會稍微圓、高聳些（右頁圖 2）。當擠花嘴和烤盤間距 2cm，擠出的形狀會是完美的飽滿圓高挺（右頁圖 3）。若是擠花嘴離烤盤太高，擠出的麵糊就會亂流失去控制（右頁圖 4）。

2 擠花嘴的角度。當你在擠圓形泡芙時，擠花嘴和烤盤理想的間距是 2cm，且垂直向下保持幾乎 90 度。相同的，當你在擠巴黎—布蕾斯特泡芙（101 頁）的車輪狀，或其他輪狀造型，如聖諾黑泡芙蛋糕（253 頁）或冷凍夾心蛋糕（281 頁），也是間距 2cm，且擠花嘴垂直向下 90 度。

若是你以 45 度握著擠花袋，擠花嘴離烤盤 1cm，雙手完全不移動的情況下，擠出來的會是橢圓狀的泡芙。同樣的角度及高度，也用於擠條狀閃電泡芙，唯一不同的是，隨著擠壓麵糊任其自然垂落的同時，你需要移動雙手。直到擠出閃電泡芙的長度（7.5～9cm）後，停止施力，快速地降低擠花嘴，使得麵糊尾端和烤盤接觸黏著，再迅速地往反方向拉提，藉由此快速的動作切斷麵糊。

3 **收尾**。無論你正在擠哪種形狀的麵糊，當麵糊達到期望的大小之後，你都會面臨到如何不留下小尾巴或小尖頭的難題。圓圓的泡芙上若有小尾巴真的很不討喜！首先，必須停止擠壓，然後手的位置先保持不動（圖 5）。以手腕的力量快速撇一下的同時，藉著擠花嘴的邊緣將麵糊切斷（圖 6），有些甜點師則是使用快速撇轉小圈圈的手法，達到不留下尾巴的目的。若是你直接拉起擠花袋，就會得到賀喜巧克力的尖頭；尖頭在烘烤時容易焦掉，若要沾裹焦糖或翻糖時也會造成困擾。若是擠花達到期望大小後，還不趕快停手、持續擠壓，就會出現圖 7 的狀況。而擠花時若雙手不夠穩定，或在停止擠壓後還在亂動，就會出現圖 8 的狀況。

4 **泡芙之間應留有足夠空間**。約需 2.5～5cm，依泡芙大小而定，當泡芙受熱膨脹變大後，才不會顆顆相黏。同時，行與行之間應交錯排列，才能確保泡芙之間有足夠的安全距離。

在專業的甜點廚房裡，常設有自動擠花機（depositor）以取代人工擠花。一列有十個擠花嘴，可以設定特定角度以及距離烤盤的高度，以馬卡龍為例，擠花嘴和烤盤保持 1cm 高度，一次可以擠出十

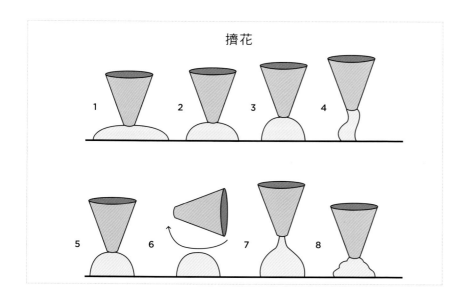

圓形泡芙

1 握住擠花袋，擠花嘴向下垂直 90 度，離烤盤 2cm，穩定的施壓擠出麵糊，直到期望的大小。

2 當麵糊達到期望大小之後，停止施力，以手腕的力量快速撇一下，藉著擠花嘴的邊緣將麵糊切斷。

3 泡芙看起來應該是飽滿圓高。維持同樣的角度及高度，持續依序擠好第一排。記得，當你開始擠第二排時，要和第一排交錯開來，顆與顆之間保留烘烤後膨脹的空間

橢圓形泡芙

1 以 45 度握著擠花袋，擠花嘴離烤盤 1cm，雙手施壓擠花袋，暫時不需移動。

2 當麵糊接觸到烤盤後，持續施壓擠花袋並往與開始處的反方向移動。

3 當麵糊達到期望大小之後，停止施力，以手腕的力量快速撇一下，藉著擠花嘴的邊緣將麵糊切斷。以同樣角度、高度依序擠好第一排。開始擠第二排時，要和第一排交錯開來，顆與顆之間保留烘烤後膨脹的空間。

個一模一樣的馬卡龍，然後烤盤會移動，擠花嘴再擠出十個一模一樣的馬卡龍。經由不斷地「擠花」，你最終能成為「擠花」高手，引號裡的字能替換成烘焙領域裡的所有技術。這不是什麼複雜的學問，將書中的步驟仔細閱讀兩次，然後就是不斷練習，直到雙手找到節奏，能穩定地製作出相同的成果。當我向學生們示範圓形泡芙擠花時，我總會為每顆泡芙配音：「噠科！噠科！噠科！」這就是我的節奏感，像臺擠花機。希望你也能找到屬於自己的擠花節奏。

圓形泡芙

1 握住擠花袋，擠花嘴向下垂直 90 度，離烤盤 2cm，穩定的施壓擠出麵糊，直到期望的大小。

2 當麵糊達到期望大小之後，停止施力，以手腕的力量快速撇一下，藉著擠花嘴邊緣將麵糊切斷。

3 泡芙看起來應該是飽滿圓高。維持同樣的角度及高度，持續依序擠好第一排。記得，當你開始擠第二排時，要和第一排交錯開來，顆與顆之間保留烘烤後膨脹的空間。

橢圓形泡芙

1 以 45 度握著擠花袋，擠花嘴離烤盤 1cm，雙手施壓擠花袋，暫時不需移動。

2 當麵糊接觸到烤盤後，持續施壓擠花袋並往與開始處的反方向移動。

3 當麵糊達到期望大小之後，停止施力，以手腕的力量快速撇一下，藉著擠花嘴的邊緣將麵糊切斷。以同樣角度、高度依序擠好第一排。開始擠第二排時，要和第一排交錯開來，顆與顆之間保留烘烤後膨脹的空間。

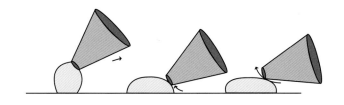

不同形狀的擠花練習

開始之前，在烘焙紙上畫出期望的麵糊形狀大小，會很有幫助。開始擠花時，將烘焙紙有標記的那一面朝下，油墨才不會沾到麵糊。另外，無論擠哪種形狀，顆與顆之間都要留有足夠的距離，行與行之間也要交錯開來，烤後膨脹變大才不會黏在一起。

閃電泡芙

1 以 45 度握著擠花袋，擠花嘴離烤盤 1cm，雙手施壓擠花袋。任麵糊自然垂落的同時，移動雙手直到擠出所需的閃電泡芙長度。

2 一旦達到期望的長度後，快速地降低擠花嘴，使得麵糊尾端和烤盤接觸黏著。

3 再迅速地往反方向拉提，藉此切斷麵糊。

巴黎—布蕾斯特泡芙

1 擠花袋和烤盤保持垂直，擠花嘴和烤盤距離約 2cm，擠出直徑約 5cm 的圓環。

2 當麵糊頭尾相接後，停止施力，以手腕的力量快速撇一下，切斷麵糊。

閃電泡芙

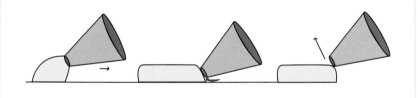

1 以 **45** 度握著擠花袋，擠花嘴離烤盤 **1cm**，雙手施壓擠花袋。任麵糊自然垂落的同時，移動雙手直到擠出所需的閃電泡芙長度。

2 一旦達到期望的長度後，快速的降低擠花嘴，使得麵糊尾端和烤盤接觸黏著。

3 再迅速地往反方向拉提，藉此切斷麵糊。

巴黎—布蕾斯特泡芙

1 擠花袋和烤盤保持垂直，擠花嘴和烤盤距離約 **2cm**，擠出直徑約 **5cm** 的圓環。

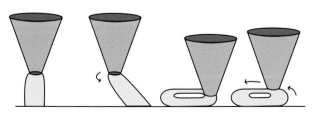

2 當麵糊頭尾相接後，停止施力，以手腕的力量快速撇一下，切斷麵糊。

淚滴狀

1 以 45 度握著擠花袋，擠花嘴離烤盤約 0.5cm。這樣可做出較扁平的淚滴（貝殼小餅乾，205 頁）。需要較飽滿的淚滴時（檸檬塔上的馬林糖霜，163 頁），則在擠壓的同時一邊稍微往遠離自己的方向移動擠花袋約 1cm，即可增加體積。

2 持續擠壓，往自己的方向拖拉，並同時漸漸減緩力道，拖出尾巴形狀。

3 若是突然停止施壓，淚滴狀的尾巴會短短的，或不形成尾巴。

4 若是施壓的力道沒有隨著拖拉而減輕，則會拉出太長的尾巴。

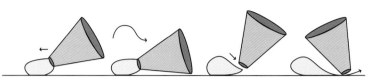

淚滴狀

1 以 **45** 度握著擠花袋，擠花嘴離烤盤約 **0.5** 公分。這樣可做出較扁平的淚滴。需要較飽滿的淚滴時，則在擠壓的同時一邊稍微往遠離自己的方向移動擠花袋約 **1cm**，即可增加體積。

2 持續擠壓，往自己的方向拖拉，並同時漸漸減緩力道，拖出尾巴形狀。

3 若是突然停止施壓，淚滴狀的尾巴會短短的，或不形成尾巴。

4 若是施壓的力道沒有隨著拖拉而減輕，則會拉出太長的尾巴。

馬卡龍

1 擠花袋和烤盤保持垂直，擠花嘴和烤盤距離約 1cm。定點施壓擠花袋，直到麵糊直徑達到直徑 3.8cm 大小時停止施壓。

2 以手腕的力量快速撇一下，藉著擠花嘴的邊緣將麵糊切斷。

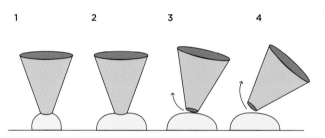

馬卡龍

1 擠花袋和烤盤保持垂直，擠花嘴和烤盤距離約 **1cm**。定點施壓擠花袋，直到麵糊直徑達到直徑 **3.8cm** 大小時停止施壓。
2 以手腕的力量快速撇一下，藉著擠花嘴的邊緣將麵糊切斷。

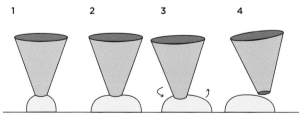

馬卡龍的第二種擠花方法

1 同上步驟 1。
2 結束時，快速的在麵糊頂端，撇劃小圓圈，同時藉著擠花嘴邊緣切斷麵糊。

布里歐許麵包
Brioche

份量 | 15 顆 2½ 吋圓麵包，或 2～3 條長麵包（視你的烤模大小而定）

2 天的製程

基礎溫度 | 54°C

材料	重量	體積或盎司（略估）
液種		
冰全脂鮮奶（脂肪含量 3.5%）	50g	3 大匙＋2 小匙
乾燥酵母	8g	2 小匙
中筋麵粉	60g	½ 杯＋2 大匙
麵團		
全脂鮮奶（脂肪含量 3.5%）	視情況，一次加 1 大匙	視情況，一次加 1 大匙
白砂糖	40g	3 大匙
高筋麵粉	340g	2¾ 杯＋1½ 大匙
冰涼的全蛋	220g	4 顆超大型蛋
海鹽	8g	1¼ 小匙（平匙）
奶油（法式，82% 脂肪含量），室溫軟化	200g	7 盎司
上色蛋液（7 頁）	1 份	1 份
依喜好添加		
香酥顆粒（9 頁），切碎焦糖堅果（51 頁）或顆粒大的粗糖	50g	½ 杯（平杯）

布里歐許是一款由酵母發酵、蓬鬆的甜麵包，嚐起來微妙地介在甜點和麵包之間，絕對排得上我心目中最愛糕點的前十名（每個人都該有一份自己的最愛清單）。布里歐許在十七世紀時被稱為「pain bénit」，意思是「備受寵愛的麵包」，輕盈充滿空氣，滿是奶油香氣，這名號實在當之無愧。

布里歐許有足夠的「麵包感」，能在早晨搭配著咖啡品嚐，它十足的奶油甜香，給人彷彿將甜點當早餐的感受。現烤剛出爐還帶點微溫，散發著豐腴多層次的香氣，再抹上奶油，自製果醬，是最完美的品嚐時間與方式。你一定要試試搭配 80 頁的覆盆子果醬，絕對是天堂裡才能嚐到的夢幻組合。

開始之前

→ 準備好以下工具，並確定所有材料（除了牛奶和雞蛋）都已回到室溫：

電子秤，將單位調整為公制
電子溫度計
桌上型攪拌機，搭配鉤狀攪拌頭
1 支橡皮刮刀
1 個麵團專用刮板
保鮮膜或茶巾
1 支不鏽鋼打蛋器
1 個中型攪拌盆
1 個小煮鍋
1 個鋪有烘焙紙的烤盤
1 個有圓弧端的刮板
1 支烘焙用毛刷

→ 請認真把食譜讀兩次。

基礎溫度與酵母麵團

酵母一旦接觸到溫暖的空氣及溼度，就會活化開始作用。因此，液體材料的溫度對於麵團的發酵非常重要，發酵作用在溫暖、潮溼的環境可以達到最佳的狀態。若液體溫度太低，酵母會進入休眠，麵團膨脹的速度會太過緩慢。相反的，若液體材料溫度過高，酵母則會太活潑，使麵團失控似地膨脹。

法國麵包師傅慣用一套既簡單又合乎邏輯的計算方式，來決定做麵包的當下該使用什麼溫度的液體，我們稱為「基礎加總溫度系統」（base temperature system）。主要的概念是麵粉、室溫及液體溫度，三者加總起來必須是 60°C。測量當天的室溫、麵粉溫度後，再以 60 減去以上兩個數字，就能回推所需的液體溫度，請用攝氏溫度來計算。布里歐許麵包需要兩天的製程，適合的基礎加總溫度是 54°C，較其他麵包低，因為布里歐許麵團需要在冰箱中低溫長時間發酵，如果基礎加總溫度太高，長時間發酵後會產生令人不喜愛的氣味。

以這份食譜來說，假設室溫、麵粉都是 20°C。

室溫＋麵粉溫度：20°C＋20°C＝40°C

以 54°C 為基礎加總溫度減去以上總數：54°C-40°C＝14°C

由此得出：鮮奶需要加溫至 14°C。

依照此公式製作完成的麵團溫度會落在理想的 23～25°C 之間，也能保障後續的發酵作用穩定進行。使用這套基礎加總溫度系統，整體來說可以控制麵團最後的溫度低於 28°C，這一點對於奶油含量高的麵團來說更為重要，除了保障後續發酵的穩定之外，也能避免麵團過熱導致奶油融化。

作法

第 1 天

1 製作快速發酵液種，又稱「法式酵頭液種」（poolish），是一種由少量液體、酵母以及麵粉製成的液體狀態發酵頭，這個作法也是快速活化酵母的方法。使用基礎加總溫度系統，以最終總和 54°C 扣除麵粉溫度及室溫（攝氏）以得到鮮奶溫度。將鮮奶倒入攪拌盆中，加入酵母攪拌均勻後，在表面撒一層中筋麵粉，靜置不動 10～15 分鐘，直到表面的麵粉開始產生裂痕，當你看見這個現象，表示酵母已開始進行發酵作用。酵母發酵過程中產生的微弱迷人酸氣，能為麵包注入獨特滋味。

這個配方裡，我採用了兩種不同筋度的麵粉。若單用高筋麵粉，會使得麵團彈性過高，烤出的麵包也過於有咬勁。加入中筋麵粉可調整筋度含量，改善口感問題。

鹽分子所含的酸根離子，具有控制延緩酵母發酵的功能，能使發酵作用不會失控；因此鹽太多，則會抑制發酵作用，導致麵團不蓬鬆。此外，要特別留意避免鹽和酵母直接接觸，這會使得酵母立即失去活性，最好的方法是在添加材料時，養成鹽最後才加的習慣。活化酵母使麵團均勻膨脹，需要適當的溫度與溼度，缺一不可。

烤溫高達 300°F／150°C 時，材料中的糖會開始焦糖化，帶給麵包美麗的棕色。高含量的奶油和蛋液，使得布里歐許有其獨特的香氣、細緻口感。製作時，確實將奶油室溫放軟化後才加入麵團，是麵團能順利揉勻的關鍵。

愈大量的麵團，需要愈長的攪打時間。若是使用 KitchenAid 的桌上型攪拌機大量製作，建議至多製作這份食譜的三倍份量，以免攪打時機器過度震動。

在專業廚房裡，我們習慣將攪打完成的麵團移至另外的攪拌盆中進行發酵，因為攪拌機附屬的攪拌盆永遠有下個任務，等著被使用，是整天都需要的工具。自家廚房中，如果沒有安排下個工作行程的話，可以使用同一個攪拌盆接續著發酵的步驟。

2 當酵母活化之後，就可以開始製作麵團。因為布里歐許麵包的奶油含量非常高，再加入奶油前，徹底將麵團攪打得彈性十足是很關鍵的一環，若是沒有充足的攪打就加入奶油，奶油可能無法順利融入麵團。開始製作麵團前，預先在手邊備好小份量的鮮奶，麵團若太乾燥可以加一點。依序在液種（步驟 1）裡加入白糖、高筋麵粉、蛋液，最後加入海鹽。以中速搭配鉤狀攪拌頭，攪打 30 秒～1 分鐘，直到麵團成形。邊攪打邊觀察，若是感到麵團乾燥，無法成團，依情況添加鮮奶。通常麵團太乾的情形，會發生在天氣乾燥，麵粉也相對乾燥的環境下。使用中速，足足攪拌 1 分鐘之後，所有材料也差不多會聚集成團。

添加額外鮮奶時，請務必以一次一人匙的方式緩緩少量添加。若在麵團剛成形時忽視其過乾的狀態，沒有增添額外液體的話，麵粉有可能會結塊，很難再次打勻。機器持續攪拌麵團約 5 分鐘，停下機器，用橡皮刮刀或有圓弧邊的刮板，將黏在攪拌盆底部跟盆邊的少量麵團刮起，並在刮起處撲上少量的中筋麵粉。重新啟動機器，再攪打 5 分鐘後，重複此步驟兩次。依製作的麵團份量而定，理論上，攪打 15 分鐘後，會開始聽見「啪嗒啪嗒」的聲響，此時麵團已具有彈性與光澤，且整團包覆在鉤狀攪拌頭上。取一小份麵團，使用雙手向四周拉扯，應該可以將麵團拉得非常薄透而不破，這就稱為「薄膜狀態」（windowpane，見左圖）。如果麵團尚未達到這樣的程度，回到機器上繼續攪打 3 分鐘直到薄膜產生。

3 在麵團中加入一半份量的軟化奶油，以低速攪拌 2 分鐘。剛開始（約第 1 分鐘內）奶油會附在麵團表面，黏在攪拌盆底或壁上，看似永遠無法融入麵團中，切勿驚慌，耐著性子持續等待，讓機器工作。2 分鐘後停下機器，以橡皮刮刀或圓弧邊刮板，刮下未融合進麵團的奶油，再開機攪打 2 分鐘，最終，所有的奶油都會和麵團均勻融合。接著，加入剩下的軟化奶油，以中速攪打 4～5 分鐘。最後，當所有的奶油都成功的打進麵團，就會得到光滑、彈性極佳飽含奶油的麵團。

4 將麵團移至中型的攪拌盆中，表面篩上薄薄一層中筋麵粉，再以保鮮膜或茶巾覆蓋住攪拌盆。讓麵團在不超過 80.6°F／27°C 的室溫環境下休息，發酵至兩倍大體積。發酵時間依當下室溫而定，可能需要 1～1.5 小時，避免在通風過於良好的地方進行，因為通風可能造成周圍環境溫度過低，酵母活性降低，發酵作用就會慢下來。相反的，若麵團在溫度過高的環境下進行發酵，奶油有可能會融化分離出來，酵母也可能過度活化或失去活性。你可以利用烤箱自製一個

理想的發酵環境——取一個小鍋，盛裝約 2.5cm 高的沸騰熱水，連同欲發酵的麵團一起放進烤箱中，關上烤箱門。少量的熱水提供蒸氣（溼度），溫暖了整個烤箱，同時營造一個密不透風的環境，效果很好（這個方法不適用於瓦斯烤箱）。

5 當麵團發酵膨脹兩倍大後，此時發酵產生的氣體大多帶有不美味的酵母氣息，我們會使用手掌或以拳頭拍打麵團，將這些氣體拍壓擠出，你應該能聽見氣體被迫從麵團中排出的聲音。接著，以保鮮膜或茶巾再次覆蓋於攪拌盆表面，放置於冰箱中發酵 2 小時，麵團會再次發酵脹大，變得冰涼。

6 再次拍壓出麵團中的氣體，以保鮮膜或茶巾覆蓋攪拌盆，放在冰箱中靜置隔夜。

第 2 天

1 經過一夜的休息鬆弛，隔天就能進行麵團整形了。在工作檯面上撲薄薄一層麵粉，烤盤裡鋪好烘焙紙。使用具圓弧邊的刮板，將麵團由攪拌盆中取出，移至工作檯上。將麵團分切成每小份約 55g 大小，放在工作檯隨手可及的遠處，保持自己前方的桌面有足夠空間，得以進行麵團揉塑整形的工作。再次確認工作檯以及手掌上皆撲了些許防沾黏的麵粉，一次取一份麵團，用掌心罩住，以順時針方向，同時揉、壓施力。一開始，往下壓的力道可能需要大些，甚至麵團會稍微沾黏在工作檯上，邊揉邊壓的滾實麵團後，減輕下壓的力道，增強手掌將麵團往中心集中的力氣，需要練習幾次才能領會出正確施力的要訣。當單手揉麵團練習得很順手了，可以進階成雙手並用，左右手各揉一份麵團。當我雙手並用時，我是以右手逆時針，左手順時針的方向進行。揉好的麵團會是一顆渾圓緊實的小球。若是麵團和工作檯之間的黏著性開始變高，停下手邊揉麵工作，再補撒少許麵粉，不要太多，太多的麵粉會導致麵團乾燥，更難以整形。使用恰恰好份量的麵粉防沾黏，不可不足，也勿太多。將塑好型的麵團小球，以間隔 2.5cm 的距離，逐一排放到烤盤上。也能直接排放進長條狀矽膠或金屬烤模裡。

2 以烘焙用軟毛刷，沾取適量的上色蛋液，輕輕塗刷在麵團上，小心不要讓蛋液滴落至烘焙紙上。刷完後，不需再覆蓋麵團，直接靜置於溫暖（最佳溫度為 27°C）、潮溼，不通風的地方，進行發酵至體積膨脹兩倍大，依實際環境溫度，可能需要耗時 1～1.5 個小時左右。

3 發酵差不多時，烤箱預熱 350°F／180°C，將烤箱中的網架放到中間

無可取代的奶油！

唯有使用你所能取得的最好材料來製作布里歐許麵包，你才能嚐到天堂般的美好，特別是奶油。如果你嘗試以其他東西取代配方中的奶油，例如起酥油（白油，shortening），那你就等著吃屎吧！對，我說出口了，這就是人造脂肪的滋味。當我在教學時，我一定會強調奶油的重要與美好，也不時會有學生提出疑問，是否能像他們的祖母們使用起酥油、乳瑪琳來製作布里歐許或猶太辮子麵包呢？

我的回答是，「理論上可以！」接著遞上一片塗有人造起酥油的麵包，請學生嚐嚐。學生通常會嚇得倒退三步，誰會生食人造油脂啊！這時我會反問，這種脂肪既然那麼噁心，為何會認為加到配方裡就不噁心？人造起酥油一開始是肥皂工廠研發的，宣稱較豬油（lard）、奶油或乳瑪琳（它的化學式和塑膠極為相似）來得健康。如今專家們早已證實，這種油脂含有大量的反式脂肪，根本一點也不健康。再說，對烘焙師傅而言，有什麼東西會比奶油美味呢？

布里歐許吐司

布里歐許小球麵團也可以做成「布里歐許吐司」（brioche Nanterre）。將一顆顆圓形麵團兩列並排，放進塗過奶油的長型吐司烤模裡。每顆小球麵團穩當的放置在烤模中，彼此之間稍微相黏且不能擁擠，以保有後續發酵膨脹的預留空間。布里歐許吐司依實際大小而定，需要烘烤 20～30 分鐘。出爐前，以小刀刺入麵包中心，檢查是否完全熟透。

層，上方不要有任何多餘的網架，以免阻擋麵包在烤箱中長高膨脹。此時的麵團很脆弱、容易變形，準備送進烤箱前，再次非常輕巧地刷上上色蛋液（建議使用平頭的細毛刷），最後依喜好的口感及香氣，撒上粗糖、香酥顆粒（9 頁），或切碎的焦糖堅果（51 頁）。送入烤箱烤 15～18 分鐘，直到表面呈現金黃棕色。

完成了？完成了！

使用正確烤溫及足夠的烘烤時間，完成的布里歐許麵包，表面會有一層接近深棕色的脆皮，且形狀完美。以小刀刺入麵包中心，停留 2 秒後取出，不會有麵團沾黏。

保存

在氣候非常乾燥的地區，布里歐許麵包以布袋或塑膠袋裝妥，室溫下可以保存 2～3 天。千萬、絕對不要把布里歐許（或任何）麵包放冰箱。冰箱中的溼度反而會使得麵包更容易腐敗，而且麵包也很容易吸附冰箱裡的異味。

用保鮮膜包裹好布里歐許，放冷凍庫中可以保存近 1 個月。食用前，移除保鮮膜，靜置於室溫下解凍至少 2 小時即可。

私藏祕技

→ 凡是倚靠酵母發酵作用達到蓬鬆口感的麵包，都需要高度的耐心，沒有任何快速的捷徑能縮短發酵時間，卻又希冀成品完美。愈多的耐心，你的布里歐許就愈美味。

→ 液種不能放著不管。如果任其發酵超過 15 分鐘以上，45～60 分鐘之內發酵作用過度，就會產生令人不悅的酵母氣味，這時就只有重新製作一途了。

經典千層酥皮麵團
Pâte Feuilletée

材料	重量	體積或盎司
白醋	3g	¾ 小匙
冰水	180g	¾ 杯＋1 大匙
海鹽	12g	1¾ 小匙
中筋麵粉	400g	3½ 杯＋2 大匙
奶油（法式，**82%** 脂肪含量），室溫軟化	60g	2 盎司
奶油（法式，**82%** 脂肪含量），室溫軟化	340g	12 盎司
糖粉（選擇性添加）	依需要添加	依需要添加

開始之前

→ 準備好以下工具，並確定所有材料（除了冰水）都已回到室溫：

電子秤，將單位調整為公制
2 個小型攪拌盆
1 支不鏽鋼打蛋器
1 個小布丁杯或小碗
1 支小型橡皮刮刀
1 支長刀
保鮮膜
1 片麵團刮板
1 支直尺
1 支擀麵棍
1 張全尺寸矽膠墊
2 個以上的烤盤
烘焙紙
1 支叉子，或滾輪打洞器
1 張網架

→ 請認真把食譜讀兩次。

在父親的甜點鋪裡，販售有翻轉蘋果派及蝴蝶酥（227 頁），這兩款甜點皆需使用千層酥皮。我年僅十歲的時候就開始協助製作千層酥皮，父親有一套自己專屬的製作流程，既嚴謹又龜毛，家裡三個小孩對於協助父親製作千層酥皮這項工作，總是避之唯恐不及。如果千層酥皮沒有層層擀勻、烤後沒有直挺挺向上膨高，在他眼中就是不及格的成品，那時他總會大發脾氣。在小孩子的心目中，剛出爐的翻轉蘋果派，儘管長相不盡完美，那股香甜氣味依然無盡美好，但父親可不這麼認為。

我最喜歡的千層酥皮甜點中，千層酥（也稱為拿破崙 Napoléon，116 頁）絕對榜上有名──三片酥脆的千層酥皮，夾起兩層卡士達餡。聽起來非常單純，然而若能完美執行，絕對是永恆不朽、無所匹敵的經典法式甜點。

製作千層酥皮需要極大耐心、堅定的信念以及不間斷地練習。我強烈建議，當你執行這份食譜時，務必在低溫或有空調系統的環境下進行，奶油才不會軟化。如果你是新手，企圖在盛夏七月天的火熱廚房裡製作千層酥皮，那絕對不會是個好的開始。繼續看下去，你就會知道箇中原因。這份食譜需要分兩天來進行，建議你在開始之前，細讀整個流程，並在腦海中排練一遍。

千層酥皮麵團是由多層奶油及麵團彼此交疊而成，這些層次來自於一大塊麵團包裹住一大塊奶油，再藉由「擀開、折、疊、休息」一

用以製作千層酥皮的麵粉筋度（也就是麩質）不能太高，本配方中選用的是中筋麵粉。筋度如同遇熱遇水就會活化的粉狀橡皮筋，當麵團混合成團，筋度就開始活化累積，使得麵團彈性漸增。如果千層酥皮麵團含有太高的筋度，在烘烤後很容易收縮緊繃。

白醋有兩項功能——鬆弛麵粉減少筋度，以及延長麵團的保存期限，如果不添加白醋，麵團在冰箱中保存兩天後，顏色會變得灰白。

海鹽在烘焙領域裡是最被廣為使用的鹽類，也很適合用在料理中。它比岩鹽多含碘含量，也不那麼鹹。

慎選奶油也非常關鍵。務必使用脂肪含量 82%、含水量較少的奶油製作。你或許在超級市場會看到一些較便宜的奶油，它們往往含水量較高，固形脂肪含量較低。製作千層酥皮時，含水量高的奶油，在烘烤時會產生大量蒸氣，將使千層酥皮過度膨起，然而沒有足夠的固形脂肪支撐，最終難逃坍塌的命運。

系列步驟重複進行幾回合所達成的結果。每次折疊都會產生出更多的層次，直到最後會有超過兩千多層，頁頁分明，宛如一本書。

以折疊動作營造出層次的過程稱為「層次化」（lamination）。執行妥當的話，每一層麵皮在烘烤後會片片獨立，得到無與倫比的酥脆口感。

第 1 天

製作基底麵團

千層酥皮的基底麵團又稱為「détrempe」，建議新手一開始先以徒手揉製幾次，待能掌握完成後的麵團該有的質地後，才改以機器製作。工作檯面的邊長至少需要 45cm 以上才有辦法作業，愈大愈好。

1 在小攪拌盆裡加入白醋、水及海鹽，以打蛋器打散至海鹽溶解。

2 將麵粉倒在工作上，圍出直徑約 35～40cm 的小圓形平臺，中間挖出一個凹槽，使麵粉堆看起來像是一座高度約 2.5cm 的火山口。

3 再次確認 60g 奶油已確實軟化，放進另一個小攪拌盆或小碗中，以橡皮刮刀拌打成霜狀。視需要可使用微波爐以 50%功率微波 5 秒，幫助軟化，但小心不要過熱使奶油融化了。將軟化的奶油放進麵粉堆的火山口裡，並慢慢地加入液體材料。留意讓奶油和液體保持在火山口裡，若是洞口太小，或倒入液體的速度太快，液體材料會流竄出麵粉堆。

4 以單手攪拌，若慣用右手，將右手五指以爪子般的姿勢，指尖深入火山口的正中央並觸碰到桌面，由中心點開始畫圓，起初畫小圓，慢慢愈畫愈大，另一隻手圍護著麵粉火山的四周，並不時往圓心撥進適量的麵粉，當所有的麵粉都和奶油液體接觸後，持續用單手混拌，直到所有材料聚集成團且沒有結塊。切勿使勁揉麵，以免麵團產生筋度，烘烤後會因此縮塌。完成的基底麵團，有粗糙的質感，肉眼不見乾粉，如果看起來過於乾燥，可以額外添加 1～2 大匙的水，輕輕混合進麵團裡。

5 差不多攪拌完成後，使用另一隻乾燥的手（左手），清理黏附在負責攪拌的（右）手上的殘餘麵團，並和桌上的大麵團攪聚在一起。雙手撲上薄薄一層麵粉，鼓起手掌，以罩拍的方式輕輕為麵團撲上麵粉，同時整理成一顆圓球狀。此時的基礎麵團，看起來殘破粗糙，但是應該沒有乾燥的麵粉結塊，質地均勻一致。

6 使用長刀，在麵團上頭切割出深度約 2cm 的十字。這一個步驟可以切斷一些因攪拌產生的筋度，並延緩筋度的活化。以保鮮膜將麵團包妥，放進冰箱冷卻 1 小時。接著清理工作檯面——先使用刮板平的那一端，刮去桌面上所有的麵粉及殘餘的麵團，然後才清洗、擦乾桌面。

7 在等待麵團鬆弛休息時，可以著手進行奶油塊的塑型。抽一張保鮮膜，用麥克筆在上面畫出 18.5×23cm 的長方形。於另一張保鮮膜

使用桌上型攪拌機

當你能掌握基底麵團的手感後，就可以進一步嘗試使用桌上型攪拌機（搭配鉤狀攪拌頭）。在小攪拌盆裡加入白醋、水及海鹽，以打蛋器打散至海鹽溶解，倒入一半份量的混合液到桌上型攪拌機附屬的攪拌盆裡，接著加入麵粉及軟化的奶油。先以最低速開始攪打，同時將另一半液體緩緩加入，直到所有材料聚結成一團即停下機器。此時的麵團應看不見乾粉，質地看起來粗糙不均，摸起來略帶溼氣黏手，但不至於溼軟。使用雙手感受看看麵團裡有沒有結塊，若有，再次以機器攪拌數秒，直到沒有結塊，麵團就完成了。我必須再次強調，千萬不要攪拌過度，尤其機器的效能遠高過雙手，攪打麵團時更需要留心。

上，放置 340g 奶油塊，再把畫有長方形的保鮮膜（油墨朝上，勿接觸到奶油）疊上去烤模，使用擀麵棍將奶油塊擀成標畫的大小。不要操之過急、太用力擀壓，邊擀需邊注意奶油的厚薄是否一致。完成後，以保鮮膜包好，放置冰箱內冷卻 1 小時。

包覆奶油並開始折疊

1 開始之前，必須確定奶油塊及麵團都已冷卻到和冰箱相同 4°C 的低溫狀態。如果溫度還不夠低，讓它們回到冰箱再等一陣子才開始。無論是奶油塊或麵團，都需要是介於冰硬同時稍微施力又能擀得動的狀態。接下來的步驟，我建議全程在大片的矽膠墊上執行，如果操作的過程中，麵團軟化變得黏手，可以連同矽膠墊移到冰箱中冷卻補救。等上手後（過程中都不需要再進冰箱降溫），可改在撒有麵粉防沾黏的工作檯上進行。從冰箱取出麵團前，再次確定工作區整齊乾淨，需使用到的工具也在伸手可及之處。

2 矽膠墊或工作檯面上撲撒麵粉防沾黏，放上麵團。以擀麵棍壓平麵團，以不大不小的剛好力道，往同一個方向（而非來回）將麵團擀成 46×19cm 的長方形。隨時將麵團滑動一下以確保沒有沾黏在矽膠墊或桌面上。若是沾黏了，立即停下動作，在沾黏處補些麵粉。擀好的麵團可以略大於 46×19cm，因為麵團有可能會回縮。

3 從冰箱中取出奶油塊，放置於工作檯上，先不拆掉保鮮膜，以擀麵棍輕敲 30 秒（小心不要敲變形了），使奶油軟硬適中適合操作。若是奶油太冰過硬，除了很難擀開之外，還容易碎裂。

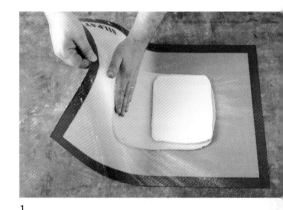

1

4 擀好的麵團放在矽膠墊上（長邊靠近身體），撕掉奶油上的保鮮膜，將奶油放在長方形麵團的左半邊（短邊靠近身體），四周預留一點邊緣，奶油應該會覆蓋麵團一半的面積。將右半邊的麵團對折蓋住奶油塊（圖 1），邊緣壓密合，使整個麵團確實包裹住奶油塊至完全看不見奶油的程度（圖 2）。使用擀麵棍輕敲 30 秒，翻面重複輕敲，可以幫助麵團跟奶油包裹緊密。接著，將矽膠墊轉 90 度。

5 接下來要開始第一次的「折疊」。執行折疊步驟，最關鍵的要點在於麵團／奶油塊，必須保持冰涼同時也是恰好擀得動的軟硬度。動作盡量迅速，麵團／奶油塊才不會因為時間的延長而軟化。折疊過程中，如果奶油過軟，容易流溢出麵團；如果奶油太冰過硬，則會容易碎成小塊，夾雜在麵團層中（因此請不要用冷凍庫來冷卻麵團和奶油。）大方的在矽膠墊上或工作檯面撒上麵粉防沾黏，取出麵

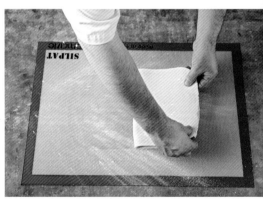

2

3

團／奶油塊置於矽膠墊上，表面也撒上麵粉，雙手滑過整塊麵團，確定手粉足夠，沒有沾黏的現象，再開始以擀麵棍平均施力擀開麵團。施力一定要很平均，以免造成厚度不均。順著長邊，由頭到尾將麵團擀開，尤其留意尾端也要擀到。另一個需要留心的是，每擀10秒就確認一次麵團底部沒有沾黏在工作檯或矽膠墊上。試著以雙手拖滑麵團看看，若是無法滑來滑去，則在底部多撒些麵粉（在擀製各款塔派麵皮時都需要這麼做）相同的，如果擀麵棍開始沾黏，則在擀麵棍及麵團表面多補些麵粉。如果麵團開始變軟，甚至奶油有溢出的現象，馬上停止擀麵的動作，將整份麵團放回冰箱中冷卻30分鐘。如果奶油如同沙漠地表般碎裂成小塊，那就是奶油太冰，或一開始敲打得不夠，導致難以施力擀開，這時應先停止滾擀，將麵團留在室溫工作檯面上5分鐘，中途翻面一次，待奶油稍微軟化後才繼續擀。

6 先將麵團擀成邊長約 30.5cm 的正方形，接著再繼續擀成長約 46cm，寬約 19～20cm，厚約半公分的長方形。如果放在矽膠墊上操作的話，可以將墊子的短邊靠近自己，沿著墊子的長邊滾擀，會很方便。

7 當麵團達到指定尺寸後，連同矽膠墊轉 90 度（此時長邊靠近自己），以烘焙專用毛刷刷去表面多餘的麵粉。將麵皮折成三等分——先將右三分之一往中間折，再將左三分之一往中間折，疊成三層。到此為止，就是完成了第一回合的折疊（總共需要六回合）。以指尖在麵團上壓一點作記號，或包裹好保鮮膜後在保鮮膜上標記，接著送進冰箱冰鎮 30 分鐘。

8 工作檯或矽膠墊上，再次撒上麵粉防沾黏。從冰箱中取出已冷卻的麵團，將看得見三層次的開口處朝向自己，麵團交接處朝向左或右手邊（圖 3）放在檯面上，將麵團擀成約半公分厚，將麵團轉 90 度，再次進行折三折的動作，這就是第二回合的折疊。做記號後放進冰箱，冷卻 1～2 小時。冰鎮麵團的步驟非常重要，在擀過兩次之後，麵團裡的筋度或多或少已被活化。

9 麵團休息鬆弛後，同樣的步驟，重複再進行兩次，每次都至少要回冰箱中鬆弛 30 分鐘，記得做記號，不然一定會忘記折幾次了。此時，你應該已經完成 4 回合的折疊，以保鮮膜包裹妥善，放進冰箱中放置隔夜。

第 2 天

再進行折疊的步驟兩回合，加起來總共六次，千層酥皮麵團就完成

了，以保鮮膜包裹好待用。使用前，需要放回冰箱冷卻鬆弛至少 1 小時，或 48 小時效果最好。完成的千層酥皮生麵團保存方法請見 34 頁關於「保存」的單元。

正確擀開千層酥皮麵團

將整份麵團等切成 4 塊，烤盤上事先鋪好烘焙紙。

每一小份麵團均勻擀開成半公分厚的正方形或長方形（依食譜需求），移到鋪有烘焙紙的烤盤上。繼續操作下一塊時，務必在擀好的麵皮上蓋一層保鮮膜。接著，擀好的另一塊千層酥麵皮，疊放在第一塊的保鮮膜上方，上頭再蓋上一層保鮮膜，重複相同步驟完成 4 塊，彼此之間以保鮮膜隔開，最上方也以保鮮膜包好，放回冰箱休息鬆弛 1 小時後，才進行烘烤。

如何烘烤千層酥皮

1 移除保鮮膜。除非使用營業用大烤箱，否則一次只要烘烤一片，且將烤盤放置在烤箱的中間層。烤箱預熱 400°F／200°C（或營業用烤箱 375°F／190°C）。前 15 分鐘以高溫烘烤是關鍵，如此一來才能使得層層麵團之間的水分轉化成水氣，水氣散逸的過程中，會撐出許多層次，讓派皮膨脹長高。烤箱溫度若不夠高，就會烤出扁平的酥皮，這是無可挽救的。烘烤之前，將麵團皮放置於鋪有烘焙紙的烤盤上，以叉子刺出彼此間隔 2cm 的小洞，小洞能使水氣溢散，有助於派皮膨起均勻。也能使用派皮專用的滾輪打洞器，更有效率。

2 為了確保酥皮膨起均勻，除了打洞之外，另外取一個網架，腳架朝下，不要壓到派皮，疊站著一起烘烤，30 分鐘後移走網架再繼續烘烤 15 分鐘，此時派皮應該以均勻膨起。接著調降烤箱溫度至 325°F／160°C，烤 30～40 分鐘，直到派皮呈現金黃棕色。整體烘烤時間大約 1 小時或略長，為了將麵團中的水分完全烤乾，使得派皮酥脆，這麼長的烘烤時間是必要的。但是也請隨時注意派皮上色狀態，如果烤過頭就不叫「酥脆」而是「焦脆」了。

3 如果你喜歡千層酥皮表面有一層薄脆焦糖。將烤好的派皮翻面，平坦的那面朝上，均勻撒上糖粉，擺放於距離烤箱上方直火火源 7.5cm 處的距離，快速加熱 1～3 分鐘，直到糖粉融解焦糖化。一層薄脆焦糖能為派皮增添風味與口感，加熱的同時，也請留意不要讓派皮燒焦了。

私藏祕技

→ 製作任何種類的麵團時，請先感受一下當下環境的溼度。麵粉很會吸附空氣中的溼氣，當環境乾燥，攪拌麵團時會需要多加些水。相反的，若是氣候非常潮溼，食譜上的水量不要一口氣全加進去，視情況保留一些液體不使用。一個好的烘焙師傅，往往具有感受氣候並微調配方的能力。

→ 千層酥皮麵團可以應用在廣受喜愛的各式法式甜點上，如鹹、甜薄餅、蝴蝶酥、起司棒，或水果塔皮。

→ 請不要害怕製作千層酥皮，只要依照書中指示，就會得到不錯的成果。一旦練出擀開、折疊的手感，再搭配矽膠墊的大力幫忙，只要做過一次，絕對會勇於再做第二次。

製作千層酥皮還有另外兩種方法。一種叫「反轉千層」（inverted puff），改以奶油包裹麵團，而不是麵團包裹奶油。這種作法難度更高，但成品會更酥脆。另一種則是「快速千層」（quick puff），所有的材料全混在一起後，直接進行擀、折而跳過冰鎮的步驟，雖然很快，但口感就不那麼酥脆了。

完成了？完成了！

　　烘烤正確的千層酥皮，應該是整片由上至下，甚至是中間層，都呈現深棕金黃色。如果中間層部分顏色偏白，嚼起來會硬硬糊糊的。還有什麼比沒烤透的千層酥皮，更令人髮指的呢？

保存

　　生的千層酥皮麵團，可於冰箱中保存 2 天。而生麵團和已烤好的千層酥皮，皆可冷凍保存。完成所有折疊的生麵團，可以整塊直接送進冷凍庫保存，或分切成 3、4 塊，每塊擀成 0.6～1cm 厚，中間以烘焙紙隔開疊放於烤盤上，再以保鮮膜覆蓋包裹，放置於冷凍庫中冰硬後，移放到密閉容器中繼續冷凍保存。使用時，取一片至於烤盤上，在室溫下回溫 30 分鐘即可進行烘烤。無論烤過或未烤過的千層派皮，冷凍前務必以保鮮膜包裹兩層，確實密封的話，可保存至多 1 個月。

香草卡士達醬
Crème Anglaise

份量 | 652 g

材料	重量	體積（略估）
全脂鮮奶（**3.5%脂肪含量**）	250g	1 杯＋1 大匙
鮮奶油（**35%脂肪含量**）	250g	1 杯＋1 大匙
白糖	68g	1⅓ 杯
香草莢	1½ 根	1½ 根
蛋黃	150g	8～9 顆
白糖	68g	⅓ 杯

　　這個絕對重量級的卡士達醬，可以搭配應用於多處，集眾多人們對於醬的渴望於一身：濃郁、滑順的同時又是如此地清爽。卡士達醬是由有甜度的鮮奶、鮮奶油，加上香草，再和蛋黃微煮至濃稠而成。我慣用的配方同時使用鮮奶和鮮奶油，我喜歡鮮奶油額外貢獻的豐腴口感，如果喜愛清爽的卡士達醬，可以將材料中的鮮奶油以等量全脂鮮奶取代。

作法

1 在大型攪拌盆內裝滿冰塊，中央放一個布丁杯，使中型攪拌盆可以穩妥的架在上面。

2 先保留食譜中的 50g 鮮奶在一旁備用，其餘 200g 倒入煮鍋，加入鮮奶油以及 68g 白糖。縱向剖開香草莢，以刀尖刮下香草籽，連同莢殼一起加入煮鍋中以中火加熱，攪拌 10 秒，攪散沉在鍋底的白糖。

3 加熱的同時，取一中型攪拌盆，加入蛋黃，另外 68g 白糖，立即攪打 30 秒。若是稍有耽擱，蛋黃會被糖包住，形成黃橘色的結塊。徹底攪勻蛋黃和白糖，糖分子包裹蛋黃如同形成一層緩衝膜，可以避免後續加入熱牛奶時因溫度驟升而凝結成蛋花狀。加入保留的 50g 鮮奶，攪勻後放一旁備用。

4 煮鍋中的鮮奶沸騰後熄火，取出香草莢殼放置於盤子上，邊攪拌邊倒入中型攪拌盆的蛋黃中，約倒入 2 杯的量後，再邊過濾邊全部倒回煮鍋中。如果你只有一個中型攪拌盆，這時請迅速洗淨擦乾，然後把它放置在裝滿冰塊的大型攪拌盆裡。

開始之前

→ 準備好以下工具，並確定所有材料都已回到室溫：

電子秤，將單位調整為公制。
1 個大型攪拌盆
冰塊
1 個布丁杯，或淺杯子
1 個中型煮鍋（勿使用鋁材質的）
1 支小刀
1 個中型攪拌盆
1 把中型不鏽鋼打蛋器
1 支大型橡皮刮刀
電子溫度計
1 個中型篩網
保鮮膜

→ 請認真把食譜讀兩次。

學到賺到：如果先將香草籽及莢殼泡在鮮奶中，置於冰箱中隔夜，鮮奶中的水分就有更足夠的時間吸收香草香氣，如此一來，只需使用食譜中的一半香草莢用量即可。

製作卡士達醬需要足量的蛋黃,蛋黃中所含的卵磷脂具有天然乳化劑的重要特質。卵磷脂的分子結構同時含有親水端及親脂端,這樣的結構特可以架結起蛋黃及鮮奶中的脂肪及水分。也就是說,蛋黃能將鮮奶、糖等本來稀薄的液體,由親水端及親脂端連結起來而轉變為濃稠狀態,因而凝固成形為卡士達醬。

雞蛋中的蛋白質在生的狀態下,呈現一束束折起的狀態,隨著熱牛奶的加入,蛋白質逐漸攤開延伸,當整體溫度達到 165°F／75℃ ～180°F／80℃,束與束伸展開來的蛋白質將再次結合,使得液體凝結成濃稠滑順的卡士達醬。這樣的化學反應,需要搭配不斷地攪拌,以及全程採用小火加熱,才能如預期地完美發生。

缺少持續攪拌及小火加熱這兩個動作時,蛋白質無法全數均勻打開及重新結合。若是中斷攪拌,靠近鍋子底部的蛋白質受熱過度,會產生如同蛋花的結塊現象,而非滑順的質感。「調溫蛋黃」的動作(先加小部分的熱牛奶到蛋液中,接著才將全數倒回鍋中)是為了幫助蛋白質先打開折疊結構,再加熱使其均勻連結。

5 將煮鍋放回爐火上以小火加熱。以橡皮刮刀持續仔細攪拌,每個角落都要攪拌到,直到整鍋均勻濃稠。以畫 8 的手法攪拌,可以確保鍋底的每處都有攪拌到。要判斷卡士達醬是否已經煮到足夠的濃稠度,將煮鍋離火,拿開橡皮刮刀,以指尖劃過醬的表面,若能留下一道溝,就是夠稠了。這時請繼續以小火加熱、不斷攪拌,並插入電子溫度計測溫,當溫度達到 165°F／75℃ ～185°F／85℃ 之間時關火。

6 立即將卡士達醬倒入冰浴內的中型攪拌盆中。由於大盆裡有放置布丁杯,即使冰塊開始融化,中型盆也不會歪倒。一開始先持續攪拌數分鐘,接著每過幾分鐘,再攪拌一下,直到溫度降下來。降溫步驟很重要,任何由生蛋製作的食品,都需要在 20 分鐘以內快速降溫,以免沙門桿菌有機會繁殖。如果冰塊不夠,也可以將整盆卡士達醬放進冷凍庫裡,每幾分鐘攪拌一下,直到溫度降低後,移到適合容器中,以保鮮膜貼附醬料表面封好,保存於冰箱中備用。

完成了?完成了!

卡士達醬該有濃稠、豐腴、滑順的質感,不會有流動性過高,或有結塊、顆粒存在的現象。流動性太高,代表加熱不夠,凝結作用未完成。有顆粒或結塊則表示加熱過度,或攪拌不均勻,導致蛋花的產生。

保存

在冰箱中可以保存最多 48 小時。卡士達醬不能冷凍,冰晶會破壞蛋白質之間的凝結,解凍退冰後,會出現結塊且油水分離的現象。

蛋的食品安全法則

如果你能從頭到尾依照指示，好好照顧、完成一批卡士達醬，完全不需要擔心沙門桿菌的危害。民眾對於沙門桿菌的害怕，已經幾近於偏執妄想的境界了，當需要接觸、烹煮雞肉或雞蛋時，就卯起來噴撒消毒用品。消毒劑本身也是對人體有害的化學物質，過度使用消毒用品可能使身體對細菌的抵抗力變低，或造成過敏。要生產出無食安疑慮的卡士達醬，只要遵守以下四個簡單的原則：

1 **使用新鮮、未加工的蛋。**

新鮮食材不僅滋味較好，且大大減少細菌入侵的機會。雖然雞蛋最終會加熱煮熟，但使用不新鮮的雞蛋絕對會提高感染的風險。

2 **煮到正確、所需的溫度。**

細菌可在 5°C～57°C 的溫度下繁殖生長。也就是說，雞蛋從冰箱中取出後，很快的就回溫到適合細菌生長的溫度了。但也不需過度驚慌，糕點師傅在使用雞蛋時，一定會加熱，如卡士達醬一定會煮到至少 75°C，這已是安全的溫度，有的廚師甚至會煮到 85°C，這時已能殺死絕大多數的沙門桿菌。

3 **完成後迅速降溫，並保存於冰箱中冷藏。**

在 20 分鐘內快速降溫是抑制細菌生長的關鍵。實驗顯示沙門桿菌以每 20 分鐘的速度繁殖出下一代，因此才要用冰浴或冷凍庫來快速降溫煮好的卡士達醬。我曾經看過一些糕點師傅，煮出完美卡士達醬後，卻將整鍋卡士達醬留在室溫工作臺上。我剛說了，加熱到 75°C 能殺死「絕大多數」的細菌，剩下一點點殘活下來的細菌一旦接觸到溫暖的環境（5°C～57°C），在 20 分鐘內就會繁殖出下一代。冷藏或冷凍並不會殺死細菌，只會使其進入休眠狀態不再繁殖，一旦回到溫暖環境，休眠的細菌就會甦醒並開始繁殖，所以煮好的卡士達醬一定要隨時保持在冰冷的狀態，直到用完。

4 **相同原則也適用於雞肉料理。**

沒吃完的雞肉料理，被一大包直接塞進冰箱裡，需要好幾個小時才會完全降溫。我的建議是，至少打開包裝再放進冰箱，使其能較快冷卻下來，之後再拿出來包裹好繼續冷藏保存。

另一個一定要全程以小火加熱的原因是，在蛋白質彼此連結的過程中，若有足夠的時間鎖住水分，卡士達醬將擁有最滑順的口感。大火加熱會讓醬汁凝結過快，水分快速溢散，口感變得像橡皮一樣硬。同理，所有以蛋黃為基底、追求滑順口感的甜點如起司蛋糕，通常會以水浴法低溫烘烤的原因也在此。水浴緩衝了溫度的驟升，提供蛋白質一個溫和、能緩慢凝結的烤箱環境。

當糖徹底包裹住蛋黃，也可以延緩凝結作用發生過快。然而若一口氣加入全數或過量的糖，其中所含的酸反而會促使蛋黃凝結。這也是為什麼我要在鮮奶中加入一半的糖，在蛋黃中加入另外一半的糖，之後才混合在一起的原因。加入蛋黃中的小份量鮮奶，也是同樣扮演緩衝凝結的角色。

再說一次，請不要用低脂或零脂鮮奶替代全脂鮮奶，香草卡士達成品會很稀而且毫無滋味可言。

香草卡士達醬（或其他蛋黃醬）
相關食譜

私藏祕技

→ 若食材中有雞蛋，就表示不可以使用任何含鋁的器具。鋁會和雞蛋產生作用，使得顏色變異，卡士達醬會變成灰色。

→ 如果不小心煮過頭了，以手持均質機趁熱高速攪打 10 秒，可以稍微拯救悲劇，雖然勉強還是可以拿來用，但不會是完美的成品。

→ 用過的香草莢殼不要丟，可以用來製作香草糖。將莢殼清洗乾淨徹底風乾，原封不動或整個打碎，與白糖混在一起保存即可。

濃稠卡士達餡
Pastry Cream

材料	重量	體積（略估）
全脂鮮奶（**3.5%**脂肪含量）	250g	1 杯＋1 大匙
奶油（法式，**82%** 脂肪含量）	25g	2 大匙
白糖	32g	2½ 大匙
香草籽	½ 根	½ 根
玉米粉	10g	1 大匙
低筋麵粉	10g	1 大匙
白糖	32g	2½ 大匙
蛋黃	60g	約 4 顆，依雞蛋實際大小而定

　　我喜愛的卡士達餡配方很單純，由卡士達醬再額外加入粉類即成。這種餡能當蛋糕內餡、塔餡、千層酥夾層餡和丹麥酥皮類的填餡，也可以灌入閃電泡芙或圓形泡芙中。同樣的基底，也能變化出多種口味如巧克力、咖啡、櫻桃白蘭地、焦糖、堅果泥或柑橘類果皮，還有我最喜愛的香草籽。一份好的卡士達餡，必須濃稠滑順，帶有動人光澤，這表示材料中的脂肪已完美乳化。除了單獨使用卡士達餡當主角，也可以加入奶油、奶油糖霜、義大利蛋白霜或打發的鮮奶油加以變化。

作法

1 先保留 ¼ 杯鮮奶在一旁備用，其餘的鮮奶、奶油，32g 白糖、香草籽與莢殼一起放進煮鍋中，以中火加熱。

2 在中型攪拌盆中，將玉米粉、麵粉、32g 白糖及預留的 ¼ 杯鮮奶和蛋黃，以打蛋器打散攪勻。

3 鮮奶沸騰後熄火，取出香草莢殼。將一半量的沸騰鮮奶邊用打蛋器攪拌邊倒入中型攪拌盆，然後再全部邊過濾邊倒回煮鍋中。

4 再次以中火加熱，並一邊不時攪拌，留意鍋底、鍋邊、各個角落都要攪拌到，才不會黏鍋燒焦。若發現液體開始有些許黏鍋的現象，馬上離火，並持續攪拌 30 秒，直到整鍋液體濃稠起來且質感一致，

開始之前

→ 準備好以下工具，並確定所有材料都已回到室溫：

電子秤，將單位調整為公制。
1 個烤盤
保鮮膜
1 支小刀
1 個中型不鏽鋼煮鍋
1 個中型攪拌盆
1 把不鏽鋼打蛋器
1 個篩網

→ 烤盤事先鋪好保鮮膜。
→ 以小刀縱剖香草莢，取出香草籽。
→ 請認真把食譜讀兩次。

製作一份品質完美的卡士達餡，必須悉心等待蛋白質凝結步驟緩慢發生，如果凝結步驟倉促地進行，雞蛋沒有足夠的時間留住水分，成品將會有粗糙口感。

不要企圖嘗試以低脂鮮奶取代全脂鮮奶！低脂或脫脂鮮奶中所含的脂肪及蛋白質不足，製作出來的卡士達餡成品會有濃稠度低、過稀的現象。

玉米粉和麵粉的作用是穩定固化餡料，使卡士達餡有類似布丁的彈性。我習慣使用玉米粉、麵粉各半，也有的廚師只會選其中一種（粉類總量相同）。如果全部只使用玉米粉，成品會非常具有光澤，我個人覺得那反而會有廉價勾芡的感覺。反之，全數使用麵粉的話，即便使用僅含 7～9%麩質的低筋麵粉，製作出來的卡士達餡依然會彈性太大，似橡皮口感。

蛋黃中所含的卵磷脂，能同時抓住脂肪及水分，讓成品能保有溼潤感。這也是許多醬汁都會加入蛋黃的原因。

奶油為卡士達餡增添額外風味，我的作法是將奶油和鮮奶一起煮沸。還有另外一種作法，奶油在卡士達餡最後完成時再趁熱加入、快速攪勻，這會讓卡士達餡更加豐腴滑順。

這個步驟能提供蛋白質足夠的時間慢慢凝結，變成完美滑順的卡士達餡。30 秒後再次回到爐上，中火加熱的同時不斷攪拌，直至沸騰後再多煮 1 分鐘，將液體中的粉類煮熟。

製作一份品質完美的卡士達餡，必須悉心等待蛋白質凝結步驟緩慢發生，如果凝結步驟倉促地進行，雞蛋沒有足夠的時間留住水分，成品將會有粗糙口感。

5 卡士達餡一煮好，立即倒入鋪有保鮮膜的烤盤中，均勻攤平後，以保鮮膜貼著餡料表面覆蓋、不留空氣，避免卡士達餡和空氣接觸而形成一層乾燥的結皮。將烤盤放入冷凍庫中迅速降溫，整個降溫過程必需在 15 分鐘以內完成。

6 降溫完畢後，卡士達餡可能會有點油水分離的現象，用打蛋器再次攪拌，直到質地恢復滑順一致即可。將卡士達餡移到容器中，貼著餡料表面封上保鮮膜，冷藏保存。

完成了？完成了！

卡士達餡該有濃稠、如同絲緞般的滑順，嚐起來不會有生粉的味道。冷卻過程中，以雙手感受烤盤正中央底部的溫度，就能知道是否已冷卻完畢。

保存

裝於有蓋容器內，冰箱冷藏可最多保存 2 天。

卡士達餡的變化

　　慕斯琳奶油餡（Mousseline）：在冷卻後的卡士達餡中，加入軟化的奶油或奶油糖霜。

　　卡士達鮮奶油（Crème Diplomat）：冷卻的卡士達餡中，加入奶油或打發的鮮奶油。

　　輕奶油餡（Crème légère）：冷卻的卡士達餡中，加入打發的鮮奶油。

　　口味變化：可以依個人喜好及需要，加入巧克力、甜酒、咖啡、堅果泥或焦糖，延伸出許多不同口味。至於添加風味材料的比例用量，可參考以下基本原則。不過，仍然需要依想要的成品質感、口味而調整——

　　酒精類：卡士達餡整體重量的 2～4%。

　　堅果泥：卡士達餡整體重量的 7～10%。

　　咖啡萃取液：卡士達餡整體重量的 3～5%。

私藏祕技

→ 若食材中有雞蛋，就表示不可以使用任何含鋁的器具。鋁會和雞蛋產生作用，使得顏色變異，卡士達醬會變成灰色。

→ 卡士達餡不能冷凍，冰晶會破壞蛋白質之間的凝結，解凍退冰後，會出現結塊且油水分離的現象。

→ 用過的香草莢殼不要丟，可以用來製作香草糖。將莢殼清洗乾淨徹底風乾，原封不動或整個打碎，與白糖混在一起保存即可。

→ **學到賺到**：如果先將香草籽及莢殼泡在鮮奶中，置於冰箱中隔夜，鮮奶中的水分就有更足夠的時間吸收香草香氣，如此一來，只需使用食譜中的一半香草莢用量即可。

卡士達餡相關食譜

莎拉堡焦糖泡芙
（93頁）

閃電泡芙
（97頁）

巴黎—布蕾斯特
（107頁）

修女泡芙
（104頁）

節慶泡芙塔
（109頁）

千層酥派
（116頁）

榛果、柳橙札坡奈伊
（121頁）

聖諾黑泡芙蛋糕
（253頁）

蜂蟄布里歐許
（311頁）

當我跟隨著約翰·克勞斯當學徒時，被交付的第一項工作就是製作大量的卡士達餡，我們每次都得用上七到九公升的鮮奶，煮餡的器具是一口三十公分高的銅鍋，放置在爐上時，高度直達我胸口。我和同年紀的孩子比較來已經算是高的了，依然需要拉長雙手才能搆到鍋子。

在我學徒生涯第二年的首日，克勞德·羅倫茲（Cloude Lorentz）示範如何製作卡士達餡。以前在父親的店裡幫忙，對卡士達餡並不陌生，但是一直沒有機會學習正統的作法。

當我第一次實際操作，將調溫過的蛋液倒回鮮奶鍋中時，手腳不夠快，沒有立即開始攪拌，整鍋混合液頓時瞬間凝固了起來──蛋白質凝結的速度非常快，結果我的卡士達餡吃起來像豆花。第二次，在倒入蛋液後我立刻開始攪拌，但份量很大，一個人攪拌起來真的很吃力，克勞德幫了我一把，和我一起攪拌。第三次，在我倒進蛋液時，克勞德「恰巧」離開了現場。我只得一個人使盡吃奶力氣攪拌、攪拌再攪拌，非常擔心靠近鍋底部分的卡士達餡燒焦（結果還真的燒焦了）。後來克勞德向我說明，他走開是為了讓我培養處理危機的能力，對於還在爐火上加熱，需要攪拌或需要立即進行一下步驟的項目，都要提高警覺，不能掉以輕心。面對危機時能迅速反應，在糕點廚房裡是非常重要的素質。

在累積了三、四次獨自製作卡士達餡的經驗後，我才比較得心應手，不再緊張兮兮。反覆一做再做，是學習的不二法門。

杏仁奶油餡
Almond Cream

份量 | 388.5 g

材料	重量	體積（略估）
杏仁粉（去皮膜，白色）	100g	1 杯＋1 大匙
糖粉	100g	1 杯
玉米粉	3g	1 小匙
低筋麵粉	3g	1 小匙
奶油（法式，82% 脂肪含量）	100g	7 大匙
海鹽	1g	一小撮
香草萃取液	3g	¾ 小匙
全蛋	60g	大型蛋 1 顆＋1～2 大匙
深色蘭姆酒（dark rum）	20g	1 大匙＋2¼ 小匙

這是非常基礎的杏仁奶油餡配方，由雞蛋、杏仁粉、澱粉和糖製作。有些食譜會混入卡士達餡，稱為「杏仁卡士達奶油餡」（crème frangipane）。杏仁奶油餡製作後需要烘烤，不可生食，常當作塔派的餡料或應用於早餐糕餅中。

作法

1 杏仁粉、糖粉、玉米粉及麵粉一起過篩。杏仁粉若有較粗的顆粒被篩子擋下來，就倒掉不要用了。

2 將室溫軟化的奶油、海鹽，香草萃取液倒入桌上型攪拌機的攪拌盆中，以槳狀攪拌頭中速攪打 1 分鐘。

3 停下機器，以橡皮刮刀刮下黏在攪拌盆壁的奶油糊，加入篩好的粉類材料，再次以中速攪打 1 分鐘，接著（攪拌機不停）少量多次慢慢加入蛋液，每次加入的蛋液需完全融合後才再加下一次，並在 2 分鐘內全數加完。最後加入蘭姆酒，攪打均勻。

4 倒入塑膠密閉容器內，冰箱冷藏保存，或接著製作甜點。

開始之前

→ 準備好以下工具，並確定所有材料都已回到室溫：

電子秤，將單位調整為公制
1 個篩網
桌上型攪拌機，搭配槳狀攪拌頭
1 支橡皮刮刀
1 片刮板
1 個塑膠容器
保鮮膜

→ 請認真把食譜讀兩次。

杏仁粉比起其他的堅果，含有較高的水分及相對較低的脂肪。同時，杏仁粉的風味也相較其他堅果淡，因此採用杏仁來製作奶油餡，不會搶走其他食材的風采。又因杏仁粉能吸附甜點中其他食材的水分，這使得杏仁奶油餡在烘烤後，仍能維持好幾天的溼潤感。如果想以其他堅果粉製作這款奶油餡，建議保留一半份量的杏仁粉，另一半才用其他堅果粉變化替用。

英文的產品名稱，「almond powder」或「almondflour」都是杏仁粉，沒有差別。

成了？完成了！

完成的杏仁奶油餡看起來要有光澤，口感豐潤滑順。如果你發現杏仁奶油餡出現蛋花般油水分離的狀況，很有可是因為雞蛋或奶油溫度太低，沒有徹底回到室溫。溫度低的雞蛋在乳化的過程中，容易有油水分離的現象，奶油也容易結塊而分離出來。

保存

完成的杏仁奶油餡，可於冰箱冷藏保存3天，或是分裝成每小份100g後冷凍保存1個月。

私藏祕技

→ 製作杏仁奶油餡時，請避免打進太多空氣，否則烘烤時會過度膨脹，而烤完後空氣散盡，成品就會坍塌。另外，若杏仁奶油餡裡充滿小氣泡，其內所含的水分，會讓餡料嚐起來過於溼軟甚至烤不熟。

→ **學到賺到**：如果杏仁奶油餡，或任何其他以奶油為主體的餡料呈現蛋花油水分離狀，最可能的原因是雞蛋或奶油沒有徹底回到室溫。這時請稍微加熱攪拌盆的底部，一旦雞蛋或奶油中的脂肪回到室溫，就能和其他材料乳化融合良好。加熱的方法是——取下攪拌盆，泡入裝有2.5cm高的熱水容器中約 20 ～ 30 秒，然後再次回到機器上攪打。這個簡單的補救方式，能大大提升成品的均勻度，保證讓你鬆一口氣。當我在史特拉斯堡當烘焙師時，共事的另一位師傅非常固執，完全不理睬我多次的強調讓食材回到室溫的重要性。每當他驚慌失措，捧著一盆油水分離的杏仁奶油餡跑來跟我求救時，我就會向他索討 10 法郎（約 1.5 美金），然後將他的攪拌盆放在一旁，約 5 分鐘後，再回到機器上攪打一下，問題就輕鬆解決了。

我十七歲時，參加了生平第二大的烘焙競賽：「阿爾薩斯摩澤爾省最佳糕點學徒競賽」。我深信自己能一舉拿下冠軍，因為評審們對我的杏仁奶油餡非常激賞。如果我贏得了冠軍，就有機會角逐「全法國最佳糕餅學徒競賽」，和來自全法國各地的最佳學徒一爭高下。

　　就在這場比賽的六個月前，我才贏得「阿爾薩斯最佳糕點學徒」，對十七歲的糕點學徒來說，已是項舉足輕重的肯定。

　　參加如此盛大的比賽，對於資歷年紀都還很淺的學徒來說非常吃重。我準備充足，游刃有餘地完成所有的指定項目——多款的糕點、麵包，以及一個一公尺高的糖雕作品。

　　我之所以信心滿滿能一舉奪冠，是因為評審們多次回過頭來品嚐我製作的杏仁奶油餡，並留下好評，甚至開口跟我要食譜，因為我加了一般人會省略的蘭姆酒，提升了杏仁奶油餡的整體香氣。

　　然而，後來我並沒有得到冠軍，而是得到了第二名。拿下第一名的那位糕點師傅，之後也一舉拿下全法最佳糕點學徒的冠軍。那位冠軍的作品絕對比我優秀，但是當下我很難嚥下只拿到第二名的結果，和拿了最後一名一樣難以接受。回家的路上，一把無名火升上來，我把糖雕狠狠砸在路邊的車上，隨後直接丟棄。現在回過頭看，一個年僅十七歲而且只有兩年糕點經驗的小伙子，能在這種比賽中拿得第二名，已經是很好的成就了。但我當時就是個想不開的傢伙啊。

焦糖
Carmel

份量 | 400 g

材料	重量	體積（略估）
水	100g	約 ½ 杯
白糖	300g	約 1½ 杯
玉米糖漿	100g	約 ¼ 杯

曾經有位師傅向我說過，「焦糖」是甜點世界裡身價最低、評價最高的元素。我完全同意他！誰能抗拒脆口的焦糖，或滑順的焦糖醬呢？我是完全不能啦。

製作焦糖可分為「乾式」及「溼式」兩種方法。乾式看似無敵簡單，但對於初學者來說其實深具挑戰性──在乾鍋中分多次、每次只加入薄薄的一層白糖，融化後才再加入另一層白糖，直到所有的白糖全數融化；這需要累積許久控制火侯的經驗，才能順利融化糖而不是燒焦糖。法語說：「Quand c'est noir, c'est cuit」意思是「看起來黑黑的，就是熟了。」但當我們說焦糖「煮熟了」，那就代表焦了，沒救了。顏色過深的焦糖，也就是燒焦的焦糖，焦糖只要過頭一點，其中的苦味是不管如何都掩藏不住的。

因此，在這裡我介紹容易成功的溼式作法。以水、玉米糖漿及白糖來製作焦糖，比乾式法好控制，希望你會成功，然後就能完全拋除原本對製作焦糖的恐懼及成見。在這之前，我想再囉唆一句：要有耐心。耐心是烘焙成功的通則。我常見到學生總是耐不住那股想攪動糖水的衝動，而我只好一再告誡，「絕對要忍住！」一攪動，整鍋糖水就會反砂結晶，全都毀了。請放鬆心情靜待糖水自行轉化，待達到正確的溫度，它就會完美融化。如果你忍得住，十分鐘就能煮好一鍋焦糖。如果急躁衝動，可能得一而再、再而三的重來，更會伴隨著沮喪挫折的低落心情。

開始之前

→ 準備好以下工具，並確定所有材料都已回到室溫：

電子秤，將單位調整為公制
1 個中型不鏽鋼材質的煮鍋
1 支耐高溫的橡皮刮刀
1 支烘焙用毛刷
1 個放得下煮鍋的攪拌盆或容器
1 支電子溫度計
1 張網架

→ 請認真把食譜讀兩次。

使用正確的材料是確保得到完美成品的關鍵。以下是關於煮焦糖，需要了解的食材知識。

食譜中的水扮演的是緩衝，糖水隨著水的加熱蒸發，得以慢慢升溫，焦糖化的過程會較緩慢地進行。

玉米糖漿是一種轉化糖，本身的化學結構含有水及酸基（acid）。酸基能避免白糖反砂結晶，這也是玉米糖漿總是液體狀態不會結晶的原因。加入玉米糖漿，製作出來的焦糖更能保持液體狀態。切勿使用棕糖／黑糖來製作焦糖，其中所含的細小雜質，總是造成焦糖結晶。。

作法

1 煮鍋內倒入水，在煮鍋的正中央加入白糖，以橡皮刮刀小心輕攪，並留意不要讓糖水液濺起到鍋壁。若是糖水濺到鍋壁，鍋壁溫度上升使得水分蒸發留下黏附的糖結晶，糖結晶若掉回鍋中會使整鍋糖水也跟著結晶。加入玉米糖漿，一樣輕輕攪拌至勻。細心檢查鍋子，如果有任何殘留的糖水、糖噴濺到鍋壁，以沾溼的毛刷，刷下至鍋中。

2 取一個放得下煮鍋的容器，裝入足量的冷水（大約是當煮鍋放入後，水位可到達煮鍋一半高度的水量）。

3 將煮鍋放到爐上，以中火加熱到沸騰，過程中切勿攪動。糖會自行溶解，糖水會開始沸騰，並形成許多沸滾泡泡，隨著溫度持續攀升，沸滾泡泡也會愈來愈大。當你看到泡泡變大時，放入溫度計，並依然以中火持續加熱。時時留意鍋壁是否有因噴濺而附著的糖顆粒，時不時以沾溼的毛刷，刷下至鍋中，但千萬不要攪動糖水！

4 當糖水溫度達到 325°F ／160°C 時，呈現出淡金黃棕色，馬上從爐上移開，並將煮鍋泡入事先準備好的冷水盆中數秒，迅速降溫，避免煮鍋的餘溫讓焦糖繼續加熱。顏色愈深的焦糖，苦味會愈強烈。降溫後將整鍋焦糖，靜置一旁（遠離火源），待焦糖的泡泡消退和緩。

5 當泡泡完全消退，就可以開始使用了。我習慣將完成的焦糖放在網架上而不是直接放在工作檯面上，這樣可以減緩它降溫變硬的速度。如果真的必要，你可以使用耐高溫的橡皮刮刀攪動已完成的焦糖。記住，不要使用木匙、金屬湯匙或打蛋器。木匙不適合用來攪動焦糖，因為焦糖會黏附在上面，唯一清理的方法是泡熱水三十分鐘以上，但一般木匙是不能長時間泡水的。若你想直接將結塊在上面的糖剝除，更有可能會連同木屑一起拔起，然後吃掉。切記，一定要使用對的工具。

完成了？完成了！

　　完成的焦糖，應該呈現金黃棕色，深色的焦糖，表示煮過頭且參雜有苦味。

　　如何同時保持焦糖的流動性，又不會過度加熱

　　假設你正使用一鍋焦糖裝飾莎拉堡焦糖泡芙（93 頁），往往在你全數完成前，焦糖就開始變得太硬了。這時，可以將整鍋焦糖以小火加熱數分鐘，焦糖就會恢復流動性。使用最小的火源加熱，煮軟焦糖，而不是將它煮得更上色，要有耐心。另外，你也可以在操作過程中將整鍋焦糖放在微溫的盤子上或暖盤機器上保溫。

保存

　　剩餘的焦糖可以用與「硬脆糖」（brittle）一樣的方式保存——倒在矽膠墊上，待冷卻硬化後，由矽膠墊上取下，裝入塑膠袋中，以擀麵棍敲碎成粉末狀，連同數包乾燥劑或防潮劑，一起裝進密閉容器中，室溫下保存。可撒在冰淇淋或打發的鮮奶油上，增加口感。理論上，沒有任何細菌可以存活於只有糖不含水分的環境下。因此，只要保持乾燥，焦糖脆片沒有保存期限。

> *私藏祕技*
>
> → 焦糖使用完畢後，在鍋中注入水，回到爐火上以中火加熱，熱水會將黏在鍋壁上的焦糖融化掉，完全不需要費力去清理！
>
> → 這份食譜，可依「3：1：1＝白糖：水：玉米糖」的比例，自行以倍數放大至所需的量，例如：450g 白糖＋ 150g 水＋ 150g 玉米糖漿。日後就算不看食譜，只需記得 3：1：1，就可以輕鬆做出焦糖。

焦糖相關食譜

焦糖榛果長淚滴裝飾
（376 頁）

莎拉堡焦糖泡芙
（93 頁）

節慶泡芙塔
（109 頁）

聖諾黑泡芙蛋糕
（253 頁）

咕咕霍夫冰淇淋蛋糕
（275 頁）

焦糖教我慢慢來

在我剛開始在約翰‧克勞斯的糕餅鋪當學徒時，某一天他對我說：「今天就由你負責莎拉堡焦糖泡芙的裹糖漿工作。」也就是說，我必須製作「焦糖」。

莎拉堡焦糖泡芙以泡芙麵糊擠成短橢圓狀，烘烤後，填進添加櫻桃白蘭地的卡士達餡，表面沾裹上一層薄脆的焦糖，最後再放上一瓣烘烤過的杏仁片裝飾。

當時我還不到十六歲，這輩子也尚未有煮製焦糖的經驗。約翰‧克勞斯指示我去取來一個十吋的銅鍋，放在瓦斯爐上以中火加熱，同時均勻撒進薄薄一層糖，融化後再接續的撒上另一層糖，像是用糖餵養鍋子般，持續也加糖進鍋。接著，他要我將未融的糖攪進已融的焦糖中。

我以史上最緩慢、最小心警慎的態度攪拌著，而約翰‧克勞斯則是不時地走近我身後查看。約翰‧克勞斯是個刻薄、嚴格，下班後總是醉醺醺的、令人害怕的傢伙。忽然之間，他扯著喉嚨對我大喊：「攪快一點！」然後下一秒又消失，跑去查看其他的工作。我被他這一喊，驚慌失措，像個瘋子般開始狂亂的攪拌著那鍋焦糖。就在此時，整鍋 150°C 的焦糖被我攪出了小旋渦，噴出鍋外濺到我的手臂上，我痛得差點昏過去！這天我確定了一件事──糖很喜歡黏在皮膚上！我被灼傷的傷口大約有八公分長三公分寬，當下完全嚇傻了，驚慌失措的讓焦糖留在爐火上燒焦，自己跑到器具洗滌區，把整條手臂泡進溫溫的髒水裡。這當然不是個處理燙傷好方法，但我那時滿腦子只想著要做點什麼讓傷口不那麼痛。接著，我嘗試著把黏在手臂上的焦糖剝除，於是整塊糖和黏著的皮膚一起被我撕起。真是太蠢了，我應該以冷水沖手臂，迅速降溫並讓流動的水持續將焦糖溶解。後來那道傷口花了近三個月的時間才痊癒，至今傷疤還在。從此之後，我再也不敢快速攪拌焦糖了。

焦糖裹杏仁／榛果

Caramelized Almonds or Hazelnuts

份量 | 200 g

材料	重量	體積（略估）
去皮膜的杏仁或榛果粉	200g	1²/₃ 杯
香草莢	¼ 根	¼ 根
水	20g	1½ 大匙
白糖	50g	¼ 杯
可可脂（cocoa butter）或淨化，澄清奶油（crumbled or clarified butter）	3g	1½ 小匙

焦糖裹堅果實在是款非常美味的小點心，尤其是完美執行的焦糖裹堅果，那滋味簡直會令人深深沉溺且上癮。製作時，整間廚房充滿香氣，更是我所喜愛的烘焙時刻。

製作這些美味的堅果，有兩種作法。第一種，也是最佳的作法是將堅果加入香草糖漿中，一起加熱直到每顆堅果都均勻裹上一層焦糖。這種作法，讓堅果與香草糖漿兩者香氣彼此呼應提升。第二種作法，是分別製作焦糖與烘烤堅果，之後才結合在一起，這種作法比較容易成功，缺點就是少了那份相互融合的香氣。以下就來介紹這兩種不同的作法，你都可以嘗試看看。

作法 1

1 堅果倒進可進微波爐的中型碗中。

2 縱向剖開香草莢，刮下香草籽，將籽及莢殼與水、糖一起放入煮鍋中，以中火加熱至沸騰，1 分鐘後熄火，這時糖已溶解成為糖漿。

3 同時，微波堅果 1 分鐘，將熱堅果倒入糖漿中，熄火後，以橡皮刮刀攪拌，直到原本液態的糖漿變成白色結晶裹覆在堅果表面。如果開始攪拌時，堅果與糖漿結塊成團，就表示堅果加熱不夠，與糖漿溫差過大導致糖漿一下子就凝固硬化。如果發生這種狀況，應立刻停止攪拌，將結塊的部分放到可微波爐的容器中，以高功率短暫微波 30 秒，再放回煮鍋中，應該就能順利攪拌。一旦堅果表面糖裹覆了糖並結晶後，以中火加熱 1 分鐘，直到看見有些許糖融出即成。

開始之前

→ 準備好以下工具，並確定所有材料都已回到室溫：

電子秤，將單位調整為公制
1 個可微波爐的中型容器
1 支小刀
1 個中型煮鍋
1 支耐熱橡皮刮刀，或木製湯匙
1 或 2 把湯匙
1 個烤盤，鋪有矽膠墊
乳膠手套

→ 請認真把食譜讀兩次。

堅果依種類不同，大小、成分、脂肪含量而有很大的差異，因此烘烤、炒香所需的時間也各異。如果以方法 2 來進行，更要留心注意堅果由外至內都有正確炒香上色且沒有燒焦。一般來說，溫度至少需要 300°F ／150°C 以上，梅納反應（Maillard reaction）開始進行，堅果才會香。請參見各款常見堅果及種籽的烘烤加熱時間表（55 頁）。

可可脂是一種從可可中萃取出來的 100%天然脂肪，不含任何水分。最後完成前加入可可脂讓堅果薄薄裹上一層，可以避免成品受潮。用剩的可可脂，以保鮮膜隔絕空氣包裹好，存放於陰涼處。也能以澄清奶油（237 頁）取代，兩者不盡相同但功能相近。

4 一邊以中火加熱，同時持續慢慢地不斷攪拌。不要攪得太快，因為攪得愈快，就會冷卻得愈快，妨礙焦糖化的進行。然而若攪拌得不夠，則會使堅果或焦糖定點受熱太久而燒焦。全程使用中火，除了可以使糖緩慢焦糖化，也能炒香堅果。整個過程必須很平衡──小火無法炒香堅果，然而大火會讓糖燒焦。判斷是否太熱的方法很簡單，在翻炒的過程中，如果鍋子開始冒煙，那就表示糖快要燒焦了，要馬上轉小火降低溫度。

5 當糖的顏色轉為金黃時，熄火並進行確認動作──快速地以湯匙取出一顆堅果放在砧板上（不要用手碰，非常燙！）用小刀對切，堅果應該由外至內都呈現金棕色。如果堅果的中心顏色未到位，重新回到爐火上以小火加熱 1〜2 分鐘後，重複確認的動作，直到焦糖、堅果，顏色都呈現金黃棕色（大約需要 4〜6 分鐘），熄火，加入可可脂或澄清奶油，攪拌均勻 15 秒。

6 將完成的焦糖堅果倒在鋪有矽膠墊的烤盤中，盡快將煮鍋中注入滿滿的水，留在碗槽裡浸泡。戴上乳膠手套，取出焦糖堅果中的香草莢殼，並將尚黏成一大塊的焦糖堅果用手一顆顆剝離出來，小心別燙傷了，也可以用兩把湯匙幫忙操作。當焦糖冷卻硬化了，很難再將它們分開，必須趁熱盡快完成。如果真的硬掉無法操作了，將還沒完成的部分放進可微波的容器中微波 30 秒，取出後繼續剝離。全部剝開後，讓堅果留在矽膠墊上降至室溫，然後放進密閉容器內保存。

筆記：方法 1 適用於杏仁和榛果，核桃及胡桃則不適合，因為它們隙縫很多，滲入其中的糖無法順利焦糖化。

如何為杏仁、榛果去皮膜

有些堅果如榛果、核桃及胡桃，外層的皮膜嚐起來有苦澀感。然而要移除核桃或胡桃的皮膜，實在不是件簡單的事，但是為杏仁及榛果脫皮可就簡單多了。

將杏仁去皮的方法：煮一鍋滾水，放入杏仁川燙 30 秒，撈起一顆杏仁瀝乾，在流動的冷水沖洗，一邊以拇指食指搓一搓，看看杏仁皮是否能輕易被搓落。如果可以就熄火；如果不行，就再加熱 10～20 秒。接著將整鍋杏仁瀝乾沖冷水，靜置 5 分鐘後，一顆顆將皮搓掉。這步驟看似耗時，但絕對會比你想像的還要快完成。去掉皮膜的杏仁，放在廚房茶巾布上晾乾，可以直接使用，或存放於乾燥、空氣流通處如網架上，杏仁才不會悶壞。剛去完皮膜的杏仁千萬不要冷藏或放進冰箱裡，也不可以裝進密閉容器中，殘留的水氣會使得杏仁腐敗而無法使用。在封藏前一定要再三確認它們已徹底乾燥。

將榛果去皮的方法：烤箱預熱 300°F／150°C，在鋪有烘焙紙的烤盤中倒入榛果，烘烤 15～20 分鐘後，將全數的榛果倒入大茶巾上，茶巾對折，將榛果整個包起來，以雙手不斷隔著茶巾搓揉。大部分的皮膜會因此脫落，若有搓不下來的部分，再放回烤箱烘烤 5～10 分鐘，重複步驟直到全部去除。

如果只有少數的小結塊，別慌張！
只要將鍋子回到爐上，以中或小火
再次加熱，不要攪動，等待結塊自
行融化。

作法 2

1 烤箱預熱 300°F／150°C，堅果倒入鋪有烘焙紙的烤盤中，放入烤箱烘烤 30 分鐘，堅果由外而內皆呈現棕色後，從烤箱中取出，關閉烤箱電源。

2 縱向剖開香草莢，刮下香草籽，將籽及莢殼與水、糖一起放入煮鍋中，以中火加熱。同時，將烘烤完成的堅果，再次放回已關閉電源的烤箱中，讓烤箱的餘溫保持堅果熱度。糖漿沸騰後持續觀察，呈現淡淡的金黃色後稍微攪拌一下，留意糖漿顏色的轉變，當淡金黃轉變成棕色時，熄火，將堅果倒入糖漿中，攪拌 15 秒。

3 加入可可脂或澄清奶油，再攪拌均勻 15 秒。將完成的焦糖堅果倒在鋪有矽膠墊的烤盤中，盡快將煮鍋中注入滿滿的水，留在碗槽裡浸泡。戴上乳膠手套，取出焦糖堅果中的香草莢殼，並將尚黏成一大塊的焦糖堅果用手一顆顆剝離出來，完成後，靜待焦糖堅果降至室溫，隨後放進密閉容器內保存。

這個作法適用於所有堅果。

完成了？完成了！

完成的焦糖堅果，表面應該有一層閃亮薄脆且呈現均勻棕色的焦糖。拿在指尖會有一些黏手，這是由於可可脂的關係，如果烘烤步驟確實到位，咬在嘴裡會香脆無比。保存在瓶罐裡，時間久了還是會黏在一起，但沒有關係，只要搖晃瓶罐或攪拌一下，它們就會分開了，口感也依舊酥脆。

保存

焦糖堅果連同數包乾燥劑一起保存於密閉容器內，遠離潮溼環境，大約可以保存 2 週。千萬不要放進冰箱，冰箱中的溼氣會使得焦糖融化、讓堅果受潮而喪失酥脆口感。

堅果烘香時間表

這個表格在首次烘烤不熟悉的堅果時，會有一些幫助。然而，每個烤箱的差異也應一併考慮進去。以下各款堅果所需的烘烤時間，皆以「300℉／150℃，使用鋪有烘焙紙的烤盤，放置於烤箱中間層」為條件來計算。

杏仁片、碎／角，或條（已去皮膜）	20〜25 分
杏仁（整顆，帶皮膜）	30〜35 分
杏仁（整顆，無皮膜）	30 分
巴西豆（切碎）	45〜50 分
巴西豆（整顆）	55〜60 分
腰果（切碎）	15〜20 分
腰果（整顆）	20〜25 分
亞麻籽	40〜45 分
榛果（整顆）	35〜40 分
夏威夷果（切碎）	15〜20 分
夏威夷果（整顆）	20〜25 分
花生（切碎）	45〜50 分
花生（整顆）	55〜60 分
胡桃（切碎）	17〜22 分
胡桃（整顆）	20〜25 分
松子	30〜35 分
開心果（切碎）	10〜12 分
開心果（整顆）	10〜15 分
南瓜籽	20〜25 分
芝麻	40〜45 分
葵花籽	40〜45 分
核桃（切碎）	17〜22 分
核桃（整顆）	20〜25 分

食材轉變成棕色的過程裡，發生了什麼事？

對一名烘焙師傅而言，好好了解「烤箱到底對食材做了什麼」這件事非常重要。

當食物溫度加熱達到 150℃ 時，含有氨基酸的食物會開始逐漸轉變成棕色，稱為「梅納反應」，相似的反應若發生在不含氨基酸的食物裡，則稱為「熱裂解反應」（pyrolysis occurs）。當溫度高於 150℃，食物裡大多數的水分溢散，糖分會開始分解，也就是開始焦糖化。如果這個階段控制得宜，就會產生非常迷人的香氣。但若是過頭了，則會產生無法補救的苦澀燒焦味。許多料理如烤乳豬或烘乾番茄，都採用低溫（介於 120℃〜150℃）慢煮。在低於 150℃ 的條件下，可有效避免食物燒焦，也保留住大部分的水分，而食材裡的糖分也不會焦糖化。許多義大利媽媽堅持番茄醬汁要以長時間、小火慢煮，才能保留番茄的甜美原味，原因即在此。

焦糖堅果相關食譜

榛果抹醬
Hazelnut Praline Paste

份量 | 250 g

材料	重量	體積（略估）
榛果（去皮膜）	200g	1²⁄₃ 杯
香草莢	¼ 根	¼ 根
水	40g	3 大匙
白糖	135g	²⁄₃ 杯
可可脂，或澄清奶油	3g	1½ 小匙

　　香甜的榛果抹醬，以焦糖榛果打碎成泥製作而成，飽含堅果香氣且口感滑順。製作的過程中，保證你一定會深深沉迷於其濃郁十足的香氣。

　　為了讓榛果抹醬的焦糖香氣更為充足，需要使用更多糖來製作。我個人非常喜愛榛果抹醬和巧克力結合的甜點，如樹幹蛋糕（249頁）、貝殼小餅乾（205頁），還有杯裝巧克力慕斯蛋糕（267頁）。榛果抹醬也可加進卡士達餡之中，如巴黎—布蕾斯特泡芙（101頁）的夾餡。

　　如果將榛果抹醬攪打得非常徹底、滑順，吃起來就像市售的Nutella 榛果可可醬，塗抹在烘烤過的吐司麵包上，絕對無人可抗拒。建議一次製作一批，保存在冰箱中（可達數月），隨手就可變化出讓賓客驚豔的甜點。

作法

　　以本食譜份量製作焦糖榛果（51頁），放涼備用。隨後將焦糖榛果倒進裝有不鏽鋼刀片的食物調理機裡，攪打 1 分鐘後停下機器，以小橡皮刮刀將沾黏在壁上的榛果泥刮下。再次開機，攪打 2～4 分鐘，直到呈現滑順泥狀。將完成的榛果抹醬裝進密閉容器中，視需要冷藏保存。

開始之前

→ 準備好以下工具，並確定所有材料都已回到室溫：

電子秤，將單位調整為公制
製作焦糖榛果的所有器具（51頁）
附有不鏽鋼刀片頭的食物調理機
1 支小型橡皮刮刀

→ 請認真把食譜讀兩次。

和普通的焦糖堅果食譜（51頁）相比，榛果抹醬使用更多糖來製作，如此才能使打碎後的抹醬呈現滑順、濃稠的液體狀態。若是用一般的焦糖堅果來打碎，製作出來的成品會偏乾呈半固體泥糊狀態。

其他任何可製作成焦糖堅果的堅果，也能使用來打堅果抹醬。我個人最喜歡的是杏仁、榛果和花生。為了萃取出堅果跟焦糖兩者的香氣精華，請務必遵從「焦糖堅果」（51頁）的作法，烘或炒香堅果。

完成了？完成了！

在食物調理機中攪打得愈久，榛果抹醬就愈滑順。如果喜歡保有顆粒或濃稠的口感，可視情況縮短攪打的時間。

保存

榛果抹醬填裝於密閉容器內，室溫下可保存約2週，冷藏可保存1個月。靜置一段時間的榛果抹醬可能會有油脂分離浮在表面的現象，只需以叉子或湯匙攪拌混合一下，或將瓶子倒過來擺放，就能再次恢復質地均勻的狀態。

榛果抹醬相關食譜

私藏祕技

→ 你也能製作不同風味的榛果抹醬。風味食材添加的比例，建議以總重量的1%為基準（例如：1g風味食材＋100g榛果抹醬）。我常用的風味食材有咖啡豆、小豆蔻以及肉桂等。先烘香欲添加的食材，與做好的焦糖堅果一起放進食物調理機打碎即可。

法式巧克力牛軋脆片
Chocolate Nougatine Crisp

份量 | 166 g，可供覆蓋 2 個巧克力塔（159 頁）

材料	重量	體積或盎司（略估）
可可粉	5g	1 大匙
全脂鮮奶（3.5% 脂肪含量）	15g	1 大匙＋¼ 小匙
奶油（法式，82% 脂肪含量）	30g	1 盎司
玉米糖漿	15g	1 大匙
白糖	50g	¼ 杯
果膠粉	1g	¼ 小匙
杏仁片	50g	½ 杯（平杯）

巧克力塔（159 頁）上面以法式巧克力牛軋脆片裝飾，營造出無比的酥脆口感。法式巧克力牛軋脆片也能加在冰淇淋上，或放在杯裝巧克力慕斯蛋糕（267 頁）上。隨時準備一些，能為冰淇淋或任何其他甜點增添美好風味。

開始之前

→ 準備好以下工具，並確定所有材料都已回到室溫：

電子秤，將單位調整為公制。
1 個 30.5×40cm 烤盤
1 個篩網
2 張矽膠墊，或 2 張烘焙紙（可剛好放進烤盤的大小）
1 個小煮鍋
1 支中型打蛋器
1 個電子溫度計
1 支中型橡皮刮刀
1 支擀麵棍
1 支小型橡皮刮刀或小刀

→ 請認真把食譜讀兩次。

作法

1 烤盤放進冰箱中冰鎮備用。可可粉過篩。工作檯上放置矽膠墊。

2. 煮鍋內倒入鮮奶、奶油及玉米糖漿，以小火加熱。

3 將白糖及果膠粉混合，一邊以打蛋器攪拌，一邊慢慢加入牛奶中。放入溫度計，持續以小火加熱約 2 分鐘，直到溫度達到 222°F ／106°C 後熄火，靜置一旁放涼 2 分鐘。用橡皮刮刀加入過篩的可可粉及杏仁片，稍微攪拌均勻。

4 將牛軋糊倒到矽膠墊上，均勻抹開攤平後，再蓋上另一片矽膠墊，以擀麵棍輕輕擀，使牛軋糊攤平，接著稍微增加滾擀的力道，將牛軋糊變薄，幾乎與杏仁片的厚度相同。此時透過矽膠墊，應該可以看到夾在中間的一片片杏仁片。將事先冰在冷凍庫的烤盤取出，兩層矽膠墊一起拿起來放在烤盤上，放進冷凍庫冰鎮 30 分鐘。

5 等待冰鎮的同時，烤箱預熱 325°F ／160°C。烤盤取出後撕去上面那片矽膠墊，放進烤箱烘烤 12～15 分鐘。要判斷牛軋脆片是否烘烤完成，打開烤箱門、快速以橡皮刮刀輕輕刮下一角／片後立即關上烤箱門。將刮下的脆片放在工作檯上，室溫冷卻 1 分鐘後吃看看——

巧克力牛軋脆片相關食譜

巧克力塔與牛軋脆片裝飾
（159頁）

杯裝巧克力慕斯蛋糕
（267頁）

不同食材的完美搭配，創造了絕妙成果，杏仁片是亮點之一。之所以使用杏仁片，不是胡桃，也不是榛果，原因在於杏仁片的厚薄度，能用來當作擀薄的厚度依據，製作出來如同杏仁片一般的厚度，薄薄脆脆容易入口，非常適合應用於甜點裝飾，堆疊出甜點的口感層次，如杯裝巧克力慕斯蛋糕（267 頁）就是很好的例子。

另一個使用杏仁片的原因在於它的香氣適中，尤其是和巧克力風味的甜點搭配時，除了能增添口感，也不會干擾巧克力的香醇。

奶油提供溫潤的香氣，沒有任何一種脂肪可以取代奶油的氣息。糖的角色是讓酥脆口感更上一層樓。可可粉有解膩的作用，也增添了另一層芬芳。

果膠粉扮演從鮮奶及玉米糖漿中吸走多餘水分的功能。果膠粉大多萃取自柑橘類水果或蘋果、杏桃、櫻桃。當它與水分子接觸，就會吸收、鎖住水分，只要一點點，保水效能就極高。當鮮奶及玉米糖漿內含的水分被果膠粉吸收後，玉米糖漿則較不會結晶反砂。

牛軋脆片的口感應該要酥脆不黏牙。如果還未達到這樣的程度，繼續多烤 3 分鐘，再做一次測試，直到牛軋脆片嚐起來完美。

6 將烤盤取出，室溫下徹底放涼（至少需要 15 分鐘）。在工作檯面上q鋪一張烘焙紙，將牛軋脆片小心翻面，慢慢地撕去下層的矽膠墊。將牛軋脆片在烘焙紙上大略敲碎成 5×5cm 大小，隨後放入密閉容器內保存。

完成了？完成了！

完成的牛軋脆片應是酥脆且帶有光澤，其中的杏仁片則呈現金黃棕色。

保存

保存於密閉容器內即可，若遇潮溼季節，建議多放幾包防潮劑。你可能對矽立康（silica）防潮劑不陌生，就是一小包裡頭有許多小珠珠的那種防潮劑。小珠珠乾燥時呈現透明無色，當它們受潮吸飽水分後就會轉變成粉紅或藍色。受潮變色的矽立康小珠珠，可使用烤箱 65°C／150°F烘烤 20～30 分鐘，重新變回透明無色，就又再次擁有吸溼的功能，可重複使用。

私藏祕技

→ 可添加總重 2% 量的香料、香草、咖啡或茶，就能製作出不同風味的巧克力牛軋脆片，若欲添加的風味材料是或粉末狀態或萃取液，則約使用 3g。

奶油糖霜（義大利蛋白霜）
Italian Meringue Butter Cream

份量 │ 約 550 g

材料	重量	體積或盎司（略估）
奶油（法式，82% 脂肪含量）	300g	10½ 盎司
香草萃取液	5g	1 小匙
蛋白	105g	3 顆＋約 1 大匙少一點
海鹽	1g	一小撮
水	50g	¼ 杯
白糖	210g	1 杯＋1 小匙
玉米糖漿	10g	2 小匙

開始之前

→ 準備好以下工具，並確定所有材料都已回到室溫：

電子秤，將單位調整為公制
桌上型攪拌機，搭配槳狀及氣球形攪拌頭
1 個中型攪拌盆
1 支中型不鏽鋼打蛋器
1 個小煮鍋，有鍋嘴的尤佳
1 支耐高溫橡皮刮刀
1 支烘焙用毛刷
1 支電子溫度計

→ 請認真把食譜讀兩次。

　　奶油糖霜濃厚黏稠，由雞蛋和奶油製作而成，可抹、可擠花、可覆蓋。這裡要介紹的是以「義大利蛋白霜」（Italian meringue）為基礎的製作方法。多年前，奶油糖霜是糕點界的大明星，近幾年已沒那麼火紅，因為消費者會擔心熱量太高。不過我依然偶爾會使用奶油糖霜當作填餡，或和其他醬料搭配組合，例如和卡士達餡混合成慕斯琳奶油餡（有些慕斯琳奶油餡的作法是單純混合卡士達餡及奶油）。雖然奶油糖霜不再受到廣大歡迎，但仍是法式烘焙中必學的基礎食譜。

　　依照不同的作法，奶油糖霜可分為三類。「經典法式奶油糖霜」是將糖、玉米糖漿連同水一起加熱至溫度達 244°F／118°C 的滾燙糖漿，接著緩慢地倒入正在打發的全蛋／蛋黃液中，高溫的糖漿能引起蛋白質的凝結作用，同時消毒煮熟蛋液，在食用上不會有安全的疑慮。以攪拌機持續攪打，直到降溫後，再加入軟化奶油一起打發。這款奶油糖霜，成品顏色略黃，一般只用來當內餡，較不常用於擠花、外抹等裝飾。

　　第二種為「義大利奶油糖霜」，就是把義大利蛋白霜加進奶油一起打發。作法和法式奶油糖霜相似，不同之處在於只使用蛋白。將溫度 244°F／118°C 的滾燙糖漿，緩慢地倒入正在打發的蛋白中，持續打發直到溫度冷卻後，再加入軟化奶油一起打發。這款奶油糖霜，成品顏色純白，可用來當作內餡、擠花、外抹等裝飾上。製作過程中殺菌得很徹底，因此較推薦使用。

　　第三種奶油糖霜，是將奶油和香草卡士達醬（參考 35 頁）均勻混合而成。因為加入卡士達醬，成品流動性高且軟，只適合當內餡。

玉米糖漿可以使成品更穩定,避免反砂結晶的發生。玉米糖漿含有水分及酸的轉化糖,其中的酸能讓糖漿免於結晶成塊,因此在製作糖漿時也常加入玉米糖漿,可以避免糖漿發生結晶的窘境。

82%脂肪含量的奶油固形物比例較高,用於奶油糖霜中能使成品維持適當的軟硬度。脂肪含量較低的奶油,相對含有較高比例的水分,除了較沒香氣,製作出來的奶油糖霜質地也會較軟塌。

奶油糖霜裡可以加入香草、巧克力、咖啡、焦糖、香料或酒精加以變化。我個人不習慣添加水果風味,因為成分中的奶油、雞蛋,往往會壓過水果香氣。

作法

想要成功駕馭這份食譜的唯一方法是,依樣畫葫蘆照著指示的順序操作。

1 確認奶油已軟化。如果奶油還有點硬,可以微波爐短暫加熱 5 秒,留心不要過度加熱以致融化。

2 在桌上型攪拌機的攪拌盆內,加入已軟化的奶油及香草萃取液,使用槳狀攪拌頭以中速攪拌 5 分鐘,直到奶油充滿空氣,顏色呈現接近白色的淡黃色。將奶油移到另一中型攪拌盆中備用。將原本使用的攪拌盆,以熱水、清潔劑洗淨後,以廚房紙巾擦乾。一定要徹底洗淨攪拌盆,若有任何水或脂肪殘留,都會無法順利打發蛋白。

3 攪拌盆裡放入蛋白、鹽,一開始先以低速攪打,同時以雙手碰觸攪拌盆底部再次感受一下溫度,確認蛋白有回到室溫,若是盆底有點冰,可暫時停機,取下攪拌盆,將攪拌盆浸入熱水浴中(約 2.5cm 高)約 1 分鐘後,擦乾盆底並用手再摸看看,是否不冷也不熱。確定回溫後,將攪拌盆放回機器,以低速攪打。

4 等待打發蛋白的同時,取一煮鍋,倒入 50g 水,在鍋子的正中央加入白糖,以橡皮刮刀小心輕攪,若是糖水濺到鍋壁,鍋壁溫度上升會使得水分蒸發留下黏附的糖結晶,而糖結晶若掉回鍋中會使整鍋糖水也跟著結晶。加入玉米糖漿,一樣輕輕攪拌至勻。細心檢查鍋子,如果有任何殘留的糖水、糖噴濺到鍋壁,以沾溼的毛刷,刷下至鍋中。毛刷盡量沾取大量的水,不需擔心是否會額外加入太多水分,當糖漿溫度達到 224°F /118°C 時,水分都會蒸發掉,只是溫度攀升速度減緩而已。當整鍋糖漿開始沸騰後,就不要再攪動了,以免結晶反砂。放入電子溫度計,等待溫度達到 244°F /118°C。

5 煮糖漿時,隨時留意蛋白打發的狀態。大約在糖漿溫度抵達 230°F /110°C 時,蛋白霜打發的程度會剛好是微微發泡的程度,如果尚未發泡,可以將速度調高一點。當糖漿溫度煮至 239°F /115°C 時,再度查看蛋白霜,這時應該差不多已經是可以進行下一個步驟的狀態了。有些機器會需要確認攪拌盆底部是否有未攪打到的蛋白,非常輕微地傾斜一下攪拌盆,讓底部的蛋白也能攪打到,直到全部的蛋白都發泡。

6 將攪拌機的速度調到最高，當一看見糖漿溫度已達 244°F ／118°C，馬上熄火，小心緩慢地瞄準攪拌頭和攪拌盆壁中間的位置，將糖漿倒入攪拌盆中。請務必小心操作，若是糖漿接觸到正在轉動的攪拌頭，不但會噴濺造成燙傷，也會黏到攪拌盆壁，影響配方比例，若是發生這樣的狀況，就只能重新來過一次了，所以倒的位置一定不能太靠近攪拌頭或盆壁。不過，儘管再怎麼小心翼翼，或多或少會有些糖漿沾黏在攪拌盆壁上，若你會發現蛋白糖霜上方形成薄薄一圈透明的糖凝結，不需介意。

7 當所有的糖漿都加入蛋白霜後，維持高速攪打 2 分鐘，再調降至中速攪打 5 分鐘，這時雙手輕碰攪拌盆外壁底部，應該要是室溫或只有微溫的狀態。

8 停下機器，加入已軟化的奶油。以低速攪打 30 秒，隨後調至中速再攪打 30 秒，這時整體看起來還不均勻，這是因為奶油是脂肪為主，而蛋白是水分比例多，兩者需要一段時間才能均勻融合。將攪拌機調到最高速，短暫攪打 3 秒，這時蛋白霜和奶油就會彼此融合成滑順的奶油糖霜。如果沒有的話，再次以高速攪打數秒；重複此步驟直到奶油糖霜的質感滑順帶有閃亮光澤。小心不要攪打過頭，否則蛋白霜會消泡。若是奶油溫度太低、過硬，則無法融合進蛋白霜。但如果奶油太軟或融化了，成品則會有油膩不悅的口感。

完成了？完成了！

完成的奶油糖霜應該充滿光澤且質感滑順。話說回來，所有脂肪含量高的霜狀成品或醬汁，都該是具備閃亮光澤的。光澤感是脂肪和水分乳化的成功指標。

保存

奶油糖霜我喜歡現做現用，剛完成的奶油糖霜是最輕盈的絕佳狀態。如果不馬上使用的話，奶油糖霜也能冷藏保存數天，或冷凍起來。若要解凍，前一天將奶油糖霜從冷凍庫中取出，置於室溫解凍一夜，隔天就能恢復到可用的軟硬度了。或將冷凍的奶油糖霜放置於室溫解凍 2 小時後，以熱水浴短暫加熱 30 秒，同時以打蛋器攪拌 5 分鐘，直到奶油糖霜恢復到可用的狀態，但這麼做多少會造成消泡、減低輕盈度。

義大利蛋白霜的相關食譜

馬卡龍
（221頁）

咕咕霍夫冰淇淋蛋糕
（275頁）

私藏祕技

➔ **學到賺到**：KitchenAid 桌上型攪拌機的攪拌頭和攪拌盆內壁之間，僅有半公分的距離，要精準地將糖漿瞄準此處倒入，其實真的很困難。加上隨著攪拌頭的旋轉，倒入的糖漿總會被吸往中心，因此我建議使用有鍋嘴的煮鍋煮糖漿，如此一來，在倒糖漿的時候可將鍋嘴直接倚靠在攪拌盆的邊緣上，就能穩當地操作。不必執著於要把糖漿倒進攪拌盆的中心點，這麼做沒什麼意義。

法式馬林糖（蛋白霜脆餅）
French Meringue

份量 | 300g（足夠擠 80 份 4cm 的橢圓、淚滴狀或貝殼狀馬林糖。）

材料	重量	體積（略估）
糖粉，過篩備用	50g	½ 杯
白糖	150g	¾ 平杯
蛋白	100g	約 3 顆
海鹽	一小撮	一小撮
香草萃取液	5g	1 小匙
杏仁片，先行烤香	25～50g，視需要調整	¼～½ 杯，或視需要調整
糖粉，裝飾用	適量	適量

　　法式馬林糖一直是法式糕點中公認的經典品項。配方中的糖占大部分，造型宛如小餅乾跟或貝殼。馬林糖很少獨當一面，它可以做成淚滴狀來裝飾檸檬塔（163 頁），或在冰凍夾心蛋糕中（281 頁）。我也會用馬林糖來包覆芒果泥、鳳梨雪泥及香蕉冰淇淋等夾層餡料。馬林糖的甜味能平衡水果的天然酸味。

　　針對法式蛋白霜的製作過程，我研發了一套極有效率的標準流程（我熱愛將流程標準化），我自己奉行多年，也用來教導學生，這套流程很容易上手。取代一般常見如涓涓細流般地緩緩將糖加入蛋白中的方式，我將糖均分成三等分，分三次加入，能得到更穩定的結果。執行這套流程時很需要耐心，但哪件事不需要耐心呢？

開始之前

→ 準備好以下工具，並確定所有材料都已回到室溫：

電子秤，將單位調整為公制
桌上型攪拌機，搭配氣球形攪拌頭
1 個計時器
1 個烘焙用刮板
1 個大型攪拌盆
1 支大型橡皮刮刀
1 個大尺寸擠花袋，裝上 ½ 吋圓形擠花嘴
2 個鋪有烘焙紙的烤盤

→ 請認真把食譜讀兩次。

關於蛋白霜

製作蛋白霜的原理，簡單來說，就是將空氣與糖一起打進蛋白中。攪打的過程中，蛋白裡的主要成分白蛋白（Albumin）分子被許多氣體小泡泡圍繞，因此產生發泡的現象。材料中的糖、水量，則是決定發泡的堅硬穩固度。在法式糕點的定義上，任何比例的蛋白和糖，打發過後，都能稱為是「蛋白霜」（meringue），這一詞，可以在很多其他食譜中看見，例如法式海綿蛋糕（237 頁）、無麵粉巧克力海綿蛋糕（246 頁），這兩道甜點都是利用蛋白霜與其他材料一起製成蛋糕麵糊。

以下簡單介紹三種蛋白霜：法式蛋白霜、義式蛋白霜以及瑞士蛋白霜。

法式蛋白霜

法式蛋白霜使用「糖：蛋白＝2：1」的比例製作，烘烤後為硬脆口感的馬林糖，這種口感來自於驚人的糖用量，若是減糖操作，則會變成稍軟、黏牙的口感。法式蛋白霜也能變化製作成多種口味的馬林糖，添加的風味食材最好是乾粉狀，例如可可粉、咖啡粉、香料粉或磨碎的堅果。烤過的法式蛋白霜（即馬林糖），因不含水分且含大量的糖，因此不易腐壞，只需收藏於密閉容器中，保存於室溫下即可。法式馬林糖輕盈充滿孔洞，若是放進冰箱或冷凍庫，會吸收環境中的水分，因而軟化、失去酥口質地。

義式蛋白霜

義式蛋白霜遠比法式蛋白霜柔軟，不適用於烤成硬脆口感的馬林糖，而是搭配其他材料製成輕盈的糕點元素，例如奶油糖霜或慕斯。或應用於甜點上的擠花塗抹裝飾如火燒阿拉斯加（baked Alaska），或檸檬塔。

瑞士蛋白霜

瑞士蛋白霜同樣使用「糖：蛋白＝2：1」比例製作，且烘烤後的口感也是硬脆的馬林糖，但是兩者的製作方法不一樣。在攪拌盆中加入蛋白和糖，攪拌盆放入熱水浴中隔水加熱，以手持均質機一邊打發，直到蛋白混合物溫度達到 149°F／65°C 時，蛋白會開始凝結，也相對穩定，持續攪打直到溫度降至室溫為止。也有些糕點師傅會用這種熱水浴法來製作奶油糖霜，能得到較穩定的成品。然而我發現以瑞

士蛋白霜製作的馬林糖，會有沙沙的口感，我個人還是比較喜歡使用法式蛋白霜。

　　無論哪一種蛋白霜，都要注意蛋白霜內不能摻到任何一點油脂，若是蛋黃有殘留，或攪拌盆、打蛋器沒洗乾淨，都會阻礙「讓氣泡圍繞白蛋白」這個關鍵的步驟。如果無法在 2 分鐘內將蛋白打出略略發泡的狀態，一定就是蛋白裡有雜質，就算打一小時也沒用，快放棄吧。悉心洗淨擦乾所有器具，重新再來一次。

　　製作蛋白霜的糖可以是白砂糖或糖粉，其他的糖例如棕糖（黑糖）一般不會用來製作蛋白霜，尤其是製作義式蛋白霜時，棕糖裡的天然雜質，會使得糖漿反砂結晶。有些食譜會在蛋白中加入酸性物質（可能是數滴檸檬汁、一小撮塔塔粉，或海鹽），那是因為酸性物質能強化蛋白的張力，使其抓住更多的空氣泡泡。

作法

1 將網架置於烤箱中間層，烤箱預熱 250°F／120°C。糖粉過篩備用。

2 將 150g 白砂糖，均分成三份 50g。

3 仔細清洗並徹底擦乾欲使用的桌上型攪拌機的攪拌盆及攪拌頭。在攪拌盆內加入蛋白及海鹽，以中速攪打 30 秒。

4 隨後加入第一份 50g 白砂糖，以高速攪打 2 分鐘，別忘了設定計時器，這個步驟需要足足攪打上 2 分鐘，才能打進足夠的空氣。

5 調低轉速，再加入第二份 50g 白砂糖，隨後再次調高轉速，攪打 2 分鐘。接著，再次調低轉速，再加入第三份 50g 白砂糖，隨後調高轉速，攪打 2 分鐘，三次加起來總共需要攪打 6 分鐘。

6 經過 6 分鐘的攪打後，你會得到硬挺、光亮的蛋白霜。將攪拌盆從桌上型攪拌機取下，將蛋白霜刮至另一個寬口的攪拌盆中，以方便接下來的折拌混合操作。在蛋白霜中加入過篩的糖粉、香草萃取液，使用大型的橡皮刮刀以「折拌」的手法混合，一手持橡皮刮刀折拌的同時，另一手以逆時針方向轉動攪拌盆，這樣可以提高攪拌速率，以減少消泡的機會。經驗上，乾粉類的材料總是會沉在攪拌盆底部，因此每次折拌時都要記得撈起攪拌盆底部的部分，才能混合均勻。小心不要攪拌過度，若蛋白霜愈攪愈稀，就是攪拌過度的徵兆，一旦消泡就沒救了。折拌時將攪拌盆置於工作檯面上，不要用不順手的姿勢進行，否則也會降低效率。

白砂糖分三次加入的原因

在緩慢且多次的加入白砂糖時，蛋白中所含的白蛋白能最有效率地被許多空氣小泡泡包裹，而達到期望的發泡狀態。蛋白中含有高達 85% 的水分，如果白砂糖一下子全部加入，蛋白中的水和過量的糖會形成糖漿（糖水），擋在白蛋白和空氣泡泡之間，妨礙包覆，會大大降低發泡的程度。

7 在擠花袋裝 ½ 吋圓形擠花嘴，填入蛋白霜，在備好的烤盤上擠出淚滴（15～20頁）——先擠出一個圓球，接著持續施力擠花袋，往自己的方向拖拉，並同時漸漸減緩力道，就能拖出尾巴形狀。在擠好的淚滴狀上，撒上杏仁片及糖粉。

8 送入烤箱烘烤 1 小時，直到酥脆。我習慣一次只烤一盤，同時烤一盤以上，常常會有受熱不均的現象。如果你很堅持一次烤兩盤，在 30 分鐘時，記得上下盤交換且裡外旋轉 180 度。

完成了？完成了！

烘烤完成的馬林糖，應該會是很淡的黃棕色。聞起來帶有一絲焦糖香氣，入口後不像未烤的蛋白霜那麼甜膩。如果顏色依然很白，或還有點溼潤感，就再多烤 15 分鐘。

當馬林糖還在烤箱中烘烤的時候，偶而會有裂開的情況，有可能是因為折拌過度。市售糖粉為防止糖粉受潮，通常會額外添加 3～5% 的玉米粉，過度攪拌後會使得蛋白糖霜變得緊實，因此容易裂開。另一個造成馬林糖裂開的原因，可能是烤箱溫度過高。蛋白含很高比例的水分，太高的溫度會使得水分蒸發過快，衝裂馬林糖表面。

完成的馬林糖，有時表面會有細細的結晶現象，那是由於白砂糖中所含的水分蒸發後，重新在表面凝結所造成的。

保存

烘烤完成、徹底放涼後，就可以馬上使用。或連同幾包防潮劑一起收藏於密閉容器內，可以保存幾週至幾個月不等。千萬不要放進冰箱或冷凍庫中，環境的溼度會讓馬林糖變得溼黏，甚至融化。

私藏祕技

→ 可以在蛋白霜中加入風味食材如：巧克力碎片、烤香的椰子片或磨碎的堅果粉，烤成不同口味的馬林糖。添加比例的大原則是——不要超過蛋白的量，以這份食譜為例，不要超過 100g。與糖粉混合後，一起加入打好的蛋白霜中折拌。若是想混入可可粉或咖啡粉，則是嘗試以 5g 為一個單元，一點一點邊嚐邊攪拌加到喜歡的濃度。

∵ 溼／軟性、中性、乾／硬性發泡的蛋白霜 ∵

在烘焙時，我們常常會以「軟、中、硬」三種狀態來形容蛋白霜的打發程度。以下可以看到 11 張圖片，顯示不同階段蛋白霜所的狀態。我用 100g 蛋白、一小撮海鹽及 50g 糖來進行實驗，包括過度打發的狀況。

打發蛋白的基本原理，是藉由「打」的動作強迫蛋白內的白蛋白在許多空氣泡泡周圍形成薄膜，打進的空氣愈多，白蛋白形成的薄膜也就愈薄。然而，當打進過多的空氣，愈來愈薄的白蛋白薄膜，終將被撐破，整盆蛋白霜於是開始消泡、崩塌，而呈現顆粒不滑順的狀態。

食譜中添加一小撮的海鹽，藉由所含的酸性可以強化白蛋白的張力。同理，也能以塔塔粉取代，達到同樣的功能。

圖 1

以中速攪打室溫蛋白，加上一小撮海鹽，攪打 10 秒後，蛋白開始有些許發泡。接著，加快攪打的速度。

圖 2

在加入白砂糖後，以最快的攪打速度，打發 1 分鐘。此時蛋白霜持續發泡，但依然稀稀的，流動性很高，提起攪拌頭，可以看到如同鳥嘴的下彎喙狀。這個狀態的蛋白霜還過軟，尚未達到烘焙上可使用的狀態。

圖 3

鬆弛狀的尖角：再以高速攪打 1 分鐘之後，更多的空氣參與撐開白蛋白薄膜，舉起攪拌頭查看，拉起的蛋白霜，還依然是軟軟鬆鬆的喙狀。

圖 4

非常軟的尖角：隨著攪打的時間愈長，愈多的氣泡被導入蛋白霜中，攪拌頭拉起蛋白霜所形成的喙狀，開始有勾勾狀的樣子。

圖 5

軟性發泡（微微下垂的小尖角）：愈攪打，蛋白霜會愈硬挺，略微下勾的小尖角（尾巴）於是形成。

圖 6

中性發泡（半硬挺尖角）：此時蛋白霜已打入足夠的空氣，攪拌頭拉起蛋白霜的樣子，已經完全像是一個鳥喙了。

圖 7

硬性發泡（堅挺的小尖角）：垂直舉起攪拌頭，依然可見蛋白霜呈現鳥喙的微微下勾形狀，沒有崩塌。

圖 8

過度硬性發泡（短而小的尖角）：這個階段，白蛋白薄膜已經臨界被撐破的邊緣了，可以看見已經開始出現些許不光滑的顆粒質感。

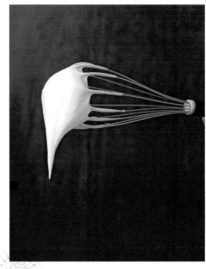
3

4

5

6

7

8

圖 9

顆粒不均，破碎的蛋白霜：白蛋白薄膜已徹底被撐破了，蛋白霜結構開始崩塌、不堪使用了。

圖 10

打發過度的蛋白霜，室溫靜置 1 小時後，空氣泡泡逐漸破裂溢散，攪拌盆上頭浮著一層顆粒不均的蛋白霜，下層則是稀稀的液體，依然不能使用。

圖 11

靜置 1 小時之後，再次攪打 5 分鐘。嘩！結果恢復到中性發泡的狀態，這是補救蛋白霜打發過度的方法，理論上，這樣的蛋白霜可以使用，但是效果不會如同一次就打到中性發泡的蛋白霜一樣好，相信你也看得出來，補救過的蛋白霜依然有顆粒狀，不滑順。

甘納許
Ganache

材料	重量	體積或盎司（略估）
可調溫的黑巧克力（Drak chocolate couverture，64%）	300g	10½ 盎司
奶油（法式，82% 脂肪含量）	50g	3½ 大匙
苜蓿蜂蜜（Clover honey）	20g	1 大匙（平匙）
香草莢	½ 根	½ 根
鮮奶油（35%脂肪含量）	275g	1¼ 杯

開始之前

→ 準備好以下工具，並確定所有材料都已回到室溫：

電子秤，將單位調整為公制
1 支長刀
1 個可微波爐的小碗或布丁杯
1 支小型橡皮刮刀
1 個可微波的中型碗
1 支小刀
1 個中型煮鍋
保鮮膜
1 支中型橡皮刮刀
1 支電子溫度計
1 支小型不鏽鋼打蛋器
1 支手持均質機

→ 請認真把食譜讀兩次。

筆記：製作小量甘納許（如同這份食譜的份量），我習慣使用橡皮刮刀來做最後攪拌，如果是大份量的話，使用打蛋器會比較適合。

甘納許是一種由黑巧克力、牛奶巧克力或白巧克力加上鮮奶油以及脂肪含量 82%的法式奶油，常加有香草或咖啡變化口味製作而成的餡料，經常使用於巧克力糖，如松露巧克力或夾心巧克力。製作起來非常簡單，但是仍需對材料及步驟有相當程度的了解才能避免出錯。學生常常在製作甘納許時，遇到挫折而感到氣憤。但美味甘納許的崇高地位，豈是一點挫折就會動搖的！只要確實跟著我的步驟做，你應該不會有失誤的機會。

作法

1 如果你購入的是整塊巧克力磚，把它放在砧板上，用長刀由邊緣慢慢由上往下切條。將巧克力切成長條的手法——以刀尖當頂點，固定在砧板上不動，只移動刀鋒像裁紙刀一樣切。當大約切了 300g 巧克力後，再將條狀巧克力切成半公分一段的小塊。細心地讓每塊一樣大，如此巧克力加熱時才能在差不多的時間內融化。如果你使用的是鈕扣狀的巧克力，就不用切。

2 在小碗內放入奶油及蜂蜜，以小型橡皮刮刀攪拌均勻，如果奶油還太硬，可以短暫微波 5 秒，但請小心不要加熱過頭以致奶油融化，奶油的脂肪結晶一旦融化，將會導致甘納許有油膩的口感。

3 中型可微波的碗內，加進切塊或鈕扣巧克力，以 50%的功率微波 30 秒。由於巧克力裡不含有任何水分，不可使用高溫加熱，以免巧克力由融點直接奔向燒焦終點。微波後的巧克力，應該是固體液體參

雜的半融狀態，取出後攪拌 5 秒，它還會繼續再融化。重複進行同樣的步驟，直到整碗巧克力達到固體液體各半的半融化狀態。

4 縱向剖開香草莢，以刀尖刮下香草籽，與香草莢殼、鮮奶油一起放入煮鍋中，煮沸後熄火，拿掉香草莢殼。

5 沸騰的鮮奶油離火後立即倒入半融化的巧克力裡。若稍有遲疑，鮮奶油溫度下降了，就無法將巧克力融化，且水氣蒸散愈多，甘納許就會愈乾。以保鮮膜封住碗，靜置 60 秒後移除保鮮膜，並將凝結在保鮮膜上的水氣刮回甘納許中。以橡皮刮刀，由中心點以畫小圓的方式攪拌，使其均質化，此時，你可以觀察到乳化作用開始進行——脂肪和液體漸漸融合。當你在中心處看見乳化作用出現後，就可以逐漸往外圍慢慢擴大畫圓攪拌，直到鮮奶油和巧克力完全乳化，變成均質、濃稠、滑順的混合物。

6 接下來就要加入奶油了。先測量甘納許的溫度，加入奶油的最佳甘納許溫度介於 38°C 〜40°C 之間。若是甘納許溫度太高，奶油加入後會馬上融化，失去滑順豐腴的口感；反之，若甘納許溫度太低，由於可可脂及奶油的結晶點皆在 32°C 左右，低於 32°C 就會開始結晶，從水分中分離出來。任何富含脂肪的醬料、醬汁，一旦遇冷或本身降溫後，內含的脂肪游離，就會呈現油水分離狀態，我們稱為「broken sauce」，白話文就是「失敗的醬汁」。

如果你的甘納許不幸真的遇到了油水分離的狀況，可以參考 77 頁的「學到賺雙倍」，加以搶救。如果一開始就先測量溫度才加奶油，就不會面臨需要事後補救的地步。若甘納許溫度還太高，只需靜靜等待其溫度降下來，不要一直攪拌它，那樣會使甘納許充滿氣泡，看起來不美觀。當甘納許達到正確溫度，加入奶油後，先以打蛋器攪拌，再改以手持均質機，攪打 30 秒直到閃亮滑順，甘納許即完成，隨時可用。

完成了？完成了！

完成的甘納許，會閃耀著絲綢般的光澤。脂肪被乳化成最細小的結晶，嚐起來口感豐腴滑順。以上特徵都是乳化作用完美達成的指標。

保存

　　製作完成的甘納許可以馬上使用，或裝進容器內後，貼著甘納許表面封一層保鮮膜、再蓋上密閉的蓋子送進冰箱保存。冷藏可達 1 週，冷凍可達 1 個月。使用前，從冰箱中取出（冷藏需提前 3 個小時，冷凍則是前一晚就取出），置於室溫下待其回溫即可。

變化款

　　風味甘納許：甘納許可以透過添加如香料、花朵、咖啡、柑橘類水果或各式香草，進而變化成多款不同的口味。為了能得到最濃郁的滋味，通常會在製作的前一晚就將風味食材加於鮮奶油中，在冰箱中靜置一夜，釋放香氣。常用於為甘納許增添風味的有香料類，或咖啡、柑橘水果，還有香草類。

　　香料類，使用整顆或碾碎（可釋放出更濃香氣）的形式加入鮮奶油中。建議不要使用粉狀的香料，否則甘納許會嚐起來沙沙的，破壞了滑順口感。香料類的使用量大約占甘納許總重的 0.2%。以本食譜為例，大約添加 1g 量的香料，如 ½ 根肉桂棒，15 顆黑胡椒，或 ½ 根香草莢。若是香氣濃重的香料，如丁香或肉豆蔻，則需要再減量使用，才不會破壞了巧克力本身的風味。香料的確切用量，請依自身的味蕾來判斷。如果要添加含酸度的香料，例如薑，最好使用糖漬過的薑。否則新鮮薑內含的酸度，會使得鮮奶油凝結變質、油水分離；相同的，含有酸度的水果類，例如檸檬或柳橙，也是同樣的道理。

　　其他類，咖啡、茶或香草類的使用量，大約占甘納許總重的 2%。以這份食譜來說，大約添加 12g。若是製作咖啡口味的甘納許，記得先將咖啡豆碾碎，可釋放更厚重的香氣，但不要直接使用咖啡粉。

　　最後的小提醒，若你在打「玫瑰」和「薰衣草」這兩種口味的主意，下手請盡量輕。它們的花香非常強烈，只要稍微過量，甘納許將嚐起來像香皂。

私藏祕技

→ **學到賺到**：製作甘納許的前一天，將香草籽及莢殼泡在鮮奶油中，置於冰箱中讓香草的香氣釋放一夜，隔天製作出的甘納許將香氣十足。

黑巧克力是由可可固形物（cocoa solids）、可可脂（cocoa butter）、糖，及香草所組成。牛奶巧克力則多加了奶粉。白巧克力不含任何可可固形物，主要成分是可可脂，因此沒有巧克力的滋味，但甜度很高。我在教學時若要使用白巧克力，常常會和其他有酸度或略帶苦味的食材搭配使用，藉以調整白巧克力的甜膩。我很少使用白巧克力，因為它實在太甜了。

巧克力的成分裡不含任何水分，這也是它能長期保存，不易腐壞的原因。常見的烘焙用巧克力有磚狀、鈕扣狀或小水滴狀三種形態。選購時，強烈建議選擇包裝上標示有「可調溫、披覆」（couverture）的產品，代表這款巧克力含有至少31%可可脂，烘焙時能夠融化使用，這樣成分比例的巧克力也會剛好融化於口腔的溫度。若是包裝上僅僅寫「巧克力」，表示含糖量高，內含的油脂也通常不是可可脂而是由其他植物油取代，這種產品不具有香氣。

「可可脂」是一種複雜的脂肪，由十種以上不同的脂肪成分組成，每種成分的融點及結晶點各有不同。也因為這樣的特質，目前仍無法合成人工的可可脂。

這份食譜介紹的是「黑巧克力甘納許」，我推薦使用60～70%的可調溫巧克力來製作。巧克力包裝上標示的「%」代表巧克力中的可可含量——包括可可脂及可可固形物的總和。其餘則是「糖」。例如60%可調溫巧克力，應至少含有31%可可脂及29%可可固形物，其餘40%是糖。因此，「%」前的數字愈大，表示糖分愈少，巧克力風味愈強烈。不過，也並不是風味愈強烈就愈好。

品嚐巧克力與品酒有許多相似之處。你可以品嚐看看由不同品種可可豆製成的巧克力，或來自不同產區的巧克力，你會發現風味有很大的差異。有的帶點酸，有的偏甜，有的有些許煙燻味，有的具有土壤氣息，有的夾帶單純的苦味。你可能也會發現，有些70%的巧克力嚐起來比60%的甜，而60%的反而有些苦。在製作甘納許時，必須把巧克力的獨特滋味考慮進去。例如製作檸檬口味甘納許時，就不應該使用帶有酸味的巧克力；或使用帶有苦味的巧克力來製作咖啡口味的甘納許，也是錯誤的搭配。製作甘納許時，巧克力天然具備的風味要和欲製作的口味達成平衡。當我和學生舉辦巧克力研習會時，常常將具有強烈風味的香料（如薑、丁香、肉桂、豆蔻）和帶有酸度的巧克力搭配使用，藉以製造出震撼的滋味。無論想如何發揮創意，請務必記住，當口中的巧克力融化完畢之際，最終要留下的餘韻必須是主角——巧克力。這就如同品酒，有些酒啜入的第一口雖然非常強烈，但滋味很快就消逝殆盡。好的巧克力和好的葡萄酒相似，一開始溫韻不顯，愈嚐卻愈有滋味。

製作甘納許，有些甜點師習慣使用脂肪含量30%或40%的鮮奶油，而我習慣使用脂肪含量恰好落在中間值的鮮奶油，而每次製作出的甘納許也都讓我很滿意。30%的鮮奶油製作出來的甘納許會較稀，流動性略高。40%的鮮奶油，則含有太高的脂肪固形物，比較容易乳化不全，導致油水分離。

奶油可選擇性添加或省略。我個人習慣添加奶油，因為奶油會讓滑順感更上一層樓。

我也喜歡加一些蜂蜜，蜂蜜有強烈的甜度，有助於脂肪分解成細小分子，使乳化作用進行得更順利。

搶救油水分離的甘納許

→ **學到賺雙倍：** 一盆做壞了、油水分離的甘納許，絕對能大大地打擊你。沒關係，我有搶救的方法，但需要兩人合作執行，所以先去找一個幫手吧！

巧克力內含的可可脂和鮮奶油裡的脂肪，在溫度低的環境下會開始結晶，造成油水分離。所以首先以 50% 的微波功率，短時間（每次數秒）多次加熱失敗的甘納許，直到溫度抵達 104° F ╱ 40° C。接著在一個中型容器裡，加入 1 大匙微波加熱 5 秒的溫熱鮮奶油。一手傾斜扶好這個中型碗，另一手拿著小型的打蛋器。請幫手將加熱過的甘納許，以非常慢的速度，分次少量倒入鮮奶油中，你則一邊不斷攪拌。整個過程需要緩慢且不中斷的進行，隨時確認倒入的甘納許和鮮奶油融合後，再繼續倒入。直到所有的甘納許都加入鮮奶油中，兩者也已攪打融合均勻，搶救成功！

脂肪與水之間的乳化作用，總是讓廚師們充滿好奇。感謝所有法式料理主廚前輩，他們成功地製作出多款暗藏脂肪並完美乳化的經典醬汁。製作甘納許和製作法式醬汁頗為相似，都是透過脂肪與水的乳化作用，也就是脂肪小分子平均分散在水中（水包油，下圖左）。當脂肪分子游離出來並且圍繞著水，就是所謂的油水分離（油包水，下圖右）。我們使用水包油狀態的鮮奶油當作介質，慢慢讓甘納許從油包水的狀態再次乳化。只需 1 大匙的鮮奶油，就足以拯救一大盆的失敗甘納許，真的非常神奇！

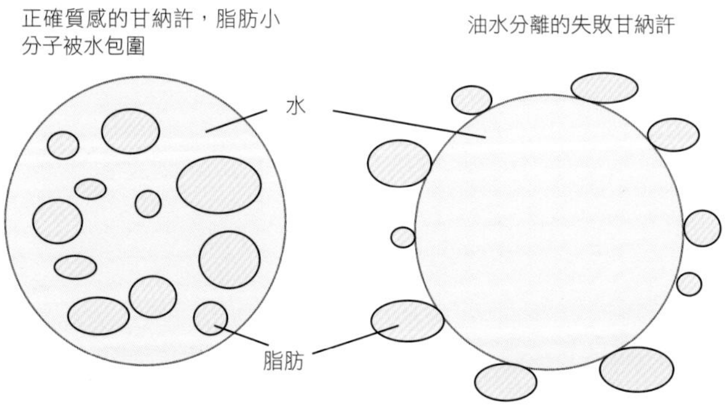

甘納許相關食譜

❦

巧克力慕斯
（78 頁）

巧克力與榛果樹幹蛋糕
（249 頁）

黑森林蛋糕
（259 頁）

杯裝巧克力慕斯蛋糕
（267 頁）

❧

正確質感的甘納許，脂肪小分子被水包圍　　　油水分離的失敗甘納許

水

脂肪

巧克力慕斯
Chocolate Mousse

材料	重量	體積或盎司（略估）
可調溫的黑巧克力（64%）	105g	3⁷⁄₁₀ 盎司
鮮奶油（35% 脂肪含量）	260g	1 杯＋3 大匙
玉米糖漿	22g	1 大匙（平匙）
苜蓿蜂蜜	22g	1 大匙（平匙）

開始之前

→ 準備好以下工具，並確定所有材料都已回到室溫：

電子秤，將單位調整為公制
1 支長刀
1 個中型攪拌盆
1 個小型煮鍋
1 支不鏽鋼打蛋器
保鮮膜
桌上型攪拌機，搭配氣球形攪拌頭，或手持式攪拌機

→ 請認真把食譜讀兩次。

巧克力慕斯相關食譜

黑森林蛋糕
（259 頁）

杯裝巧克力慕斯蛋糕
（267 頁）

如果每一道甜點或料理都只有一種固定的作法，那麼身為廚師或甜點師，將會非常無聊。我的學生們有些時候不能接受這樣的論點，他們深信一份食譜就只能有一種作法。然而，就像這款法式糕點裡最受喜愛的品項之一──巧克力慕斯，就有很多不同版本。「條條大路通羅馬」，製作巧克力慕斯當然也有許多方法。

這款巧克力慕斯的基底很像是調整過比例的甘納許，提高鮮奶油的用量、不加奶油，放隔夜凝結後，打發成慕斯質感，也很像打發的巧克力鮮奶油。我常用來當作蛋糕夾層（黑森林蛋糕，259 頁），或任何需要使用到巧克力慕斯的甜點，例如杯裝巧克力慕斯（267 頁）。

作法

第1天

1 使用長刀將巧克力切碎（如果使用鈕扣狀，可省去切碎的步驟），放入中型攪拌盆中。

2 煮鍋內放入鮮奶油、玉米糖漿及蜂蜜，開火煮至沸騰後，將一半份量倒入巧克力中。隨即以保鮮膜包裹住攪拌盆，靜置 1 分鐘。打開保鮮膜，盡量把凝結在保鮮膜上的水氣刮回巧克力中，以橡皮刮刀或打蛋器，由液體中心開始畫小圓並慢慢持續擴大的畫圓方式攪拌，促使乳化作用進行。當甘納許乳化完成後，加入剩下的一半鮮奶油混合液，以相同的手法，直到所有液體完全乳化。在原攪拌盆中，直接以保鮮膜貼附著甘納許表面覆蓋好後，放進冰箱中冷藏一夜。

第 2 天

　　將前一日製備的甘納許，倒入攪拌盆中，如果使用桌上型攪拌機，則將氣球形攪拌頭裝好，或也能使用手持式攪拌機，以最高速攪打 1 分鐘，刮下黏著在攪拌盆壁的甘納許，再次以高速攪打約 1 分鐘，直到甘納許蓬鬆為慕斯質感。過程中請務必守在攪拌機前觀看，小心不要攪打過度。若攪打過度，巧克力慕斯會有結塊顆粒感。將完成的巧克力慕斯移到容器內，妥善蓋好，冷藏保存，就可隨時使用。

完成了？完成了！

　　完成的巧克力慕斯，看起來滑順帶有光澤，完全不會有突兀的結塊感。如同所有製作過程有乳化作用參與的醬汁或慕斯一樣，看起來滑順帶有光澤，是乳化成功的共同特徵。

保存

　　冷藏可保存 2～3 天。冷凍可保存近 1 個月。

私藏祕技

→ 巧克力慕斯可以獨當一面，裝進杯子裡，這份食譜的量約可裝 8 杯。
→ 以牛奶巧克力或白巧克力替代黑巧克力，即可製作出不同口味的巧克力慕斯。

製作巧克力慕斯的步驟非常簡單，然而遵循食譜順序卻因此更加重要——若甘納許一開始就沒有徹底乳化成功，攪打後的慕斯也就不會滑順；鮮奶油加進切碎的巧克力前，一定要煮到沸騰。製作巧克力慕斯比甘納許加入更多鮮奶油，因此乳化作用理應進行得更順利。這份食譜，使用打蛋器來幫助乳化作用的進行，會比使用橡皮刮刀容易；加入一半煮沸鮮奶油，攪拌至滑順有光澤後，再加入另一半熱鮮奶油。攪拌完成後看起來很像甘納許，餘溫也會使得鮮奶油及巧克力中的脂肪繼續融合。

蜂蜜是很棒的天然乳化劑，高甜度的特性能讓脂肪分裂成小分子。

玉米糖漿能連結起鮮奶油分子，同時防止結晶。

混合完成的巧克力慕斯放冰箱冷卻一夜，脂肪才有足夠的時間硬化結晶，隔天進行攪打步驟，將其中的鮮奶油打發蓬鬆，就會形成滑順的慕斯。留意不要攪打過度，否則鮮奶油中的脂肪會分離出來，造成慕斯有顆粒感、不夠滑順。

2 天的製程

覆盆子果醬
Raspberry Jam

材料	重量	體積（略估）
覆盆子（新鮮當季或冷凍的）	1200g	10½ 杯
白砂糖	480g	約 2½ 杯
白砂糖	480g	約 2½ 杯
現榨檸檬汁（過濾）	60g	5 大匙

開始之前

→ 準備好以下工具，並確定所有材料都已回到室溫：

電子秤，將單位調整為公制
1 個大型攪拌盆
保鮮膜
1 個不鏽鋼煮鍋，容量約略小於水果與糖量的兩倍
1 支耐熱的橡皮刮刀或木匙
1 把剪刀
1 個紙杯，底部面積大小需可放進果醬罐裡
1 個小碟子
6 個 120ml 容量的果醬瓶。
1 個小碗
1 支可撈去雜質的濾油網（skimmer）
隔熱手套
1 個烤盤
1 支小湯勺

→ 請認真把食譜讀兩次。

　　覆盆子果醬是我的最愛，酸甜平衡的滋味，塗在布里歐許上當早餐享受單純的美好，也能應用於許多甜點中。在眾多配方裡，我又特別獨鍾將覆盆子果醬當作貝奈特（323 頁）填餡的吃法。

　　做果醬對我而言，是件既簡單又基礎的浪漫小確幸，關於果醬的回憶都是美好的。孩提時的每個夏天，和母親一起做果醬的情景歷歷在目；她平常是如此忙碌，除了日日打理糕餅鋪，還要照顧四個孩子，但她總能在夏季時節水果正盛時，擠出時間做果醬。還記得，那年我九歲，母親指派我前往鄰居的農園，取回將近二十公斤、名為黃香李的小小黃色李子。孩子負責摘去李子的莖葉及去核，嬌小的母親拿出一個巨大的銅鍋，往裡頭加糖、加檸檬汁，連同處理好的李子一起熬煮。我們跟在一旁看的同時，母親不時會傳授關於製作果醬的經驗。其中令我印象最深刻的是——果醬要熱熱的裝罐，然後在瓶口包一層玻璃紙，並撒上些許李子酒（mirabelles eau de vie），除了能更添風味，還能有消毒的效果。我們將完成的果醬保存在廚房的櫥櫃裡，然後接下來的一整年都能享用它。當時的我壓根沒想到，我能有機會將那時母親教導給我的果醬祕密，在十多年後傳授給我的學生們。

製作果醬的通則是，使用當季盛產且熟透的水果。熟透的水果是成就好果醬的第一步。做果醬的流程，簡單來說，就是將水果與糖一起熬煮，水分隨著熬煮蒸發，同時也將水果糖漬化了。

這個過程得慢慢進行急不來。先混合水果及一半份量的糖，也就是糖漬化的步驟。水果內天然存在的果膠（pectin），是使得果醬有黏稠質感的重要元素，在愈熟的水果中，果膠的含量愈高。不夠成熟的水果，除了風味略遜一籌之外，天然果膠含量也稍顯不足。然而，若使用過熟的水果製作果醬，可能會有不好的風味，成品也會太黏稠。製作覆盆子果醬時，我喜歡連同籽一起製作，因為籽是果膠的主要來源。若一定要製作非當季盛產的果醬，建議使用冷凍水果，因為冷凍的水果都是在最盛產時，被冷凍保存下來的。

如果你有機會親自採集新鮮的水果做果醬，記得由樹叢的最外圍開始採收。愈外圍的部分，照射到陽光的機會愈多，愈往中心的果實，因為被陰影遮蔽的關係，往往成熟得較慢。另外，凡是夠成熟的水果，應該都能很輕鬆地被摘取下來。

要使果膠凝固，需要糖和酸（檸檬汁）。檸檬汁除了能讓果醬增添酸香口感外，也能延長保存期限，更能幫助天然果膠釋出以及凝固。

時間分配

做果醬需要兩天的時間。第一天將水果和一半份量的白砂糖，一起浸漬 1 小時，接著加熱直至沸騰，放涼後再放進冰箱中靜置一夜。第二天加入另外一半的白砂糖、檸檬汁，依照流程完成果醬。開始之前，細想每個步驟流程並好好規劃時間，你絕對不會需要在第一天就把檸檬汁擠好等著吧？

作法

第 1 天

1 若是使用新鮮的覆盆子，先摘除莖、葉，真的忍不住的話可以輕輕沖洗一下果實。我偏好使用有機水果，就能免去清洗的流程，因為水果清洗後，水分將會增加，使得後續煮沸的時間因此延長。

2 在大型攪拌盆中，混合水果及 480g 白砂糖，以保鮮膜包蓋好，放進冰箱冷藏 1 小時。

3 將混合物倒進底面積寬廣的不鏽鋼煮鍋裡，水果／糖，大約占整個鍋子的容積約 ½ ～ ¾ 左右為佳；如果鍋子太大，在燉煮的過程中會散失過多水分，使得果醬成品偏硬。以中火加熱，同時以橡皮刮刀隨時攪拌。沸騰後立即熄火，移至攪拌盆中以保鮮膜包妥，放進冰箱一夜。

第 2 天

1 將紙杯的底部裁去當作漏斗，果醬裝瓶時會用到。準備一個小盤子，放進冰箱裡冰鎮，烤箱以最低溫預熱。將要用到的果醬瓶身放進烤箱裡低溫烘烤 5 ～ 10 分鐘殺菌；瓶蓋通常會有膠條，所以瓶蓋不能進烤箱。

2 從冰箱取出醃了一夜的覆盆子，移去保鮮膜、倒入煮鍋，放在爐上。準備一個裝水的小碗和濾油網，一旁備用。開中火，邊加熱煮鍋邊攪拌至沸騰後，加入 480g 白砂糖及檸檬汁。持續煮約 5 ～ 10 分鐘（依鍋子大小而定），直到果醬看起來變濃稠，但不能太乾。以濾油網隨時撈去浮上表面的白色泡泡，這些泡泡雜質會使果醬容易腐敗或造成結晶。從冰箱中取出小盤子，在上面滴一滴果醬，靜置 10 秒後略微傾斜盤子，觀察果醬會流動還是凝結。如果會流動，再持續滾煮數分鐘，直到盤上的測試是凝結狀態為止，即可熄火。

3 準備裝罐。果醬離火，戴上隔熱手套將果醬罐從烤箱中取出，一一

放在烤盤上，紙杯漏斗也放在熱果醬罐上架好。趁果醬及罐子都還熱熱的時候填裝，果醬裝滿到接近瓶口處，隨後馬上蓋上瓶蓋旋緊，立即將罐子翻轉，蓋子朝下倒放。依序將所有果醬裝罐完成。操作時，請使用隔熱手套、烤箱專用厚手套或廚房厚茶巾，以免燙傷。完成後，置於室溫冷卻 3 小時至一整夜。

4 果醬冷卻後，清洗罐子表面在填裝時造成的黏膩（一定要放涼後才沖洗，否則玻璃會有爆裂的危險）。擦乾後，依喜好貼上果醬標籤，保存於櫥櫃中，避免光線直接照射，一旦開啟食用，則是放於冰箱冷藏保存。

完成了？完成了！

完成的果醬，顏色應該依然鮮豔，水果的酸香也會多半保留下來。果醬正確的質感應該不會太硬，太硬就表示煮過頭了，或果膠太多。煮得愈久，水分蒸發愈多，果醬愈甜。使用不大不小恰恰好的火候很重要，火太大很容易不小心燒焦果醬。

保存

除非已經開罐使用的果醬需要冷藏，否則剛完成密封的果醬只需室溫保存即可。收藏於櫥櫃中，避免光線直射，可以保存至少 1 年。不過，我的小孩超會吃的，從來就沒有保存那麼久過！

水果中的天然果膠

這份食譜中的覆盆子可以替換成許多不同水果，但會需要一點微調。有些天然果膠含量較少的水果（如黑莓），需要額外添加果膠。果膠有吸水、留住水分的功能，市售果膠以粉狀居多，使用時先與白砂糖混合，以避免直接接觸水分、產生結塊。果膠粉的用量建議先從「果膠粉：水果＝1：99」的比例開始測試是否足以讓果醬凝結。以本食譜為例，如果我發現果醬凝結的不好，我會嘗試加入 12g 果膠粉試試看。水果的熟度也會影響結果，覆盆子不算是富含果膠的水果，但是當它非常成熟時，可以完全不需額外添加果膠粉。

使用天然果膠含量較低的水果製作果醬，又不想添加果膠粉時，也可以和天然果膠含量高的水果混搭，如蘋果。

天然果膠含量高的水果：蘋果、黑莓、蔓越莓、黑醋栗、燈籠果（gooseberry）、康可葡萄（concord grape）、李子、榲桲（quince）。

天然果膠含量中等的水果：（需要外加 1% 的果膠粉）：櫻桃、接骨木果（elderberry）、葡萄柚、枇杷、柳橙、黑醋栗、紅醋栗。

天然果膠含量低的水果：（需要外加 2% 的果膠粉）：杏桃、藍莓、無花果、芭樂、桃子、西洋梨、覆盆子、草莓。

筆記：當覆盆子非常成熟時，用來製作果醬，可以完全不需外加果膠粉。

私藏祕技

→ 製作果醬是很有趣，然而判斷熬煮時間、煮掉恰好的水分而沒有讓果醬產生焦味，或避免把果醬煮太硬⋯⋯，都需要透過不斷練習，才能獲得經驗。

→ 給果醬迷！非常建議購入一支 0 ～ 80° B 的甜度計（refractometer）。B 是甜度單位 Brix 的簡寫，這是一種透過測量光線折射率來推估液體固相與液相比例、以測出甜度的儀器。一般建議果醬應為 60° B 左右，也就是內含 60% 固形物和 40% 水。

→ 製作果醬時，絕對不要使用鋁製的鍋子，水果中的酸度會和金屬離子作用，產生令人不悅的金屬味道。製作果醬最好的鍋具是銅製平底果醬鍋（confiturler），平底能很有效率的讓水分煮沸蒸散，而銅鍋在加熱時也會釋出酸，藉此幫助果膠凝結。銅鍋於空氣中會自然氧化，然而有個簡易且安全的清洗銅鍋的方法——使用「醋：鹽：麵粉＝ 2：1：1」比例製作清潔粉，戴上乳膠手套，以清潔粉搓擦銅鍋表面，氧化的部分就能恢復光澤，接著以清水沖洗，再以廚房紙巾徹底擦乾，銅鍋又和新的一樣啦！挑選銅鍋時，請留意鍋子的重量，有些較輕的銅鍋只能看不能用，重的銅鍋才是真的能用來料理的鍋具。一把好的銅鍋可以傳家，一代一代地使用下去。

→ **學到賺到：**將裝罐完成的果醬，瓶蓋朝下倒著放，能迫使罐子中殘留的空氣穿過熱燙的果醬，而達到消毒殺菌的功效。

和果醬女王一起做果醬

　　這是關於製作果醬的另一件美好回憶。當我在參與法國最佳工藝師（Meilleurs Ouvrier de France, MOF）的最後決賽時，我和克莉絲汀・法勃（Christine Ferber）一同在阿爾薩斯執行一項專案。大家稱她為果醬女王，真的實至名歸，她使用獨家工藝以及最優質的水果，一年可製作高達三十萬罐手工果醬。她的甜點鋪位於鄰近阿爾薩斯葡萄園的一個十五世紀迷人小村莊——紐達維斯韋爾（Niedermorschwihr），饕客們自世界各地湧入擠爆她的小鋪，就為了得到一罐她所製作的手工果醬。

　　然而，克莉絲汀的甜點之路並非一路順遂。在她年輕時，女性糕餅師傅很難得到人們的認同與肯定，想闖出一番成就難上加難。結束學徒生涯後，她陸續在不同的糕餅鋪工作，後來又回到父親在家鄉開設的糕餅鋪，孕育出了對製作果醬的濃厚熱情。但是，法勃老先生也是個非常頑固的傢伙，對於糕餅師傅的工作內容定義也很嚴苛：「糕餅師傅從不自己製作果醬，他們都用買的。」而克莉絲汀略施小技，說果醬放在展示窗內只是「當裝飾」，如此為自己的果醬開闢了一個小角落展示，她知道一定會有客人開口詢問購買。

　　在法國最佳工藝師的競賽中，其中一項題目是「以水果和花朵為主角製作果醬」。我前往紐達維斯韋爾小鎮詢問克莉絲汀的意見，並一起製作出帶有玫瑰花香的麝香葡萄果醬。在她和助手們協助之下，我們將一顆顆葡萄透過光線照射檢查並去籽，整整處理了五公斤葡萄。最後製作出來的成品，簡直宛如魔法般美好，那是我工作生涯裡永生難忘懷的一刻，非常感恩她給予我如此珍貴的協助。

糖漬果皮
Candied Peel

份量│80 片（由 20 塊水果製成）

10 天的製程

材料	重量	體積（略估）
柑橘類水果（柳橙、萊姆、檸檬）	20 塊（5 顆）	20 塊（5 顆）
海鹽	10g	1½ 小匙
水	1000g	1 夸脫＋3 大匙
白砂糖	1550g	7⅓ 杯
玉米糖漿	50g	3 大匙

與其將柑橘果皮丟棄，倒不如拿來製作成糖漬果皮加以利用。細菌無法在飽和的糖水中滋生，糖漬果皮一旦製作完成後，在冰箱中可以放到天長地久。最好使用有機栽種或沒有農藥且熟度剛好的水果。製作過程非常耗時，建議一次製作大量，以便日後隨時可用。

製作糖漬水果的主要過程為——讓糖漿取代果皮中的水分。隨著每日的製程，水果中的含糖量會慢慢上升，成品也愈漸穩定。我這裡提供的是十天製程的食譜，若是糖漬整顆水果，有可能要四個月。理論上，所有的水果皆能以糖漬的方法保存起來，最常見的水果有柳橙、橘子、檸檬、萊姆、櫻桃、西洋梨、蜜瓜類以及無花果。

糖漬水果可以應用在非常多地方。隨意添加在甜點上頭，如檸檬塔和馬林糖淚滴裝飾（163 頁），會是加分的美麗裝飾。或將糖漬柳橙皮切成條狀後沾裹巧克力，實在是款令人上癮的美味甜點。切碎的糖漬果皮，亦可加入蛋糕或麵包，如布里歐許（21 頁）、史多倫聖誕麵包（303 頁）或薑味麵包（335 頁），糖漬果皮的香氣在麵包中熟成釋放，十分迷人。當然，還有水果蛋糕，這可是使用糖漬果皮最大宗的甜點，很多糖漬工廠都是靠水果蛋糕的訂單存活呢！姑且不談糖漬果皮有多好用，光是能學習「如何使用糖漬方法，穩定保存水果」這件事，就很令人著迷了！

開始之前

→ 準備好以下工具，並確定所有材料都已回到室溫：

電子秤，將單位調整為公制
1 支刷洗水果用的軟刷子
1 支小刀
1 支湯匙
1 支足夠裝進所有水果的不鏽鋼高筒煮鍋（鍋口不要過寬）
1 支瀝網（spider）
1 個大型的瀝水器具或篩網
1 個中型的不鏽鋼煮鍋
1 個盤子，恰好符合高筒煮鍋底面積的大小
保鮮膜

→ 請認真把食譜讀兩次。

作法

1 以糖漬柳橙皮為例。以小軟刷將柳橙刷洗乾淨，以柳橙蒂為出發點，用小刀繞著圓周切一圈後，轉九十度再切第二圈，如此可將橙皮等分為四塊。將湯匙塞進果肉與果皮之間，小心地一次取下一塊

保存水果有很多種方法，糖漬是其中一種。水果中的水分很多，而飽含水分的環境正是細菌喜愛生長的環境，也是水果容易腐敗的原因。

然而經由糖漬化的過程，將水果細胞中的水分以糖分取代掉，也就無法茲生細菌，因此得以長期保存。如果糖漬化執行得好，只有水果的水分一步步被糖取代，其酸度香氣依然完整保留。就像是蘊釀葡萄酒或其他美好的事物般，糖漬化的關鍵在於「漸進」，是無法快速完成的。

以熱水川燙果皮，是重要的第一步，燙去表面的蠟後，沖洗一下，使用加鹽的滾水煮果皮，可以煮去苦味且讓果皮的毛孔張開，以利糖水順利進到細胞內。接著，每日漸漸增加糖水濃度，每日短暫的滾煮一小段時間，連續進行十天後，水果細胞中的水分終將被糖分完全取代，糖漬化了。最後加入玉米糖漿，可以避免高濃度的糖水結晶化。

果皮，果肉先放進冰箱中保存。也可以將整顆水果切塊成四等分，再將果皮徒手剝下。取一口不鏽鋼高筒煮鍋（容量足夠裝進所有果皮，鍋口不要過寬），放入水煮滾後，倒入所有果皮，轉中火加熱2分鐘，不需等到再次沸騰，以瀝網將果皮全數撈起，倒入瀝水器具或篩網內瀝乾，並以冷水沖洗。這樣可以把水果表面的蠟去除，你可以觀察到水的表面會出現一層蠟；將煮皮的水倒掉並清洗鍋具。

2 在洗淨的高筒鍋中，加入2公升清水及10g海鹽（若是你加量製作，水及海鹽也請加量），沸騰後轉中火，加入柳橙皮，保持鹽水微微沸騰的狀態，煮20分鐘。此時果皮會有些許軟爛，如果還是很硬挺，則再多煮10分鐘。

3 以瀝網將果皮全數撈起，倒入瀝水器具或篩網內瀝乾，並以冷水沖洗。將高筒鍋中的水倒掉並清洗後，再次放到爐上。

4 將果皮依環狀一一緊密排列在高筒鍋的鍋底，沒有空隙的緊密排列非常重要，若是排得太鬆散，果皮會浮到糖漿之上。因此，因應果皮的數量，使用適中大小的鍋具也很重要，排列完畢後，果皮距離鍋口應該還有5cm的距離。不要使用寬口的鍋子，否則你會需要大量的糖漿來覆蓋。而緊密排列的果皮，可以重疊幾層是沒問題的。

5 在果皮上方壓一個剛好可以放進鍋子的盤子，避免果皮浮起。

6 取另一中型煮鍋製作糖漿。加入1公升水及500g糖，當糖完全溶解後，將糖漿倒高筒鍋中，果皮及盤子都要完全被糖漿覆蓋住，且至少要高出約一公分。開火加熱到糖漿沸騰後就熄火。以保鮮膜包住鍋口，再抽另一條保鮮膜沿著鍋口上方繞一圈綁緊。水蒸氣會使得保鮮膜如氣球般膨脹得圓鼓鼓的，但是過一陣子，保鮮膜反而會往鍋子內部凹進去。

7 將高筒鍋留在爐子上，室溫靜置一夜（如果天氣熱，擔心會引來蒼蠅或蜜蜂，可於室溫冷卻一小時後，再放進冰箱裡隔夜）。隔天拆開保鮮膜，移走上方的盤子後均勻撒上100g糖，再把盤子壓回去，再次加熱至沸騰後熄火，以保鮮膜包住鍋口，再抽另一條保鮮膜沿著鍋口上方繞一圈綁緊。

連續十天，重複一樣的步驟。最後一天，放完糖後，再加50g玉米糖漿，加熱至沸騰後熄火，以保鮮膜包住鍋口，再抽另一條保鮮膜沿著鍋口上方繞一圈綁緊。室溫下冷卻一小時，接著放進冰箱中一夜。

糖漬果皮完成了！隨時可以使用。將完成的糖漬果皮裝罐，倒進可以完全覆蓋果皮的糖漿，放在冰箱中可以無期限保存下去。

完成了？完成了！

糖漬果皮看起來表面帶有閃亮光澤，整體有些透明感。如果缺乏透明感，則放隔夜後，再加熱煮滾一次。

保存

我習慣將糖漬果皮浸泡在糖漿中，保存於冰箱裡。雖然也能保存於室溫下，但可能會招來蒼蠅或蜜蜂。

私藏祕技

→ 不要使用鋁製鍋具製作糖漬果皮，鋁會和果皮中的酸起化學反應。

→ 務必要分多次緩慢進行，千萬不可貪快一口氣使用 1000g 水及 1400g 糖，企圖以長時間熬煮數小時替代多次的短時間煮沸，如此貪圖一次就完成的後果是，高濃度的糖漿會先結晶反砂，隨後焦糖化，造成果皮苦澀。

→ 將食譜中的用糖量裝進容器內，擺放於工作檯面上，每日使用 100g，十天後所有的糖會剛好用光，這樣就不會算錯天數。

糖漬水果工業在普羅旺斯盧貝宏區（Luberon area of Provence）一個名為阿普特（Apt）的城市裡非常興盛，簡直可稱為糖漬水果的世界之都。這一區盛產大量的水果，而整個糖漬工業因應保存過剩水果的需求而崛起。

糖漬果皮相關食譜

檸檬小鏡子餅乾
（201 頁）

檸檬塔和馬林糖淚滴裝飾
（163 頁）

史多倫聖誕麵包
（303 頁）

薑味麵包
（335 頁）

法式烘焙的經典

幾百年來，廚師及甜點師為了取悅國王、皇后、電影或歌劇明星，使出渾身解數，不停歇地創造出一道又一道嶄新菜色。皇家御廚更是賣力，歐洲各國所舉辦的賓客宴會，猶如一場場美食盛宴的角力。國王及皇后們，無一不想藉著宴會的成功來彰顯國力。當有特別場合時，廚師們更是被要求端出令賓客驚豔的稀奇菜色，可能是新式蛋糕或從未見過的美味糕餅，用以凸顯上位者的尊爵不凡。猶如血汗交織而成的美食盛會競技場——路易十四的御廚總管弗朗索瓦·瓦泰（François Vatel），甚至因為一場聚集兩千名賓客的奢華餐會上，不慎管理失誤延遲上菜，因而悔恨自殺。這些料理，有些是經由密集的研究、不斷的實驗、嘗試而累積出來的；而有些卻是將錯就錯的美好意外，而在歷史上留名。本章所收錄的食譜，皆是廣受歡迎且經過歷代考驗後所留下來的不朽甜點。

我相信許多法式糕點已是無人不曉的經典，例如酥脆多層次，奶油香氣十足的可頌（127 頁）、巧克力閃電泡芙（97 頁）、千層酥（116 頁）。另外，應該沒有哪個孩子不喜歡巧克力可頌（127 頁）吧？這可是一大早就能大啖巧克力當早餐的最好藉口呢！這些糕餅品項，如果能無失誤地烘烤出爐，絕對會深受眾人喜歡，這就是經典食譜的保證。

還有一些甜點，可能只有法國人比較熟悉。例如莎拉堡焦糖泡芙（93 頁），圓形泡芙填進卡士達餡，外表沾裹一層焦糖，並黏附一片烘烤過的杏仁；或填有卡士達內餡，外裹焦糖，堆疊而成的泡芙塔，也就是法國最經典的婚禮甜點——節慶泡芙塔（109 頁）。還有另一款很受歡迎的泡芙，那就是由兩顆圓形泡芙，內填咖啡口味的卡士達

餡，外沾裹翻糖， 一大一小疊起組合而成的修女泡芙（104 頁）。還有彷彿腳踏車輪造型的巴黎—布蕾斯特（101 頁），夾著令人激賞的榛果奶油餡。

如果有機會造訪法國，你會發現各地的糕點大多使用當地食材製作，這些有趣又美味的糕點背後，往往有一段地方歷史。例如阿爾薩斯人喜愛的榛果、柳橙札坡奈伊（121 頁），是一種由兩大片榛果馬林糖和柳橙奶油糖霜夾餡組成的蛋糕，其實很接近另外兩款來自法國不同區域的糕點：蘇賽（succès）和達克瓦茲（dacquoise）。

我們將介紹的甜點，只是法式經典烘焙的冰山一角。在下一章中的蝴蝶酥（227 頁）和馬卡龍（221 頁）也是法式烘焙經典中的經典，不斷的被解構再重新詮釋、玩味再三。這些經典甜點，有些也曾短暫從市場上消失一陣子，許久後才又再次展露光芒，像是當今非常時髦的馬卡龍就是如此。然而，它們絕對都是不容置疑的經典。

莎拉堡焦糖泡芙
Salambos

份量 | 大約 54 顆莎拉堡泡芙（約長 4cm）

材料	重量	體積（略估）
泡芙麵糊（11 頁）	1 份食譜	1 份食譜
卡士達餡		
全脂鮮奶（3.5%脂肪含量）	375g	1½ 杯
奶油（法式，82% 脂肪含量）	37.5g	3 大匙
白砂糖	45g	¼ 杯-1 大匙
香草莢	¾ 根	¾ 根
玉米粉	15g	1½ 大匙
低筋麵粉	15g	1½ 大匙
白糖	45g	¼ 杯－1 大匙
蛋黃	90g	大約 6 顆蛋黃，依雞蛋大小略有差異
櫻桃白蘭地或蘭姆酒（可省略）	12.5g	1 大匙
焦糖（47 頁）	1 份食譜	1 份食譜
杏仁片	25～50g	¼～½ 杯

莎拉堡泡芙是以基礎泡芙麵糊擠成橢圓形，填入卡士達餡，外表披覆一層閃亮焦糖的泡芙，又是我的最愛之一。它給合了三種既簡單又彼此相互加成的完美口感——薄薄一層香脆的焦糖，滑順濃郁的內餡以及酥香的泡芙殼。莎拉堡泡芙內的卡士達填餡，傳統上會添加櫻桃白蘭地或蘭姆酒，食譜中我雖然加註「可省略」，但仍非常建議添加。如果想要改變製作的份量，添加的比例則是卡士達餡總重的 2%。

製作莎拉堡泡芙總讓我回憶起當學徒時，第一次煮焦糖的情形（50 頁），老闆讓我負責幫泡芙裹上焦糖，而在那之前我完全沒有煮焦糖的經驗，製作時攪拌得太快，以致於被滾燙的糖燙傷了手臂，花了好幾個月才復原。自此之後，煮焦糖時我再也不敢攪太快了。

開始之前

→ 準備好以下工具，並確定所有材料都已回到室溫：

電子秤，將單位調整為公制
製作泡芙麵糊所需的器具（11 頁）
製作卡士達餡所需的器具（39 頁）
製作焦糖所需的器具（47 頁）
1 個擠花袋，裝上 ⅜ 吋圓形擠花嘴
1 個鋪有保鮮膜的烤盤
保鮮膜
1 支小刀
1 個擠花袋，裝上 ¼ 吋圓形擠花嘴
1 個中型攪拌盆
1 支橡皮刮刀
1 支不鏽鋼打蛋器
1～2 個鋪有烘焙紙的烤盤
1 個金屬塔模
1 個暖盤器或有溫度的鐵盤
1 張 7.6×7.6cm 的錫箔紙
乳膠手套

→ 請認真把食譜讀兩次。

作法

1 烤箱預熱 400°F／200°C。準備好鋪有烘焙紙的烤盤。製作一份泡芙麵糊（11 頁），填進裝有 ⅜ 吋圓形擠花嘴的擠花袋裡，在鋪有烘焙紙的烤盤上，擠出約 4cm 長的橢圓形麵糊（15～20 頁），依指示烘烤（12 頁），並在 15 分鐘後，將烤箱溫度調降至 325°F／160°C。泡芙殼烘烤完成後，由烤箱中取出，在室溫下放涼。接著將烤箱溫度再調高至 300°F／150°C。

2 以本食譜的材料用量來製作卡士達餡（39 頁）。依喜好最後添加櫻桃白蘭地或蘭姆酒，攪拌滑順後，將完成的卡士達餡移至鋪有保鮮膜的烤盤上，並以保鮮膜貼著卡士達餡表面緊密包妥，放入冷凍庫快速冷卻 15 分鐘，若沒有接著馬上使用，移到冷藏備用。

3 以小刀或 ¼ 吋圓形擠花嘴，在每一顆莎拉堡泡芙正上方中央挖一個小洞。準備好一個裝有 ¼ 吋圓形擠花嘴的擠花袋，自冷凍庫或冷藏室取出卡士達餡，以橡皮刮刀稍微攪拌 1 分鐘，使卡士達餡鬆弛。鬆弛過後的卡士達餡，應該看起來帶有光澤且滑順，如果看起來有結塊感，則改用打蛋器攪打至滑順為止。接著將卡士達餡填入擠花袋中（15 頁），擠花嘴塞進泡芙上挖好的小洞，平均施力擠壓，將卡士達餡填滿整顆泡芙，直到卡士達餡幾乎從小孔洞溢出的飽滿程度才停止，拔出擠花嘴，抹去殘留在泡芙表面的卡士達餡。

4 將杏仁片倒入鋪有烘焙紙的烤盤中，以 300°F／150°C 烘烤 15～20 分鐘，直到杏仁片呈現金黃棕色，從烤箱中取出，放涼備用。

5 煮一鍋焦糖（47 頁）。一煮好，就得馬上進行為泡芙沾裹焦糖的步驟。在加熱板或暖盤器上方倒扣一個金屬烤模，整鍋焦糖放在烤模上，即可維持熱度，以免焦糖冷卻凝固。或隨時將整鍋焦糖以小火回溫──只是短暫加熱讓焦糖恢復流動性，務必留意不要讓焦糖顏色變得更深。在鍋子的邊緣以錫箔紙包覆一圈，泡芙沾裹後，就可以在鍋緣抹去多餘的焦糖。

6 帶上隔熱乳膠手套，做好安全準備。在烤盤上鋪烘焙紙，為求方便操作，焦糖及烘烤過的杏仁片也放在伸手可及的地方。握住莎拉堡泡芙的底部，快速地將泡芙上端浸入液態的焦糖沾一下，只沾取薄薄的一層，就著鍋子周圍包覆的錫箔紙，刮去過多的焦糖。接著將泡芙放置於鋪有烘焙紙的烤盤上。趁焦糖冷卻硬化前，在正中央填裝卡士達餡的小孔洞上方放一片杏仁片，蓋住孔洞同時也有裝飾效果。依同樣步驟完成所有泡芙，然後它們就可以吃了。

私藏祕技

→ 在眾多甜點中，莎拉堡焦糖泡芙或許看起來簡單不起眼，然而，只要親口品嚐到泡芙、焦糖、卡士達餡，三種口感同時匯集在一小口中的那種美味，相信你的朋友一定會發出異常激賞的讚嘆。

→ 若是完成的莎拉堡焦糖泡芙摸起來黏手，那麼有可能是你所製作的焦糖溫度不夠高。

完成了？完成了！

泡芙殼看起來應該是金黃棕色，上頭裹覆的焦糖，應只有薄薄一層（厚厚的焦糖入口不易），顏色則比泡芙殼再深一些。這層薄脆的焦糖，能為莎拉堡焦糖泡芙的美味助益千里。

保存

完成的莎拉堡焦糖泡芙，不需任何覆蓋，即可保存於冰箱中最多 12 小時。一旦超過，焦糖會慢慢融化、變得黏膩。

巧克力閃電泡芙
Chocolate Éclairs

材料	重量	體積或盎司（略估）
泡芙麵糊（11 頁）	½ 份食譜	½ 份食譜
上色蛋液（7 頁）	1 份食譜	1 份食譜
巧克力卡士達餡		
可調溫的黑巧克力（70%）	43g	1⅜ 盎司（約 ¼ 杯鈕扣狀巧克力）
全脂鮮奶（3.5%脂肪含量）	320g	1⅓ 杯
白砂糖	30g	2 大匙（滿尖）
香草萃取液	5g	1 小匙
玉米粉	8g	2½ 小匙
中筋麵粉	4g	1 小匙（滿尖）
白砂糖	30g	2 大匙（滿尖）
蛋黃	40g	約 2½ 顆蛋黃
亮釉		
無糖巧克力	36g	1¼ 盎司
簡易糖漿（6 頁）	40g（依需要增加）	2 大匙（依需要增加）
翻糖	125g	⅓ 杯

　　沒有任何美味能比得上巧克力閃電泡芙。瘦長的泡芙裡頭填有巧克力卡士達餡，外面覆蓋一層巧克力翻糖，這極簡又完美平衡的迷人滋味，在我心目中是甜點天堂裡才有的。

　　1986 年，我剛結束在沙烏地阿拉伯的工作，落腳舊金山，在一家名為 Sam's club 的俱樂部甜點櫃前，著實被那四十五公分長，標示著「閃電泡芙」的鬼東西大大震懾住了。我當時非常確定，這其中一定有什麼誤會——過分大量的鮮奶油填餡，只要咬上一口，無疑會爆開並四處流竄，弄得到處髒兮兮；上頭覆蓋的是一大片令人作噁的糖霜（frosting），而不是傳統的翻糖（fondant）。我真的被嚇傻了，但仍天真地相信一定是有人搞錯了。我當時還不太會說英文，但我努力地要向俱樂部點出他們的錯誤。我走向一位正在為甜點櫃補貨上架的員工，操著一口破爛的英文說：「請快將閃電泡芙下架，以免顧客買到

開始之前

➔ 準備好以下工具，並確定所有材料都已回到室溫：

電子秤，將單位調整為公制
製作泡芙麵糊所需的器具（11 頁）
製作卡士達餡所需的器具（39 頁）
1 個擠花袋，裝上 ½ 吋圓形擠花嘴
1 支烘焙用毛刷
1 支鋸齒刀
1 支長刀
1 個擠花袋，裝上 ⅜ 吋圓形擠花嘴
1 個可以微波的小碗
1 支橡皮刮刀
1 支木匙或橡皮刮刀
1 支電子溫度計
乳膠手套

➔ 請認真把食譜讀兩次。

巧克力加入卡士達餡中，除了增添巧克力風味之外，也為餡料提供滑順豐腴的口感。卡士達餡通常使用全脂牛奶製作，有些食譜會使用鮮奶油或額外添加奶油，除了能更增添滑順香氣，也為了提高脂肪固形物的比例，使成品的凝固性提高。而我們加入巧克力，也有提升固化性的相同效果。

傳統閃電泡芙表面覆蓋的亮釉，是用翻糖做的。翻糖是由濃厚的熱糖漿，冷卻後形成的白色糖膏。這裡說的翻糖，是專門用於為甜點增添亮釉效果的產品，不要和「翻糖皮」（rolled fondant）弄混了，後者主要用於包覆整顆蛋糕。現在很少人親自製作翻糖，可由烘焙材料行購買，也有粉狀翻糖可供選擇。

將無糖巧克力加進翻糖裡，除了製作成巧克力口味，也能調降整體的甜度。簡易糖漿是為了調稀翻糖，使其成為可以沾裹上釉的濃稠度。在執行時，隨時留意翻糖混合液的溫度不要超過 87.8°F／31°C，這一點非常重要，溫度過高時翻糖會開始結晶，冷卻之後就會失去光澤。

這些尺寸錯誤的商品。」想當然爾，那位員工沒有理會，笑笑地搖著頭走開。

尺寸大小嚴重失控的閃電泡芙，無疑是罪過啊！如果你不控制閃電泡芙在最佳的大小，就會失去它該有的酥脆與滑順的完美比例。一根長 7.5～9cm 長的泡芙，才是最佳長度。或迷你版，約 4～5cm 長的閃電泡芙，也還算可以；但嚴格說來，迷你閃電泡芙的酥脆外殼，相對於滑順的內餡，份量比例已經算是偏高了。

作法

製作閃電泡芙殼

1 準備一份泡芙麵糊（11 頁），秤出一半份量填進裝有 ½ 吋圓形擠花嘴的擠花袋中，另外一半先保存起來，暫不會用到。在鋪有烘焙紙的烤盤上，擠出 12 份 7.5～9cm 長的閃電泡芙（15～20 頁），每一份之間記得保持 2cm 距離，排與排之間也以交錯方式排列。

2 烤箱預熱 400°F／200°C。先為泡芙刷上蛋液，接著取一把叉子，在尖端沾取些蛋液，輕輕在泡芙表面從頭到尾畫下痕跡；這有助於閃電泡芙在烘烤時整齊均勻地膨脹。

3 送入預熱完成的烤箱，烘烤 10～15 分鐘，泡芙膨起後，將烤箱溫度調降至 325°F／160°C，持續烘烤 35～40 分鐘，直到泡芙呈現深棕色。過程中，不要反覆多次地打開烤箱門，這樣會使泡芙遇冷塌陷，而且再也膨脹不起來。

4 將泡芙從烤箱中取出，室溫放涼後，使用鋸齒刀，由泡芙的側面對半剖切，只切開一邊，另一邊側要相連。

製作巧克力卡士達餡

1 用長刀將巧克力切碎（如果使用鈕扣狀，可省去切碎的步驟）備用。取一中型煮鍋，加入部分鮮奶（預留約 ¼ 杯不加）、30g 糖及香草萃取液，以中火加熱，用打蛋器攪拌均勻。

2 同時，在中型攪拌盆裡倒入玉米粉、麵粉及另外 30g 糖，拌勻後，倒入預留的 ¼ 杯鮮奶及蛋黃，攪拌均勻。

3 鮮奶煮到沸騰後熄火，邊攪拌邊將一半份量的煮沸鮮奶倒入蛋黃中，然後再全部邊過濾邊倒回煮鍋中。

4 再次以中火加熱，並一邊以打蛋器不時攪拌，留意鍋底、鍋邊、各個角落都要攪拌到，才不會黏鍋燒焦。當發現液體開始有些許黏鍋的現象，馬上離火，並持續攪拌 30 秒，直到整鍋液體變得濃稠且質

感一致。這是為了提供蛋白質足夠的時間慢慢凝結，卡士達餡才會完美滑順。再次以中火加熱同時不斷攪拌，直至沸騰後再多煮 1 分鐘，將卡士達餡中的粉類煮熟。

5 時間一到立刻離火，加入切碎的巧克力，攪拌至巧克力融化，整體質地均勻一致。將巧克力卡士達餡倒入鋪有保鮮膜的烤盤中，均勻攤平後，貼著餡料表面蓋上一層保鮮膜，避免卡士達餡和空氣接觸、形成一層乾燥的結皮。將烤盤放入冷凍庫中迅速降溫，阻止細菌繁殖，降溫過程必需在 15 ～ 20 分鐘以內完成。將冷卻完成的卡士達餡倒進保存容器中，貼附蓋上保鮮膜，冰箱中可保存一天，或馬上接續著使用。

組合、完成閃電泡芙

1 以打蛋器或桌上型攪拌機，用力攪打卡士達餡 15 秒，接著填進裝有 ⅜ 吋圓形擠花嘴的擠花袋中。

2 打開已對半剖切的閃電泡芙殼，擠入卡士達餡後，合蓋回去備用。

3 用長刀將無糖巧克力切碎（如果使用鈕扣狀，可省去切碎的步驟）。將一半份量的簡易糖漿倒進可微波的小碗裡，以 50%功率微波加熱 1 分鐘。

4 將切碎的無糖巧克力加入熱糖漿中，攪拌 10 秒後，再次放入微波爐以 50%功率再加熱 1 分鐘，直到均勻融合，若此時還沒有融合均勻的話，則再加熱 1 分鐘。以雙手像是揉麵團一樣，將翻糖揉軟後加入巧克力糖漿裡，以木匙或橡皮刮刀攪拌 2 分鐘。一開始攪拌起來會有些困難，但是愈攪拌會愈均勻。接著，少量多次慢慢加入簡易糖漿稀釋，時不時以 50%功率微波 1 分鐘，直到巧克力翻糖的質感看起來軟軟的，提起橡皮刮刀時，滴下的液體會在小碗中留下猶如緞帶般的紋路。如果覺得還太濃，就再追加糖漿；若是太軟，則加一小塊翻糖。如果翻糖放久冷卻變濃稠了，可以用微波爐 50%功率短暫加熱回溫，注意千萬不要讓翻糖的溫度超過 87.8°F／31°C，否則翻糖會失去原本該有的閃亮光澤。

5 戴上乳膠手套。左手拿取一根閃電泡芙，正面朝下，平平地浸入翻糖液中沾裹，接著再平平地提起來，使用右手食指抹去多餘的翻糖，留下剛好夠覆蓋頂面，不會流得到處都是的翻糖。食指在碗邊緣刮去抹下來的多餘翻糖液，接著快速地滑過泡芙上沾裹翻糖液的部分，這個動作可以讓翻糖又亮又平，更像上釉效果。完成沾裹的閃電泡芙，一一排列在盤子上。完成後的閃電泡芙，可以馬上享用，或保存於冰箱中最多 24 小時。

完成了？完成了！

新鮮完成沾裹翻糖的閃電泡芙，有著最閃亮動人的光澤。然而若是翻糖液加熱過頭，或保存於冰箱一段時間後，則會失去這美好的光澤感。

保存

唯一的保存方法是放在冰箱中冷藏，至多 24 小時。超過這個時間，泡芙殼會開始變得溼軟不酥脆。

巴黎—布蕾斯特泡芙
Paris-Brest

份量 | 15 份泡芙（直徑 5cm）

材料	重量	體積或盎司（略估）
泡芙麵糊（11 頁）	½ 份食譜	½ 份食譜
上色蛋液	15g	約 1 大匙
杏仁片	25g	2½ 大匙
卡士達餡		
全脂鮮奶（3.5%脂肪含量）	225g	1 杯
奶油（法式，82% 脂肪含量）	23g	⅘ 盎司
白砂糖	33g	2 大匙＋2 小匙
香草莢／萃取液	1 根或 5g 萃取液	1 根或 1 小匙萃取液
玉米粉	12g	1 大匙＋¾ 小匙
低筋麵粉	6g	2 小匙
白砂糖	33g	2 大匙＋2 小匙
蛋黃	54g	約 3 顆蛋黃
慕斯琳奶油餡		
奶油（法式，82% 脂肪含量）	90g	3 盎司
榛果抹醬（57 頁）	80g	¼ 杯

　　數世紀以來，法國的甜點師們深深相信，「形狀」能記錄下並重現重大的歷史事件。巴黎—布蕾斯特，這款由基礎泡芙麵糊擠花成中空環狀，烘烤後再夾進榛果慕斯琳奶油餡的泡芙，就是一道以形狀記錄歷史的代表性甜點。1891 年，《小日報》（*Le Petit Journal*）雜誌的編輯皮耶・吉法（Pierre Giffard），為了推廣腳踏車而創辦了名為「巴黎—布蕾斯特」的腳踏車競賽。車手們由巴黎出發，沿著布列塔尼（Brittany）海岸，一路騎往布蕾斯特，然後再騎回巴黎，全程路徑長達 12000 公里，第一位金牌得主連夜趕路，總共花了 71 小時又 22 分鐘完成全程。如此令人精疲力竭的競賽，每十年舉辦一次。第一屆大賽結束後，主辦人發覺，活動需要更多的包裝，於是在 1910 年，他邀請了在巴黎梅松—拉斐特（Maisons-Laffitte）擔任甜點師的路易・杜朗（Louis Durand）著手設計一款以腳踏車車輪為發想的甜點，並以「巴黎—布蕾斯特」命名。還有另一個說法是，環狀造型是象徵希臘運動員在獲得勝利時頭上所戴的桂冠。

開始之前

→ 準備好以下工具，並確定所有材料都已回到室溫：

電子秤，將單位調整為公制
製作泡芙麵糊所需的器具（11 頁）
製作卡士達餡所需的器具（39 頁）
1 個擠花袋，裝上½吋星狀擠花嘴
1 支烘焙用毛刷
桌上型攪拌機，搭配氣球狀攪拌頭
1 支橡皮刮刀
1 支鋸齒刀

→ 請認真把食譜讀兩次。

巴黎─布蕾斯特泡芙麵糊以環狀擠花
的方式製作，環狀使得在烘烤時，其
內含的水氣可由四面八方散去，也因
此可以維持完整形狀，不像其他款的
泡芙常有裂頂的狀況。相對的，圓形
泡芙麵糊的形狀使麵糊較聚集，烘烤
時全部的水氣同時由同一點溢散蒸
發，使得圓形泡芙完成後會有頂端裂
口的造型。

食譜中的卡士達餡添加了奶油及榛果
抹醬，製作時務必確定奶油已經軟
化，加入卡士達餡中時才不會有結塊
的情形。奶油可於前一天就從冰箱取
出，給予足夠的時間軟化。

作法

製作巴黎─布蕾斯特泡芙殼

1 烤箱預熱 400°F／200°C，將網架放置於烤箱中間層。準備一份泡芙
麵糊（11 頁），秤出一半份量，填進裝有 ½ 吋星形擠花嘴的擠花袋
中，在鋪有烘焙紙的烤盤上，擠出 15 份直徑 5cm 的環狀泡芙（剩
下的麵糊可用以製作其他款泡芙，或全數擠成環狀泡芙，將額外 15
份冷凍起來備用）。為泡芙刷上蛋液，在表面放杏仁片。

2 送入預熱好的烤箱，一次只烤一盤，烘烤 10～15 分鐘直到泡芙膨起
後，將烤箱溫度調降至 325°F／160°C，持續烘烤 35～40 分鐘，直
到泡芙呈現深棕色。過程中，不要反覆多次地打開烤箱門，這樣會
使泡芙遇冷塌陷，而且再也膨脹不起來。烤好後，移到網架上，室
溫下放涼。

製作榛果慕斯琳奶油餡

1 以本食譜的材料用量為準，製作卡士達餡（39 頁）。完成後，將卡
士達餡移至鋪有保鮮膜的烤盤上並均勻攤平，以保鮮膜貼著餡料表
面緊密包妥，放入冷凍庫快速冷卻 15～20 分鐘，以避免細菌滋生。

2 再次確定奶油已經軟化。當卡士達餡摸起來冰冰的（大約 42°F／
5°C），倒進攪拌盆裡，用氣球狀攪拌頭高速攪打 30 秒，停下機
器，以橡皮刮刀刮下黏在盆壁的部分，再次以高速攪打 30 秒。加入
軟化奶油及榛果抹醬，以中高速攪打 1 分鐘，停下機器，刮下黏在
盆壁的部分，再次以高速攪打 1 分鐘，直到所有材料融合乳化均
勻。

組合、完成巴黎─布蕾斯特泡芙

在砧板上以鋸齒刀將環狀泡芙由水平方向從中剖開，接著把上下兩片
分開，在烤盤上排好。將榛果慕斯琳奶油餡填進裝有 ½ 吋星形擠花嘴
的擠花袋中，在底部的泡芙殼上，以繞小圈圈的方式擠滿整圈，蓋回
頂部泡芙殼，以篩網篩上糖粉。完成！可以享用了。

完成了？完成了！

　　巴黎─布蕾斯特泡芙殼應該呈現深棕色，與所有泡芙殼一樣，由
外至內完全烤熟烤乾，否則填入卡士達餡後，不消幾小時就會受潮溼
軟。完成的內餡，看起來有光澤亮度，硬挺度足以擠花。如果整體流

動性偏高，可能是卡士達餡溫度不夠低，倘若發生這樣的情形，可以以高速攪拌 2～3 分鐘，打進周遭的冷空氣幫助溫度下降。若是攪打完後質感依然偏軟，可將整個攪拌盆放進冰箱中冷藏 30 分鐘，再放進冰浴裡，每隔 2 分鐘回到桌上型攪拌機中短暫攪打一下，共進行 10 分鐘。如果內餡看起來有顆粒感，那表示溫度過低。可將攪拌盆泡入熱水浴中（約浸泡 5cm 高）30 秒後，再次攪打，內餡應會恢復滑順有光澤的狀態。

保存

巴黎—布蕾斯特泡芙可以冷藏 24 小時，或冷凍保存 1 個月。

咖啡口味修女泡芙
Religieuses au Café

材料	重量	體積或盎司（略估）
泡芙麵糊（**11** 頁）	1 份食譜	1 份食譜
上色蛋液（**7** 頁）	1 份食譜	1 份食譜
咖啡卡士達餡		
全脂鮮奶（**3.5%**脂肪含量）	650g	2⅔ 杯
咖啡萃取液（例如：**Trablit**）	35g	2 大匙
奶油（法式，**82%** 脂肪含量）	65g	2³⁄₁₀ 盎司
白砂糖	81g	6 大匙＋1⅞ 小匙
香草莢	1½ 根	1½ 根
玉米粉	31g	3 大匙
中筋麵粉	15g	1½ 大匙
白砂糖	81g	6 大匙＋1⅞ 小匙
蛋黃	156g	約 8½ 顆蛋黃
亮釉		
簡易糖漿（**6** 頁）	125g	⅓ 杯
咖啡萃取液（例如：**Trablit**）	25g	1½ 大匙
翻糖	450g	1 磅
裝飾		
咖啡卡士達餡（上述）	70g	2½ 盎司
奶油，軟化	20g	⁷⁄₁₀ 盎司

開始之前

➔ 準備好以下工具，並確定所有材料都已回到室溫：

電子秤，將單位調整為公制
製作泡芙麵糊所需的器具（11 頁）
製作卡士達餡所需的器具（39 頁）
4 個鋪有烘焙紙的烤盤
1 個擠花袋，裝上 ½ 吋圓形擠花嘴
1 支烘焙用毛刷
1 把叉子
1 把小刀
1 個擠花袋，裝上 ¼ 吋圓形擠花嘴
1 個中型攪拌盆
1 把橡皮刮刀
1 支不鏽鋼打蛋器，或手持攪拌機
1 個可微波的小碗
乳膠手套
1 支電子溫度計
1 個擠花袋，裝上 ¼ 吋星形擠花嘴

➔ 請認真把食譜讀兩次。

　　修女泡芙由圓形泡芙殼填進卡士達餡，再於外層沾裹上翻糖，和閃電泡芙有些相似。然而，它是由一大一小兩顆泡芙，透過翻糖和奶油糖霜或卡士達餡加進奶油做成的慕斯琳奶油餡，以淚滴狀擠花組合起來的可愛甜點，簡直像是迷你版的婚禮蛋糕。本份食譜可以製作 30 份修女泡芙，如果你不想要做這麼多，可將配方中的卡士達餡和翻糖份量減半，依然製備一整份泡芙麵糊，但只填餡、擠花組合一半，另一半麵糊可做其他款的泡芙或烤好後冷凍起來。這份食譜有辦法在一天之內全部完成，當然，你也可以在前一天先製作泡芙殼，這樣就能減輕第二天的工作量，以輕鬆心情組合、裝飾修女泡芙。再次強調，務必確定泡芙殼烘烤到位，既乾且脆，否則填入卡士達餡後會以非常快的速度受潮，變得溼軟。

這份食譜使用的卡士達餡和翻糖亮釉,都添加了咖啡萃取液,剛好能和偏甜的翻糖達到口味上的平衡。市面上販售多種不同型式的咖啡萃取液,有的是酒精基底(和香草萃取液一樣),另外一種常見的則是糖漿基底。這裡咖啡萃取液的用量是以美國烘焙用品店皆會販售的 Trablit 品牌為例,你也能邊加邊嚐看看,依個人喜好微調用量。

亮釉採用簡單糖漿、咖啡萃取液和翻糖混合調稀,加熱使用。和閃電泡芙(97 頁)上裹覆的翻糖一樣,千萬不要超過 87.8℉/31℃,否則翻糖冷卻之後會失去光澤。如果不幸真的加熱過頭,可以加入更多翻糖,藉以補救失去光澤的後果。

作法

製作圓形泡芙殼

1 烤箱預熱 400℉/200℃,準備一份泡芙麵糊(11 頁),填進裝有 ½ 吋圓形擠花嘴的擠花袋中,在鋪有烘焙紙的兩個烤盤上,以每列交錯,且顆顆距離至少一公分,擠出 30 顆直徑 4.8cm、高 1cm 的半圓形。在另外兩個鋪有烘焙紙的烤盤上,擠出 30 顆直徑 2.5cm,高 1cm 的半圓形。如果需要的話,可以事先在烘焙紙上畫出圓的大小,當作擠花的依據。記得將烘焙紙有畫圓的那一面朝下,以免沾到泡芙。

2 以毛刷輕輕在泡芙麵糊上刷上色蛋液,接著使用叉子的尖端,在泡芙頂端劃押十字,可確保泡芙烘烤時膨脹均勻。

3 送入預熱好的烤箱，烘烤 10～15 分鐘，泡芙膨起後，將烤箱溫度調降至 325°F／160°C，小顆的繼續烘烤 25 分鐘，大顆的則是的繼續烘烤 35～40 分鐘，直到泡芙呈現深棕色。過程中，不要反覆多次的打開烤箱門，這樣會使的泡芙遇冷塌陷，而且再也膨脹不起來。烤好後，室溫下放涼。

製作卡士達餡

1 當泡芙烘烤時，著手製作咖啡口味的卡士達餡。準備一個鋪有保鮮膜的烤盤。取一中型煮鍋，加入鮮奶（預留約 ¼ 杯不加）、咖啡萃取液、奶油、81g 糖及香草籽及莢殼，以中火加熱，並使用打蛋器攪拌均勻。

2 同時，在中型攪拌盆中倒入玉米粉、麵粉及另外 81g 糖，拌勻後，加入預留的 ¼ 杯鮮奶以及蛋黃，也攪拌均勻。

3 接著製作咖啡口味的卡士達餡（39 頁）。當卡士達餡完成後，倒入鋪有保鮮膜的烤盤中，均勻攤平後，以保鮮膜貼著餡料表面封好，將烤盤放入冷凍庫中，迅速降溫 15 分鐘，然後移到冷藏再冰 15 分鐘。

修女泡芙的填餡及組合

1 再次確認泡芙殼已完全冷卻。以小刀或 ¼ 吋圓形擠花嘴，在大顆泡芙殼上方正中央、小顆泡芙殼底部正中央挖個小洞。準備一個裝有 ¼ 吋圓形擠花嘴的擠花袋。

2 自冷藏室取出咖啡卡士達餡，以橡皮刮刀稍微攪拌 1 分鐘，使卡士達餡鬆弛。鬆弛過後的卡士達餡，應帶有光澤且滑順，如果看起來有結塊感，則以打蛋器，攪打到滑順為止。先秤 70g 出來備用，其餘的填入擠花袋中，擠花嘴塞進泡芙的小洞，平均施力將卡士達餡擠滿整顆泡芙。

加熱翻糖

1 將一半份量的簡易糖漿和咖啡萃取液倒進可微波的小碗裡，以 50% 功率微波加熱 1 分鐘，接著攪拌 10 秒。雙手戴上乳膠手套，像是揉麵團一樣，將翻糖揉軟後加入咖啡糖漿裡，以木匙或橡皮刮刀攪拌 2 分鐘。一開始攪拌起來會有些困難，但是愈攪拌會愈均勻。以 50%功率微波加熱剩下的另一半糖漿 1 分鐘，接著少量多次慢慢加入翻糖中，直到翻糖質感看起來軟軟的，提起橡皮刮刀時，滴下的液體會在小碗中留下猶如緞帶般的紋路。如果翻糖看起來還是太

濃，就再追加溫熱的糖漿；若是太稀太軟，則加一小塊翻糖。如果翻糖液冷卻變濃稠了，可以以微波爐 50%功率，加熱非常短的時間（勿超過 10 秒），每次微波後，都再次確認翻糖的溫度不要超過 87.8°F ／31°C，否則翻糖會失去光澤。

2 戴上乳膠手套。左手捏住一小顆泡芙的底部，正面朝下，直直浸入翻糖液中沾裹，接著再直直提起來，用右手食指抹去多餘的翻糖，只留下剛好夠覆蓋住頂面的翻糖量。食指在碗的邊緣刮去多餘的翻糖，接著快速地滑過泡芙上沾裹翻糖的部分，讓翻糖又亮又平。將小泡芙一一完成後，排列在盤子上。接著沾裹大泡芙，並趁翻糖尚未凝固乾掉前，將小顆泡芙疊黏上去，一次操作一顆，直到全部完成。

3 檢查 20g 的奶油是否徹底軟化。當全數的修女泡芙都裹上亮釉，也兩兩組合好後，將 20g 軟化的奶油和預留的 70g 卡士達餡，以打蛋器或手持攪拌機攪打滑順。填進裝有 ¼ 吋星形擠花嘴的擠花袋中，在兩顆泡芙交接處，由下往上擠出淚滴狀裝飾，並在小顆泡芙的頂端，擠一朵小玫瑰花。修女泡芙就完成了。

完成了？完成了！

新鮮完成的修女泡芙，有著閃亮的動人光澤。但只要翻糖液稍微加熱過頭，就會失去這美好的光澤感。

保存

放在冰箱中冷藏保存，至多 24 小時。超過這個時間，泡芙殼會開始變得溼軟不酥脆。

擠一朵玫瑰花

垂直握住擠花袋。開始施力的起點即是玫瑰花的中心。朝九點鐘方向，順時針擠一圈，直到再次回到九點鐘處、接近完成一圈時停止施力，但手腕依然繼續畫圈，同時快速提拉起來，就能完成一朵擠花玫瑰。

節慶泡芙塔
Croquembouche

份量 │ 一座 36cm 高的節慶泡芙塔，12 人份（每人約可享用 9 小顆泡芙）

材料	重量	體積（略估）
泡芙麵糊（11 頁）	1 份食譜	1 份食譜
卡士達餡		
全脂鮮奶 （3.5%脂肪含量）	450	2 杯
鮮奶油（35%脂肪含量）	45g	3 大匙
奶油 （法式，82% 脂肪含量）	70g	5 大匙
白砂糖	45g	3 大匙＋1 小匙
香草籽	1 根	1 根
玉米粉	27g	3 大匙
中筋麵粉	14g	1 大匙＋1 小匙
白砂糖	45g	3 大匙＋1 小匙
蛋黃	90g	5 顆蛋黃
卡士達鮮奶油		
卡士達餡（見上方）	依需要	依需要
鮮奶油（35%脂肪含量）	105g	½ 杯
焦糖（47 頁）	2 份食譜	2 份食譜
植物、芥花或葡萄籽油，錐狀體錫箔紙防沾黏	依需要	依需要
杏仁糖（Jordan Almond）或焦糖裹杏仁（51 頁）	依需要	依需要

　　節慶泡芙塔是由許多小泡芙，分別沾裹上焦糖，並以焦糖當黏著劑，組合成高聳尖塔的一款節慶蛋糕，在法國最常見於婚禮場合。然而其他像是受洗禮、週年紀念日，或訂婚宴上也可見其蹤影。法文「Croque-en-bouche」的意思是「嘴中愉悅的酥脆」，這正是這些裹覆有焦糖的小泡芙入口後，所帶給人的感受！

　　傳統的節慶泡芙塔會堆成圓錐體。泡芙們沾裹上焦糖後，一個緊貼著一個，圍繞著組合而成。如今法國有許多高聳堆疊或金字塔角錐狀造型糕餅，這個造型可追朔至中世紀，當時的婚禮蛋糕大多是以多片麵包，由大至小，由下而上堆疊而成。完成的泡芙塔通常會使用法式牛軋糖支撐及進一步的裝飾整個圓錐塔。法式牛軋糖是由熱焦糖和烤香的杏仁片混合製作而成，製作完成後，趁熱在抹過油的大理石或

開始之前

→ 準備好以下工具，並確定所有材料都已回到室溫：

電子秤，將單位調整為公制
製作泡芙麵糊所需的器具（11 頁）
製作卡士達餡所需的器具（39 頁）
製作焦糖所需的器具（47 頁）
製作焦糖裹杏仁所需的器具，依個人喜好需求（51 頁）
桌上型攪拌機，搭配氣球狀攪拌頭
1 支不鏽鋼打蛋器或手持攪拌機
1 個大型攪拌盆
保鮮膜
1 支橡皮刮刀
1 個擠花袋，裝上¼吋圓形擠花嘴
1 個鋪有保鮮膜的烤盤
錫箔紙或烘焙紙
1 座高 30cm，底部直徑 9cm 的保麗龍圓錐體（可於手工藝材料行購得）
1 張矽膠墊、1 個大盤子或包裹錫箔紙的盤子
1 個金屬塔模
1 個暖盤器或有溫度的鐵盤
1 張 7.6×7.6cm 的錫箔紙
乳膠手套

→ 請認真把食譜讀兩次。

卡士達鮮奶油以卡士達餡為基底，加入奶油以及一些打發的鮮奶油，使其更豐腴。額外添加的鮮奶油和奶油，其中所含的脂肪除了讓內餡更增添滑順香氣之外，脂肪冷卻後也能讓餡料呈現出較硬挺的質感，有助於延緩泡芙殼因為和餡料直接接觸，而易受潮變得溼軟。

焦糖在使用時應隨時注意保溫，焦糖一旦冷卻，流動性也會跟著下降而變濃稠。保溫得當的焦糖，有利於泡芙輕鬆沾裹上薄薄一層。非必要，盡量不要讓焦糖一直反覆加熱。維持焦糖溫度的方法之一，是將整鍋焦糖放置於鋪有毛巾的暖器或溫熱的鐵盤上。若非得要加熱才能使其恢復流動性的話，千萬小心不要讓它的顏色再變深。

花崗岩桌面上擀薄、塑型後使用。更早的時候，糕餅的造型大多是為重現宗教建築如教堂，隨著廚師們更多的創意發想，後來也會仿照名勝古蹟或紀念碑，作為糕餅造型的靈感來源。

幾世紀以來，手藝超凡的甜點師們除了一再重現圓錐形的泡芙塔，有時也組合成搖籃、許願井、噴泉等造型，以因應不同的場合如受洗禮、結婚紀念日等。

填進香滑濃郁、香草口味卡士達餡的單純泡芙，再裹上焦糖，真令人難以抗拒。我曾在試做食譜後，將整座泡芙塔帶回家，結果險些在一個晚上就將整座塔喀光，還好我分享了一部分給鄰居。

製作泡芙塔很費時，全部工作包括：製作、填餡 100 顆左右的泡芙，以及一顆顆沾上熱燙的焦糖（記得戴上手套），還要將保麗龍圓錐體包裹抹過油的錫箔紙後，再將泡芙一顆鄰一顆地黏上去。時間分配上，你可以在前一天先做好泡芙殼及卡士達餡。這是一款絕對值得付出時間挑戰的甜點。

作法

1 準備一份泡芙麵糊（11 頁），以裝有 $\frac{3}{8}$ 吋圓形擠花嘴的擠花袋，在鋪有烘焙紙的烤盤上，擠出直徑約 2.5cm 的圓形麵糊，記得顆與顆之間要距離一公分，排與排之間也以交錯的方式排列。依照指示（12 頁）烘烤完成後，室溫下放涼。

2 以本食譜的材料份量製作卡士達餡（39 頁）。完成的卡士達餡倒至鋪有保鮮膜的烤盤上，均勻攤平後，以保鮮膜貼著餡料表面封好，避免卡士達餡和空氣接觸產生一層乾燥的結皮。將烤盤放入冷凍庫中迅速降溫，阻止細菌繁殖增生，整個降溫過程必需在 15 分鐘以內完成。隨後移到冷藏備用。

製作卡士達鮮奶油

1 將鮮奶油倒入桌上型攪拌機的攪拌盆內。以高速打發鮮奶油到有硬挺的尖角，且帶有光澤，看起來沒有顆粒感，接著移到另一個大型容器內，以保鮮膜包妥，冷藏保存。

2 自冷藏室取出卡士達餡，高速攪打 1 分鐘，使卡士達餡恢復光澤且滑順，然後倒入打發的鮮奶油中，用大型橡皮刮刀以折拌的手法將兩者混合均勻。填進裝有 $\frac{1}{4}$ 吋圓形擠花嘴的擠花袋中。

3 在每顆泡芙底部中央挖出小洞，將卡士達鮮奶油擠填進每一顆泡芙中。完成填餡的泡芙，一顆顆排列在鋪有保鮮膜的烤盤上，緊接著

進行下一個步驟，以免泡芙受潮變軟。

組合泡芙塔

1 將整個工作檯面鋪上錫箔紙，以免被滴落的焦糖弄得黏黏髒髒。保麗龍圓錐體，以一大片 46×46cm 的錫箔紙包裹起來，完成後，抹上薄薄一層油。將處理好的圓錐體，放在矽膠墊上或包有錫箔紙且塗了油的大盤子上。

2 煮一鍋 2 倍份量的焦糖（47 頁）。當焦糖準備好後，整鍋焦糖放在一個倒扣的金屬烤模上，下方墊著暖盤器或一個有溫度的烤盤，這樣可以維持焦糖熱度，以免冷卻凝固。或隨時將整鍋焦糖以小火加熱讓其恢復流動性，留意不要愈煮顏色愈深。取一張 7.6×7.6cm 的錫箔紙，包覆在鍋子邊緣，泡芙沾裹焦糖後多餘的份量，可以在鍋邊抹去。

3 開始為泡芙沾裹焦糖之前，記得帶上隔熱乳膠手套。握住泡芙的底部，快速地將泡芙頂面浸入焦糖沾一下，只沾裹薄薄的一層，使用鍋子周圍包覆的錫箔紙刮去過多的焦糖。接著將泡芙排在鋪有保鮮膜的烤盤上。完成所有的泡芙。

4 取一顆泡芙，底部沾裹焦糖，然後由圓錐體的底部開始黏上，第二顆泡芙，則在側面沾裹焦糖，黏靠在第一顆旁邊，重複進行直到只差一顆泡芙的間隔就完成一圈。每圈的最後一顆泡芙，兩側都需沾裹焦糖，才能黏得穩固（112 頁）。

5 接著往上黏第二圈。關鍵是要以交錯的方式黏，也就是每顆泡芙都要放在下層兩顆泡芙的中間。取一顆泡芙，側邊及底部沾裹焦糖，黏在第一排的兩顆泡芙中間上方，黏著的時候要稍微施加力氣，讓泡芙不留任何空隙的和第一排緊密黏好。視情況依位置挑選大小、形狀容易緊密黏合者。一顆緊接著一顆黏好，最後一顆泡芙的左、右兩側和底部都要沾裹焦糖。如果焦糖溫度下降，流動性變低，將整鍋焦糖回到爐火上小火加熱，並以木匙或橡皮刮刀稍微攪拌，請避免加熱過頭讓焦糖顏色變深產生苦味。泡芙沾裹焦糖時，薄薄一層就好，若是沾裹得太厚，會有點難拔下來。一圈一圈往上架構直到完成整座圓錐體後，實在很難完全不留下任何空隙，所以我們利用杏仁糖或裹焦糖的杏仁，以焦糖當黏著劑，填補在看得見錫箔紙的空隙處。

錯誤的泡芙塔組合方式

泡芙列與列之間沒有交錯排列，留下的空隙使得泡芙塔結構不穩固，容易坍塌。

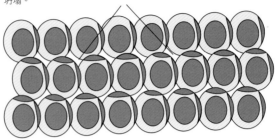

正確的泡芙塔組合方式

第一圈泡芙，顆與顆之間緊密黏在一起。最後一顆泡芙，必須同時左、右兩邊都沾裹焦糖，穩固的黏接起完整的一圈。

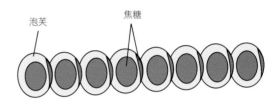

往上接續的各圈泡芙，每一顆泡芙的側邊及朝向前一列的那面，皆沾裹點焦糖，黏在前一列兩顆泡芙交接處的正上方。

所有泡芙都緊密地一顆靠著一顆，沒有空隙的交錯排好。

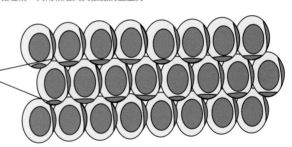

6 清出冰箱空間，冷藏保存，或保存於陰涼處。完成後的泡芙塔，至多保存 8 小時。

7 分享時，我通常會先估一人 5 顆泡芙的份量。最順手的方式，是用剪刀（普通剪刀或廚房用剪刀都可以）從塔的最上端找到適合的空隙插入，同時剪下黏在一起的 5 顆泡芙。我很享受在賓客面前進行這個「拆毀」的過程，實在非常具有話題性。一旦第一份的 5 小顆泡芙被拆下後，接下來就更輕易了。

完成了？完成了！

完成後的泡芙塔，放眼望去應該沒有空隙。

保存

泡芙塔應冷藏或保存於陰涼處。由於泡芙內填裝的是卡士達餡，最好存放於低溫環境較安全衛生。保存時間最多 8 小時。

私藏祕技

→ 製作、組合泡芙塔時，必須使用小顆且烘烤到位的泡芙。當泡芙一旦填入餡料後，它們就一路邁向溼軟的路途了。愈大顆的泡芙，填餡的比例愈高，泡芙變得溼軟的速度愈快，同時也愈容易使得整座泡芙塔崩塌，或好一點的情況——泡芙們軟塌無力的擠靠在一起。

→ 泡芙塔的泡芙除了填入卡士達餡，也能以卡士達餡為基底的咖啡、焦糖、榛果或巧克力等不同口味的填餡替換。

打發鮮奶油：軟性、中性、硬性發泡

　　和打發蛋白一樣，將空氣打進鮮奶油裡的過程，也可分為許多不同的階段。經由攪打，鮮奶油裡的脂肪會形成一張網絡，包圍住空氣泡泡。也因此，鮮奶油中需要至少 30% 以上的脂肪含量，才足以保留住這些空氣泡泡。當需要打發鮮奶油時，我向來習慣採用 35% 脂肪含量的鮮奶油，同時我並不建議使用 40% 脂肪含量的鮮奶油，因為後者容易發生油水分離的狀況。另外，也不要使用脂肪含量僅有 10～12% 的低脂鮮奶油（half-and-half），脂肪含量過低的鮮奶油是永遠無法打發的。

　　脂肪皆有溫度愈低，硬度就愈高的特性，經由打發所形成的網狀結構也就愈強壯。換句話說，鮮奶油中的脂肪溫度愈低，就愈能保留住被打進的空氣。溫溫的鮮奶油只能架構出鬆散的網絡，抓住空氣的能力也弱，最終只有消泡一途。因此打鮮奶油要愈冰愈好，甚至所使用的攪拌盆、攪拌器也先冰鎮過，會容易將鮮奶油打發。然而過猶不及，冷凍的鮮奶油也是無法打發的。因為動物性鮮奶油所含的脂肪和水分是以均質乳化的方式存在著，猶如脂肪包裹水分子，呈現膠囊般的狀態。一旦結凍，尖銳的水分子結晶會刺壞乳化膠囊，使得原本均勻的乳化現象塌壞。結凍、解凍過後的鮮奶油依然可用來製作甘納許或醬汁，但就是無法再打發了。

　　打發鮮奶油之前，我會在攪拌盆中倒進冰塊靜置 10 秒後，倒掉冰塊並擦乾。也能直接將攪拌盆放進冷凍庫裡冰鎮。

　　打發鮮奶油時一定要手腳敏捷，趁著鮮奶油的溫度還很低，有效率地將空氣打進去。廚房裡的溫度通常是稍微偏高的，若慢吞吞地攪打，溫暖的空氣會使得鮮奶油裡的脂肪很快變軟，發泡結構不夠穩定，也容易崩塌。請盡量使用足量的鮮奶油，如此一來，攪拌頭和液體的接觸面積提高，才能有效率地帶進空氣，少量鮮奶油打起來更慢，非常沒效率。又因為我們要用最高的轉速攪打，因此我建議用一張保鮮膜包住攪拌機和攪拌盆，這樣才不會噴濺得到處都是。過程中也不要隨意離開，因為一轉眼就完成了。

圖 1

高速攪打 30 秒後，鮮奶油開始起泡，此時流動性依然太高，尚無法使用。

圖 2

軟性發泡：再持續高速攪打 20 秒後，鮮奶油呈現軟性發泡的狀態。這個階段的鮮奶油，可以輕易地和其他材料混拌均勻，適合用於製作慕斯。也是添加甜度或香料的好時機。加糖的打發鮮奶油，我們稱為「香緹奶油」（crème chantilly）。

圖 3

硬性發泡：再持續高速攪打 10 秒後，鮮奶油呈現硬性發泡的狀態。這個階段的鮮奶油，適合用於擠花。

圖 4

再持續高速攪打 10 秒後，鮮奶油已經過度打發，開始有油水分離的現象。唯一挽救的方法是再加進一些液態鮮奶油，攪打 5 秒，就能恢復滑順的狀態。

圖 5

再持續高速攪打 15 秒後，開始有崩坍消泡的現象，奶油及酪乳（buttermilk）也開始分離出來。

圖 6

奶油和水徹底的分離了，此時已經再也回不去。唯一可做的事是瀝去水分，把固體，也就是奶油的部分拿來另做他用。

千層酥
Mille-Feuille

材料	重量	體積或盎司（略估）
千層酥皮（28 頁）	½ 份食譜	½ 份食譜
慕斯琳奶油餡		
全脂鮮奶（3.5%脂肪含量）	225g	1 杯
白砂糖	33g	2 大匙＋2 小匙
香草莢	1 根	1 根
玉米粉	12g	1 大匙＋1 小匙
中筋麵粉	6g	2 小匙
白砂糖	33g	2 大匙＋2 小匙
蛋黃	54g	3 顆蛋黃
奶油（法式，82% 脂肪含量）	73g	3²⁄₅ 盎司
糖粉，篩撒裝飾用	依需要	依需要

開始之前

→ 準備好以下工具，並確定所有材料都已回到室溫：

電子秤，將單位調整為公制
製作千層酥皮所需的器具（28 頁）
製作卡士達餡所需的器具（39 頁）
2 個 30.5×43cm，鋪有烘焙紙的烤盤
1 支叉子，或滾輪打洞器
保鮮膜
1 支電子溫度計
桌上型攪拌機，搭配氣球狀攪拌頭
1 支橡皮刮刀
1 張網架
1 個擠花袋，裝上 ½ 吋圓形擠花嘴
1 支直尺
1 支長型鋸齒刀，或電動鋸齒刀
紙張

→ 請認真把食譜讀兩次。

　　當你已經上手千層酥皮（28 頁）以及卡士達餡（39 頁）兩份基礎食譜之後，就能製作出深受讚嘆的千層酥了。千層酥簡單的兩層夾餡，也常見伴有水果如草莓或覆盆子一同現身。這款甜點是所有經典甜點中屬一屬二美好的，層次分明的千層酥皮與滑順的卡士達餡完美結合，表面刷有一層薄脆糖釉，如此簡單又如此美味。

　　千層酥的法語「mille-feuille」原意正是「一千層」的意思，在美國以及許多其他國家，有時也會看到以「拿破崙」或「拿坡里」（法文皆為 Napoléon）來稱呼千層酥。前者是指勇敢無懼的法國軍事家，拿破崙‧波拿巴（Napoléon Bonaparte）。後者則是指巴洛克時期以甜點聞名的義大利城市拿坡里（Napoli）。追溯最早的千層酥出現於 1651 年，再次證明經典的甜點絕對能接受時間考驗、千古流傳。

　　這份食譜會用到 ½ 份千層酥皮麵團，最後可以製作出 6 塊 5×7.6cm 的千層酥。當你掌握了訣竅之後，大可將食譜中的卡士達餡加倍製作，搭配一整份千層酥皮麵團，做出 12 份千層酥。製作、組合千層酥的步驟並不複雜，這份食譜絕對有潛力縮短於兩天內完成。

　　最好的安排是將完成、擀開的千層派皮留在冰箱中冰鎮、乾燥一晚，這樣可避免派皮烘烤後膨脹得太高。而夾層的慕斯琳奶油餡，前一天或組合的當天製作都可以。

作法

第 1、2 天

在一或兩天前，製作千層酥皮麵團（28 頁）。我建議製作一整份，做完後分切一半應用於本食譜，另一半冷凍起來保存，這絕對是件好事！當完成第六次折疊步驟後，以垂直於麵團開口的方向對切一半。準備兩個鋪有烘焙紙的烤盤。分別將兩份麵團擀開為和烤盤相似大小的長方形，移放到鋪有烘焙紙的烤盤上後，用叉子或滾輪打洞器刺出許多小洞（洞與洞間隔約 2cm），其中一盤以保鮮膜包裹好，放進冷凍庫裡，待派皮結凍硬化，取出標註內容、日期，再次放進冷凍庫保存。另一盤則不蓋保鮮膜，直接放進冰箱中冷藏至少 2 小時，放隔夜更佳。

第 2、3 天

製作慕斯琳奶油餡

1 準備一個鋪有保鮮膜的烤盤。取一中型煮鍋，加入鮮奶（預留約 ¼ 杯不加）、33g 糖及香草籽及莢殼，以中火加熱，並以打蛋器攪拌均勻。

2 在中型攪拌盆中倒入玉米粉、麵粉及另外 33g 糖，拌勻後，倒入預留的 ¼ 杯鮮奶以及蛋黃，攪拌均勻。以上述材料進行煮製卡士達餡（39 頁）的程序。

3 卡士達餡完成後，馬上離火並倒入鋪有保鮮膜的烤盤中，均勻攤平後，以保鮮膜貼著餡料表面封好，避免卡士達餡和空氣接觸而形成一層乾燥的結皮。將烤盤放入冷凍庫中，迅速降溫阻止細菌繁殖增生，整個降溫過程需在 15 分鐘以內完成。冷卻後，將卡士達餡移至冷藏，繼續冰鎮 30 分鐘。

4 接續完成慕斯琳奶油餡。從冰箱中取出卡士達餡，待其回到室溫、不過冰，同時確認奶油也已軟化，它們的最佳操作溫度為 60°F／16°C。將卡士達餡倒進攪拌盆，以氣球狀攪拌頭，高速攪打 1 分鐘，停下機器，以橡皮刮刀刮下黏在盆壁的部分，再次以高速攪打 1 分鐘，加入軟化奶油，繼續攪打，直到兩者融合乳化均勻、帶有光澤。如果發現有小結塊，表示可能是奶油或／和卡士達餡溫度過低。此時，可以將攪拌盆取下，泡入熱水浴中 15 秒，再次攪打 15 秒，重複同樣的步驟，直到兩者攪拌均勻且具光澤。完成的慕斯琳奶油餡，放進冷藏冰鎮 1～2 個小時，即可使用。

慕斯琳奶油餡的作法是以卡士達餡為基底，再加進奶油以增加其豐腴度。

卡士達餡在冷藏之後，質感會變得比較硬，然而要硬到足以擠花，要再加進額外的脂肪。脂肪在低溫時以固體結晶狀態存在，因此，在卡士達餡裡的脂肪成分愈高，低溫時就會愈穩定、愈硬。如果不想再加入脂肪，那就需要加入吉利丁作為凝結劑。混合卡士達餡和奶油時，兩者的溫度皆不能過低，否則奶油會結晶，而無法和卡士達餡融合均勻。

在這份食譜裡，我們將奶油留到最後的步驟才攪打加入卡士達餡裡，有別於標準的卡士達餡製作步驟，在一開始煮沸牛奶時加入奶油融化。

在烤好的千層酥皮表面篩撒上糖粉，然後用烤箱上火，短暫的烤融糖粉，形成薄薄一層焦糖。除了亮亮的很美觀，並增加口感層次外，當夾進慕斯琳奶油餡之後，這層焦糖還有防潮的作用，可以延長、維持千層酥的酥脆口感。

烘烤千層酥皮、組合成派

1 烤箱預熱 400°F ／200°C，並在中間層放好烤架。取一個網架，腳朝下放置在千層酥皮上，網架和酥皮的距離大約一公分，如果網架的腳會壓在酥皮麵團上，雖然烤後會有壓痕，但是沒有大礙。整個放進預熱完成的烤箱中，烘烤 20 分鐘後，快速地打開烤箱門，移走網架。調低烤箱溫度 300°F ／150°C，繼續烘烤 35～40 分鐘，直到酥皮每一處皆呈現深棕色，從烤箱中取出。烤箱切換成上方直火。

2 將酥皮小心翻面，讓平坦那面朝上，在表面篩上糖粉，放進烤箱上火下方約 7.6cm 距離處快烤，約 1～2 分鐘內，糖粉會焦糖化，過程中不要離開烤箱，因為糖粉一旦焦糖化後，馬上就會燒焦，酥皮也會跟著燒焦。當觀察到焦糖化開始發生，從烤箱中取出酥皮，室溫下放涼。

3 將準備好的慕斯琳奶油餡，填進裝有 ½ 吋圓形擠花嘴的擠花袋中。

4 烤好的一大片酥皮，放在砧板上，修去不均勻的四邊，得到完整的長方形。測量酥皮的長邊，使用鋸齒刀，將長邊等切成 3 份，這時你應該會得到 3 塊約 7.6cm×30cm 的長方形酥皮。填餡並組裝完成後，才會再次分切。

5 取一塊酥皮，長邊朝著自己且焦糖面朝上，將慕斯琳奶油餡擠花成多個直徑 1cm 的小圓球，並且一列列排整齊，接著取第二片酥皮疊放上去，輕輕壓一下，使酥皮和慕斯琳奶油餡黏住，不要太用力以免將餡擠出來，再次擠花後，放上最後一片酥皮，焦糖面朝上。

6 準備多條 2cm 寬的長紙條，以對角線方向斜排在千層酥的上方，每條間隔 2cm。篩撒上糖粉後，小心的一一移走紙條。將完成的千層酥放進冰箱冷藏保存，直到端上桌。上桌前將千層酥分切成 6 等分，每塊約 5×7.6cm。請記得，千層酥在冰箱中 3～4 小時之後，即會開始受潮變軟。

完成了？完成了！

　　完成的慕斯琳奶油餡，看起來應該閃亮有光澤且滑順，擠花之後能維持形狀，不攤流開來。烘烤完成的千層酥皮，表面輕微焦糖化，中間的層次則是均勻的淡棕色。組合完成的千層酥，有一定的高度，但是絕對不可以太高，我個人建議成品最高不要超過 5cm。

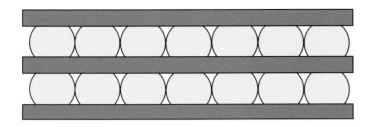

組合千層酥的方式

將慕斯琳奶油餡沿著酥皮長邊擠花成一顆顆圓球狀，並且一列列排整齊。接著，取另一片酥皮疊放上去，輕輕壓一下，使酥皮和慕斯琳奶油餡黏住。

保存

完成的千層酥冷藏保存約 3〜4 小時，之後夾餡的水分會開始使得酥皮層受潮變軟。

變化款

在千層酥中加入草莓或覆盆子，就變成莓果風味千層酥。莓果可以和慕斯琳奶油擠花交替排列當夾餡，也能直接擺在最上頭裝飾，或兩種方法同時使用。當我在糕點中使用水果時，會在酥皮上也抹薄薄一層覆盆子果醬提味。

榛果、柳橙札坡奈伊

Japonais aux Noisettes et à l'Orange

份量 | 直徑 8 吋的蛋糕 1 個

2 天的製程

材料	重量	體積（略估）
柳橙果醬		
新鮮柳橙，薄皮品種為佳	1 顆，約 250g	1 顆
水	2000g	2 夸脫
水	2000g	2 夸脫
海鹽	20g	1 大匙
白砂糖	157g	¾ 杯
札坡奈伊圓盤		
榛果	44g	5 大匙
糖粉	94g	⅞ 杯
中筋麵粉	9g	2½ 小匙
榛果粉	94g	1¼ 杯（扎實裝滿）
蛋白	119g	約 4 顆
塔塔粉	一小撮	一小撮
海鹽	一小撮	一小撮
白砂糖	22g	2 大匙一½ 小匙
糖粉，最後篩撒用	適量	適量
卡士達餡		
全脂鮮奶（3.5%脂肪含量）	125g	½ 杯
奶油（法式，82% 脂肪含量）	12.5g	1 大匙
白砂糖	16g	1 大匙＋¾ 小匙
香草莢	¼ 根	¼ 根
玉米粉	5g	1½ 小匙
低筋麵粉	5g	1½ 小匙
白砂糖	16g	1 大匙＋¾ 小匙
蛋黃	30g	1½～2 顆，依雞蛋大小而定
榛果慕斯琳奶油餡		
榛果抹醬（57 頁）	70g	約 ¼ 杯
奶油（法式，82% 脂肪含量）	40g	略少於 3 大匙

開始之前

→ 準備好以下工具，並確定所有材料都已回到室溫：

電子秤，將單位調整為公制
1 支洗水果的毛刷
1 個中型高筒不鏽鋼煮鍋
1 支撈取用的瀝網
1 支長刀
1 臺附不鏽鋼攪拌刀片的食物調理機
1 個小型不鏽鋼煮鍋
1 支大型橡皮刮刀
1 個小型攪拌盆
保鮮膜
擠花袋或塑膠袋（用於壓碎榛果）
1 支擀麵棍
1 個鋪有烘焙紙的烤盤
1 支篩網
1 個鋪烘焙紙，直徑 8 吋的圓盤或烤盤
桌上型攪拌機，搭配氣球形攪拌頭
1 個大型攪拌盆
1 個擠花袋，裝上 ½ 吋圓形擠花嘴
1 個擠花袋，裝上 ⅜ 吋圓形擠花嘴
1 個擠花袋，裝上 ¼ 吋圓形擠花嘴

→ 請認真把食譜讀兩次。

札坡奈伊是款飽富堅果風味的蛋白霜甜點，口感介於蛋糕與硬馬林糖之間。外殼硬脆，一旦夾入內餡後，內層吸收了水分因而轉變成溼潤口感。酥脆的口感來自於高含糖量，有趣的是，糖具有高親水性（可吸收多餘水分）的特質，因此糖同時也是使得札坡奈伊具有溼潤口感的原因。和其他馬林糖一樣，著手製作之前最好讓蛋白風乾一夜使水分蒸散，白蛋白會更加濃縮，抓住空氣的能力也會更好。

札坡奈伊除了堅果粉中的天然油脂之外，不含有任何脂肪，因此使用奶油含量高的夾餡非常合拍。又因為札坡奈伊的結構上充滿孔洞，容易吸收水分而變得溼軟，所以不適合加入含水量高的夾餡，需要採用脂肪含量充足的夾餡，脂肪亦有阻隔水分滲透的作用。基於以上，以卡士達餡添加奶油而成的慕斯琳奶油餡是非常適合的選項。榛果抹醬也額外貢獻油脂，也可以直接使用奶油糖霜（butter cream）當作夾餡，我在當學徒時所學習到的札坡奈伊就是這樣的搭配。

我實在忍不住，必須將橘子果醬的作法介紹給大家。因為它真的是既簡單又美味。首先以滾水煮橘子，將果皮的毛孔打開，同時煮掉果皮表面的雜質及蠟。再用鹽水煮一次，這樣做可以減低苦味。然後將橘子和糖一起打成碎泥，煮沸第一次後靜置一夜，提供足夠時間讓糖分進入果皮的毛孔，將果泥糖漬化。柑橘類水果，我喜歡挑選皮薄的，因為苦味主要來自果皮內白色的部分，皮愈厚的水果做出的果醬苦味也愈重。使用有機水果製作會更好，當然也能使用一般水果，只須注意在開始前徹底清洗即可。

札坡奈伊結合了獨特的口感與滋味，又是我最愛的甜點之一。蛋糕體是榛果馬林糖，夾餡是滿滿榛果風味的榛果卡士達餡及手工橘子醬。這份食譜我當學徒時學到的，如今我額外添加橘子果醬增添層次。橘子果醬的微苦、略酸正好和甜脆的馬林糖形成美味的對比口感。甜香的馬林糖，滿是榛果香的夾餡，和酸酸的橘子醬，是必勝的美味組合。

達克瓦茲（dacquoise）、蘇賽（succès）和札坡奈伊（japonais）這三種東西，都是含有堅果馬林糖的甜點，製作方法也大同小異，唯使用的堅果粉不同。來自法國西南達克斯城（Dax city）的達克瓦茲，是現今最被廣為所知的一款。達克瓦茲比較接近海綿蛋糕的口感，比札坡奈伊柔軟。

⁘ 時間分配 ⁘

烘烤札坡奈伊的前一天，要先把橘子果醬做好。卡士達餡和榛果抹醬也能安排在前一天製作。蛋糕組合完成之後，需要冰鎮 4 個小時才能享用。

作法

第 1 天
製作橘子果醬

1 以洗水果的毛刷，在流動的冷水下將橘子刷洗乾淨。取一個中型高筒煮鍋，煮沸 2 公升的水。鍋子的高度要能讓橘子放進去之後，完全被水蓋住；而橘子上方可能需要使用瀝網壓住，使其完全沒入水中。橘子放入煮沸的滾水中，當水再次煮沸時，讓其再滾沸 2 分鐘。接著撈起橘子沖冷水，將煮鍋裡的水倒掉、清洗乾淨，尤其是黏在鍋壁上的雜質一定要刷掉。煮鍋洗淨後，注入 2 公升水，放入 20g 海鹽，再次煮沸。

2 鹽水煮沸後將橘子放入，轉小火燉煮 10 分鐘，接著撈起橘子瀝乾，並以冷水沖洗。

3 橘子切半，將果肉中心的白色部分與籽去掉，剩下的略切成 2.5cm 大小塊狀，秤重後應該會有 175g。如果和 175g 相差甚遠，則微調食譜中糖的用量。糖的建議用量為橘子果肉重量的 90%。將切好的橘子連同糖一起放入食物調理機，一次啟動一下，不要連續攪打，直到塊狀被打碎成約 0.3cm、能輕易通過 ¼ 吋擠花嘴的大小。

4 將橘子泥倒入小型不鏽鋼煮鍋中,以小火煮沸後,再持續煮 3 分鐘,過程中隨時以橡皮刮刀攪拌。

5 完成的橘子泥移放到小攪拌盆中,冰箱冷藏保存備用。

第 2 天

將橘子泥倒到小煮鍋中,煮到沸騰後,再持續以中、小火加熱 5 分鐘,過程中隨時攪拌。完成的果醬應該有透明感。將果醬存放於罐中或小盆子裡,蓋上蓋子或以保鮮膜包覆好備用。

製作札坡奈伊圓盤

1 烤箱預熱 300°F /150°C。將榛果粒裝入拋棄式的擠花袋中,捏握住擠花袋的開口端,用擀麵棍將榛果滾碎。將滾碎的榛果(大多對半裂開,不會太碎),倒在鋪有烘焙紙的烤盤上,烘烤 15 分鐘。取出放涼。將烤箱溫度調高到 350°F /180°C。

2 糖粉和中筋麵粉一起過篩,榛果粉也過篩後加入其中,一起放在攪拌盆中或烘焙紙上備用。

3 裁一張和烤盤一樣大小的烘焙紙,以直徑 8 吋的盤子或塔模蓋在上面,描畫出兩個盡量分開的 8 吋圓。畫好後將烘焙紙翻面使作記號那面朝下,後續擠花、烘烤時才不會沾到札坡奈伊麵糊。

4 桌上型攪拌機裝上氣球形攪拌頭。將蛋白、塔塔粉和海鹽倒入攪拌盆中。以中速攪打 10 秒,加入白砂糖,調整為高速,打發蛋白至硬性發泡,約需 1.5 分鐘的時間,直到蛋白霜看起來有光澤不乾燥。若打發過頭,蛋白霜會失去光澤感,而且看起來乾乾的,之後也會很難混拌其他食材。將蛋白霜倒到另外一個攪拌盆,加入所有篩過的粉類材料,以大型橡皮刮刀折拌均勻。

5 將蛋白霜麵糊填進裝有 ½ 吋圓形擠花嘴的擠花袋中。垂直握住擠花袋,擠花嘴對著圓形記號的圓心上方 2.5cm 處,由圓心開始一圈緊貼著一圈,以畫螺旋的方式往外擠出蛋白糊圓盤。以同樣的方法擠出第二個圓盤。在其中一個圓盤撒上壓碎的榛果,接著在兩個圓盤都篩撒糖粉,靜置 5 分鐘後,再撒第二層糖粉。送入烤箱 350°F /180°C 烤 30 分鐘,直到馬林糖表面呈現金黃色,取出後室溫下完全放涼備用。

製作榛果慕斯琳奶油餡

1 確定所有材料都回到室溫，尤其是之後欲加入冷卻卡士達餡裡的 40g 奶油。依卡士達餡食譜步驟（39 頁），及本食譜材料量（39 頁食譜的一半）製作一份卡士達餡。完成後，將卡士達餡移至鋪有保鮮膜的烤盤上並均勻攤平後，保鮮膜直接貼附在餡料表面緊密包妥，放入冷凍庫快速冷卻 15 分鐘，以避免細菌滋生。

2 將冷卻的卡士達餡倒進桌上型攪拌機的攪拌盆裡，高速攪打 30 秒，加入已軟化的奶油，再次以高速攪打 2 分鐘。接著再加入榛果抹醬，繼續攪打直到所有材料徹底融合乳化均勻（這步驟亦可使用手持攪拌機），將完成的奶油餡填進裝有 ⅜ 吋圓形擠花嘴的擠花袋中。

組合蛋糕

1 拉著襯在札坡奈伊下方的烘焙紙，將札坡奈伊圓盤拿起來，小心剝去烘焙紙，平面的那面朝下放好。沒有撒榛果的一片，糖粉面朝上，由圓盤中心往邊緣，以螺旋的方式擠上榛果慕斯琳奶油餡，一直擠到離邊緣 0.5cm 處停止。

2 將橘子果醬填入有 ¼ 吋圓形擠花嘴的擠花袋中，一樣由圓盤中心往邊緣，以螺旋的方式疊在榛果慕斯琳奶油餡上方擠出橘子果醬，一直擠到離札坡奈伊邊緣 0.5cm 處停止。

3 另一片撒有榛果的札坡奈伊（榛果面朝上），疊放上去後，輕輕施力下壓，使得札坡奈伊和夾餡黏合。放進冰箱，冷藏 4 個小時後才享用。

完成了？完成了！

烤好的榛果及札坡奈伊，應該呈現金黃棕色，夾餡看起來具有光亮感。

保存

冷藏可保存 48 小時，或冷凍保存最多 1 個月。

私藏祕技

→ 若是沒時間讓蛋白先風乾一夜以減少水分。另一個能幫助打出硬挺蛋白霜的作法是在蛋白液內加入蛋白總重量 3% 的蛋白粉。例如 100g 蛋白，加入 3g 蛋白粉。

→ 製作橘子果醬時，可以做 2 ～ 3 倍份量，存放於冰箱中，隨時可用來塗吐司吃，很方便。

→ 分切蛋糕時建議使用鋸齒刀，會切得乾淨俐落。

→ 你也能發揮創意：改變札坡奈伊裡的堅果種類、換成不同口味的慕斯琳奶油餡，或使用其他種類的果醬。只要掌握「甜香」、「微酸」及「稍苦」這三種風味的平衡，就會是另一種絕妙組合。

→ 蛋糕在冰箱中放置一夜後，滋味能達到最好的狀態。札坡奈伊表面依然酥口，內層開始變得有些溼潤，和慕斯琳奶油餡及橘子果醬，三者彼此交融一氣且有層次。

→ 同樣的橘子果醬食譜配方，也能以其他種類的柑橘水果來替代。製作時，記得使用不鏽鋼材質的鍋子，水果的酸才不會和鍋子的金屬起化學反應。尤其避免使用鋁製的鍋子。

→ **學到賺到**：也能自己做榛果粉！使用與配方中榛果粉等重的整顆榛果，與糖粉一起以食物調理機（必須使用不鏽鋼刀片）一起打成粉末，停下機器後，加入配方中的麵粉，再一起攪打 1 秒。這樣處理過的乾粉類材料，也能免去過篩的步驟。

原味和巧克力可頌
Croissants and Chocolate Croissants

份量 | 10 顆的原味或巧克力可頌

2 天的製程

基礎溫度 | 54°C

材料	重量	體積或盎司（略估）
液種		
中筋麵粉	100g	¾ 杯
水	100g	½ 杯－1 小匙
乾燥酵母	5g	1¾ 小匙
麵團		
高筋麵粉	200g	1¾ 杯＋1 大匙
白砂糖	38g	2½ 大匙
奶油（法式，82% 脂肪含量），室溫軟化	15g	½ 盎司
水	45g	¼ 杯－1 小匙
全蛋	30g	約 1½ 顆，或 ½ 大匙的打散蛋液
海鹽	7g	1 小匙
奶油（法式，82% 脂肪含量），室溫軟化	150g	5³⁄₁₀ 盎司
上色蛋液（7 頁）	適量	適量
鈕扣型或條狀巧克力（供巧可力口味使用）	20 根或 40 顆	20 根或 40 顆

我在這世上的最後一餐，一定要吃新鮮出爐的可頌！可頌兼具了千層酥皮和酵母麵包這兩種令人愉悅的元素。外層酥口、內層溼潤豐腴，可說是人人都愛的日日早餐選擇。即使你知道每吃一口就等同於往嘴裡放進大量的奶油，但是依然不想抗拒啊！可頌，是充滿美善的小惡魔。

製作可頌和製作千層酥皮頗為相似，不同之處在於，可頌的基底麵團裡加入酵母，還有一點蛋。這樣的麵團就稱為「丹麥麵團」（Danish dough）。另外，可頌麵團只需要三次折疊，就能整形成半月狀。但因為可頌的基底麵團裡加有酵母，使得麵團在進行包裹奶油、擀開及折疊等步驟時，比千層酥皮更容易回縮。剛開始或許你會覺得可頌麵包真的很難，但是只要有耐心地按照食譜進行，實作幾次之

開始之前

◇ 準備好以下工具，並確定所有材料都已回到室溫：

電子秤，將單位調整為公制
1 支電子溫度計
桌上型攪拌機，搭配勾狀攪拌頭
1 支小型橡皮刮刀
1 個中型攪拌盆
保鮮膜
1 個中型煮鍋
1 支擀麵棍
1 張大尺寸的矽膠墊
1 支直尺
1 把長刀
2 個鋪有烘焙紙的烤盤
1 支烘焙專用毛刷

◇ 請認真把食譜讀兩次。

筆記：市售的奶油通常一條為 450g，當你需要秤取 150g 的奶油時，可以垂直長邊，將奶油等切成三等分，如此一來每一塊就會很接近 150g，免秤。

這款基底麵團包括中筋麵粉製作的液種，它喚醒酵母開始發酵作用，同時為麵包注入獨特滋味；另外一部分則是高筋麵粉製作的麵團。不全部使用高筋麵粉的原因在於，基底麵團的筋度會太高，後續擀開、折疊，或整形時都會更添難度。此外，我也喜歡在可頌食譜中加進少量的蛋液，能讓成品更有香氣。

慎選奶油非常重要，務必使用脂肪含量至少82%的奶油。脂肪含量低的奶油，含水量相對就高，用來製作可頌基底麵團除了會比較黏手、不容易擀開，在烘烤時還會產生大量蒸氣，使得可頌膨起過高，又缺乏足夠的固形脂肪支撐，最後就會坍塌。

後，終會得心應手的。我在法國大型連鎖麵包店「Paul」工作時，一天得製作三千個可頌，也是自從那段工作經驗之後，我才開始對於製作可頌這項工作感到上手。每天一直重複真的很無聊！但當一天需要製作出幾千個可頌時，我的雙手對於麵團該有的質感，以及整形等步驟，就會產生記憶。這份食譜能給你一個好的開始，相信很快地，你也能輕鬆做可頌。

作法

第1天

1 以54°C為基礎加總溫度（23頁）製作液種。以54°C減去麵粉溫度和室溫（攝氏），即可得知欲加入的水溫。在桌上型攪拌機的攪拌盆中，加入100g水和酵母攪拌均勻，在表面撒上中筋麵粉，整盆放於溫暖處靜置15分鐘，直到表面的麵粉開始產生裂痕，就表示酵母已開始進行發酵作用。

2 當酵母活化之後，就可以開始製作麵團。在攪拌盆中依序加入高筋麵粉、糖、15g軟化奶油、45g水（和液種相同溫度），最後則是蛋液及海鹽。以勾狀攪拌頭，中速攪拌1.5分鐘直到成團。停下機器，用橡皮刮刀翻動麵團，檢查看看攪拌盆底部有沒有殘留的乾粉。如果有，將乾粉刮起混入麵團中，再次以中速攪拌20秒。完成的麵團，看起來略顯殘破粗糙，但是應該沒有乾燥感。如果覺得太乾，則追加1～2大匙的水，稍微攪打均勻。最後完成的麵團，應該看不見乾粉，也不會有結塊的感覺。

3 將麵團移到中型攪拌盆裡，表面撒上一點中筋麵粉，再以保鮮膜或茶巾蓋住攪拌盆，置於室溫下或溫暖處（不超過27°C）發酵至體積變成兩倍大，發酵時間依環境溫度而定，可能耗時1～1.5小時不定。可以利用烤箱自製一個理想的發酵環境（不適用於瓦斯烤箱）——取一個小鍋子，裝入一半高度的沸騰熱水，連同欲發酵的麵團一起放進烤箱中，放置於靠近烤箱門邊，關上烤箱門。熱水提供蒸氣（溼度），會溫暖整個烤箱，營造一個密不透風的環境，有非常好的發酵效果。留心別讓溫度超27°C，以免奶油融化流出。

4 在工作檯面上撲一些麵粉，取出發酵好的麵團，用雙手快速將麵團整成一顆圓球（只能數秒，以免揉麵出筋，難以擀開）。接著將麵團拍扁為約2.5cm厚的圓餅，以保鮮膜包裹好，放進冰箱冷藏1小時。

5 同時從冰箱中取出 150g 奶油，放在室溫軟化，或使用擀麵棍敲打奶油表面約 10 秒，以助塑型。在攤平的保鮮膜上畫出 20×15cm 大小的長方形。於另一張保鮮膜上放 150g 奶油，把畫有長方形的保鮮膜（油墨朝上，勿接觸到奶油）疊上去，以擀麵棍將奶油塊擀成 20×15cm 的長方形，完成後以保鮮膜包好，放進冰箱冷卻 45 分鐘。

6 開始之前，必須確定奶油塊及麵團都是低溫狀態，如果溫度還不夠低，讓他們回到冰箱多等 20～30 分鐘才開始。矽膠墊或工作檯面上撲撒些麵粉防沾黏，放上麵團，以擀麵棍擀成 40.6×20cm 的長方形。由冰箱中取出奶油，放置於工作檯上，先不拆掉保鮮膜，以擀麵棍輕敲 10 秒，拆掉保鮮膜後，將奶油疊放在擀開的麵團上，約占麵團的面積一半。然後，將另一半麵團折疊蓋上奶油，把奶油完全包住。

7 接下來就要開始第一次「折疊」。執行折疊步驟時，關鍵在於麵團及奶油塊必須保持冰涼，同時軟硬度也恰好是容易擀開的程度。折疊過程中如果奶油過軟，容易溢出麵團；如果奶油太冰過硬，則會容易碎成小塊，夾雜在麵團層中（因此也不要用冷凍庫來冷卻奶油及麵團）。大方地在矽膠墊上或工作檯面撒上麵粉防沾黏，麵團表面也撒上麵粉，利用雙手移滑整塊麵團，確定底部麵粉足夠，沒有沾黏的現象。開始以擀麵棍，平均施力擀開麵團。一定要很均勻地施力，以免造成厚度不均，烘烤時則會不等高膨起。沿著長邊，由頭到尾將麵團擀開，尤其留意尾端也要擀到。每擀約 10 秒，就確認一下麵團底部沒有黏在工作檯或矽膠墊上。以雙手輕輕拖滑麵團，若是無法滑來滑去，就在底部多撒些麵粉（擀所有塔派麵皮時都要這麼做）。如果擀麵棍開始沾黏，則在擀麵棍及麵團表面，皆多補些麵粉。如果麵團開始變軟，甚至奶油有溢出的現象，馬上停止滾擀，將麵團放回冰箱中冷卻 30 分鐘。如果奶油如同沙漠地表般碎裂成小塊，那就是奶油太冰，或一開始敲打得不夠，導致難以施力擀開，當這個現象發生時，停止滾擀，將麵團留在工作檯面上 5 分鐘，中途翻面一次，讓麵團稍微回暖軟化後再繼續擀。

8 當麵團被擀至 50cm 長後，連同矽膠墊轉 90 度（長邊靠近自己），使用毛刷刷去表面多餘的麵粉。將麵皮折成三等分——先將右三分之一往中間折，再將左三分之一往中間折，疊成三層。到此就完成了第一回合的折疊（總共需要三回合）。以指尖在麵團上壓一點作記號，或包裹好保鮮膜後，在保鮮膜上註明摺疊次數，送進冰箱冰鎮 30 分鐘。

9 工作檯或矽膠墊上，再次撒上麵粉防沾黏。放上由冰箱中取出的冰麵團，看得見三層次的開口處朝向自己，麵團交接黏合處朝左或朝右，擀開、折疊，完成第二回合。麵團以保鮮膜包裹妥善，放進冰箱中隔夜。

第2天

1 工作檯或矽膠墊上，再次撒上麵粉防沾黏。由冰箱中取出冰麵團，看得見三層次的開口處朝向自己，麵團交接黏合處朝左或朝右，擀開、折疊，完成最後一回合。麵團以保鮮膜包裹妥善，放進冰箱中冷藏 30 分鐘。

2 工作檯或矽膠墊上，再次撒上麵粉防沾黏。由冰箱中取出冰麵團，看得見三層次的開口處朝向自己，麵團交接黏合處朝左或朝右。將麵團擀開成 50×18cm 的長方形麵皮，由於擀開後，麵團一定多少會回縮，一開始可以擀得大一點，只要最後可切來用的面積達 50×18cm 即可。這時，如果麵皮的下方墊著矽膠墊，將麵皮移到撒有麵粉的工作檯面上。因為接下來要用長刀切麵皮，你應該不會想要割壞矽膠墊。移到工作檯面上的同時，將麵皮轉 90 度，長邊靠近自己。

塑型原味可頌

1 在麵皮的長邊，每 9cm 做一個記號，使用長刀切出 9 個底邊長 5cm，高 18cm 的三角形。左右兩端，分別會有半個三角形，將它們組合起來，就是第 10 個可頌。

2 取一片三角形麵皮，底邊靠近自己，頂點在上方，在三角形底邊中央，往上切出 2cm 高的切口。使用雙手指尖，推起切口的兩邊像是要折出兩個小三角形，持續向前、外的方向推滾麵皮（132 頁）。將捲好的可頌麵團放到鋪有烘焙紙的烤盤上，一個烤盤放 5 顆共放兩盤，顆與顆之間距離 2.5cm，最後刷上上色蛋液。

塑型巧克力可頌

將 50×18cm 的麵皮，沿著長邊切成兩條 50×9cm 的長條麵皮。每一長條再分切成 5 片 10×9cm 的小長方形。取一小片麵皮，長邊靠近自己，在麵皮的左邊排放 2 條或 4～5 顆鈕扣狀巧克力。用手指將麵皮由左邊開始捲起，將巧克力捲起來後，一路扎實地捲好。最後將麵皮交接處朝下，放到鋪有烘焙紙的烤盤上，顆與顆之間距離 2.5cm，在巧克力可頌表面輕輕施力，稍微壓扁一點，最後刷上上色蛋液。

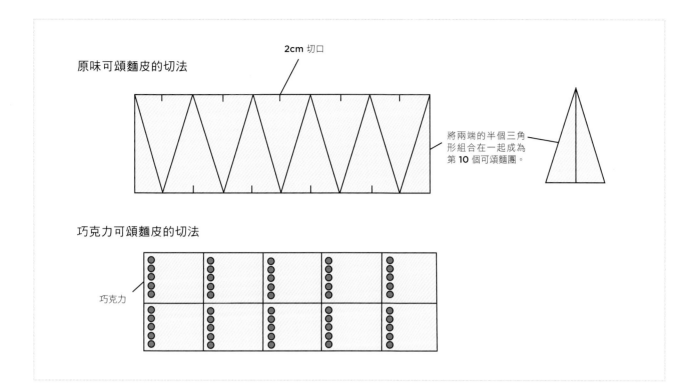

原味可頌麵皮的切法

2cm 切口

將兩端的半個三角形組合在一起成為第 10 個可頌麵團。

巧克力可頌麵皮的切法

巧克力

發酵及烘烤

1 將塑型完成的可頌放到溫暖的地方發酵，注意周圍環境不可超過 80.6°F ／ 27°C，過於高溫使得奶油融化從麵團中流出的話，將再也無法挽回。大約發酵 1～1.5 個小時，直到可頌體積脹大兩倍。檢查是否發酵完成，以指尖輕碰可頌，依其彈性狀態判斷。如果麵團看起來非常緊密扎實，手指輕碰後一下子就回彈了，這表示可頌可能還需要發酵個 20～30 分鐘。如果麵團不回彈了，而且手指輕碰後，在麵團表面留下指紋，則是發酵完成了。

2 烤箱預熱 375°F ／ 190°C，非常輕巧地為可頌麵團再刷上第二層蛋液。這時的可頌麵團充滿空氣非常脆弱，刷蛋液的動作務必輕巧，若膨起的可頌一旦消風塌陷，將再也無法補救，建議使用刷毛細緻的刷子上蛋液，可以有效避免這樣的窘境。一次只烤一盤，大約烤 18～20 分鐘，直到可頌呈現金黃棕色，出爐後放涼 30 分鐘後才享用。

完成了？完成了！

　　烘烤完成的可頌，應該整顆呈現金黃棕色。內部充滿溼潤感，而且不會有生麵團的味道。

保存

　　現做現烤現吃，剛出爐的可頌才是最棒的！塑型好的可頌麵團可以直接冷凍保存，但是建議不要超過 1 個月。解凍時，從冷凍庫取出，放在烤盤上，室溫下靜置 1～1.5 小時，隨後刷上蛋液，置於溫暖處發酵至體積脹大一倍。

　　烘烤完成的可頌也可以冷凍保存 1 個月左右。解凍時，放在烤盤上，室溫下靜置 2 小時左右，接著再以 450°F／230°C，快速烘烤 1 分鐘，將表面烤脆即可。

私藏祕技

→ 正宗的可頌，不應該像一般美國咖啡店裡常見的那麼異常膨大。超市裡以不透氣塑膠袋裝著的巨大且溼軟的可頌，實在是令我倒盡胃口。這些可怕的「偽可頌」更加證明了，雖然可頌是人類所創造出的最棒早餐，但若不是使用好的材料，加上有好的製作技術，和好的保存方式，那就是一場悲劇。我總是告誡我的學生：「千萬別滿足於你的上一個可頌。」（You are only as good as your last croissant.）

第三章

塔、派

在這麼多年的甜點師生涯之中，總會有人問我：「你最喜歡什麼甜點？」我的回答始終是：「一份悉心製作，溫暖的塔派。」美好的塔派，是我童年中不可抹滅的回憶。法國阿爾薩斯盛產極為豐美的水果，無論是日常晚餐飯後，或宴請朋友的宴會上，水果塔都是很常見的固定飯後甜點。每當夏季時分，我們總會耗上好幾個午後，在樹林裡摘取藍莓，或造訪奶奶家的花園摘黃香李。這些採集來的水果，最後當然會被裝進烤得酥香的塔殼中，由於水果本身已香甜無比，只需要再加進極為微量的糖畫龍點睛，就滋味無窮了。

和每個人一樣，我也非常喜歡水果慕斯蛋糕。但是我更在意甜點的口感層次，尤其是塔派甜點中的酥、脆元素，像是等一下會介紹的蘋果杏仁牛軋塔（149 頁）或大黃與榛果酥粒塔（179 頁）。享用一份剛出爐，還帶有溫度的塔派，是我熱愛的吃法。微溫的糕點，能提升、加強味蕾品嚐的領悟感知力，嚐起來總會再美好些。構成一份「暖塔」的全部元素，尤其是塔中所含的脂肪融化在口中的時刻，在身心靈上都頗具療癒、撫慰之效。

在這個章節裡，要為你介紹許多不同種類的塔派。其中，阿爾薩斯酸奶油與莓果塔（166 頁），就像是舒芙蕾裝進塔殼裡。覆盆子與榛果塔（169 頁），將水果放在烤過的榛果奶油餡上，榛果粉能吸收多於流出的果汁。另外，還有李子塔（156 頁）以及野莓塔（153 頁）的亮點則是放在水果本身，我忍住加東加西的慾望，就怕干擾水果自身所散發的熟甜香氣。你也能在這個章節看到一些經典的塔派，例如巧克力塔（159 頁），加上脆口的牛軋片裝飾，這也是我家人最愛的一款塔。還有檸檬塔和馬林糖淚滴裝飾（163 頁），淚滴狀的馬林糖襯托了

檸檬酪的豐腴，而檸檬酪的酸勁和馬林糖的甜，形成反差且彼此呼應。最後，以身為阿爾薩斯人為榮的我，當然要為大家介紹由覆盆子果醬及香料榛果製作而成的林茲塔／蛋糕（173 頁），其香氣與口感都美好極了，相信你會喜歡我的配方，我設計了一套新的製作程序，讓每個人都能輕易重現它的美味。

∷ 塔派麵團 ∷

要動手製作這些塔派，一定要先熟悉接下來將介紹三種塔派麵團；它們就和第一章的所有基礎食譜一樣重要。多次練習這些麵團，上手後才有辦法端出一款又一款成功的塔派甜點。我誠心建議先把三種塔派麵團分別練上手，培養出手感記憶，感受三款麵團的不同之處，找出最上手的擀開及入塔模手法；之後再真正開始製作一份完整的塔派。這是追求工藝級境界的必經之路。

甜點師全是偏執狂

烘焙是科學。所有的步驟，每一個環節，都能以化學的角度解釋。如果你有興趣的話，還能將每份食譜的食材列表比對、分析比例，甚至畫圖表，藉以比較些微的配方差異對成品造成什麼影響。如果你真的很有研究精神，對數字也非常感興趣，大可再深入一點。我們一般專業甜點師會精算一份食譜中，脂肪、糖、固形物及水分的各別比例。通常，當相似成品有許多不同食譜可以遵循時，我們用這樣的比較法，來推估其口感差異及掌控品質，也能藉以計算材料成本。

舉例來說，你可以比較看看以下兩種甜塔皮：甜塔皮（pâte sucrée）及沙布列塔皮（pâte sablée），一一將食譜中的奶油、糖、雞蛋和麵粉，列出用量加以比較其中的差異。你會發現奶油含量比較高的塔皮，嚐起來奶油氣息重且濃郁，擀開時感覺較柔軟，烤後的酥口程度也高，當然也就較易碎。另一款含糖量較高，烤後容易焦糖化，塔皮上色較快，成品顏色也較深，口感較硬脆、口味偏甜，而且較強韌不易碎。

甜點師工作時大概都在想這些事，和廚師不太一樣。廚師需要反應快速，才能控制不穩定的食材，他們沒有太多的時間去精密計算——生鮮食材在送達廚房的過程中，就開始走向死亡或腐敗。所以他們分秒必爭，趕在食材敗壞之前，盡力端出一盤美味食物。這樣看來，他們的廚房生活真的艱困許多。

而甜點師就沒有這個藉口了，我們交涉的材料——巧克力、堅果粉、麵粉、奶油和糖，保存期限都很長，我們也都非常了解這些食材的特性。硬要說，唯一一項無法受控於我們的，那就是「水果」。

甜塔皮
Pâte Sucrée

材料	重量	體積或盎司（略估）
奶油（法式，82% 脂肪含量）	168g	6 盎司
海鹽	1.4g	¼ 小匙
糖粉	112g	1 杯
杏仁粉（去皮膜，白色）	39g	⅓ 杯（滿尖）
香草萃取液	7g	1½ 小匙
蛋	63g	1 顆超大型蛋＋1～2 小匙
低筋麵粉	315g	2⅞ 杯

　　甜塔皮無論是用於需要烤或免烤的新鮮水果塔，都非常適合，也適用於各種填裝奶油餡，像是檸檬酪或巧克力的塔類。和沙布列塔皮（144 頁）相比，甜塔皮的奶油含量較少，烤後質感較強韌，而沙布列塔皮則是較酥、易碎。甜點師一代一代致力於研究塔派麵團，設計了許多不同的甜塔皮配方，我用來教學生的配方使用的是糖粉（而不是砂糖）、奶油、低筋麵粉、杏仁粉以及雞蛋，這款配方很容易操作，塔皮成品也很堅韌、具有香氣且脆，不容易溼軟。我在配方裡加進杏仁粉，為塔皮提供香氣，如果你不喜歡杏仁粉，可以使用等量的低筋麵粉取代，但不要使用其他的堅果粉，因為其他堅果粉油脂含量過高，會造成塔皮有油膩感。

　　提前一、兩天就開始著手製作，是成就一份好塔皮的關鍵。塔皮麵團一旦混合完成後，需要足夠的時間休息（理論上最好休息一晚），在混攪過程中造成的麵粉筋度才得以鬆弛，麵粉也才有充裕的時間飽吸水分。我必須再次強調——開始前，再次確認所有材料都已恢復到室溫，完成的麵團要冰鎮休息後才進行下一個擀開的步驟。當塔皮擀開（入模）後，若能再耐心地給予數小時甚至一個晚上時間，放置於冰箱中冷藏，讓其表面乾燥，這樣烤出來的塔皮會是最完美的狀態。

作法

第 1 天

1 桌上型攪拌機裝上槳狀攪拌頭，或備好大型攪拌盆和橡皮刮刀。在攪拌盆中加入奶油、海鹽，以中速攪打約 60 秒將奶油打軟，請留意不要過度攪拌，我們不是要打發奶油，不能讓奶油包進太多空氣。空氣會使塔皮在烘烤時膨脹太多，烤後的成品將充滿過多氣孔，而這些氣孔容易吸收來自餡料的水分，因而造成塔皮容易溼軟。有著溼軟的塔殼的塔派甜點，是世界上最恐怖的東西！

2 刮下攪拌盆邊及攪拌頭上的奶油，加入糖粉，一開始以低速攪拌，途中不時停下來刮下黏在攪拌盆邊及攪拌頭上沾黏的部分。

3 加入杏仁粉及香草萃取液，以低速攪拌均勻。

4 少量多次慢慢地加進蛋液，及食譜中 ¼ 量（約 55g 或半杯）的麵粉。以低速攪拌均勻後，停下機器，刮下黏在攪拌盆邊及攪拌頭上的麵糊。

5 慢慢繼續加入剩餘的麵粉，持續攪拌到麵團成形。這時麵團應摸起來柔軟但不黏手。千萬不要過度攪拌！攪拌過度會把麵粉打出筋度，烤後的塔皮不但口感偏硬不脆，而且也容易回縮。攪拌的過程中，不定時停機，刮下黏在攪拌盆邊及攪拌頭上的麵團，然後才再次開機攪拌，將這些游離的小麵團和大麵團攪打融合。

6 使用刮板將麵團取出，壓扁、整形為厚度約 1cm 的長方形。以保鮮膜包好，冷藏一晚或至少 2～3 小時（這就是所謂的「讓麵團休息」）。冷藏過後的麵團會變硬，但依然是可操作的程度。

第 2 天

1 以一份 9 吋塔殼為例。將麵團由冰箱中取出秤量，應重約 700g，切成兩等分，其中一份再次以保鮮膜包裹好，放回冰箱保存。另一份擀開成厚度約 0.5cm 的圓形塔皮（140 頁），鋪入 9 吋的塔膜或塔環中。用叉子在塔皮底部刺出一排一排分布均勻的小洞，這個步驟稱為「打洞」（docking），目的是在烘烤塔皮時，讓水氣可由這些小洞蒸發逸散。在專業的甜點廚房裡，會使用一種名為「滾輪打洞器」（dough docker）的工具快速為大量的塔皮打洞，功能和叉子刺出許多小洞無異，若是沒有滾輪打洞器，以叉子刺洞的效果也一樣。將入好模，打好洞的塔皮，放回冰箱冷藏 1 小時，或如果時間允許的話放隔夜會更好。

糖粉具有溶解迅速而且能和其他材料快速融合的特質。製作塔皮時使用糖粉取代砂糖，可以大大縮短攪拌的時間，有效降低打入過多空氣的機會，以及麵粉出筋的可能。

所有的小麥麵粉，都含一種稱為「麩質」的蛋白質，麩質使得麵團具有彈性（筋度），在製作塔派麵團時，我們需極盡可能地避免麵團產生筋度，否則麵團在擀開及烘烤時都容易回縮。試著幻想麵粉是一團有彈性的粉末，一旦被活化後就會變成橡皮筋，而活化它們的兩項因素，就是「溼度」及「溫度」。所有的麵團都會由其他溼性材料中吸收水分，而攪拌麵團的動作會產生溫度，於是攪拌得愈多，就活化愈多橡皮筋，麵團彈性也愈強。相對的，在製作麵包時，我們則希望活化愈多的筋度愈好，因為具有筋度的麵團可以塑型，烤後也能維持固定的造型。但是，除了麵包之外，其他的糕餅類都不樂見於筋度的活化，因此以最低速、最短的攪拌麵團時間為最佳。低筋麵粉（蛋糕麵粉）是所有小麥麵粉中，含有最低天然麩質的種類，這也是我們使用低筋麵粉的原因。室溫軟化的奶油，可以輕易地和其他材料攪拌均勻，若是使用冰涼的奶油，會較難徹底攪勻，最後麵團中會夾雜細小的塊狀奶油，之後擀開及烘烤時，都會造成很多困擾。

杏仁粉提供塔皮額外的香氣，也因為它不像其他的堅果粉油脂那麼高，因此吸水性也好。甜塔皮中，加入蛋液有拉結起所有材料的功能，使得塔皮擀開後還能維持形狀。

2 盲烤塔殼。烤箱預熱 325°F／160°C，網架放置於烤箱中間層（如果放下層，底部會熟得太快）。若你自認不是「馴塔皮高手」，建議使用盲烤專用的重物，壓在塔皮上頭一起烤。我用製作起司的薄紗布包白米，做成一個小沙包，當作盲烤專用的重物，一旦塔殼盲烤完成，只需輕輕將一整包重物提起移去，實用方便！或者你也能用烘焙紙做成小袋，裝進足量的白米或豆子，大小要足以壓住整個塔殼的底部。盲烤時，連同這包「偽餡料」一起烘烤 15 分鐘後，移去「偽餡料」，再次將塔殼放回烤箱中，繼續烘烤約 5 分鐘（營業用大烤箱）或 15 分鐘（家用烤箱）直到呈現均勻的金黃棕色。從烤箱取出後，徹底放涼後才填入餡料。

筆記：我在教學時，並不會特別要學生用重物壓在塔皮上盲烤。因為我們使用的甜塔皮或酥脆塔皮配方非常完美，在營業用的大烤箱中，完全不會有崩塌的困擾。我提供的配方有著精準的奶油及麵粉比例，也就是說，配方裡沒有一絲一毫過多的脂肪，在烘烤時不會融化流出，也就不會有塔皮從烤模周圍崩塌滑落的機會。但是，一開始在家嘗試製作時，還是建議你保守的使用重物壓著，而且多次確認塔皮的底、高交接處，有緊密鋪好塔模、沒有空隙（142 頁），還有，記得要為塔皮打洞。

∷ 擀開塔皮、鋪排入塔模／環 ∷

當我進行塔派麵團教學時，發現許多學生對於擀開塔皮感到困難。追究原因，原來學生們往往以為要用蠻力才能將塔派麵團擀開，其實正好相反，擀麵團需要的是輕巧，流暢的手法。

∷ 準備塔皮 ∷

- 如果在擀麵團時，你想墊一塊砧板在下面，那麼最好事先將砧板放入冰箱冰鎮 30 分鐘。也避免使用不平整的砧板。
- 在塔模／環上，用軟化的奶油非常輕薄地塗一層。千萬不要使用液態油或噴霧油。只要一點點奶油，足以防止塔皮和烤模沾黏即可。若奶油塗太多，可能會使塔皮在烘烤時滑落。判斷的標準是塗抹完後，若肉眼可見奶油的顏色，就是太多了。如果使用「塔環」（無底的環狀烤模），將塔環放在鋪有烘焙紙或矽膠墊的烤盤上備用。

- 取出剛好夠一個塔模／環用量的麵團。
- 砧板或工作檯面上，鋪上烘焙紙或矽膠墊，接著撲上一些麵粉。如果麵團沾黏到烘焙紙或矽膠墊，會比直接黏在工作檯面上好處理，隨著多次的練習，愈來愈上手後，你也能直接在工作檯面上操作。
- 如果你習慣使用有厚度的條狀物來控制麵團擀開的厚薄均勻度，在麵團的左右兩邊各放一根，兩根的間隔略小於擀麵棍，如此一來擀麵棍才可以架在上面擀動。
- 使用擀麵棍輕敲麵團，讓它恢復到可施力擀開的軟硬度。
- 接下來可以開始擀麵團了。成功均勻擀開塔皮的技巧——輕巧溫柔地由靠近自己處往遠離處，同一個方向推擀三次，然後檢查塔皮下方是否有沾黏。整片塔皮必須隨時可以拖移滑動，一旦發現有些許沾黏，馬上以抹刀放入塔皮與烘焙紙或矽膠墊的中間處，輕輕劃過幫助分開後，稍微掀起塔皮，補撒些麵粉。隨後，將塔皮旋轉九十度，確定底下仍有足夠的防沾黏麵粉，再一樣同方向推擀三次。推擀時，盡量輕柔不要施力過度，以免塔皮底部沾黏，或黏在擀麵棍上。「同方向擀三次，旋轉九十度，檢查無沾黏」，重複這個程序，直到將塔皮擀開至 0.5cm 厚。滾擀塔皮時，不妨將自己幻想成是一臺被設定好的擀麵機，機械式穩當地擀出厚薄均勻的塔皮。只要擀動時盡量輕快敏捷，麵團就不容易受室溫影響變得軟黏，也就不會覺得怎麼麵團愈來愈難擀了！

鋪放塔皮入塔模／環

- 目測擀開的塔皮，切成直徑略大於塔模／環 4cm 的圓形大小。也可以直接使用一個略大的烤模，放在塔皮上，就著圓周直接切出圓形。切下來的多餘塔皮，放進冰箱冷藏。
- 切好的塔皮上，再輕輕撲上一層麵粉，不要撒得太多，否則塔皮會無法貼附在烤模上。使用烘焙用毛刷刷去多餘的麵粉。以擀麵棍鬆鬆地捲起塔皮以便移動，把塔皮移到塔模上方，邊留意整片塔皮鋪放的位置，和塔模／環置中對齊後，很快的反捲擀麵棍以打開塔皮，讓塔皮被攤放在塔模／環上。輕巧快速地將塔皮沿模壁往下塞，直到碰觸到底部。務必確定塔底和高的交接處沒有空隙。
- 關鍵重點：如果塔皮沒有緊實地塞滿塔模角落，烘烤時，塔皮會向下滑落，造成塔緣不等高。如果這個步驟做得好，應該可以看見塔皮在底和高的交界處有一條明顯的線。然而，更重要的是，也不要

→ 準備好以下工具，並確定所有材料都已回到室溫：

1 張矽膠墊或烘焙紙——建議你使用全尺寸、最大張的矽膠墊，墊在麵團下方後進行滾擀，能非常有效的防止麵團沾黏。

塔模或塔環——最好使用鋼製或有鍍鋅處理過的金屬烤模，因為傳熱性好，烤出來的塔殼上色美。玻璃或陶製的烤具傳熱比較沒效率。如果使用塔環，則需要準備一個鋪有烘焙紙或矽膠墊的烤盤，將塔環放在上面。

額外的烤環、模——直徑比欲使用的塔模約長 4cm（視需要準備）。

防沾黏用麵粉

擀麵棍

在甜點學校裡，我們也使用厚度等同於塔皮所需厚度的塑膠或鋁棒（一般五金行可購得），在麵團左右各放一根，隨著麵團被擀平，最後擀麵棍會落在棒子上頭，然此便可擀出均勻一致的厚度。

→ 請認真把食譜讀兩次。

因此太過用力的擠壓，因為這樣會使得角落的塔皮變薄。使用剛好的力道，不改變塔皮的厚度，輕輕地將把角落塞好。

- 取一把小刀，切去高出烤模壁緣的塔皮。不需覆蓋保鮮膜，直接放進冰箱中，冷藏休息至少 1 小時，隔夜尤佳，隨後才進行盲烤。

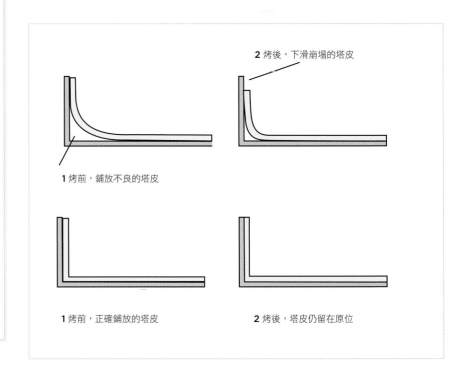

2 烤後，下滑崩塌的塔皮

1 烤前，鋪放不良的塔皮

1 烤前，正確鋪放的塔皮

2 烤後，塔皮仍留在原位

關於塔殼的小故事

　　當我結束了兩年跟隨約翰・克勞斯的學徒生涯後，我報名參加法國職業任用證書（certificate d'aptitude professionelle）的檢定考試。那是一個非常嚴格的執照考試，任何領域的學徒，在完成學習之後，都必須接受並通過檢定考，才得以在相關領域工作。為了這項考試，我已經連續好幾週的每個晚上，下班後持續練習。光是想到如果考砸了，就得繼續跟隨著約翰・克勞斯再學習一年，就讓我抱著一定要考過的決心，不斷預想所有評審可能提出的問題，不停排練。

　　1978 年 7 月，檢定考的第一天，是個陽光普照的好日子。為期兩天的考試在史特拉斯堡的近郊、一個名為伊爾基希－格拉芬斯塔登（Illkirch-Graffenstaden）的小鎮舉行。每位應試者都有一張專用工作檯，我一抵達試場，馬上開始準備所有工具。一位評審笑嘻嘻地走過來對我說：「你一定是約翰・克勞斯的學徒。」然後又面帶微笑的走開了。接著，另一位評審又經過我的工作檯，又問：「你是約翰・克勞斯的學徒吧？」

　　「是的！你怎麼知道的呢？」我問他。

　　「因為你的貓熊眼！」

　　在考試的前一晚，約翰・克勞斯一如往常醉醺醺，忽然就揍了我臉一拳。那時我正在練習將塔皮鋪進塔模裡，完全摸不著頭緒他為何要揍我。本來還有一個和我同期的學徒，因為有一次不小心激怒了他，所以被送走了，我只得孤伶伶與這位陰晴不定的大師共處一室。那時我不禁想，難道約翰・克勞斯讓他的學徒帶著貓熊眼與糕餅技藝一起上場考試，是種常態嗎？

　　試場上，評審們列出了幾個項目讓我執行，其中包括製作塔皮，他們讓我完成塔派麵團之後，放進冰箱休息一夜。隔天取出塔派麵團後，接著要求我將塔皮鋪放入塔環中。這些步驟都必須在四、五位手持評分表的評審面前完成，壓力之大簡直嚇壞我了。好在我沒有亂了陣腳，擀開塔皮、鋪放入環，再次確認角落都有塞好，每一處的塔皮都有著均勻的厚度。然而，當我正要將鋪好塔皮的塔環放上烤盤之際，一位評審把我的塔環搶了過去，將它直立起來，當作輪子在桌上滾。如果當時我的塔皮沒有鋪放妥當，想必會整個掉下來。從來沒有人提醒過我評審會出這招，所幸，我的塔皮穩當地附在環上沒有塌落，而我也以全阿爾薩斯最高的成績，通過了職業任用證書的考試。

份量 ｜ 約 **684～700g**，足夠做 **2** 份 **9**
吋塔殼

2～3 天的製程

沙布列塔皮

pâte sablée

材料	重量	體積或盎司（略估）
奶油（法式，82% 脂肪含量）	175g	6 盎司
海鹽	3g	略少於 ½ 小匙
中筋麵粉	290g	2 杯＋3 大匙
杏仁粉（去皮膜，白色）	35g	⅓ 杯（滿杯）
糖粉	110g	1 杯
香草萃取液	3g	½ 小匙
蛋黃	80g	4～5 顆蛋黃

開始之前

→ 準備好以下工具，並確定所有材料
都已回到室溫：

電子秤，將單位調整為公制
1 個篩網
3 個小型攪拌盆
桌上型攪拌機，搭配槳狀攪拌頭
1 片麵團專用刮板
保鮮膜

筆記：奶油務必放室溫軟化。糖粉、
杏仁粉及麵粉，分別過篩，放不同容
器中備用。

→ 請認真把食譜讀兩次。

　　「沙布列塔皮」（sablée，法文「細碎砂礫」的意思）比甜塔皮（138
頁）含有更高比例的奶油及蛋黃，質感較酥口易碎。配方中的杏仁粉
為塔皮增添了豐腴的堅果香氣。甜塔皮相較之下口感較為堅韌、硬
脆。如果想製作預計保存兩天的草莓塔，甜塔皮是最佳的選擇，即使
草莓中的水分流滲些許出來，也尚能保持硬度。但如果要追求輕、
酥，豐腴的塔皮口感，而且打算現做現吃，那麼沙布列塔皮將是個完
美選項。

作法

第 1 天

1 桌上型攪拌機的攪拌盆中，放入奶油、海鹽，篩過的中筋麵粉。使
用槳狀攪拌頭，一開始以低速攪打，直到混合物呈現結塊的現象後
停下機器。不要過度攪拌，以免麵粉出筋，使得麵團過於有彈性。
加入杏仁粉、篩過的糖粉，以低速攪拌，直到所有材料聚集，隨後
加入香草萃取液、蛋黃，以中速攪拌，直到麵團成形。

2 使用麵團刮板，將麵團取出，壓扁、整形為厚度約 1cm 的矩形。以
保鮮膜包好，冷藏一晚。

第 2 天

1 以和甜塔皮（138 頁）相同的操作方式，擀開沙布列塔皮麵團，鋪
排入塔模／環。冷藏休息隔夜後進行盲烤，才能達到最佳效果。

2 烤箱預熱 325℉／160℃。低溫盲烤塔殼，可以使塔皮裡的水分徹底蒸散烤乾，達到非常酥脆的效果。盲烤的前 15 分鐘，塔殼上方壓放重物（140 頁），一起烘烤 15 分鐘後，移去重物，再接續烘烤 5～15 分鐘，直到塔殼完全乾燥，塔殼邊緣呈現金黃棕色、中心則是稍淡的金黃棕色。從烤箱中取出，置於網架上自然放涼。

完成了？完成了！

　　無論是使用這個配方製作塔殼或是餅乾，烘烤過後的成品，邊緣須呈現金黃棕色，中心則是稍淡的金黃棕色，這樣就是烤足了。無論塔殼或餅乾，如果中心呈現接近白色，代表烤不夠，吃起來就不會酥脆。

保存

　　未烘烤過的生麵團，可以保鮮膜密實包裹兩層後，放冷藏保存 3 天，或冷凍最多 1 個月。烘烤好的塔殼或餅乾，可保存於密閉容器內，收藏於乾燥處或冷凍起來，絕對不要冷藏，冰箱中的溼氣會使得成品變得溼軟。

用沙布列塔皮麵團做餅乾

　　同樣的麵團配方，將完成後的麵團擀開至 0.3～0.6cm 厚，再以餅乾壓切模，壓出一片片餅乾麵皮。325℉／160℃ 預熱烤箱，烘烤 10～15 分鐘，直到邊緣上色呈現金黃棕色。如果想製作不含堅果的沙布列餅乾，可以將配方中的杏仁粉以等量的中筋麵粉取代。

變化版本

　　榛果沙布列餅乾：將食譜中的杏仁粉以榛果粉取代製作。

食材解密

沙布列麵團較甜塔皮麵團脆弱，所以我使用中筋麵粉製作。中筋麵粉含有略高於低筋麵粉的筋度，也較能維持麵團聚集成團，不那麼輕易鬆散碎開。杏仁粉提供塔皮額外的香氣。蛋黃中所含的卵磷脂有拉結起所有材料的功能，也更增塔皮的香氣、口感，以及烘烤能幫助上色。我使用糖粉取代一般常用的砂糖，因為它有溶解迅速而且能和其他材料快速融合的特質。奶油貢獻了豐腴的香氣，也是這款塔皮如此酥口的原因。在這配方中，使用了比甜塔皮麵團多兩倍的海鹽用量，為成品增添了細緻的層次感。

塔／派麵團的兩種作法：乳化奶油和砂礫法

製作甜塔皮麵團有兩種混合的手法——「乳化奶油」（creaming method）以及「搓砂礫」（sanding method）法。乳化奶油的作法，一開始先攪拌混合奶油及糖，接著加入蛋液或蛋黃，最後才加入麵粉。在混合奶油及糖的步驟中，同時也為麵團引進一些氣體泡泡，而奶油和蛋液所含的水分，能活化麵粉的筋度。這樣製作出來的甜塔皮，之所以口感硬脆，全歸功於引進的氣體泡泡穩定存在於麵團中。甜塔皮麵團（138 頁）就是使用乳化奶油方法製作。

搓砂礫法，也是製作沙布列麵團的技法。首先混合奶油及麵粉，奶油脂肪圍繞著麵粉麩質，包裹起來形成小顆粒，這樣的狀態能避免筋度產生，防止麵團彈性太高。搓砂礫法最常應用在酥口的麵團（short doughs）上。和使用乳化奶油的方法相比，沙布列麵團的奶油含量較高，最後成品也更酥口，同時也較易碎脆弱。

選擇哪一種手法製作塔派麵團，取決於你追求的塔皮口感以及後續的用途。可以用乳化奶油法製作沙布列麵團食譜，也可以用搓砂礫法製作甜塔皮。若你希望做好的沙布列塔殼可以多保存幾天，而搭配使用乳化奶油的技術，就能達到目的。反之，若希望甜塔皮更加酥脆，就可以搭配搓砂礫技法。

然而，即使使用乳化奶油法，也應該避免在麵團中引入過多的氣體泡泡。過多的氣體會使塔皮鬆散、孔洞過多，當加入含有奶油的餡料或保存於冰箱中時，很容易吸收水汽而變得溼軟。麵團中的氣體泡泡，在烘烤時會膨大撐開塔皮，因而造就鬆酥的口感，但過多的氣體泡泡，會使得本來穩定的塔皮變得容易受潮。

法式鹹塔皮

pâte brisée

份量 ｜ 約 684～700g，足夠做 2 份 9 吋塔殼

2 或 3 天的製程

材料	重量	體積或盎司（略估）
海鹽	7g	1 小匙
水	92g	6 大匙
奶油（法式，82% 脂肪含量）	222g	8 盎司
中筋麵粉	370g	3 杯－2 大匙

這款絕妙的塔派麵團配方，烘烤出來的成品口感酥脆，可以通用於甜或鹹的塔派中。法式鹹塔皮的法文「pâte a foncer」是指「用於做成塔殼的麵團」，這也是在我當學徒期間很早就接觸的一款麵團，是我的師父約翰・克勞斯教我的，而他則是在當學徒時，從他的師父那裡學到的。一份好食譜就是這樣代代相傳的呀！不只是因為嚐起來美味，更因為配方比例精準完美，製作出來的成果水準穩定。而這也是一款配方能成為經典的要素，更是法式糕點的精髓。

作法

第 1 天

取一個小型攪拌盆或量杯，加進海鹽和水，以橡皮刮刀將鹽攪拌溶解。桌上型攪拌機的攪拌盆中放入軟化奶油及麵粉，以槳狀攪拌頭開低速攪打，直到混合物呈現聚集、結塊，不要過度攪拌，以免麵粉出筋。隨後加入水，以最少的攪拌時間，麵團一成形即停下機器。以麵團刮板將麵團取出，壓扁、整形為矩形，才不會太占空間。以保鮮膜包好，冷藏一晚。

第 2 天

以和甜塔皮相同的操作方式（138 頁）擀開法式鹹塔皮麵團，鋪排入塔模／環，冷藏休息，隨後進行盲烤。作為鹹塔使用，在盲烤時需要完全徹底將塔殼烤熟，因此需要較長的烘烤時間。

開始之前

→ 準備好以下工具，並確定所有材料都已回到室溫：

電子秤，將單位調整為公制
1 個篩網，視需要準備
1 個小型攪拌盆或量杯
1 把橡皮刮刀
桌上型攪拌機，搭配槳狀攪拌頭
1 片麵團專用刮板
保鮮膜

→ 奶油務必放室溫軟化，若是麵粉結塊需先行過篩。

→ 請認真把食譜讀兩次。

以搓砂礫的方法混合奶油及麵粉，製作成麵團。奶油脂肪圍繞著麵粉麩質，包裹起來形成小顆粒，避免麵粉筋度活化而造成麵團彈性太高、烘烤時回縮。中筋麵粉有恰恰好的筋度，低筋麵粉所含的筋度太低，這款塔殼容易在烘烤時崩塌，而高筋麵粉含有過多的筋度，烤好的塔殼會太有彈性，沒有塔派該有的酥脆。

完成了？完成了！

尚未烘烤的生麵團，看起來質地均勻一致，摸起來稍含水分，有些黏手。烘烤過後的成品，邊緣呈現金黃棕色，中心則是稍淡的均勻金黃棕色。

保存

未烘烤過的生麵團，可放冷藏保存 3 天，或冷凍最多 1 個月。麵團壓扁並整成矩形，能縮短解凍時間。使用前從冷凍庫取出，置於室溫下 1 小時，或提前一晚移到冷藏。

私藏祕技

→ 非常建議先練習徒手操作這款麵團，幾次之後，就能建立起手感記憶。若要徒手操作，攪拌盆中先放入奶油及麵粉，以指尖混合後，再加入鹽水。

→ 我一向習慣在冷凍庫裡屯積些法式鹹塔皮麵團，以便哪天忽然在市場遇到熟度剛好的水果，想要立刻想來份美味的當季水果塔。

蘋果杏仁牛軋塔
Apple Nougat tart

份量 │ 9 吋塔 1 份

2 天的製程

材料	重量	體積或盎司（略估）
甜塔皮（138 頁）或法式鹹塔皮（147 頁）	足夠一份 9 吋塔模的用量（½ 份食譜，約 350g 的麵團）	足夠一份 9 吋塔模的用量（½ 份食譜，約 12³⁄₁₀ 盎司的麵團）
波本蘋果（Braeburn Apple），削皮去核	370g（不含皮及核）	3 顆蘋果
現榨檸檬汁	6g	1¼ 小匙
奶油 （法式，82% 脂肪含量）	27g	2 大匙
大顆粒天然粗糖	40g	¼ 杯－1 小匙
香草萃取液	8g	1¾ 小匙
杏仁牛軋		
蛋白	56g	¼ 杯（約 1½ 顆蛋白）
白砂糖	56g	¼ 杯＋½ 小匙
杏仁片	56g	略少於 ½ 杯
錫蘭產的肉桂粉	一小撮	一小撮

　　這款蘋果塔配方和我在當學徒時所學習到的非常相似。填餡是稍微焦糖化的蘋果，上面疊著以蛋白、糖製作的牛軋糖以及杏仁片。甜點師很注重在同一款甜品中使用至少三種口感的元素，以這個蘋果塔來說，它擁有塔皮的酥、蘋果的焦香，以及牛軋糖的脆，這些不同的口感搭配吃起來，非常令人振奮。

　　蘋果餡通常會先煮過，如此才能控制口感，後續所需的烘烤時間也較好調控。蘋果的口感及滋味，深受季節及品種影響——有些品種較脆、有些較多汁、有的適合直接吃、有的適合烹煮；有些果肉鬆散、有些纖維質多、有些則是粉粉的口感。依著不同品種及季節，做出來的蘋果餡也不同。例如在冬天時，芝加哥超市裡賣的蘋果皆是低溫保存多時的存貨，因此和加州的蘋果相比，得花上較長的時間烹煮。另一個要將蘋果先行煮過的原因在於，蘋果在熬煮時水分會濃縮一些，若是新鮮蘋果直接鋪進塔殼內，容易讓塔殼吸收過多少分而變軟。在鍋中加入奶油、糖和蘋果一起翻炒，藉由這個步驟，甜點師才能達到「品質控管」的目的。

開始之前

→　準備好以下工具，並確定所有材料都已回到室溫：

依喜好所選擇使用的塔皮麵團，所有所需的器具
電子秤，將單位調整為公制
2 個中型的攪拌盆
1 個鋪有烘焙紙或矽膠墊的烤盤
1 把大型的平底鍋
1 把耐高溫的橡皮刮刀
1 支叉子

→　請認真把食譜讀兩次。

波本蘋果耐煮不易軟爛，且煮後依然能保有絕佳的溼潤感。粉紅女士蘋果（Pink Lady）也有相似的特質，但是波本蘋果依然是最好的選擇。烹煮過的蘋果，鮮甜的香氣往往會跟著流失，但是唯獨波本蘋果天賦異稟，不但煮後能保有香氣，也能與其他材料的滋味好好融合。

大顆粒天然粗糖，介於紅糖與白糖之間；有著白糖的特性，又帶有足夠的黑糖蜜（molasses）香氣。若是全數改用黑糖蜜，會因香氣過重而掩蓋了蘋果的風采，而大顆粒天然粗糖則能提供最平衡的香氣。

私藏祕技

→ 蘋果不要翻炒過久，以免喪失水分而使成品乾口，最佳的狀態是蘋果丁中心依然飽含果汁。如果喜好更溼潤的口感，可以將蘋果切得更大塊或縮短翻炒時間。

→ 蘋果塔頂部的杏仁牛軋，也能以約 120g 的香酥顆粒（9 頁）取代。

→ 搭配一球香草冰淇淋，冰冰熱熱的上桌，是天堂級的享受呢！

作法

第 1 天

準備好塔皮麵團，冷藏休息一夜後，擀開鋪入塔模／環，再次放進冷藏休息數小時或一夜。

第 2 天

1 盲烤塔殼（138 頁），室溫放涼備用。

2 烤箱預熱 350°F／180°C。在中型攪拌盆中，放入切成約一公分立方大小的蘋果丁以及檸檬汁，大略混合均勻。烤盤鋪好烘焙紙或矽膠墊。

3 取一大型平底鍋，加入奶油後轉大火加熱，當奶油轉為淡棕色時，隨後加入蘋果丁以及天然粗顆粒糖及香草萃取液。翻炒 5～7 分鐘直到蘋果呈現金黃棕色。鍋子要夠熱，才能瞬間將蘋果表面煎上色，同時將果汁封鎖在其中。耐心的等待蘋果丁一面上色後才翻面，將炒好的蘋果丁移放到烤盤上，完全放涼備用。炒好的蘋果丁表面會有些軟化且呈現棕色，但中心依然有硬度。

4 將完全放涼的蘋果，均勻平鋪進盲烤好的塔殼中。

5 製作杏仁牛軋。以叉子打散蛋白後加入砂糖，杏仁及肉桂粉，均勻的塗在蘋果上頭。

6 將塔放入烤箱中烘烤 25～30 分鐘，直到杏仁牛軋烤到金黃酥脆，將塔取出於網架上放涼。

完成了？完成了！

塔殼呈現適當的深棕色，上頭的杏仁牛軋應是金黃棕色同時帶有光澤感。

保存

室溫下可保存 2 天，冷藏保存 1 天，之後就會逐漸變得溼軟。我喜歡當天現烤現享用。也可以用保鮮膜包裹兩層之後，放入冷凍庫。解凍時，先室溫下完全退冰之後，放入烤箱 400°F／200°C 以短暫高溫的方式烘烤 1 分鐘，讓塔皮再次恢復酥脆即可。

野生藍莓塔
Wild Blueberry Tart

材料	重量	體積或盎司（略估）
甜塔皮麵團（138 頁）或沙布列麵團（144 頁）或法式鹹塔皮麵團（147 頁）	足夠一份 9 吋塔模的用量（½ 份食譜，約 350g 的麵團）	足夠一份 9 吋塔模的用量（½ 份食譜，約 12³⁄₁₀ 盎司的麵團）
1 顆全蛋加 1 大匙水，製作上色蛋液	65g	2³⁄₁₀ 盎司
冷凍野生藍莓	280g	2¼ 杯
白砂糖	51.5g	¼ 杯
新鮮檸檬汁	6g	1¼ 小匙
水	6g	1¼ 小匙
玉米粉	2.5g	1 小匙
香草莢	½ 根	½ 根
蛋黃	36g	2 顆蛋黃＋1 小匙
全脂鮮奶（3.5%脂肪含量）	56g	¼ 杯
鮮奶油（35%脂肪含量）	56g	¼ 杯
香酥顆粒（9 頁，事先烤好）	17g	2 大匙＋1 小匙

　　每個夏天，母親都會帶我去拜訪「瘋狂舅舅」安托萬。他住在阿拉薩斯的科爾馬區（Colmar）附近一個名為蒂爾凱姆（Turckheim）的美麗小村鎮。母親、安托萬叔叔，教母泰蕾茲和我每天會在村鎮的山坡上，花好幾個小時採集藍莓。安托萬叔叔會使用一種專門採收藍莓的爪狀木製器具，在藍莓樹叢間輕輕抓過，一顆顆果實就會被爪子梳起摘下，而枝葉卻不會被拔起。

　　我們通常在早晨近午前，每人帶著兩個大大的空簍子出發，採收到中午，在草地上享用三明治及冰涼的啤酒當午餐後，再繼續採收。下山時每個簍子都裝有將近 5～8 公斤的藍莓，實在頗具挑戰性。

　　安托萬叔叔總是將大部分採集來的藍莓製作成藍莓蒸餾酒（schnapps），成品喝起來一點都嚐不出藍莓味。而母親和我會將藍莓帶回家，製作成美味的藍莓塔。這款藍莓塔是由野生藍莓與卡士達一起烤到凝固的簡單組合。野生的藍莓整顆都是藍色的，與人工栽培的藍莓有些不一樣。

開始之前

→　準備好以下工具，並確定所有材料都已回到室溫：

依喜好所選擇使用的塔皮麵團，所有所需的器具
電子秤，將單位調整為公制
1 支烘焙專用毛刷
1 個中型煮鍋
1 把耐熱橡皮刮刀
1 個中型的攪拌盆
1 支小刀
1 支不鏽鋼打蛋器
1 個烤盤

→　請認真把食譜讀兩次。

野生藍莓和法國產普通藍莓很相似，由裡至外都是藍色的，而且較多汁，是使用來製作藍莓塔的最佳選擇。一般人工種植的藍莓，裡面的果肉是白色的，也不似野生品種那樣多汁。

由於我們無法事先知道水果裡汁液的含量，而過多的果汁容易使得塔皮溼軟，這總是讓甜點師戒慎恐懼，所以配方中加了玉米粉製造勾芡效果，可以吸附藍莓果汁，避免塔皮受潮，以達到甜點師最熱衷的──絕對控制。

為塔殼刷上蛋液，能有效預防塔皮受潮變軟（溼軟塔皮是全世界最噁的東西），也能讓塔的保存期多延長一天。蛋液中的蛋白質一旦受熱凝固，就會形成猶如防水層的屏障，阻止塔餡的液體流入塔皮中。底部先行鋪上一層香酥顆粒，也提供了更多一層的保護。

作法

第 1 天

準備好塔皮麵團，冷藏休息一夜後，擀開鋪入塔模／環，再次放進冷藏休息數小時或一夜。

第 2 天

1 盲烤塔殼（138 頁），室溫放涼備用。

2 烤箱預熱 325°F ／160°C，並將烤箱網架移到中間層。完成盲烤的塔殼，刷上上色蛋液，再次送入烤箱中烘烤 5 分鐘。烤乾的蛋液使塔殼看起來閃亮有光澤，一旁放涼備用。

3 取一中型煮鍋，加入藍莓及 1 小匙白砂糖（從食譜用量中取），一起加熱至沸騰後，轉中小火，持續沸煮 2 分鐘。

4 同時，在一中型攪拌盆裡，倒入檸檬汁、水及玉米粉，攪勻之後，慢慢倒入煮鍋中，繼續小火加熱 1 分鐘，直到整鍋藍莓醬變濃稠。如果藍莓水分太多，一直煮不稠，可額外加入另行攪勻的 1 大匙檸檬汁與 ½ 小匙玉米粉混合液，持續小火加熱，濃稠後離火。

5 以小刀縱向剖開香草莢，以刀尖刮下香草籽，放進中型攪拌盆裡，接著加入蛋黃及剩下的白砂糖，以打蛋器打散後，加入鮮奶和鮮奶油，攪拌至糖溶解，倒入藍莓醬中。

6 在準備好的塔殼底部，均勻鋪上一層香酥顆粒，接著倒入藍莓醬。將塔放到烤盤上，送進烤箱，烘烤 30 ～40 分鐘，直到藍莓餡剛好凝結即可。取出後，置於網架上徹底放涼。

7 享用前，在表面撒上白砂糖或糖粉。

完成了？完成了！

靠近塔邊緣的藍莓餡，必須完全凝固，而靠近塔中間的部分，則是恰好剛凝結的狀態。如果輕輕推晃整顆塔，可以看見中心的餡料有些微搖動，放涼後就會完全凝固。

保存

室溫下可保存 2 天，冷藏可保存 3 天。常溫是藍莓塔的最佳食用溫度。也可用保鮮膜包裹兩層之後，放入冷凍庫。要解凍時，可以提前一晚放到冷藏，或室溫下退冰解凍數小時。完全解凍後，放入烤箱 400°F／200°C 以高溫快烤 1 分鐘，讓塔皮再次恢復酥脆，烤乾表面水氣即可。

私藏祕技

→ 鋪在塔底的香酥顆粒，必須事先烤好，否則藍莓餡蓋上去之後，就不可能把它烤酥了。

→ 完成後的藍莓塔頂部也能撒上更多的香酥顆粒，增加酥脆口感。

→ **學到賺到**：用完的香草莢殼洗淨，保存於乾淨通風的容器內，待其徹底乾燥之後，和白砂糖一起混合保存，就成了香草糖，或是以機器打碎做成香草粉。

甜點可以冷凍多久？

學生們總喜歡問，完成的作品可以冷凍保存多久？我總回答：「五千萬年！」待他們出現一臉困惑的表情，我才會解釋道，因為科學家在南極發現被冷凍起來的長毛象，就是至少被保存了這麼久。食物一旦冷凍起來了，只要冷凍庫沒有壞、功能正常，那它們就可以一直保持冷凍的狀態。其實問題的核心是，冷凍起來甜點，在冷凍庫裡可以維持多久不沾染上其他食物（像是魚，海鮮、肉類等）的味道。因此正確解答是，這得看看你的冷凍庫裡放了什麼而定。就我而言，冷凍保存的甜點，理想上不會超過一個月。

李子塔
Plum Tart

（成品照片見 **134** 頁）

（成品照片見 **134** 頁）

開始之前

→ 準備好以下工具，並確定所有材料都已回到室溫：

製作法式鹹塔皮麵團所需的器具（147 頁）
1 把小刀
1 個攪拌盆
1 支木匙

→ 請認真把食譜讀兩次。

材料	重量	體積或盎司（略估）
法式鹹塔皮麵團（147 頁）	足夠一份 9 吋塔模的用量，（½ 份食譜，約 350g 的麵團）	足夠一份 9 吋塔模的用量，（½ 份食譜，約 12³⁄₁₀ 的麵團）
熟透的義大利李子或紅李子	800〜900g	1¾〜2 磅
榛果香酥顆粒（9 頁，事先烤好）	120g	1 杯
白砂糖	50g	¼ 杯
肉桂粉	1g	½ 小匙

　　大馬士革李（Quetsches ／ Damson）盛產於法國東北部，有著深紫色的外皮，約一公分長橢圓形。在美國，8 月到 10 月間，可找到最相似的品種為蜜李（sugar plum）、法國李（French plums）、阿根李（d'Agen plums）或義大利李。這些李子新鮮有酸勁，又有平衡的甜香氣息。在法國阿爾薩斯，大馬士革李和小顆的黃香李，都很美味，並列為李子之王。我們應用李子製作出許多不同的糕餅與甜點，例如：克拉芙緹（clafoutis）、果醬、冰沙（sorbets）、塔派，甚至用來釀白蘭地。每當李子盛產時，父親都會向顧客們預告李子塔的到來；我們一次會製作 20 份李子塔，而它們總是一上架就飛快的銷售一罄。

作法

第 1 天
準備好塔皮麵團，冷藏休息一夜後，擀開鋪入塔模／環，再次放進冷藏休息數小時或一夜。

第 2 天
1 烤箱預熱 325°F ／160°C，在鋪放好塔皮的烤模上方壓重物，盲烤 20 分鐘（140 頁）。移走重物後，依情況需要，再次回到烤箱裡，烘烤

私藏祕技

→ 大可以任何其他品種的李子來製作這款塔。李子愈甜，最後撒上的砂糖就跟著減量。絕不可以使用存放過久或非當季的李子，成品將過硬不好入口。製作水果塔的通則是，使用當季盛產的水果，才能做出最棒的成品。

→ 也可以使用冷凍李子。移到冷藏解凍 45 分鐘後，再試試看是否能切得動。不必試圖切開冰凍的水果，那是白費力氣的行為（不管什麼東西結凍了都一樣）。

5～10 分鐘，直到塔殼底部呈現均勻的淡棕色。

2 調高烤箱溫度至 375°F／190°C。

3 洗淨李子，以廚房紙巾擦乾。置於陰涼處風乾 30 分鐘。

4 在盲烤好的塔殼底部，均勻鋪上一層香酥顆粒。

5 沿著李子的短邊，攔腰切一圈剖半，移去中間的籽。取一半李子，以小刀每間隔 2cm 縱切一刀，切成多瓣。從塔的邊緣開始往中心處，果皮朝下，切面朝上，半直立著排進切好的李子瓣。排列時，排得愈緊密、排進愈多李子瓣愈好，並注意每一瓣李子的切口面都要朝上。若是排得不夠緊密，烘烤後，李子瓣變軟變小，就會「露餡」。

6 取一小碗，混合肉桂粉及白砂糖。撒一半份量在李子上頭。送進烤箱以 325°F／160°C 烘烤 45～50 分鐘，直到李子瓣的尖端開始上色，塔皮酥脆。由烤箱中取出，置於網架上放涼後，再撒上剩下的肉桂糖，就可以享用了。常溫是最佳的食用溫度。

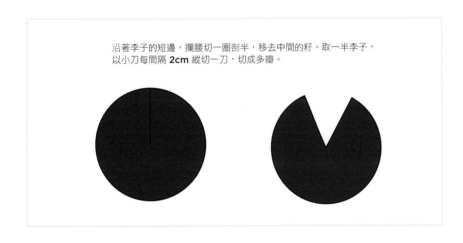

沿著李子的短邊，攔腰切一圈剖半，移去中間的籽。取一半李子，以小刀每間隔 **2cm** 縱切一刀，切成多瓣。

完成了？完成了！

烤後的李子塔，李子瓣的口感應該是軟而不爛，也不會過於溼軟。

保存

室溫下可保存 1～2 天，冷藏可保存 3～4 天，超過時間，塔皮會變得非常溼軟。放愈久，李子汁液滲入塔皮的比例就愈高。不建議冷凍保存這款李子塔。

水果在烘烤時會流出多少水分，取決於其分子結構及細胞壁。草莓流出的果汁，絕對遠高過蘋果。根據不同水果的特質，在製作水果塔或其他水果類甜點時，也會有不同的對策。李子在還沒完全成熟前，所釋放出來的水分算是中等量。因此建議使用熟透的李子，如同製作果醬的原則一樣，好的、熟透的水果，是成品美味的關鍵。使用有核水果如李子來製作水果塔時，務必使出渾身解數排進愈多李子瓣愈好。因為隨著烘烤過後，水果內的水分大量散失，體積也會大幅度縮水，水果鋪面就變得鬆散甚至露出許多空洞。李子的切法也影響著成品的口感——將李子切成多瓣，小切口在烘烤時可以加速水分逸散。如果每顆李子都只切成一半，則水分無法烤乾，就容易造成塔殼溼軟。

在烘烤的過程中，果汁會流出四溢，所以我們需要能吸收這些果汁的材料。我習慣使用含有堅果的香酥顆粒（9 頁），香酥顆粒必須事先烤過，生的香酥顆粒完全沒有吸附果汁的功能，果汁將會浸溼塔殼，非常可怕。若不希望塔中有堅果成分，可以將敲碎的餅乾或搓碎的海綿蛋糕，以 300°F／150°C 烘烤 15 分鐘，烘乾後，再鋪進塔底代替香酥顆粒。

我喜歡使用法式鹹塔皮麵團（147 頁）製作此類需要烘烤的水果塔，因為法式鹹塔皮麵團的酥脆程度很好。盲烤時不需完全烤透，因為填裝的水果餡不含奶油或卡士達餡成分，不會浸溼塔皮。塔底的香酥顆粒，則可以有效的吸附李子流出來的果汁。

巧克力塔與牛軋脆片裝飾
Chocolate tart with Nougatine Topping

份量 | 9 吋塔 1 份

2 天的製程

材料	重量	體積或盎司（略估）
沙布列塔皮麵團（144 頁）	足夠一份 9 吋塔模的用量，（½ 份食譜，約 350g 的麵團）	足夠一份 9 吋塔模的用量，（½ 份食譜，約 12³⁄₁₀ 盎司的麵團）
巧克力牛軋脆片（59 頁）	½ 份食譜	½ 份食譜
可調溫的黑巧克力（65%），切碎或鈕扣狀	160g	5³⁄₅ 盎司
全蛋	50g	1 顆超大型蛋
全脂鮮奶（脂肪含量 3.5%）	25g	2 大匙
鮮奶油（脂肪含量 35%）	150g	²⁄₃ 杯
全脂鮮奶（脂肪含量 3.5%）	50g	¼ 杯

沒有任何一本甜點食譜可以不收錄巧克力塔。這款巧克力塔是我全家人的最愛——酥口的沙布列塔皮、硬脆爽口的巧克力牛軋脆片，加上滑順豐腴的巧克力卡士達內餡。這款多層次口感的巧克力塔是那麼與眾不同、美味非凡，而且，製作起來非常簡單。

話說在前頭，我們就別再自欺欺人了，巧克力塔是不可能和健康或低熱量劃上等號的。巧克力塔的存在就是為了讚頌巧克力的豐腴滋味、層次及香氣呀！配方中的材料很普通，相信在你品嚐的瞬間便會深刻領悟，好的甜點無需依靠多高級的食材，只要有新鮮、好品質的食材，加上正確執行的烘焙技巧就行了。這份食譜中的巧克力卡士達餡口感無與倫比，只要循步製作，一定能做出滑順濃郁的成品。

沙布列塔皮麵團至少需要前一天製作，而巧克力牛軋脆片，也非常建議提前製作，常備保存。最後，完成的塔需靜置至少 2 小時，凝結後才可享用。

作法

第 1 天

1 準備好塔皮麵團，冷藏休息一夜後，擀開鋪入塔模／環。再次放進冷藏休息數小時或一夜。

開始之前

→ 準備好以下工具，並確定所有材料都已回到室溫：

製作沙布列塔皮麵團所需的器具（144 頁）

製作巧克力牛軋脆片所需的器具（59 頁）

電子秤，將單位調整為公制

1 把長刀

1 個可微波的中型容器

1 把橡皮刮刀

1 支電子溫度計

1 支篩網

1 個小型攪拌盆

1 個中型煮鍋

1 支打蛋器

→ 請認真把食譜讀兩次。

巧克力卡士達所使用到的三種材料：雞蛋、乳製品和巧克力都含有脂肪。製作時的終極目標是讓三者所含的脂肪彼此互相融合，並且與水分均勻地和平共存。請小心遵照指示操作，尤其幾個關鍵溫度——融化巧克力的溫度，以及卡士達的溫度（這也和雞蛋的食品安全有關），混拌的手法也非常重要。

巧克力牛軋脆片頗有畫龍點睛之效，杏仁片極為薄脆，在切塊時完全不會造成困擾，如果你使用胡桃製作牛軋糖，那麼整份塔會至少多上半公分的厚度，很難切塊分食。另一個使用杏仁片的原因則是，其香氣適中，不會搶走巧克力的光環。

2 使用 59 頁食譜的一半材料用量，製作巧克力牛軋脆片，並依照說明保存於密閉容器中備用。

第 2 天

1 盲烤沙布列塔殼（144 頁），完成後放涼備用。接著，將烤箱溫度調整為 325°F／160°C。

2 如果使用整塊巧克力磚，先行切碎成約半公分大小塊狀，若是鈕扣狀巧克力就不用切。把巧克力放進可微波的容器裡，以 50%功率微波 1 分鐘。以橡皮刮刀攪拌 20 秒，再以 50%的功率微波 30 秒。若是巧克力尚未全數融化，就再微波 30 秒。將溫度計插入巧克力中，同時不斷攪拌，直到溫度降回 113°F／45°C。如果不習慣使用微波爐融化巧克力，也可以 113°F／45°C 的水浴，間接加熱融化巧克力。融化完成的巧克力上方，放置一個篩網，並存放於溫暖處，使其維持融化狀態。

3 取一小型攪拌盆，加入蛋及 25g 鮮奶，攪打均勻。

4 將鮮奶油及另外 50g 鮮奶，倒入中型煮鍋中，以中火加熱並一邊攪拌，直到沸騰後熄火。確定鮮奶液已不再是沸騰的狀態後，倒一半到蛋黃中，同時不斷攪拌為蛋黃液調溫（見 35 頁「食材解密」），再全部倒回煮鍋中，以橡皮刮刀將小攪拌盆內的蛋黃刮乾淨。

5 煮鍋回到爐上，放入溫度計，以小火再次加熱。使用打蛋器持續不斷攪拌，鍋底、鍋壁，每個角落都要攪拌到，約 2 分鐘左右，直到溫度達到 158 °F／70°C。當溫度一抵達 158 °F／70°C 後，馬上熄火，將卡士達邊過篩邊倒入巧克力中。如果這時巧克力有油水分離的現象，立刻將混合液倒入高筒狀容器內，以手持均質機（或食物調理機）攪打 10 秒。

6 使用橡皮刮刀，由中心開始漸漸擴大範圍的手法，小心的攪拌巧克力及熱卡士達，直到兩者均勻融合。請「輕輕攪拌」而非「用力攪打」，以免打進空氣。

7 當巧克力卡士達混合均勻後，倒入盲烤完成並放涼的沙布列塔殼中，送入預熱好的烤箱裡，烘烤 8～9 分鐘，以眼觀察，當塔的外圍餡料看起來比中心濃稠、凝結時，就差不多了。

8 從烤箱取出，一旁靜置 30 分鐘。塔從烤箱中取出時，中心餡料的流動性依然很高，但在冷卻的過程中，乳製品及巧克力裡所含的固形物和脂肪，會使得餡料漸漸凝固。

9 以牛軋脆片覆蓋塔的表面，置於室溫陰涼處 2 小時後即可享用。如

果室溫過高，可將未撒上牛軋脆片的塔於室溫靜置 30 分鐘後，移放到冰箱中冷藏 1 小時，享用前才放牛軋脆片。因為牛軋脆片不適合冷藏。

完成了？完成了！

卡士達餡的流動性不高，應剛好凝固且非常滑順，烤後也不該有裂開的現象。牛軋脆片口感硬脆，沙布列塔殼則是酥口且呈現金黃棕色。

保存

這個塔的保存期限為 2 天。當日製作、當日享用，全程都沒有放進冰箱冷藏的巧克力塔是最棒的。冷藏會使得卡士達中的脂肪變硬，因而不那麼滑順豐腴。若是真的必須冷藏這份巧克力塔，那麼請先不要放上牛軋脆片，因為牛軋脆片一經冷藏後會漸漸軟化而不再硬脆爽口。食用前，將巧克力塔於室溫放置回溫 2 小時後，放進烤箱以 400°F／200°C 快烤 30 秒，使卡士達表面軟化，再將牛軋脆片黏上去。

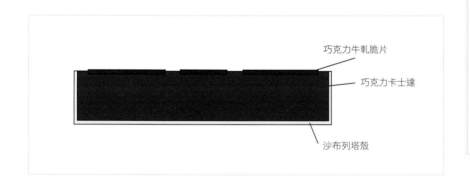

巧克力牛軋脆片

巧克力卡士達

沙布列塔殼

檸檬塔和馬林糖淚滴
Lemon Cream Tart with Meringue Teardrops

份量 | 9 吋塔 1 份

2 天的製程

材料	重量	體積或盎司（略估）
沙布列塔皮麵團（144 頁）	足夠一份 9 吋塔模的用量，（½ 份食譜，約 350g 的麵團）	足夠一份 9 吋塔模的用量，（½ 份食譜，約 12³⁄₁₀ 盎司的麵團）
檸檬酪奶油餡（LEMON CREAM）		
奶油（法式，82% 脂肪含量）	192g	6⁷⁄₁₀ 盎司
檸檬皮屑	½ 顆檸檬	½ 顆檸檬
白砂糖	200g	1 杯
現榨檸檬汁	140g	5 液體盎司
全蛋	175g	3 顆＋1 顆蛋黃
海鹽	0.5g	一小撮
馬林糖		
長 7.6cm 淚滴狀馬林糖（65 頁），烘烤前篩撒上糖粒或／及烤香的堅果碎	7 顆	7 顆
直徑 6cm 半圓形馬林糖（65 頁），烘烤前篩撒上糖粒或／及烤香的堅果碎	1 顆	1 顆
糖漬果皮，裝飾用	適量	適量

無論我去到哪，檸檬塔永遠是點菜率最高的甜點之一。濃郁、滑順、酸香撲鼻的檸檬酪，搭配甜脆的馬林糖，一起裝進酥口的塔殼中，同時具備了甜、酸、濃郁、滑順且酥脆、完美平衡的口感。

檸檬塔總讓我回想起初抵美國，在舊金山附近位於蒙洛帕克（Menlo Park）的第一個住處。那時的後院裡，有棵檸檬樹。

我來自法國阿爾薩斯某個作風老派、人人謹守本分的小鎮，初來乍到氣候令人喜愛的加州時，那文化衝擊著實不小。我以為西岸生活大概就像美國電視影集《警網雙雄》（Starsky & Hutch）那般，人人開著大大的車子奔馳在公路上。然而加州完全不是這麼一回事，它彷彿

開始之前

→ 準備好以下工具，並確定所有材料都已回到室溫：

製作沙布列塔皮麵團所需的器具（144 頁）
電子秤，將單位調整為公制
1 把洗蔬果的毛刷
1 把磨皮刨刀（microplane）
1 把擠檸檬汁的工具
1 個小碗
1 個中型攪拌盆
1 支不鏽鋼打蛋器
1 個中型煮鍋
1 支電子溫度計
1 個篩網
1 支橡皮刮刀
1 支手持均質機

筆記：確定奶油已放軟。

→ 請認真把食譜讀兩次。

以下是這份食譜的成功關鍵：

· 奶油務必事先置於室溫下軟化。這個步驟頗耗時間，建議前一天將欲使用的奶油秤好，放於容器中，擺放於室溫一整夜，可免去隔天等待的時間。或將奶油切成許多小塊，也能加快軟化的速度。如果貿然使用冰硬的奶油加入檸檬酪中，會使得檸檬酪凝結成蛋花狀。

· 刮取檸檬皮屑時，我偏好使用專用的磨皮刨刀，這種刨刀只會刮下淺淺一層含有天然檸檬油脂的表皮，不會誤刮到果皮白色帶苦味的部分。

· 雞蛋一旦受熱或接觸到酸之後就會瞬間凝結。因此，在高酸度的檸檬汁中，先加入一些糖用以緩衝，以免檸檬汁直接和蛋液接觸。另外，糖和蛋液若是直接接觸也可能造成凝結，這也是為什麼在製作卡士達餡或香草卡士達醬時，要先在蛋黃中加入少許的鮮奶。

· 將檸檬酪隔水加熱到正確溫度是很重要的關鍵，如此一來才能確保雞蛋以正確的方式凝結。接著，讓檸檬酪降溫到 140°F／60°C 才加入軟化奶油，並以手持均質機攪打至滑順，這個降溫步驟是為了要讓脂肪結晶處於適合的溫度之下，以便融合成滑順具光澤感的奶油餡，當溫度再往下降，就會完美的凝固。

獨立於美國之外。六〇年代，流行音樂正開始萌芽茁壯，就在我剛抵達加州的隔週，就參加了生平第一場演唱會，那實在是個難以忘懷的經驗。那是迷幻搖滾「死之華樂團」（Grateful Dead）的演唱會，我當下根本不明白自己去到了什麼樣的場合，然而隔天我就發現，我可能是現場唯一一個事後還能記得那場演唱會的觀眾。後來我花了好長的時間，才跟上加州的生活步調。如今當我懷念起加州生活時，就會想起當時後院裡種植的檸檬樹。

作法

第 1 天

1 準備好塔皮麵團，冷藏休息一夜後，擀開鋪入塔模／環，再次放進冷藏休息數小時或一夜。

2 製作蛋白糖霜（65 頁）。擠出 7 個長 7.6cm 的淚滴，以及 1 個直徑 6cm 的半圓形，烘烤前篩撒上糖粒或／及烤香的堅果碎，烘烤成馬林糖，妥善保存備用。馬林糖在第 2 天製作也可以。

第 2 天

1 盲烤塔殼（138 頁），將塔殼完全烤熟後，放涼備用。

2 製作檸檬酪奶油餡之前，再次確認奶油已經軟化。徹底洗淨檸檬，以專用毛刷將表面的蠟洗刷乾淨。用磨皮刨刀削下半顆檸檬的皮屑。檸檬榨汁。將配方中的白砂糖分成兩等分（100g＋100g）。在小碗中加入 100g 糖、檸檬汁和海鹽，攪拌溶解。

3 取另一個中型攪拌盆，倒入蛋液及另外 100g 糖，攪打 30 秒，隨後加入混合好的檸檬汁及檸檬皮屑。

4 在中型煮鍋裡，準備約 2.5cm 高的熱水，開火加熱。將中型攪拌盆架在煮鍋裡，留意攪拌盆底部不要直接接觸到熱水，以免過熱造成蛋液凝結成蛋花。攪拌盆中放入溫度計，同時不斷攪拌，直到混合液變濃稠，溫度達到 176～179.6°F／80～82°C。攪拌的速度不是太重要，但是要不間斷、沒有死角地仔細攪拌，避免沒有攪拌到的地方受熱過度凝固。完成後馬上離火，以細目篩網過濾，過濾時可以用橡皮刮刀協助刮壓。

5 靜置 5 分鐘，將檸檬酪奶油餡放涼至 140°F／60°C，然後加入一半軟化奶油，以手持均質機攪打融合後，再加入另外一半軟化奶油，繼續攪打 30 秒，直到看起來滑順均勻。若沒有手持均質機，用食物調理機也可以。

6 將檸檬酪奶油餡倒入盲烤好已放涼的塔殼中，送入冰箱，冷藏至少 2 個小時，餡料才會完全凝固。

7 享用前，放上馬林糖裝飾。將半球形馬林糖放在塔的圓心，四周呈輻射狀放置淚滴狀的馬林糖，尖端朝向中間。最後放上適量的糖漬果皮裝飾。

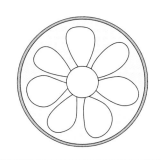

馬林糖的擺放方式

完成了？完成了！

完成的檸檬酪奶油餡該是鮮明的黃色，濃稠度有如美乃滋，冷藏之後會更加凝固穩定，可以被俐落的切成小塊享用。將檸檬塔保存於冰箱中冷藏，在食用前 1 小時，從冰箱取出回溫，奶油餡才不會過於冰硬，而是回到滑順適合入口的溫度。馬林糖在冰箱中會變得溼軟不脆，所以要享用前再擺放上去。

排除失誤

檸檬酪奶油餡不凝固：檸檬酪溫度還太高時，就將奶油加進去，因此破壞了奶油原有的結晶狀態。拯救的方法，使用水浴法將檸檬酪奶油餡再次融解，接著放入冰浴降溫，同時以打蛋器不斷攪打，直到均勻，最後用手持均質機攪打 30～60 秒，得到滑順的質感。

檸檬酪奶油餡看起來像奶油霜：若奶油或檸檬酪其中之一（或兩者皆）在混合時溫度太低，就會導致無法順利融合的狀況。這時可將檸檬酪奶油餡放入微波爐，以最高功率短暫微波 5～10 秒，接著以手持均質機攪打，應該立即可見質感開始變得滑順。依實際情況需要，重複微波、攪打的步驟。

保存

冷藏保存 24 小時，超過時間，塔殼及馬林糖都會開始變得溼軟。

私藏祕技

➔ 也能使用不同的柑橘類果汁或其他具有酸度的果汁（如百香果汁）替換檸檬汁，製作出其他口味的奶油餡。甚至也能混合多種果汁，製作出綜合口味的奶油餡。

➔ 檸檬皮屑可以依喜好增減用量或省去不用，它貢獻了很鮮明的檸檬油脂香氣，有些人非常喜愛，但也有人不喜歡。

➔ 處理、加熱具有酸度的水果時，切記不要使用鋁製鍋具。水果中的酸度會和鋁起化學反應，使成品有食品安全的疑慮。

2～3 天的製程

阿爾薩斯酸奶油莓果塔
Tarte au Fromage Blanc
et aux Fruits Rouges

材料	重量	體積或盎司（略估）
法式鹹塔皮麵團（147 頁）	1 份食譜	1 份食譜
莓果餡		
玉米粉	6g	1¾ 小匙
水	6g	2 小匙
覆盆子	124g	4½ 盎司
黑莓，剖半	55g	2 盎司
草莓，切成 ½ 吋小塊	35g	1¼ 盎司
白砂糖	65g	⅓ 杯＋2 小匙
酸奶油餡		
玉米粉	3g	1 小匙
低筋麵粉	2g	1 小匙
白砂糖	20g	1 大匙＋2 小匙
全脂鮮奶（脂肪含量 3.5%）	4g	1 小匙
香草萃取液或香草糊	4g	1 小匙
蛋黃	20g	1 顆蛋黃＋1 小匙
鮮奶油（脂肪含量 35%）	8g	2 小匙
酸奶油	100g	⅓ 杯
蛋白	40g	約 1⅓ 顆蛋白
白砂糖	40g	3½ 大匙

開始之前

→ 準備好以下工具，並確定所有材料都已回到室溫：

製作法式鹹皮塔皮麵團所需的器具（147 頁）
電子秤，將單位調整為公制
12 個小型塔環／模或布丁杯
1 個小型攪拌盆
1 個中型煮鍋
1 把橡皮刮刀
3 個中型攪拌盆
1 個鋪有烘焙紙的烤盤
1 支中型的不鏽鋼打蛋器
1 支中型長刀
桌上型攪拌機，搭配氣球形攪拌頭
1 片烘焙用刮板
1 個裝有 ½ 吋圓形擠花嘴的擠花袋（可省略）
1 支有折角的抹刀

→ 請認真把食譜讀兩次。

　　阿爾薩斯的每一間糕餅鋪都有「白起司塔」（tarte au fromage blanc）的蹤影，這是款介於起司蛋糕與塔之間的甜點，由法式鹹塔皮殼裡填裝進起司麵糊後一起烘烤製作而成。有些糕餅師傅會在塔底放些葡萄乾，而我個人偏好使用莓果果泥，上層的餡料我還加入一些蛋白霜，這樣比傳統的作法更為輕盈。

　　法國的白起司（fromage blanc）是一款低脂的軟起司，嚐起來帶有些酸味。阿爾薩斯製作白起司的歷史可以追朔至好幾世紀之前，在法國北邊以及比利時也很常見。古法製作白起司，即是把牛奶存放於溫暖的地方，待乳糖分解以及天然乳酸促使牛奶產生凝乳作用後，倒

入陶製濾網中濾去水分，留下的
固體起司，攪拌直到滑順即成。

　　到目前為止，我尚未在美國
找到品質滿意的白起司，所以這
個配方以酸奶油取代，同時，我
也安排了和酸奶油非常合拍的莓
果餡。傳統的白起司塔建議常溫
品嚐，然而我這款酸奶油莓果塔
的口感像舒芙蕾，適合現烤現
吃。這款塔適合做成小塔，而非
要分切的大塔，因為趁熱享用
時，莓果餡料很容易流出來。

作法

第 1 天

準備好法式鹹塔皮麵團，冷藏休
息一夜後，擀開鋪入 12 個小型
塔模／環中，再次放進冷藏休息
數小時或一夜。

第 2 天

1 塔殼底部刺小洞後，送入烤箱
盲烤（138 頁）。家用烤箱可能
約需要 30 分鐘，才能將塔殼完
全烤熟，呈現金黃棕色。

2 製作莓果餡。取一個小型攪拌
盆，加入玉米粉及水，攪拌成
泥漿狀勾芡水；中型煮鍋裡，
加入水果、糖，以中火加熱到
幾乎要沸騰後持續加熱 3～4
分鐘，直到水果開始變軟。將
勾芡水倒入鍋中，繼續加熱
1～3 分鐘，直到莓果餡的質感
有如橘子果醬般濃稠。正確將

玉米粉、低筋麵粉及蛋黃，是讓起司舒芙蕾麵糊變得濃稠的材料，缺一不可。只使用玉米粉，會使得澱粉感過重；單獨使用低筋麵粉，則會使得舒芙蕾太有嚼勁；而若是增量蛋黃的比例，那麼蛋的香氣過於濃厚，會使風味失衡。酸奶油餡加入硬性發泡的蛋白霜，可讓奶油餡有著舒芙蕾般的輕盈口感。

水果煮濃稠非常重要，如果加熱不夠久，莓果餡的流動性過高，塔殼容易受潮變溼軟。若勾芡水裡的玉米粉沒煮熟，也會殘留一股不好的生粉味。莓果餡做好後，倒到中型攪拌盆或容器中，放進冰箱冷藏備用。冷藏可以保存 3 天，冷凍則可保存 1 個月。

3 烤箱預熱 375°F ／ 190°C。將盲烤完成的小塔殼們脫模，依序放在鋪有烘焙紙的烤盤上。

4 製作酸奶油餡。在攪拌盆中放入玉米粉、低筋麵粉及 20g 白砂糖，混合均勻。在另外一個攪拌盆中，放入鮮奶、香草萃取液或香草糊、蛋黃及鮮奶油，混合均勻後再倒入混好的粉類，攪拌均勻，最後加入酸奶油，攪拌均勻後一旁備用。

5 桌上型攪拌機的攪拌盆裡倒入蛋白，使用氣球狀攪拌頭以最高速攪打 10 秒，倒入一半的砂糖，繼續以最高速攪打 2 分鐘。刮下噴黏在盆壁上的蛋白，再加入剩下的一半砂糖，再次以最高速攪打 2 分鐘，此時蛋白霜應該是具有堅挺尖角的狀態（70～71 頁）。

6 輕輕將蛋白霜折拌進酸奶油餡中，直到全部均勻融合。在每個小塔殼底部放入一大匙莓果餡，接著以湯匙舀或擠花的方式，填滿酸奶油餡，再使用有折角度的抹刀，將小塔的頂端抹平，然後篩上適量糖粉。

7 將烤盤送入烤箱中烘烤 15 分鐘，或直到內餡膨起，淡淡上色。馬上吃掉它！否則舒芙蕾很快就會塌掉了。

完成了？完成了！

莓果餡要煮熟，但仍保有顆粒感，像是橘子果醬的濃稠度，流動性偏低。烤後的酸奶油餡，會膨脹長高，帶有淡淡的棕色。

保存

莓果餡以及酸奶油餡可以前一天製作好，保存於冷藏中。製作當天，由冰箱中取出並回到室溫後，才開始準備蛋白霜，接續完成。完成的小塔，亦可冰涼後或常溫享用，只是口感會比剛出爐時還要厚重一些。

覆盆子與榛果塔

Tarte aux Framboises et Noisettes

材料	重量	體積或盎司（略估）
沙布列塔皮麵團（144 頁，以榛果粉取代杏仁粉製作）	足夠一份 9 吋塔模的用量，（½ 份食譜，約 350g 的麵團）	足夠一份 9 吋塔模的用量，（½ 份食譜，約 12³⁄₁₀ 盎司的麵團）
覆盆子果醬（80 頁）	150g	½ 杯
整顆榛果（去皮膜，烤香，55 頁）	30g	¼ 杯
榛果粉	70g	¾ 杯
糖粉	70g	¾ 杯
玉米粉	2g	¾ 小匙
低筋麵粉	2g	1 小匙
奶油（法式，82% 脂肪含量）	70g	5 大匙
海鹽	0.6g	一小撮
香草萃取液或糊	2g	½ 小匙
全蛋	50g	1 顆
深色蘭姆酒（可省略）	12g	1 大匙
新鮮覆盆子	250g	約 2 杯
糖粉	適量	適量

又是另一款看似簡單但是成果非常美味的食譜，以榛果粉取代杏仁粉製作沙布列塔皮，塔的內餡則是榛果奶油霜和新鮮覆盆子。我認為覆盆子的滋味及香氣可說是所有莓果類之冠，而榛果也是所有堅果類裡最具風味之首，兩者結合出絕佳的滋味。

我們只需要一個 9 吋的塔模或塔環，半份未烘烤的榛果口味沙布列塔皮麵團（144 頁）以及 150g 覆盆子果醬（80 頁），就可以做出這道天堂甜塔。

開始之前

→ 準備好以下工具，並確定所有材料都已回到室溫：

製作沙布列塔皮麵團所需的器具（144 頁）
電子秤，將單位調整為公制
1 個鋪有矽膠墊或烘焙紙的烤盤
1 個擠花袋
1 支擀麵棍
1 個中型的攪拌盆
1 個篩網
桌上型攪拌機，搭配槳狀攪拌頭
1 片烘焙用刮板
1 個裝有 ½ 吋圓形擠花嘴的擠花袋
1 支叉子，或滾輪打洞器
1 支有折角的抹刀
1 支小刀
1 個篩糖粉專用的網篩

筆記：事先讓所有材料（除了沙布列麵團）都回到室溫。鋪好生塔皮的塔模／環則保存於冰箱中備用。

→ 請認真把食譜讀兩次。

榛果吸收水分的能力雖然仍略遜杏仁一些，完成後的榛果奶油餡依然能保持溼潤約達兩天。也能使用其他堅果粉製作奶油餡，例如杏仁粉或開心果粉。或想要減輕榛果香氣的力道，也能採用混合一半杏仁，一半榛果粉的方式。若在選購時看到「nut flours」和「nut powders」，一樣都是堅果粉。

作法

第 1 天

1 以榛果粉取代杏仁粉製作沙布列塔皮麵團，冷藏休息一夜後，擀開鋪入塔模／環，再次放進冷藏休息數小時或一夜。

2 製作覆盆子果醬（第 1 天製程）。

第 2 天

1 完成覆盆子果醬（第 2 天製程），放涼備用。依照食譜一一秤出所需材料。

2 烤箱預熱 325°F ／160°C。烤盤鋪好烘焙紙或矽膠墊，倒入榛果，送入烤箱烘烤 15 分鐘。烤好後取出冷卻 15 分鐘，倒入擠花袋裡。抓緊擠花袋的開口端，用擀麵棍輕輕壓滾，讓每顆榛果都被壓成兩瓣即可，一旁備用。

3 將榛果粉、糖粉、玉米粉及低筋麵粉，一起過篩於中型攪拌盆中。

4 在桌上型攪拌機的攪拌盆裡，放進軟化的奶油、海鹽、香草，以槳狀攪拌頭開中速攪打 1 分鐘後停下機器，用刮板刮下黏在盆壁上的奶油，接著加入過篩的乾粉類，再次以中速攪打 1 分鐘。繼續以中速攪打，少量多次，慢慢加入蛋液，每次加入的蛋液攪打融合後才再加，並在 2 分鐘內全數加完。最後加入蘭姆酒，攪打融合均勻。若想用擠花袋填餡，刮下盆壁上的混合物，並倒入裝有 ½ 吋圓形擠花嘴的擠花袋中。

5 從冰箱中取出鋪有榛果沙布列塔皮的塔模／環，以叉子或滾輪打洞器，在塔底以 2cm 的間隔刺出許多小洞。將榛果奶油餡擠花或使用湯勺，均勻填入塔殼底部，之後以抹刀將表面抹平。

6 送入烤箱烘烤 40 分鐘，直到奶油餡和塔皮都呈現金黃棕色，以小刀刀尖刺入後取出沒有沾黏即可由烤箱中取出，網架上放涼 30 分鐘後脫模。

7 以抹刀在塔的表面均勻抹上一層覆盆子果醬，如果果醬過硬不好抹開，可以事先稍微加熱，會較容易推抹。

8 將新鮮的覆盆子均勻鋪放整個塔的表面，食用前撒上烤香榛果及糖粉。

→ 製作杏仁奶油餡時，需特別留心不要攪打太久，或使用過高的轉速，以免打進太多空氣。含太多空氣的餡料在烘烤時會爆裂或過度膨脹，烤完後，又會因空氣逸散而坍塌。又如果榛果奶油餡充滿小氣泡孔洞，會讓溼氣滲入塔皮，導致塔皮受潮溼軟。

→ **學到賺到**：如果你的榛果奶油餡，或任何其他以奶油為主體的餡料呈現蛋花油水分離狀，只需要稍微加熱就可以補救，一旦脂肪回到室溫，就能和其他材料乳化融合良好。取下攪拌盆，泡入裝有 2.5cm 高熱水的容器或水槽中，水浴加熱約 20 ～ 30 秒，然後再次回到機器上攪打。就這麼簡單！效果好得讓人吃驚。

完成了？完成了！

烤好的沙布列塔殼及榛果奶油餡，應該呈現金黃棕色。以小刀的刀尖刺入後拔出，應該很乾淨沒有任何沾黏。如果榛果奶油餡看起來有些油水分離，那可能是因為混合時，奶油或雞蛋沒有完全回到室溫。奶油在混合時如果本身低溫或遇到其他低溫的食材，往往會造成結晶而無法和其他材料裡的水分進行乳化作用。

保存

完成的榛果奶油餡，可以立刻使用，或放進塑膠容器中，冷藏可保存 3 天。或者分裝成 100g 一小袋，放進冷凍保存，最長可達 1 個月。

這款塔可以現吃，或冷藏保存 1 天。若不是現吃，榛果建議在食用前再撒上，才能保有最香酥脆的口感。

變化款

可再多加 50g 覆盆子，塞入未烘烤的榛果奶油餡中，烘烤過程中，覆盆子的汁液會釋放出來增添風味，50g 剛剛好不會影響奶油餡的比例，也不會使得整個塔變得溼軟。當直接使用水果製作塔派時，需考量水果出汁的狀況，搭配的內餡不可以含有太高水分，才有能力吸收水果釋出的果汁；像這款奶油餡就很合適。不過，有的水果如草莓會釋放太多水分，無論如何都會造成塔皮濕軟，所以不適合直接混入塔餡中烘烤。

林茲塔／蛋糕

Tarte de Linz Ma Façon

材料	重量	體積或盎司（略估）
覆盆子果醬	300g	1 杯
榛果	25g	略少於 ¼ 杯
榛果粉	55g	⅔ 杯
奶油（法式，82% 脂肪含量）	適量	適量
奶油（法式，82% 脂肪含量）	88g	3 盎司
糖粉	28g	¼ 杯
海鹽	0.8g	¼ 小匙
香草莢	½ 根	½ 根
糖粉	55g	½ 杯
錫蘭產肉桂粉	2g	1 小匙
丁香粉（可省略）	0.6g	完整的丁香 1 個
中筋麵粉	100g	¾ 杯
全蛋	110g	超大型蛋 2 顆－2 小匙

我在阿爾薩斯的成長回憶，一路上都有林茲塔的蹤影。大多數阿爾薩斯的糕餅師傅，都有一種專屬自己的林茲塔製法及造型，大多使用含有榛果粉及香料的甜塔皮或沙布列塔皮做成塔殼，填入覆盆子果醬後一起烘烤。這款塔也是世界經典，就和巧克力慕斯、烤布蕾、提拉米蘇和黑森林蛋糕一樣，到處都能找得到。傳統的林茲塔皮使用的是一款非常稀軟的麵團，以擠花的手法製作塔殼，最後上頭的網狀格子，也是直接在果醬上以擠花的方式完成的。

⠿ 時間分配 ⠿

這份食譜需要用到覆盆子果醬（80 頁），請不要使用現成的果醬產品替代，市售果醬含水量太高，容易造成塔皮溼軟，追求方便的下場就是成果打折。時間分配上，建議在前一天開始製作果醬，將水果和加有一半份量的白砂糖，浸漬後加熱直至沸騰，放進冰箱中醞釀一夜。第二天完成後，也需要預留果醬冷卻的時間。林茲塔需要烤將近 1 小時，外加30分鐘冷卻，在規劃製作流程時皆需考慮。

開始之前

→ 準備好以下工具，並確定所有材料都已回到室溫：

電子秤，將單位調整為公制
食物調理機，搭配不鏽鋼刀片攪拌頭
1 個擠花袋
1 支擀麵棍
1 個鋪有烘焙紙的烤盤
1 把烘焙專用毛刷
1 個 9 吋烤模或烤環
桌上型攪拌機，搭配槳狀攪拌頭
1 片烘焙用刮板
1 個篩網
2 個裝有 ¼ 吋圓形擠花嘴的擠花袋
1 支橡皮刮刀
1 支小型有折角的抹刀
1 個篩糖粉專用的篩網

→ 請認真把食譜讀兩次。

作法

第 1 天
開始製作覆盆子果醬（第 1 天製程）。事先以食物調理機，短暫攪打 3 秒，將覆盆子打碎（見 176 頁「食材解密」），接著再依標準步驟進行。

第 2 天
1 完成覆盆子果醬（第 2 天製程），放涼備用。

2 將榛果倒入擠花袋裡，以擀麵棍輕輕壓滾，讓每顆榛果都剛好被壓成兩瓣即可，小心不要碾得粉碎。榛果的份量比較多，可能需要分幾次才能完成。

3 烤箱預熱 325°F／160°C。烤盤鋪好烘焙紙，半邊倒進榛果粉，半邊倒進碾半的榛果，送入烤箱一起烘烤 10 分鐘，直到榛果呈現淡棕色。從烤箱中取出，冷卻後分別保存於兩個容器內備用。塔模／環內刷上薄薄一層軟化奶油，若是肉眼可見奶油，就表示刷太多了。

4 桌上型攪拌機的攪拌盆內，加入奶油、28g 糖粉、海鹽及自香草莢刮下的香草籽，以槳狀攪拌頭以中速攪打 3 分鐘，停下機器，刮下沾黏於盆壁及攪拌頭上的奶油糊。

5 攪打奶油的同時，一起過篩榛果粉、50g 糖粉、肉桂及丁香粉和中筋麵粉，備用。

6 啟動桌上型攪拌機，在奶油糊中先加入一半的蛋液，隨後加入一半的粉類材料，低速攪打融合後，再重複步驟，加入另一半的蛋液及粉類材料。分兩次加入，能避免麵糊結塊。

7 停下機器，刮下沾黏於盆壁及攪拌頭上的麵糊，取一半麵糊填進已裝有 ½ 吋圓形擠花嘴的擠花袋中。手握擠花袋，以垂直於烤模／環底的角度，由中心慢慢向外圍擠出緊密的螺旋。如果不小心有空隙，或擠得不均勻，最後再用小抹刀抹平表面。接著，沿著塔模／環的內壁，再疊擠一圈麵糊，以橡皮刮刀將這圈麵糊貼著塔模／環壁，向上抹開推高，抹滿整個塔模壁。

8 將果醬裝入另一個擠花袋中，從塔的中間開始繞圈均勻擠滿，直到離塔模／環邊緣尚有一公分的距離處停下。使用小抹刀，將果醬推開抹勻。

根據歷史記載，林茲塔還有另一個原文「Linzertorte」，是由一位名為 Jindrak 的奧地利糕餅師傅，創作於 1653 年，並以他的家鄉，林茲市（Linz City）加以命名。糕餅界有個十分知名的訴訟案例——奧地利曾為了爭取「原創沙河蛋糕」（The Original Sacher Torte）名號，纏訟了七年的時間。在此，我就不爭辯林茲塔的最初起源、該有的長相，因為風味才是最重要的，而這也是所有甜點師唯一該在意的事。

榛果粉為塔殼貢獻了堅果香氣及酥脆的口感。在使用前稍微烘烤過是我的獨門小技巧，這能讓榛果粉更為乾燥、香氣四溢，在正式烘考時，榛果的香氣將會完全釋放。同樣的概念也能應用在其他堅果粉中，只要食譜中的堅果粉，無需身負保持成品溼潤的任務。

覆盆子與榛果有多合拍，應該沒人有異議！而林茲塔的特殊香氣，來自肉桂及丁香。肉桂若是使用得恰到好處，能為整個塔增添一絲微妙的氣息，錫蘭產的肉桂後韻很長，我私心鍾愛。又由於一段與丁香的孽緣，所以我沒有很堅持要添加丁香，但如果和錫蘭肉桂搭配使用的話，能將這款塔帶進全新次元。

我非常鼓勵甜點師們，盡量尋覓、嘗試各種香料組合。在烘焙裡，只要增加一點點不同的風味，成果就會出現全新面貌。進行新嘗試時，或許也需要將配方中的材料比例及製作方法稍微調整，以達到所有的元素彼此平衡，各司其職，達到最大的共鳴。找出多種風味的平衡點，是烘焙時最艱難也最重要的部分。料理也是如此。風味失衡，如薑及肉桂下手太重，導致最後完全品嚐不到其他食材的味道，是很普遍的問題。

將果醬填入塔中後，還會再進行烘烤，所以若使用了水分含量太高的果醬，在烘烤時水分逸散，將會使這款塔發生難以控制的狀況。因此，除了依照標準流程自製果醬，為了提高果醬的穩定性，我加入了一個將覆盆子先打碎的步驟，藉此釋放出更多果膠，就能做出流動性較低、較硬的果醬。

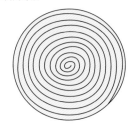

1 手握擠花袋，以垂直於烤模／環底的角度，由中心慢慢向外圍擠出緊密的螺旋。

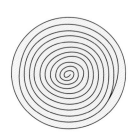

2 沿著塔模／環的內壁，再疊擠一圈麵糊。

9 使用填裝林茲麵糊的擠花袋，裝入剩下的全部麵糊。在果醬上面，擠出交叉的網狀格子後，在塔的外圍擠上一圈緊密排列的淚滴狀麵糊，並在上頭放上碾半的榛果。食譜的份量，應該足夠沿著塔的圓周排列一圈。

10 送入烤箱烘烤 45～55 分鐘。從烤箱取出後，放涼 30 分鐘。食用前，篩上糖粉。常溫及當日現烤現吃是最佳品嚐時機。

3 將果醬裝入另一個擠花袋中，在塔的中間處均勻擠滿，離塔模／環邊緣一公分的距離處留白不擠。

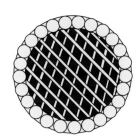

4 使用同一個填裝林茲麵糊（先前使用於塔底及塔壁）的擠花袋，裝入剩下的全部麵糊。在上頭，擠出交叉的網狀格子後，在塔的頂端外圍也擠上簡單的一圈或緊密排列的一圈淚滴狀麵糊。

完成了？完成了！

　　塔皮和碾半的榛果，應呈現金黃棕色。覆盆子果醬則是紅色，並夾帶有非常淡的棕色，烘烤時雖然會因受熱而有冒泡泡的現象，但是不應該造成困擾。

保存

　　這種塔可以保存超久，放在桌上 1 週也沒問題（如果沒被吃掉的話）。如果冷藏，很快就會變得溼軟。或以保鮮膜包裹兩層，放入冷凍庫，最多保存 1 個月。

私藏祕技

→ 比起傳統的製作方法，這份食譜絕對更快速且簡單。成品的塔殼口感，介於甜塔皮與蛋糕之間。提高甜塔皮的奶油用量或降低其麵粉用量，就能做出可以用擠花方式做塔皮的柔軟麵糊，這款麵糊也能應用於其他塔派甜點。

丁香與蛀牙

揮之不去的丁香氣味與牙痛，對我來說是一種恐怖的連結。成長於烘焙世家，我們的店裡有一片巨大的糖果展示牆。每天上學時，我都得經過這面牆。雖然母親給我一天一顆糖的額度，但是，有哪個小孩能夠抵擋這比萬聖節當天看到的糖果數量還多上好幾倍的罪惡之牆？我每天都偷吃好多糖果，而且極惰於刷牙。每當我蛀牙蛀得痛不欲生，祖母就會叫我坐在椅子上，張大嘴巴，然後硬生生地往蛀牙處塞進一株丁香。老人家相信丁香裡所含的丁子香酚（eugenol）具有防腐及麻醉的功效，但我的口腔因此整天持續散發出丁香的味道！

如果不想遭受丁香治療的折磨，就必須去找一個被我稱作「屠夫」的牙醫，他非但十分痛恨愛吃糖的小屁孩，而且更討厭麻醉劑。直到現在，每當聽見牙醫鑽牙器的聲響，仍會引起我脊椎一陣發涼。

說到林茲塔裡的丁香，為了不想引起奧地利人的撻伐，我在標準食譜裡仍會聊表心意地放進 0.6g，但若你不想放，我可是完全贊成。

大黃塔與榛果酥粒
Rhubarb Tart With Hazelnut Crumble

材料	重量	體積與盎司（略估）
法式鹹塔皮麵團（147 頁）	足夠一份 9 吋塔模的用量，（½ 份食譜，約 350g 的麵團）	足夠一份 9 吋塔模的用量，（½ 份食譜，約 12³⁄₁₀ 盎司的麵團）
大黃（削皮，切成一公分大塊）	250g	2 杯
香草莢	1 根	1 根
水	295g	1¼ 杯
白砂糖	295g	1½ 杯－1 大匙
玉米粉	1.5g	½ 小匙
低筋麵粉	1g	½ 小匙
白砂糖	30g	2½ 大匙
全脂鮮奶（脂肪含量 3.5%）	100g	7 大匙
法式酸奶油（Crème fraîche）	75g	⅓ 杯
蛋黃	30g	1½～2 顆
香草萃取液	5g	1 小匙
榛果香酥顆粒（9 頁，事先烤好）	120g	1 杯
糖粉，裝飾用	適量	適量

　　在阿爾薩斯，隨處可見茂盛的大黃，大黃塔更是當地最傳統的塔派款式之一。小時候，我常被指派負責削去大黃表面粗糙的纖維，讓母親用來製作大黃塔。由於大黃的酸度非常高，正好能和甜膩香氣形成對比，製作出來的甜點滋味豐富。

作法

第 1 天

1 製作塔皮麵團。冷藏休息一夜後，擀開鋪入塔模／環，再次放進冷

開始之前

→　準備好以下工具，並確定所有材料都已回到室溫：

製作法式鹹塔皮麵團所需的器具（147 頁）
電子秤，將單位調整為公制
1 支長刀
1 支小刀
1 個中型煮鍋
1 個瀝水網
1 個中型攪拌盆
1 支不鏽鋼打蛋器

→　請認真把食譜讀兩次。

大黃是原產於亞洲的多年生草本植物，分類上為蓼科和酢漿草相近，照理來說應被歸類為蔬菜。大黃的葉子具酸性有毒，因此應小心避開，僅僅使用莖的部分。每年 5 月到 8 月是盛產期。

使用大黃時，切去靠近根部的部分，僅需削去部分纖維較粗糙的表皮，通常新鮮採集的幼嫩大黃，不太需要整個削皮。徹底將泥土沖洗乾淨，全部切好、處理完畢後，才依配方用量秤重。大黃冷藏後容易出水變軟，因此不適合冷藏保存，但冷凍卻完全沒問題。在盛產期，可以將處理好，並切塊成一公分大小的大黃，以每 250g 分裝於密閉夾鏈袋中，冷凍保存，方便日後隨時取用。

藏休息數小時或一夜。

2 清洗大黃，並切去靠近根部的莖。削去表面看起來粗糙的纖維，並切成一公分大小。以小刀縱剖香草莢，以刀尖刮取下香草籽。在中型煮鍋中放入水、295g 砂糖、香草莢和籽，以中火煮沸。沸騰後加入大黃，川燙 5 分鐘，直到大黃軟化但仍維持形狀，留意不要煮過頭，以免口感軟爛。在一攪拌盆上，架好瀝水網，小心地將燙好的大黃移放到網子上，放進冰箱，瀝乾一夜。

第 2 天

1 盲烤塔殼（147 頁），放涼備用。

2 烤箱預熱 350°F／180°C。製作布丁糊（flan mixture）。在攪拌盆裡混合玉米粉、麵粉、砂糖，再依序加入鮮奶、法式酸奶油、蛋黃及香草。

3 將瀝乾冰鎮的大黃，均勻鋪在完成盲烤的塔殼底部，接著倒入布丁糊至約八分滿，塔殼周圍的邊邊依然可見的程度。送進烤箱，烘烤 20 分鐘後取出。

4 在表面撒上大量事先烤好的榛果酥粒，再次回到烤箱中，烘烤 20～30 分鐘，直到布丁糊凝固，酥粒呈現棕色且酥脆。從烤箱中取出後，放涼 30 分鐘，最後篩上糖粉。

完成了？完成了！

經第一次烘烤後，布丁糊應該已經凝固了，若還沒有凝固，應再多烤 5 分鐘。完成的大黃塔，應該呈現金黃棕色，內部的布丁糊該是凝固狀態。

保存

最好當天現吃，冷藏保存後會有些溼軟，頂多放到隔天就要全部吃完。

→ 任何川燙後不會變得過於鬆散軟爛的水果，都有潛力可以取代這款塔中的大黃。先將大黃完全煮軟，才放進塔殼裡，可以確保纖維感很重的大黃在塔中是軟化且全熟的狀態。

→ **學到賺到：** 煮過大黃的糖水，有很多用途。以下介紹兩種我個人最喜愛用法。將糖水倒在淺淺的烤盤裡，放進冷凍庫裡，每隔 30 分鐘取出，以叉子撥攪鬆散，直到全部變成細碎的結冰，就是很清爽的冰沙（granita）。或是，加入 3% 糖水重量的吉利丁粉和 15g 水，另外泡開後加入糖水裡，就能製作成果凍。果凍可以變身成其他甜點，例如在果凍上放進一杯新鮮草莓、一些法式馬林糖（65 頁）或榛果酥粒一起享用。如果你不喜歡冰沙和果凍，也可以將糖水淋在香草冰淇淋（271 頁）上增添風味。

→ 在最後 2 分鐘的川燙步驟中，可以額外添加大黃重量 10% 的切片草莓進去。草莓十足香甜的氣息和大黃的酸勁，搭配起來非常和諧。

這是由我的朋友保羅‧史特賓（Paul Starb-
bing）在為本書進行馬拉松式無止盡拍攝時，所
拍下的一張照片，我個人非常喜愛。照片為薄削
並經過脫水處理的大黃表皮，當時曾考慮用來當
作大黃塔的裝飾。

第四章

餅乾

餅乾對我有致命的吸引力。捏手捏腳接近餅乾罐，帶點罪惡感的偷吃一片（再一片），是大家小時候都有過的經驗吧？有些人（像我），即使長大了，也依然無法忍住那雙悄悄伸向餅乾的手。餅乾到底為什麼會讓人如此情不自禁呢？我們不會潛入冰箱，偷吃一塊牛排或一碟義大利麵啊！對餅乾的複雜情愫，我從未見過任何人對其他食物出現過。是因為它們長得小小塊的嗎？或許是因為它們看起來只是小小的誘惑，反而更難以拒絕吧？

我和兄弟姐妹們可說是做餅乾長大的。父親的糕餅店裡常備有大量的椰子岩餅乾（215 頁），我們小孩子放學後的任務之一，是利用父親的午睡時間，將重達十公斤的餅乾麵團（194 頁）放入營業用擠花機裡，再依序把一顆顆擠好的麵團放到烤盤上。

阿爾薩斯有種類很豐富的聖誕節餅乾，它們統稱為「聖誕小麵包」（bredele de Noël），據記載，這項傳統始於十四世紀左右。然而，阿爾薩斯人堅稱，他們更早就有做聖誕小麵包的習俗了，例如人人喜愛的、擁有醇厚奶油香氣的聖誕沙布列餅乾（187 頁）和肉桂星星餅（197 頁）。幾百年前，這些餅乾的作法是將麵團壓進木製的模子裡塑型，這些傳統木模，如今可在博物館裡見到。打從十六世紀開始至今，每年聖誕節期間，在史特拉斯堡的沙布列市集（Strasbourg Sablés Market）裡都會販售這些餅乾。市集圍繞著知名的史特拉斯堡教堂，聚集超過三百個攤販，被譽為世界上最值得造訪的前十大聖誕市集。如果你有機會實地走一遭的話，會看見許多接下來要介紹的餅乾，以及更多阿爾薩斯的聖誕節名產，像是史多倫麵包（Stolen）。

以下也收錄了一些法式經典的餅乾食譜如杏仁瓦片（217 頁），製

作起來超級簡單，唯一的難處是無法留在餅乾罐子裡太久，因為一下子就被吃光了；蝴蝶酥（227 頁），可說是千層酥皮與焦糖的極致結合；還有貝殼小餅乾（205 頁），濃厚奶油香令人不忍拒絕，榛果夾心、沾裹巧克力，是我在當學徒時學會的。還有讓全世界瘋狂著迷的奢華馬卡龍（221 頁），不收錄一下就太罪過了！製作馬卡龍算得上挑戰，但希望透過我的解說，能讓你輕易地成功。

製作餅乾時，我的思緒總是會回到七〇年代，那些在父親的糕餅鋪裡幫忙的佳節時光——整整一個月，每個週末，全家人聚集在一起製作各式、大量的聖誕節餅乾，耳邊持續強迫放送父親最愛的 Edith Piaf、Charles Trenet 和 Maurice Chevalier。但當時我們一點都不覺得有趣，聖誕節代表的是無盡的工作，而且聽的還不是披頭四（Beatles），簡直是虐待啊！如今，這已成為了我家族的聖誕節儀式，當然，我們不再為了販售而製作，而是要和家人、鄰居、朋友分享。「捧著一罐手作餅乾，出現在鄰居家門口」這畫面或許真的很老派，但對我來說，這是最暖心的聖誕禮物。

聖誕沙布列餅乾

Sablés de Noël

份量 │ 約 65 片長 5cm 的餅乾

材料	重量	體積或盎司（略估）
中筋麵粉	300g	2⅓ 杯
杏仁粉（去皮膜、白色）	100g	1 杯
肉桂粉	2g	1 小匙
奶油（法式，82% 脂肪含量）	200g	7 盎司
香草萃取液或糊	10g	2 小匙
白砂糖	150g	¾ 杯＋2 小匙
海鹽	3g	⅜ 小匙
全蛋	40g	超大型蛋 1 顆－4 小匙
上色蛋液（7 頁）	1 份食譜	1 份食譜

聖誕節沙布列餅乾，是最傳統的聖誕節小麵包之一，常以聖誕樹、星星或雪人……等象徵 12 月佳節的造型出現。以濃厚奶油麵團為主，添加香草、肉桂粉及杏仁，製作成簡單卻美好豐盛的小餅乾們，十足令人上癮。

記憶中，這些小餅乾會繫上緞帶，掛在聖誕樹上當裝飾。在聖誕夜裡，我們還會在聖誕樹上掛許多點燃的小蠟燭，小心翼翼地看顧，深怕失火把家給燒了！如今雖然點蠟燭的傳統已不復存在，但我的母親依然在每年的 12 月親自製作這款小餅乾。母親的原生家庭共有九個兄弟姊妹，尤於家境並不富裕，柳橙和巧克力口味的聖誕沙布列餅乾是他們在聖誕節裡所能得到的唯一禮物。因此對她來說，這餅乾的滋味就是天堂，我衷心希望，當你製作這款餅乾時，也能有同樣的心情。

開始之前

→ 準備好以下工具，並確定所有材料都已回到室溫：

電子秤，將單位調整為公制
1 個篩網
1 個中型攪拌盆
桌上型攪拌機，搭配槳狀攪拌頭
1 支橡皮刮刀
1 片麵團專用刮板
保鮮膜
1 個鋪有烘焙紙的烤盤
1 支擀麵棍
各款餅乾壓切模
1 支烘焙專用刷

→ 請認真把食譜讀兩次。

作法

1 將麵粉和杏仁粉一起過篩於攪拌盆中，並加入肉桂粉，備用。

2 在桌上型攪拌機的攪拌盆裡，放進奶油、香草、砂糖和海鹽，以槳狀攪拌頭，中速攪打 2 分鐘。接著加入蛋液，再攪打 2 分鐘。利用橡皮刮刀，刮下沾黏於盆壁的奶油糊，確定所有材料都已混合均勻。

本食譜使用中筋麵粉，比起低筋麵粉，能讓餅乾有更足夠的支撐結構。如果使用高筋麵粉，麵團會過於有彈性。假如果想要更細緻、酥鬆的口感，可以將麵粉比例調整為一半中筋，一半低筋。杏仁粉為餅乾增添飽和的堅果香氣。而奶油除了貢獻濃厚香氣之外，更是這款餅乾如此酥脆的原因。

私藏祕技

→ 完成的麵團可以冷藏保存 3～5 天，也能冷凍保存。烘烤成餅乾後，則無法冷凍保存。
→ 如果想將這些餅乾懸掛在聖誕樹上，壓模後，利用筷子的末端在餅乾麵團上刺個小洞，當餅乾烤好放涼後，穿入緞帶就能掛起來了。

3 加入粉類材料，攪打至所有材料聚集，停下機器，刮下黏在盆壁、盆底及攪拌頭上的麵團，再次開機攪打，直到所有材料成團。小心不要過度攪打，以免出筋，使得餅乾麵團太有彈性。將麵團倒在保鮮膜上，均分成兩份，分別壓扁成 1～2cm 厚。以保鮮膜緊密包裹妥當，放入冰箱冷藏至少 2 個小時（隔夜尤佳），讓麵團中的麵粉有足夠時間吸收其他材料中的水分，這樣麵團會更穩定，也較容易擀開。

4 當準備好要擀、切，及烘烤餅乾時，開始預熱烤箱 325°F ／160°C，並將網架移放到烤箱的中間層，在烤盤上鋪好烘焙紙，工作檯面或矽膠墊上，輕輕撲上一層麵粉防沾黏。將兩份麵團再分別對切一半，這個份量比較容易擀開。從冰箱中取出麵團後，先在室溫下靜置 5 分鐘，接著擀成約 0.5 cm 厚，然後以想用的餅乾壓模，壓出一片片餅乾，排到烤盤上。不要在矽膠墊上切，以免割到矽膠墊。

5 在切好的餅乾麵團上輕輕刷上一層薄薄的蛋液，小心不要讓蛋溢流到餅乾的邊緣。靜置風乾 10 分鐘後，再刷上第二層蛋液。

6 送入烤箱烘烤 15～20 分鐘，為了受熱均勻，中途將烤盤裡外轉向一次。直到餅乾由裡到外呈現均勻的金黃棕色。使用低溫烘烤，能讓麵團中的水分完全烤乾蒸散，得到很酥脆的口感。

完成了？完成了！

完成的餅乾，若是由裡至外皆呈現金黃棕色，那就表示烤夠了。

保存

存放於專門收藏餅乾的錫製罐子或密閉容器中，可保存 1 個月。

茴香餅乾
Anise Cookies

份量 | **60** 片餅乾

材料	重量	體積或盎司（略估）
低筋麵粉	150g	1⅓ 杯
西班牙綠茴香籽 （Spanish anise seeds）	4g	2 小匙
全蛋	90g	2 顆蛋－4 小匙
白砂糖	150g	¾ 杯
海鹽	1.5g	略少於 ¼ 小匙

這是一款圓形餅乾，有著乾爽的口感，表面有一層白色殼，底部有著金黃棕色的「裙邊」（foot）。餅乾剛完成時所散發的茴香氣息，微妙且輕盈，而隨著存放熟成後，香氣會日益突出顯著。茴香餅乾的外觀和馬卡龍有點像，但不會以兩片組合夾餡的方式出現，口感也較乾爽硬脆，很適合作為茶點或咖啡點心。我小時候很喜歡將茴香餅乾沾咖啡吃，而我的母親每次看到總會皺著眉頭，堅持我這樣的吃法很不應該。但是一直到現在，我還是很喜歡這樣吃。

茴香是阿爾薩斯的傳統香料之一，千萬不要和八角（Star anise）搞混，它們是完全不同的植物。綠茴香（Green anise）源自亞洲，傳到歐洲後很適應當地的氣候，於是開始大量種植，在古代醫學上，被當作肌肉鬆弛劑使用，據說還具有春藥的效果——我做了那麼久的茴香餅乾，目前似乎還沒觀察到這項功效。

最早關於茴香餅乾的記載，可以追塑到西元 1600 年左右，當時的民眾在基督降臨節時會製作，是最受歡迎的年終節慶餅乾。茴香餅乾可分為兩種主要的作法，一種是擠花在鋪有烘焙紙的烤盤上，隨後靜置乾燥一段時間後烘烤。另一種作法，是製作硬度較高（像是薑餅麵團一樣可擀可塑型）的餅乾麵團，再以一種有紋路的木製擀麵棍（Springerle）擀壓製作。

開始之前

→ 準備好以下工具，並確定所有材料都已回到室溫：

電子秤，將單位調整為公制
1 個篩網
桌上型攪拌機，搭配氣球形攪拌頭
1 支橡皮刮刀
1 片麵團專用刮板
1 個裝有 ⅜ 吋圓形擠花嘴的擠花袋
2 個鋪有烘焙紙的烤盤

→ 請認真把食譜讀兩次。

雞蛋中的水分是造成這款餅乾在烘烤時膨脹的原因。完成的餅乾麵糊，質地類似海綿蛋糕的乳沫麵糊，而擠花、乾燥的方式和馬卡龍很像。烘烤時，麵糊裡雞蛋中的水分向上蒸發逸散，使得餅乾微微向上長高膨起。

綠茴香（也稱西班牙茴香）如今是很普遍的品種，它的味道厚重但不至於太過搶戲（八角的味道就太強烈了）。綠茴香籽也能應用於薑餅或許多糖果類的食譜中，同時也是法國知名茴香開胃酒（pastis）的材料之一。夏季時，我祖母會在家裡每個角落撒點茴香籽，有驅蟲的功效。請一定要使用「茴香籽」，而不是「茴香粉」或「八角」，後兩者的香氣太過強烈，不適合用來製作這款餅乾。

私藏祕技

→ 這款餅乾麵糊和海綿蛋糕類乳沫麵糊一樣，容易消泡，因此製作完成後不能冷藏或冷凍保存。

作法

1 麵粉過篩後，加入茴香籽。

2 桌上型攪拌機的攪拌盆中加入蛋、糖、海鹽，以最高速攪打 3 分鐘，隨後調為中速，再攪打 3 分鐘。

3 取下攪拌盆，將麵粉、茴香籽加入蛋糊裡。以橡皮刮刀輕輕折拌至勻，不要過度攪拌，以免消泡。拌勻時，可以將攪拌盆傾斜會較順手，並特別留意別讓麵粉沉降在底部。

4 使用刮板將餅乾糊填入裝有 $\frac{3}{8}$ 吋圓形擠花嘴的擠花袋中，在鋪有烘焙紙或矽膠墊的烤盤上，依序擠出直徑約 3cm 的圓形，片與片之間留有 2.5cm 的距離，列與列之間也請記得交錯開來。當每一個小圓麵糊剛完成擠花時，頂端或許會殘留一個小尖角，理論上它應該會慢慢消失，留下光滑圓盤狀的麵糊。接著在表面撒上白砂糖，靜置於室溫下約 45 分鐘，若室內溼度高，可能需要靜置 24 小時，直到麵糊表面形成一層厚皮。以指尖輕觸麵糊表面，不會留下指紋或沾起麵糊。等待麵糊表面形成厚皮的時間，全依操作時當下室溫及溼度而定。

5 烘烤前，將烤箱預熱 350°F／180°C，將網架放到烤箱的中間層。

6 將表面已形成厚皮的麵糊送進烤箱，開關烤箱門時，動作盡量輕快，以免造成烤箱溫度升降劇烈。一次只烤一盤，每盤烘烤 10 分鐘，直到餅乾膨起後，將溫度調降 300°F／150°C 再烤 8 分鐘，取出後室溫放涼。

完成了？完成了！

烤好的餅乾看起來是一片白色的光滑圓弧，底部則有因為膨脹而產生的金黃棕色裙邊。

保存

這是款質地乾爽的餅乾，室溫下密閉容器裡可保存 1 個月，但不適合冷藏或冷凍保存。

La Maison Lips

如果你有機會前往阿爾薩斯，一定不要錯過位於熱爾特維萊（Gertwiller），由甜點師米歇爾·海柏西格（Michel Habsiger）經營的 La Maison Lips。這間烘焙坊專精於製作薑餅長達兩百多年，烘焙坊本身也是間薑餅博物館，你可以一窺所有古董級的花紋擀麵棍、木製餅乾模，還有陶瓷模具。

詩譜滋擠花餅乾
Spritz Bredele

材料	重量	體積或盎司（略估）
熟蛋黃（依說明製備）	80g	約 6～7 顆蛋黃
海鹽	一小撮	一小撮
中筋麵粉	275g	略少於 2⅕ 杯
泡打粉	1.5g	½ 小匙
奶油（法式，82% 脂肪含量），室溫軟化	175g	6 盎司
海鹽	1g	⅛ 小匙
白砂糖	150g	¾ 杯
香草萃取液	5g	1 小匙
杏仁粉（白色）	40g	⅓ 杯（滿尖）
榛果，切碎	75g	½ 杯

開始之前

→ 準備好以下工具，並確定所有材料都已回到室溫：

電子秤，將單位調整為公制
1 個中型煮鍋
冰塊
1 個篩網
1 個小碗，或杯子
保鮮膜
桌上型攪拌機，搭配槳狀攪拌頭
1 支橡皮刮刀
1 個裝有 ½ 吋星形擠花嘴的餅乾擠壓器（Cookie press）
3 個鋪有烘焙紙的烤盤

→ 請認真把食譜讀兩次。

　　這款使用擠壓製法的餅乾，可說是阿爾薩斯最具指標性的聖誕節餅乾之一。以沙布列麵團為基礎，並以熟蛋黃取代生蛋黃。新鮮的生蛋黃含有 50%水分，用來製作麵團能透過活化筋度而將所有材料拉結成團。而熟的蛋黃含水度降低，能減少麵團裡的水分比例。這樣製作出的麵團雖較難擀開，但也因為水分降低，活化較少的麵粉筋度，烤好後口感會很酥鬆。好消息是，我不會要你擀麵團，而是將麵團放入擠壓器裡壓製。如果沒有餅乾擠壓器，也能將麵團整形成長條狀，再切成圓片，儘管就不是傳統詩譜滋擠花餅乾的樣子了，但是風味是一樣的。

　　我和兄弟姐妹們皆和詩譜滋擠花餅很熟了，打從身高足夠構到工作檯面的那天起，製作這款餅乾就是我們小孩子的任務。父親會在前一天製作好十公斤的麵團，隔天下午當他午睡時，我們就會把麵團裝進有星形擠花嘴的手動絞肉機裡，絞肉機被固定在木製的工作檯面上，其中一人負責將麵團放進機器裡並轉動絞肉機，另一人則是負責接取擠壓出來的麵團，並移放到烤盤上。我們很有效率地執行著這項被強迫交辦的勞務，毫無樂趣可言，覺得這十公斤麵團就像幾百公斤那麼多。我們也總會鬥嘴爭辯，誰該做什麼，但最後也總會互相輪流交替工作崗位，因為負責轉動絞肉機的人，手真的會很痠。三不五

這份食譜裡我們採用煮熟的蛋黃，藉由這樣的手法製作出更酥鬆的餅乾。配方中的杏仁粉讓餅乾增添香氣，切碎的榛果則增加了多變口感

時，也會發生手指頭被絞肉機夾傷的事件，讓我們從中學習到小心謹慎。

　　父親大約會在傍晚五點左右醒來，接手烘烤這些餅乾並准許我們吃個幾塊，付出血汗之後的餅乾滋味，嚐起來更加美好。現在，每當我吃詩譜滋擠花餅乾時，小時候無止盡的拼命擠壓幾千公斤餅乾麵團的畫面，就會湧入腦海中，讓我不禁莞爾。我很鼓勵大家也和孩子一同創造製作餅乾的美好回憶（當然不必脅迫他們製作十公斤），相信當他們長大後，會為了能擁有這樣的回憶而感到幸運。

作法

1 在中型煮鍋中放進 7 顆雞蛋後注入冷水，冷水需淹沒雞蛋且至少高過約二公分，加入一小撮海鹽，以中大火加熱至沸騰。沸騰後轉中火，繼續煮 10 分鐘。煮好後將滾水倒掉，在水龍頭下以流動的冷水沖 30 秒，隨後加入冰塊，徹底冰鎮 20 分鐘。水龍頭保持開著小小的水流，蛋殼會更容易剝乾淨。將煮熟的白煮蛋對切，把蛋黃、蛋白分開，秤取 80g 蛋黃，壓碎過篩，保存於小碗或杯中，以保鮮膜包好備用。

2 烤箱預熱 325°F／160°C，並將網架移放到烤箱的中間層。

3 麵粉及泡打粉一起過篩備用。

4 桌上型攪拌機的攪拌盆中放進軟化的奶油、海鹽以及砂糖，以槳狀攪拌頭中速攪打 1 分鐘，停下機器，刮下沾黏在盆壁及攪拌頭上的奶油糊，加入熟蛋黃、香草及杏仁粉，再次以中速攪打 1 分鐘。停下機器，刮下沾黏在盆壁及攪拌頭上的奶油蛋黃糊，加入麵粉、泡打粉及切碎的榛果，攪拌至所有材料聚集成一團即可。

5 將麵團填進裝有 ½ 吋星形擠花嘴的餅乾擠壓器裡，壓擠出長條狀。整成 S 或 U 形，間隔 1cm 排進鋪有烘焙紙的烤盤，每列也要交錯開來。

6 一次只烤一盤，每盤烘烤 15～18 分鐘，中途將烤盤裡外轉向一次。直到餅乾呈現金黃色。由烤箱中取出後，徹底放涼才享用。

完成了？完成了！

餅乾外表呈現金黃淡棕色，冷卻後口感非常酥脆。

保存

存放於密閉容器裡（例如錫製餅乾盒），可保存 2～3 週。

私藏祕技

→ 所有沙布列麵團配方裡的生蛋黃，都能以等重的熟蛋黃取代（若使用生蛋黃，用蛋量會較低）。或在等重的原則下，使用生、熟蛋黃各半也可。

→ 沒有人規定一定要用星形擠花嘴來製作，也可以將麵團揉成長條狀，冷凍 2 小時後，切成約一公分厚的圓片。最重要的是滋味，而不是長相。

→ 榛果要切得夠細，至少要能通過擠花嘴而不會阻塞。

肉桂星星餅
Cinnamon Stars

材料	重量	體積（略估）
餅乾麵團		
杏仁粉（去皮膜，白色）	250g	2½ 杯
白砂糖	250g	略少於 1¼ 杯
肉桂粉	10g	1 大匙 2 小匙
蛋白	50g	約 1½ 顆蛋白
鮮榨檸檬汁	20g	1 大匙＋2 小匙
皇家糖霜（Royal Icing）		
糖粉	250g	2 杯
鮮榨檸檬汁	5g	1 小匙
蛋白	25g	約 ¾ 顆蛋白
水或櫻桃白蘭地	適量	適量
杏仁粉	適量	適量

　　肉桂星星餅是由杏仁粉製作，表面使用皇家糖霜覆蓋上釉，嚼起來溼潤，有些許嚼勁，充滿香料氣息。這款星星狀餅乾，可追溯至十四世紀，同樣是阿爾薩斯最有代表性的聖誕節餅乾之一。製作步驟繁複，要擀麵團、刷上皇家糖霜、壓切出許多星星造型，接著將剩下的麵團重新與更多的杏仁粉攪拌、再擀、再上糖霜、再壓切，不斷重複直到全部的麵團用罄，整個流程完全能稱得上是體力活。然而，餅乾美味的程度絕對值得你花上這些功夫。我很喜歡親自手作這些星星餅，尤其是和我在當學徒時所需生產的份量相比，如今製作的小小份量讓我又更能樂在其中了。

　　在我當學徒磨練工藝技術的那段時期，每到了聖誕節餅乾季節，隨之而來的是一些人際上的磨擦紛擾。大老闆會把佳節生產計畫表，分配給兩位主要的甜點師，這兩位師傅又會把手邊的工作再往下細分給學徒們。每年到了這天晚上，宿舍裡就會開始一場火爆的爭執；對於工作內容的調度，我們可以討價還價的細節可多了，甚至連誰要負責一大早去開門這種小事都可以吵。

　　有一次我和學校裡另一位甜點師同事分享這段往事，他卻說他從未遇過這樣的事。他的父親總是一人攬下製作肉桂星星餅的任務，而且還是利用排定的假日一個人獨自製作。看來，他把製作這款餅乾當

開始之前

→ 準備好以下工具，並確定所有材料都已回到室溫：

電子秤，將單位調整為公制
桌上型攪拌機，搭配槳狀攪拌頭
1 個刮板
1 張矽膠墊
2 根 0.9～1.3cm 厚的條狀物
烘焙紙
1 支擀麵棍
1 支有折角的抹刀
1 個小型攪拌盆
1 個 2 吋星星狀餅乾壓切模
1 支橡皮刮刀
2 個鋪有矽膠墊或防沾黏烘焙紙的烤盤

→ 請認真把食譜讀兩次。

作一種放鬆、冥想的活動。烘焙需要極致的耐心與專注，本質上跟打坐、冥思其實還真的相去不遠。

作法

1 過篩杏仁粉，備用。在桌上型攪拌機的攪拌盆中加入杏仁粉、砂糖、肉桂粉，以槳狀攪拌頭低速攪拌 30 秒。接著加入檸檬汁、蛋白，以中速攪拌到所有材料聚集成團。以刮板將混合好的麵團移到矽膠墊上。

2 在麵團兩側各放一根約 0.9～1.3cm 厚的條狀物，並在麵團上方覆蓋一張烘焙紙，將麵團均勻擀成 0.9～1.3cm 厚。靜置備用。

3 製作皇家糖霜。桌上型攪拌機的攪拌盆中篩入糖粉，以槳狀攪拌頭，一邊以低速攪拌一邊加入檸檬汁及蛋白。將轉速調到中速，攪打 3 分鐘，直到整體質感均勻有如牙膏。如果太濃，額外加入非常少量的蛋白（下手請小心！一點點就能大大改變濃稠度），若糖霜太稀太軟，則是增加一些過篩的糖粉。

4 以有折角的抹刀，在擀好的餅乾麵皮上，均勻抹上薄薄一層厚約 0.1cm 的糖霜。

5 準備一個小碗，盛開水或櫻桃白蘭地（阿爾薩斯傳統上使用後者，風味絕佳）。拿起餅乾切壓模，沾一點水或櫻桃白蘭地，壓切麵團，每切一個就再沾一次水或櫻桃白蘭地壓，避免麵團沾黏，若麵團有點黏，就用手幫忙輕輕剝離。切好的麵團間隔至少 1cm，排入鋪有矽膠墊或防沾黏烘焙紙的烤盤上。壓切時，盡量彼此接近，才不會浪費麵團。

6 全部壓切完畢後，為剩下的餅乾麵團秤重，並加入總重量 10% 的杏仁粉，再次攪拌 30 秒，直到所有材料再次聚集成團，麵團的軟硬質感也和第一次相似，若太軟，再追加一些杏仁粉。隨後擀開麵團，製作好的糖霜再次攪打一下，使用有折角的抹刀，均勻抹上薄薄一層糖霜，切壓出更多的星星。重複進行這樣的步驟，直到用罄所有的麵團為止。過程中如果糖霜變硬了，加進些蛋白，以調整成牙膏質地。接著將所有的星星餅乾，放進冷凍庫冰鎮 2 小時。

7 烤箱預熱 350°F ／ 180°C，一次只烤一盤，每盤烘烤 15～18 分鐘，直到糖霜微微上色。從烤箱中取出，放涼後再把餅乾一一從烤盤上拿下來。

食材解密

這是款非常溼潤的餅乾。在烘焙時，當我們提到「溼潤」二字，直接聯想到的就是「杏仁」，無論是杏仁堅果還是杏仁粉。除此之外，這款餅乾之所以能如此溼潤，還得歸功於我們刻意不將餅乾中心烤得太乾。將準備、壓切好的一片片餅乾麵團，事先放進冰箱裡冷藏甚至冷凍，冰鎮後才送入烤箱裡烘烤，使其導熱速度變慢，當外層熟了，中心的麵團才正好凝固而已。材料中的肉桂和檸檬汁的酸度，能讓飽含溼度的餅乾不容易腐壞。表面的皇家糖霜，除了好看之外，也提供了額外的保護，延長餅乾的溼潤度。肉桂我推薦錫蘭產的肉桂粉。

完成了？完成了！

皇家糖霜烤後不再純白，但依然接近白色。餅乾放涼後，就可輕鬆從烘焙紙或矽膠墊上移動，不會有沾黏的困擾。

保存

收藏於密閉容器中，可保存 2～3 週依然溼潤。

檸檬小鏡子餅乾
Miroirs Citron

份量 | 40 片餅乾

材料	重量	體積（略估）
糖霜		
糖粉	50g	½ 杯
現榨檸檬汁	6〜12g	1¼〜2½ 小匙
水	6g	1 小匙
杏仁奶油餡		
糖漬檸檬皮（87 頁）	20g	1 大匙
杏仁奶油餡（43 頁）	100g	6 大匙
馬林糖餅乾基底		
糖粉	50g	½ 杯
杏仁粉（去皮膜，白色）	50g	½ 杯
蛋白	100g	3 顆蛋白＋1 大匙
海鹽	0.5g	一小撮
塔塔粉	0.5g	一小撮
白砂糖	10g	2 小匙
裝飾		
帶皮膜的杏仁片	50〜100g	略少於 ½〜1 杯
杏桃果凍（Apricot jelly）	100g	略少於 ¼ 杯

擠成環狀的堅果馬林糖，填入杏仁奶油餡，烤後疊上一層杏桃果醬以及糖霜。這些滿溢堅果香氣的美味小餅乾，最後的亮釉裝飾，讓餅乾看起來光澤感十足，簡直像鏡子一樣。

食譜中應用了杏仁奶油餡（43 頁）以及糖漬檸檬果皮（87 頁）。如果手邊沒有準備糖漬果皮，只需將糖霜配方中的水改成等量的檸檬汁即可。

作法

1 製作糖霜。50g 過篩的糖粉、6g 檸檬汁及 6g 水攪拌均勻。如果不加糖漬檸檬皮的話，就把水換成 6g 檸檬汁，所以共加入 12g 檸檬汁。

2 將糖漬檸檬皮（若有）切碎成泥糊狀，連同杏仁奶油餡一起放入中

開始之前

→ 準備好以下工具，並確定所有材料都已回到室溫：

電子秤，將單位調整為公制
1 個篩網
1 個小型攪拌盆
1 支橡皮刮刀
1 把長刀
1 個中型攪拌盆
1 片麵團專用刮板
1 個裝有 ¼ 吋圓形擠花嘴的擠花袋
1 張烘焙紙
桌上型攪拌機，搭配氣球狀攪拌頭
1 個裝有 ⅜ 吋圓形擠花嘴的擠花袋
1 個鋪有烘焙紙的烤盤
1 個小煮鍋
2 把小型烘焙專用毛刷

→ 請認真把食譜讀兩次。

使用杏仁粉製作出具有堅果風味的馬林糖，烘烤之後能增添脆度，同時也能延長餅乾中間杏仁奶油餡的溼潤感。我喜歡使用帶皮膜的杏仁片，這能讓餅乾看起來更有特色，如果使用去皮膜的杏仁片，也完全沒問題。刷上杏桃醬和糖霜，使餅乾看起來有如鏡子般閃亮，也能保持餅乾溼潤。

型攪拌盆裡，混合均勻，接著，裝入拋棄式且裝有 ¼ 吋圓形擠花嘴的擠花袋中，備用。

3 烤箱預熱 325°F ／160°C。

4 將糖粉及杏仁粉一起過篩於烘焙紙上，備用。

5 在桌上型攪拌機的攪拌盆裡秤入蛋白、海鹽和塔塔粉，以氣球狀攪拌頭中速攪打 10 秒。接著加入砂糖，並將轉速調到最高，攪打 1～2 分鐘，直到蛋白霜呈現微微下垂小尖角（69 頁）。輕巧、分多次將過篩的糖粉及杏仁粉，拌入蛋白霜裡，以橡皮刮刀折拌均勻。小心不要過度攪拌，否則蛋白麵霜糊質地會變稀，烘烤過後口感會又黏又硬。

6 以刮板將蛋白霜麵糊小心填進裝有 ⅜ 吋圓形擠花嘴的擠花袋中，一定要輕巧進行以免消泡。在鋪有烘焙紙的烤盤上，擠出直徑約 4cm 的環狀擠花，每個間距至少 1cm，列與列記得錯開。在蛋白霜圈圈的外圍撒上杏仁片。

7 在蛋白霜圈圈的中心填擠入杏仁奶油餡。

8 送入預熱完成的烤箱中，烘烤 15 分鐘，直到餅乾呈現金黃棕色。

9 在等待餅乾烘烤時，將杏桃果凍倒入小煮鍋內，稍微加熱成液體狀態。連同先前準備好的糖霜，一旁備用。

10 當餅乾由烤箱中取出後，趁熱刷上一層杏桃果凍，緊接著再刷上一層糖霜。為了避免杏桃果凍冷卻回硬，操作時以小火保持其溫熱、流動的狀態。完成後的餅乾，留在烤盤上放涼後才取下。

完成了？完成了！

　　餅乾呈現金黃棕色。上了兩層亮釉，閃著猶如鏡子般的光澤。放涼後不會黏手，可輕鬆從烘焙紙上取下。

保存

　　收藏於密閉容器裡，室溫下可保存 1 週。不適合冷藏或冷凍保存，餅乾會變得溼軟。

私藏祕技

→ 糖漬檸檬可以用任何其他糖漬柑橘類果皮替換，製作糖霜用的檸檬汁，也能以不同的柑橘果汁加以變化。

在我當學徒期間，每個星期二是「餅乾日」。約翰‧克勞斯設計了非常多款「petits fours」（小餅乾），製作這些餅乾，僅僅是日常繁重固定工作內容的冰山一角而已。餅乾日這一天，對學徒來說真的是非常難熬的一天。法國的糕餅店一般而言只休星期一，而忙碌的「餅乾日」使得我們在休假的隔日就得早早起床，一大早進廚房上工。通常休假後的隔天，狀態總是不太好，星期二早晨的工作內容，除了要準備當天販售的麵包，還要烘烤接下來整整一週要供應的餅乾量，可以想見，這也是約翰‧克勞斯最容易爆氣的一天。

　　約翰‧克勞斯和所有阿爾薩斯人一樣，行事作風很老派，在他的廚房裡，我們不太有機會用到烘焙紙，而在那個年代也尚未有矽膠墊的發明。當時，製作小鏡子餅乾的作法是直接在黑色的烤盤上擠花。我第一年學徒生涯的眾多工作之一，就是每天負責清洗所有（大概有一百個）的黑色烤盤。首先，我必須將烤後沾黏在烤盤上的麵粉和油漬奮力刮下，然後再以抹布擦拭一遍，黑色烤盤那股特殊的綠鏽混合著油漬的臭味，自此深深烙印在記憶中，直到現在，每當我聞到鍋盆帶有些許的油臭味，依然會讓我異常惱怒。

　　製作小鏡子餅乾前，我會先在黑色烤盤上刷上薄薄的一層融化奶油，然後鋪上一些麵粉防沾黏。接著，我開始直接在上頭擠出一圈圈的堅果蛋白霜（擠花技巧就是這樣磨練出來的），然後舀一小匙杏仁奶油餡填在中間處。每個星期二，我都要被迫持續不斷練習這兩項截然不同的技術，直到駕輕就熟後，就能開始自己設計出不同的造型。

貝殼小餅乾
Fours De Lin

材料	重量	體積或盎司（略估）
榛果抹醬（57 頁）	200g	⅔ 杯
低筋麵粉	125g	1 杯＋4 小匙
奶油	150g	5¼ 盎司
海鹽	1g	⅛ 小匙
白砂糖	80g	⅓ 杯（滿尖）
杏仁粉（白色）	60g	½ 杯＋1 大匙
蛋白	30g	1 顆大型蛋蛋白＋1～2 小匙
香草萃取液	5g	1 小匙
調溫過的黑巧克力（208 頁）	200g	7 盎司

　　這是我在當學徒時所學習到的眾多款餅乾裡的其中一項，香濃的奶油麵糊擠花餅乾，兩兩成對組合夾入榛果抹醬，最後再沾上調溫巧克力。奶油餅乾、榛果和巧克力是烘焙時很受歡迎的組合，三種口味搭配起來非常吸引人。

　　藉由製作這款餅乾，同時也能好好練習擠花技巧（15～20 頁），練習個幾回合後，要擠出漂亮的淚滴狀麵糊，就再也難不倒你了。

作法

1 提前製作榛果抹醬，並填入裝有 ¼ 吋圓形擠花嘴的擠花袋中，備用。

2 過篩麵粉，備用。

3 在桌上型攪拌機的攪拌盆中，放入軟化奶油、海鹽、糖，以槳狀攪拌頭中速攪打 1 分鐘。停下機器，加入杏仁粉、蛋白和香草萃取液，再次攪拌直到所有材料聚集在一起。

4 加入過篩的麵粉，使用最低速攪拌 30 秒，待麵團成形即可停下機器。不要攪拌過度，以免活化麵粉裡的筋度，使得餅乾失去細緻的口感。

5 以刮板將餅乾麵團填進裝有 ⅜ 吋星狀擠花嘴的擠花袋中。在鋪有烘焙紙的烤盤上，擠出長度約 4cm 的扁平狀淚滴，間隔約 1cm，列

開始之前

➔ 準備好以下工具，並確定所有材料都已回到室溫：

電子秤，將單位調整為公制
1 個裝有 ¼ 吋圓形擠花嘴的擠花袋
1 個篩網
1 個中型攪拌盆
桌上型攪拌機，搭配槳狀攪拌頭
1 片麵團專用刮板
1 個裝有 ⅜ 吋星形擠花嘴的擠花袋
2 個鋪有烘焙紙的烤盤

➔ 請認真把食譜讀兩次。

我喜歡使用低筋麵粉製作這款餅乾，筋度低的麵粉讓這款餅乾口感顯得非常細緻。但是，如果在操作上發現麵糊烤後變得很扁，可以考慮改為低筋、中筋麵粉各半。奶油的比例很高，完成的餅乾奶香十足，也因此容易擠花。

兩片貝殼狀餅乾藉由榛果抹醬黏合起來，其實更以餅乾體裡的奶油，維持著夾心餡的溼潤及滑順度。最後裹上的調溫巧克力，除了貢獻迷人香氣外，還能讓兩片餅乾黏合得更穩固。

私藏祕技

→ 可以使用其他種類的堅果粉，如榛果粉，取代配方中的杏仁粉。或以不同堅果製作成抹醬，取代榛果抹醬。沾裹的黑巧克力，也能換成其他不同的巧克力。夾心除了使用榛果抹醬之外，也能用果醬或巧克力甘納許變化看看。

與列記得錯開。以 45 度握著擠花袋，擠花嘴離烤盤半公分，持續施壓擠花袋，並往自己的方向拖拉，同時漸漸減緩力道，就能拖出尾巴形狀。

6 將擠好的餅乾麵糊，置於室溫下 1 小時。30 分鐘前開始預熱烤箱 375°F／190°C。

7 送入烤箱烘烤 15 分鐘，直到餅乾變成金黃棕色，從烤箱中取出。徹底放涼。

8 完全放涼後。將其中一半的餅乾翻面，擠上一點點榛果抹醬，接著覆蓋上另一片餅乾，輕壓黏合。

9 為巧克力調溫（208 頁）。接著拿起完成的夾心餅乾，以尾端沾裹巧克力後（211 頁），放在烘焙紙上靜待巧克力凝結變乾。完成後的餅乾，保存於密閉容器中。

完成了？完成了！

烤後的餅乾厚度會比烤前的麵糊扁一些，顏色為金黃棕色且充滿奶油香氣。

保存

密閉容器內可以保存至少 2 週。請勿冷藏。冷凍保存最多 1 個月，但口感會變差一些。

電子秤，將單位調整為公制
1 個中型可微波的容器
1 支大型的橡皮刮刀
1 把小刀
12 片 2.5×2.5cm 大小的方形烘焙紙
1 支電子溫度計
1 條茶巾或擦手巾

→ 請認真把食譜讀兩次。

筆記：溫暖的環境不利於脂肪結晶。因此，調溫巧克力時，需要在不超過 24°C 的室溫下進行。

巧克力調溫

對巧克力進行調溫，主要是為了維持巧克力質地穩定，冷卻後能凝固的狀態。調溫的通則是將巧克力緩慢加熱融化，再讓其緩慢冷卻、逐漸變硬，也就是「凝固」（set）。就化學的角度來說，透過緩慢升降溫度過程，巧克力裡的脂肪分子得以一致且小分子的型態結晶，即是透過調溫讓巧克力重新正確、好好地結晶。

市面上，只有標示有可調溫、披覆（Couverture）的巧克力，才可以用來調溫。這類巧克力含有至少 31%可可脂，能恰好融於口腔的溫度。不要使用不含天然可可脂的巧克力（coating chocolate），這種巧克力是用人造油脂做成的，因為融點較高，嚼起來會在口腔裡留下蠟感。而且人造油脂和天然可可脂兩者的結晶模式大不相同，因此不含天然可可脂的巧克力，不具可調溫的特性。

只要是可調溫巧克力，無論是黑巧克力、牛奶巧克力或白巧克力，都能進行調溫。黑巧克力含有可可固形物、砂糖和可可脂。牛奶巧克力的成分和黑巧克力相似，只是又額外加了奶粉，讓口味更溫和。白巧克力的成分則是可可脂、砂糖和奶粉，但不含可可固形物。

無論是哪一種可調溫巧克力，其含水度絕對是零，因此它們不會滋生細菌，保存期限通常很長，也無需冷藏或冷凍保存，只要以塑膠袋或保鮮膜包裹妥當，放置於室溫下即可。

調溫後的巧克力，可以應用在裝飾或沾裹上。透過控制巧克力融化的方式，使融化的巧克力中部分可可脂仍維持著結晶狀態，再硬化時，所有的結晶就會一致化。融化的巧克力裡，共存著結晶狀態的可可脂和液體狀態的可可脂，前者的比例愈高，巧克力就愈能好好、正確地結晶凝固。如果液體狀態可可脂比例太高，巧克力就愈難凝結，或至少得花上好幾小時才會硬化。

一般可以買到的可調溫巧克力皆是已完成調溫步驟，分子細小且大小統一，因此擁有穩定的結晶狀態。使用前再次融化調溫的目的，是為了確保這些巧克力不會在加熱、冷卻的過程中，失去原本穩定的結構。

作法

以下介紹的兩種巧克力調溫方式，效果都一樣好。一種稱為「直接法」而另一種則是「種子法」。無論你使用哪一種，融化巧克力時建議最好使用微波爐，而非水浴法。因為巧克力完全不含水分，若使用水浴法，稍有不慎濺入一小滴水珠，就會馬上被巧克力瞬間吸收而產生結塊，隨著愈多的攪拌，就愈會嚴重，最終整批巧克力全部報銷，災難一場。

不要一次將巧克力全數融化調溫，這麼做風險太高。尤其是使用「種子法」進行調溫時，如果融化的巧克力溫度過高，這時會需要額外加入一些固體的巧克力，藉以增加整體結晶可可脂的含量。所以，手邊最好隨時保持有正在融化巧克力的約 33%重量的固體巧克力，以備不時之需。

另一件值得謹記在心的是：一次操作的巧克力份量愈多，因為熱含量的關係，冷卻得慢，結晶的速度也會愈慢，所需的凝結時間也就愈長。相反的，如果操作的巧克力份量少，溫度降得快，也就需要常常再次加熱，同時也必須承擔不小心加熱過頭的風險。如果你只需要用到極少量的調溫巧克力，最好還是多做一些，再將用剩的巧克力好好保存下來即可。

直接法

這是個非常簡單調溫方法，只要你用的是可調溫巧克力。不需使用溫度計，只要悉心觀察操作，以緩慢速度融化巧克力，如此一來，巧克力裡可可脂的比例，保持結晶狀態的應該會一直多於徹底融解的，這就是這種調溫方式的關鍵。

1 以調溫 450g 巧克力為例。如果使用大塊的巧克力磚，需事先切成約半公分大小的小塊狀。將其中 300g 巧克力，放入可微波的容器裡，使用功率 50%，微波 1 分鐘。微波功率一定不能高，否則會燒焦巧克力。隨後，將巧克力取出，用橡皮刮刀稍微攪拌後，再放入微波爐裡，微波 1 分鐘，再次取出攪拌。避免使用過大的容器，攪拌時橡皮刮刀要確實浸入巧克力中且觸及容器底部，讓下方的巧克力也攪拌到。此外，不能大力「翻攪」，以免將空氣拌進巧克力。

2 接下來，50%的功率微波 30 秒，取出後攪拌 1 分鐘。這時應該可以看到巧克力開始融化了，恭喜！此時非常關鍵的是，確認沒有加熱過頭。準備一把小刀或一小張邊長約 2.5cm 的正方形烘焙紙，沾取

一些融化的巧克力，放置在工作檯面上靜置 2 分鐘，這時它們應該會凝固，如果沒有，請參考「排除失誤」（212～213 頁）。

3 接著，以多次且一次比一次短暫的方式微波加熱巧克力（依然使用50%功率），每次取出都要攪拌 1 分鐘並以小刀或烘焙紙進行凝固測試，直到整體質感滑順。這個階段，取決於操作的量，愈少量的巧克力，愈快完成。藉著觀察尚未融化巧克力的比例，判斷還需要微波多少回合，記住，微波的時間需要一次比一次短，也就是這一回合加熱的時間，永遠比上一回合再短一些。隨著操作的進行，融化的巧克力比例愈高，結塊漸少，整體也愈呈滑順。在過程中若一直有看見少數未融化的巧克力，可間接當作沒有加熱過頭的證據，令人感到放心地繼續加熱。然而，只有小刀或烘焙紙凝固測試才是最準確的依據。愈接近全部融化，愈要小心加熱。有些微波爐效能高過一般的平均設定，如果你不確定要加熱多久，永遠保守行事，從短時間開始嘗試。

4 當幾乎所有的巧克力都融化後，確實攪拌 1 分鐘，再做最後一次的凝固測試。如果巧克力在 2 分鐘之內凝固，那麼巧克力調溫就完成，可以開始使用了。

種子法

種子法調溫巧克力也不難。概念是在已融化的巧克力裡加入未融化的巧克力，藉此調控結晶方式。添加的固態巧克力份量為融化巧克力的33%。例如融化 300g 調溫巧克力，那麼就需要 99g 固態巧克力。這個調溫方法需要使用到溫度計。

1 將 300g 切碎的或鈕扣狀巧克力倒入可微波的碗中，以50%功率加熱 1 分鐘後取出，以橡皮刮刀攪拌，再次放入微波爐以 50%功率加熱 1 分鐘，並攪拌 20 秒。建議使用小一點的容器，如此一來攪拌時橡皮刮刀才能確實浸入巧克力中且觸及容器底部，讓下方的巧克力也攪拌到。請不要「翻攪」巧克力，以免拌入空氣。重複操作直到所有的巧克力都融化。

2 測量巧克力的溫度。以 50%功率，每次微波 30 秒的方式，多次加熱巧克力，黑巧克力加熱到 113°F／45°C，白巧克力或牛奶巧克力則是加熱到 104°F／40°C。

3 將完成加熱的融化巧克力放置到工作檯上，加入 99g 切碎或鈕扣狀的可調溫巧克力，攪拌 3 分鐘，留意讓橡皮刮刀確實浸入巧克力中且觸及容器底部，下方的巧克力也務必攪拌到。持續地攪拌得以讓

巧克力達到均一溫度。準備一把小刀或一小張邊長約 2.5cm 的正方形烘焙紙，沾取一些融化的巧克力，放置在工作檯面上靜待 2 分鐘，應該可以看見測試的巧克力凝固了，如果沒有，請參考「排除失誤」（212～213 頁）。

4 此時整盆巧克力或許還參雜著一些未融化的部分。為了讓整盆巧克力具有完美的流動性，我們必須處理這些結塊。此時一定要很保守地小心操作，才不會融化太多可可脂。建議以 50%功率，每次僅短暫加熱 10～15 秒，並徹底攪拌 1 分鐘，讓巧克力有充分的時間達到均一溫度。每加熱一次就用小刀或烘焙紙做凝固測試，確定沒有加熱過頭。隨著結塊逐漸融化減少，巧克力亦愈呈現美好的流動質感，同時也表示固態可可脂慢慢減少，液態可可脂相對正在增加。如果你不確定要加熱多長的時間，永遠抱持著保守的態度，從短時間開始嘗試。我個人不介意，甚至樂見完成調溫的巧克力裡參雜著一、兩塊小小未融的結塊巧克力。現在，可以開始使用這盆巧克力沾裹餅乾了。

沾裹餅乾

將裝有完成調溫巧克力的攪拌盆，放置在折疊的毛巾上，避免巧克力因為冰冷的檯面而忽然凝固變硬。一旦巧克力質地開始變濃稠，千萬不要攪拌，攪拌會使脂肪乳化，也會攪進空氣。這時應再次以微波爐50%功率短時間加熱後再攪拌。加熱的時間全依巧克力的量而定，再叮嚀一次，一定要保守行事。也能將巧克力稍微加熱後，再放入一些鈕扣狀或切碎的巧克力，增加穩定度。

完成了？完成了！

調溫得當的巧克力，依然有可能含有少量結塊，但是由於內含可可脂的融化，整體質感非常具有流動性，顏色呈現飽滿的棕色，當光源照射時，表面則是光滑閃亮。若有些許紋路感，表示巧克力處於快要凝固的臨界點，也就是溫度太低了。當調溫完成的巧克力凝固後，應該具有硬脆的質感，也就是所謂的「snap」，色澤是飽和的棕色。

保存

使用過後的已調溫巧克力，剩下的部分在還具有流動性的狀態

下，倒入鋪有烘焙紙的烤盤上，抹平成薄片狀。靜待其冷卻凝結成固體，剝成小片保存於密閉容器或以塑膠袋妥善包裹。這樣要使用時容易切碎，也比較好融化。若是用剩的巧克力凝固在容器內，只需要放進尚有餘溫的烤箱或水浴加熱 30 秒（小心不要讓水噴進巧克力裡），直到整塊巧克力開始滑動脫離容器，恢復流動性後，再抹開於烤盤上。巧克力適合保存於陰涼的環境，千萬不要放進冰箱或冷凍庫裡。若是家裡有酒櫃（wine cooler），將溫度設定為 60°F ／ 15.5°C，60％的溼度，就是保存巧克力的最佳環境了。

排除失誤

調溫會遇到的問題，不外乎巧克力溫度太高或太低，解決方式都很簡單。

巧克力變得太濃稠

用於沾裹餅乾，調溫過的巧克力，最終會隨著溫度變冷而凝結成固體，這是很正常的現象。只需要再次以 50%功率，微波加熱 15 秒並徹底攪拌 1 分鐘，接著以小刀或烘焙紙做凝固測試，若巧克力成功在 2 分鐘內凝固，即可繼續使用。

巧克力遲遲無法凝固

如果巧克力無法在 2 分鐘之內凝固，表示在調溫過程中加熱過頭了。這時，再添加一些固體的巧克力，藉此使巧克力降溫，同時促使融化的可可脂重新結晶，然後重新開始調溫的步驟。添加的巧克力份量為融化巧克力重量的 33%。

凝固的巧克力不具閃亮光澤

這表示巧克力稍微過熱了，再添加一些鈕扣狀巧克力就能解決。添加的份量為融化巧克力重量的 33%。

餅乾沾裹的巧克力，一開始具有光澤，但是幾天之後卻變成霧霧的可能有兩個原因。第一是巧克力出油（fat bloom），當製作完成的調溫巧克力暴露在高溫的環境下，例如太接近燈泡或室溫較高，會使得巧克力表面的可可脂融化又再次結晶成較大的顆粒，出現一層白霧。第二個可能原因，則是巧克力表面出現糖結晶（sugar bloom），通常是因為水氣凝結所造成的。例如一般人為了避免巧克力融化而將巧克

> **私藏祕技**
> → 操作的巧克力份量愈多，冷卻的過程會愈慢，所需的凝結時間也就愈長。
> → 調溫得當的巧克力，在 2 分鐘內就能完美結晶凝固。
> → 千萬不要拿新鮮的水果切片直接沾裹巧克力，果汁會使巧克力產生結塊。

力存放在冰箱中，取出後表面總會凝結一層水氣。若家裡有冷氣，其實大可安心的將巧克力保存於室溫之下。如果你將巧克力存放於冰箱中，從冰箱裡取出招待客人時，因為溫差的關係，巧克力表面會出現一層薄薄的水氣凝結，這層水氣會融化巧克力表面的糖分，而當水氣蒸發之後，先前被溶出的糖分就造成巧克力變得霧霧花花的。

水跑到巧克力裡了

使用水浴法融化巧克力時要特別小心，別讓水濺進巧克力裡。如果不慎讓水滴進到巧克力裡，即刻停止攪拌，用一小張廚房紙巾放進巧克力裡，將水吸附起來，重複幾次直到水分都被吸走後，巧克力就能繼續使用。如果不幸濺進太多的水，而你又不幸攪拌了，那麼唯一的補救方法是加入與巧克力等重的煮沸鮮奶油，做成巧克力醬。

椰子岩
Rocher à La Noix de Coco

份量｜**36** 塊餅乾

2 天的製程

材料	重量	體積（略估）
蛋白	100g	約 3 顆
砂糖	160g	¾ 杯
無糖椰子絲	100g	1⅓ 杯
杏桃或蘋果果醬	10g	2 小匙
海鹽	1.5g	略少於 ¼ 小匙

在父親的糕餅鋪裡，椰子「岩」（法文 rocher 即是岩石的意思）是全年無休供應、以秤重方式常態性販售的商品。在嗜吃、懂吃小點心的阿爾薩斯，父親製作的椰子岩非常受到喜愛。阿爾薩斯距離盛產椰子的國度是那麼地遙遠，我著實想不通為什麼這款餅乾會如此受歡迎。

這款餅乾總能讓我回憶起父親令人佩服的體力。他總是一次將五公斤的椰子絲連同糖及蛋白一起倒進一個大鍋裡，架放在爐火上加熱，同時用一把巨大的橡皮刮刀，持續地攪拌數小時。父親早已習慣操作大量的麵團及麵糊，更因此練出一身肌肉。父親在 1940 年代初期接受烘焙訓練，那時可是什麼機器都沒有，他們將所有的材料倒進一個法文稱為 pétrir（意思是「揉」）的大缸裡，徒手攪拌、揉麵。可以想像這對手指、上、下臂是多大的勞動，造就了父親超級強壯的體魄。製作椰子岩時，必須快速的攪拌，否則蛋白一下就會被煮熟（別擔心，我們使用的是水浴法），如此龐大的份量，更需不間斷長時間（約半小時）地攪動，才能將整盆加熱到正確的溫度。每當看著父親製作椰子岩，我都會被他孔武有力的身影震懾住。年幼氣盛時的我曾開口要求嘗試了一次，當然，很快的就因感到氣喘吁吁而敗陣下來。

這款餅乾的餅乾麵糊製作方法，需先加熱將蛋白煮熟凝結，接著讓麵糊休息，待材料水分被椰子絲及少量的杏桃或蘋果醬裡的果膠吸收。最後烤箱烘烤的步驟，只是為了讓表層有酥脆的口感及上色。

開始之前

→ 準備好以下工具，並確定所有材料都已回到室溫：

電子秤，將單位調整為公制
1 個中型煮鍋
1 個不鏽鋼攪拌盆（必須比中型煮鍋略大）
1 支不鏽鋼打蛋器
1 支電子溫度計
1 片刮板
保鮮膜
2 個鋪有烘焙紙或矽膠墊的烤盤
1 支小型（直徑 4cm）冰淇淋挖勺

→ 請認真把食譜讀兩次。

製作椰子岩時，我喜歡盡量使用細碎一些的椰子絲，愈細緻的椰子絲愈能吸收水分，成品也會愈溼潤。如果你只能找到片狀的椰子絲，使用前請連同材料中的砂糖一起以食物調理機打碎成約 1.5mm 的細屑。

這款餅乾甜度很高，海鹽能調和甜膩感。蘋果醬及杏桃醬含有豐富的果膠，藉著果膠能抓住大量水分，使得餅乾充滿溼潤口感。

私藏祕技

→ 也能使用擠花的方式處理這款餅乾。由於椰子麵糊容易聚集成一大團，因此不能用太小的擠花嘴，建議採用 ¾ 吋的大星形擠花嘴，將麵糊依序擠在烤盤上。我也喜歡將麵糊擠入四公分見方大小的金字塔矽膠膜裡後直接烘烤，接著讓餅乾留在模子裡放涼 1 個小時才脫膜。徹底放涼的椰子岩，脫膜會輕易許多。

→ 冷凍的椰子岩很適合添加進熱帶水果口味的聖代冰淇淋中，如芒果口味的冰淇淋，加上烤過的鳳梨塊，再淋上糖煮荔枝。椰子岩高甜度的特色，配上頗具酸度的熱帶水果非常合宜。或沾裹一層調溫巧克力（208 頁）也是非常美味的享用方法。

時間分配

提前一天準備好餅乾糊，讓其休息熟成一夜，隔天才正式製作。

作法

第 1 天

1 準備水浴器具。在煮鍋裡裝入二公分高的水，以中火加熱。

2 所有的材料放進攪拌盆中，以打蛋器攪打均勻，隨後放置於煮鍋上面，盆底不可接觸到水面，並調整成小火。以打蛋器開始攪拌，不需瘋狂激烈地攪，但請留意需觸及攪拌盆的各個角落，以免蛋白凝結成小塊，持續攪拌直至麵糊變得濃稠且溫度達到 167°F ／ 75°C 後，將攪拌盆從煮鍋上移開，擦乾攪拌盆底部，刮下黏在盆壁上的混合物。

3 取一張保鮮膜，直接貼在餅乾麵糊的表面上封緊，以隔絕麵糊與空氣接觸。攪拌盆上頭再包一層保鮮膜，送入冰箱至少冰鎮 2 小時，或隔夜更佳。

第 2 天

烤箱預熱 375°F ／ 190°C，並將網架移放到烤箱的中間層，烤盤上鋪妥烘焙紙或矽膠墊。以冰淇淋挖勺挖取麵糊，間距 2.5cm 交錯排列於烤盤上，力求每個麵團大小形狀一致，烘烤時間才能統一。一次只烘烤一盤，約烤 15 ～ 20 分鐘，直到表面呈現金黃棕色。

完成了？完成了！

完成的餅乾帶有金黃棕色的光澤。我喜歡稍微烤的上色微焦，可平衡椰子岩的甜度。

保存

未烘烤的餅乾麵糊，通常不建議冷凍保存，冷藏可保存約 2 ～ 3 天。一段時間後，或許在攪拌盆的底部會看見液體分離滲出的現象，這是由於材料裡的糖轉變成糖漿的緣故，只需再度稍微拌合即可。完成的餅乾，可保存於密閉容器裡數週或冷凍起來。椰子岩就算冷凍起來也不會變硬，我太太就很愛這樣吃。

杏仁瓦片

Tuiles aux Amandes

份量 | 30 片

材料	重量	體積（略估）
蛋白	100g	約 3 顆
海鹽	一小撮	一小撮
砂糖	120g	½ 杯＋4 小匙
低筋麵粉	40g	⅓ 杯
融化奶油	40g	1⅖ 盎司
杏仁片	100g	約為 ¾ 杯＋2 大匙

杏仁瓦片的薄脆口感非常特別，不僅風味美好，製作方法更是簡單到令人著迷。法文「tuiles」就是「屋瓦」的意思，在法式烘焙界，這個字也泛指所有薄脆、有弧度的，甚至是碗狀的薄餅都可以此稱之。小時候，瓦片餅乾總裝在一罐大大的透明玻璃罐裡販售，因為它們實在太脆弱易碎了，拿取的時候要特別小心輕柔才行。

準備杏仁瓦片餅乾麵糊非常簡單，只需使用一把叉子打散蛋白，加進砂糖，一點麵粉，有時再添點融化奶油，麵糊就完成了。蛋白未經打發，造就了爽脆口感。取點麵糊在矽膠墊上塗抹開來，上頭再撒上堅果，送進烤箱低溫烘烤，出爐後趁熱將一片片薄餅放在擀麵棍上塑出瓦片的弧度造型。我們不先將杏仁片加入麵糊中，因為這樣會使得麵糊不容易抹成薄薄的一層。

烘烤杏仁瓦片要低溫慢烤，讓麵糊裡的水分有充裕的時間在餅乾上色前被烤乾。烤好的杏仁瓦片，上面的堅果（也可以用除了杏仁以外的其他堅果）會有完美的上色且口感酥脆，妥善保存於密閉的餅乾盒裡，可維持好幾個禮拜的脆度。

開始之前

→ 準備好以下工具，並確定所有材料都已回到室溫：

電子秤，將單位調整為公制
1 個中型攪拌盆
1 支叉子
1 支中型不鏽鋼打蛋器
1 支小型橡皮刮刀
1 支小湯匙
4 個鋪有矽膠墊的烤盤
1 小把有折角的抹刀
1 張網架
1 根擀麵棍

→ 請認真把食譜讀兩次。

作法

1 烤箱預熱 325°F ／160°C。

2 中型攪拌盆理秤入蛋白及海鹽，以叉子攪拌 30 秒。

3 加入砂糖及低筋麵粉，改用打蛋器攪拌均勻。接著加入融化奶油，以橡皮刮刀攪勻。

4 以小湯匙（如量匙裡的小匙）挖取約直徑 3cm 的麵糊移放到鋪有矽

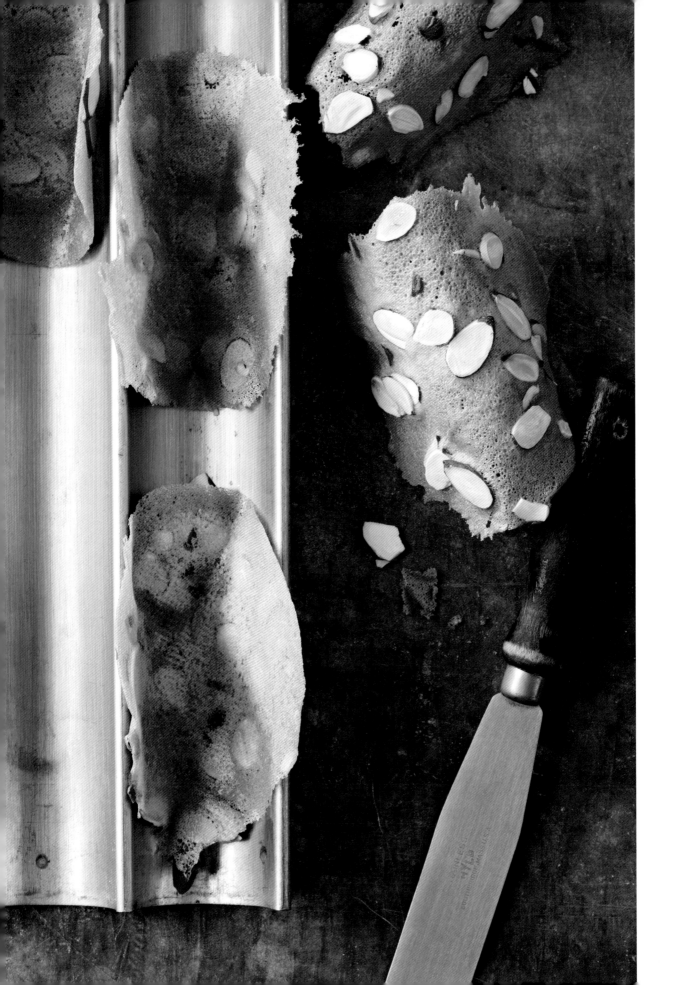

膠墊的烤盤上，以抹刀將麵糊塗抹開成直徑約 7.6cm 的圓形。塗抹的方式有點像擦窗戶，抹刀和矽膠墊之間保持點角度，重複地前塗後抹，不需抹成完美的圓形，可以是任何不規則的形狀，中間就算有些孔洞也無妨。重點在於片與片之間交錯排列，彼此留有 2cm 間隔，一盤大約只能鋪 5～6 片。最後再撒上杏仁片。

5 將第一盤送入烤箱。工作檯面上準備好網架，一根擀麵棍及一把有角度的抹刀放在隨手可及的地方。擀麵棍以重物固定好避免滾動，以方便塑型。瓦片烘烤 10～15 分鐘，直到邊緣呈現金黃棕色，從烤箱中取出，放置到網架上，冷卻 1 分鐘，隨後以抹刀將餅乾刮取下來，移放到擀麵棍上稍微施力按壓塑型，60 秒之內瓦片就會冷卻定型。如果來不及操作的餅乾冷卻變硬了，可以將烤盤放回烤箱加熱 2～3 分鐘，就能再次變軟。

6 重複步驟直到所有麵糊都烘烤、塑型完畢，放涼後收進密閉容器內保存。

完成了？完成了！

　　瓦片及杏仁片皆呈現金黃棕色，是烘烤到位的象徵，瓦片在冷卻後才會酥脆。將麵糊完全烤乾非常關鍵，如果外緣很快的變成棕色，而中間顏色還很白，這表示烤箱溫度太高了，試著調降 25°C 看看，否則顏色太淡的部分將會不脆。

保存

　　將瓦片餅乾妥善收進密閉容器中，保持乾燥就能維持 2～3 週酥脆。

食材解密

使用叉子輕輕的將蛋白打散，目的在於避免其中的白蛋白結成大塊，使用鬆弛開來的蛋白液做成的餅乾也才會有硬脆口感。麵粉能將高溼度的材料拉聚在一起，我偏好使用筋度最少的低筋麵粉，降低餅乾出筋產生彈性的機會。奶油能為餅乾添入豐腴香氣。

私藏祕技

→ 使用不同的堅果、糖漬果皮，或將香料（如肉桂粉）混入麵粉中一起拌成麵糊，就能變化出不同口味的瓦片餅乾。

→ 除了能做成瓦片餅乾之外，還能做成大大的碗狀，用以盛裝甜品，或裝飾在塔派、慕斯蛋糕上，例如咖啡凍和巧克力慕斯（289頁）。這種麵糊還可以覆塗在布里歐許麵團表面，一起烘烤後就會有一層脆皮。若要塑型成碗狀，將烤好的瓦片（要大片一點）趁熱放在杯子或布丁杯上即可。

法式馬卡龍
French Macarons

份量｜56 顆馬卡龍（112 片）

3 天製程，完成 **2** 天後才享用。

材料	重量	體積或盎司（略估）
杏仁粉（去皮膜，白色）	250g	2½ 杯
糖粉	250g	2 杯
老蛋白（見下方說明）	95g	約 4 顆（水分揮發後，重量會稍減）
砂糖	250g	略少於 1¼ 杯
水	63g	¼ 杯
玉米糖漿	50g	2 大匙
液態食用色素	15g	1 大匙
老蛋白（見下方說明）	95g	約 4 顆（水分揮發後，重量會稍減）
夾餡，依個人喜好選擇，如：甘納許（72 頁），檸檬酪奶油餡（163 頁），或覆盆子果醬（80 頁）	250g	8⅘ 盎司

馬卡龍在甜點歷史上早已存在數十年。一直到近十年，迷人多彩的長相以及溼潤豐腴的口感才開始受到矚目。馬卡龍由杏仁粉拌合義式蛋白霜製成麵糊，在烤盤上擠花成一片片半圓形，風乾至表面結皮送入烤箱烘烤後，兩兩一對夾入穩定度高的內餡，如甘納許、奶油霜或果醬等。馬卡龍品嚐起來，中心處飽含溼潤，外層則是脆硬的薄殼。

時間分配

馬卡龍的成功祕訣在於，至少提前 24 小時準備老化的蛋白以及使用盡可能乾燥的杏仁粉。建議事先預留 48 小時讓杏仁粉有充分的時間乾燥。完成後的馬卡龍，還需要放置於冰箱中冷藏 48 小時，以使其回潮達到溼潤口感。

開始之前

→ 準備好以下工具，並確定所有材料都已回到室溫：

電子秤，將單位調整為公制
1 支篩網
2～6 個鋪有烘焙紙的烤盤
2 個中型攪拌盆
保鮮膜
食物調理機
1 個大型攪拌盆
1 支塑膠或木頭偏硬的刮刀
桌上型攪拌機，搭配氣球狀攪拌頭
1 個小煮鍋
1 支大型的橡皮刮刀
1 支烘焙專用毛刷
電子溫度計
1 片刮板
裝有 ⅜ 吋圓形擠花嘴的擠花袋
1 支湯匙，或裝有 ¼ 吋圓形擠花嘴的擠花袋

→ 請認真把食譜讀兩次。

筆記：開始製作馬卡龍麵糊的前 48 小時，依照作法裡的第 1 天步驟 1，進行準備工作。

食材解密

馬卡龍小圓餅薄脆光亮的外殼來自於大量的糖，因此若是試著減糖執行食譜，就會失敗。

杏仁粉的吸水度是所有堅果粉中最好的，因此製作法式馬卡龍只能使用杏仁粉。愈乾燥的杏仁粉，愈能吸收麵糊裡其他材料的水分，所以一定要讓杏仁粉風乾數天。請選用不含皮膜的白色杏仁粉（皮膜無法吸附水分），顆粒愈細緻，吸水度愈好，所以若買來的杏仁粉質地較粗，在使用前可連同糖粉一起以食物調理機攪打 10 秒。

蛋白是馬卡龍成功的關鍵之一，其中的白蛋白能捉住空氣製成蛋白霜。但由於蛋白裡的水分比例很高，事先將蛋白放置於冰箱中至少 24 小時，蒸散部分水氣得到較濃縮的老蛋白，可以抓住較多的空氣，打發成較強壯的蛋白霜。若是將蛋白放於乾燥環境的室溫下，更能加速水分的逸散。有些甜點師會在新鮮蛋白中添加乾燥的蛋白粉，藉由這樣的方式省略老化蛋白的步驟（蛋白粉的添加量為食譜中蛋白用量的 3%）。超級市場或標榜販售健康食品的商店裡，應該都能找到乾燥蛋白粉。若你認為老化蛋白的過程會孳生細菌，大可放心，因為蛋白的養分含量不足以讓細菌繁殖生長。法國的甜點廚房裡，總會將製作蛋白霜用的蛋白，以籃子盛放在架上好幾天。習慣上我們將較舊的蛋白放在左手邊，愈靠近右手邊的則是愈新的蛋白。使用時會先用最舊的蛋白，而每當分離出一批新鮮蛋白，就會放在最右邊，把其他籃子向左邊推。

網路商店上就可以找到天然的食用色素。

作法

第 1 天、第 2 天

製作麵糊前 48 小時，將杏仁粉連同糖粉過篩於兩張鋪有烘焙紙的烤盤上。不需覆蓋，讓杏仁／糖粉暴露於空氣中風乾 48 小時，甚至數天（此步驟不適用於溼度高的環境）。同時，準備 8 顆蛋白，分別放於兩個攪拌盆中，以保鮮膜覆蓋妥當，並刺出許多小洞，以利蛋白中的水分蒸散，或以製作起司的麻布覆蓋亦可。在室溫下放置隔夜，或冰箱中 48 小時，靜待蛋白裡的水分揮發，即可得到水分較少的老蛋白。分別從兩盆中秤出各 95g 老蛋白，並分開保存備用。

第 3 天

1 製作馬卡龍麵糊，將風乾過的杏仁和糖粉，以有鋼片刀頭的食物調理機攪打 10 秒後，倒進大攪拌盆裡，以木製或硬塑膠刮刀攪拌均勻。將一份 95g 老蛋白，放在一旁備用。

2 製作義式蛋白霜。將桌上型攪拌機的攪拌盆，以熱水及清潔劑徹底洗淨後，以廚房紙巾擦乾。攪拌盆裡放入食譜中第二份 95g 老蛋白，一開始先以低速攪打，同時以雙手碰觸攪拌盆底部再次感受溫度，確認蛋白回到室溫，若是偏低溫，可停下機器，取下攪拌盆，將攪拌盆浸入約 2.5cm 高的熱水浴中約 1 分鐘後，將盆底水分擦乾，再次感受攪拌盆溫度，若不冷也不熱，就可以再次回到機器上，以低速攪打。

3 等待打發蛋白的同時，取一煮鍋內倒入水，在鍋子的正中央加入白糖，以橡皮刮刀小心輕攪，小心留意不要讓糖水液濺起到鍋壁，否則當鍋壁溫度上升使水分蒸發後，將留下黏附的糖結晶，若掉回鍋中，會使得整鍋糖水也跟著結晶，最後不堪使用。細心檢查鍋子，如果有任何殘留的糖水、糖噴濺到鍋壁上，以沾溼的毛刷，輕輕刷下使其流回至鍋中。毛刷盡量沾取大量的水，不需擔心會增加額外水分，這些水分只會讓溫度攀升速度減緩而已，對成果並不會有影響。隨後，加入玉米糖漿以及食用色素。

4 調成中火繼續煮糖漿，當糖漿開始沸騰，就不要再攪動了，以避免結晶反砂。放入電子溫度計，悉心等待溫度達到 244 °F／118°C。煮糖漿的同時，隨時留意蛋白打發的狀態。大約在糖漿溫度抵達 230 °F／110°C 時，蛋白霜打發的程度會剛好是微微發泡的狀態，如果尚未發泡，可以將速度再調快些。當糖漿溫度煮至 239 °F／115°C 時，再度查看蛋白霜，此時的打發程度差不多就是適合倒入糖漿的

狀態了。確認攪拌盆底部是否有未攪打到的蛋白，可以非常輕微地傾斜一下攪拌盆，讓底部的蛋白也能攪打到，直到整體蛋白都被攪打發泡。

5 將攪拌機的速度調到最高，當糖漿溫度一達到 244°F／118°C，馬上熄火，小心緩慢地，瞄準攪拌頭和攪拌盆中間的位置，將糖漿倒入攪拌盆中。務必小心操作，若是糖漿淋到正在轉動的攪拌頭，不但會噴濺出造成燙傷，也會濺飛黏到攪拌盆壁，影響食譜比例。這情況一旦發生，就只有重新來過一次了。如果仔細瞄準攪拌頭和攪拌盆中間的位置加入糖漿，絕大多數的糖漿會加入到蛋白霜裡，才會是正確的配方比例。無論多小心，或多或少還是會有一點糖漿沾黏在攪拌盆壁上，還有，若蛋白糖霜上方形成薄薄一圈透明的糖凝結，這些則皆不需要太介意。

6 當所有的糖漿都加入蛋白霜後，維持高速攪打 1.5 分鐘。同時將另一份 95g 老蛋白加入杏仁與糖粉中，以木匙或硬塑膠刮刀攪拌成偏乾硬且黏性高的杏仁糊。

7 攪拌機調降至中速再攪打 3 分鐘後停下機器，將完成的義式蛋白霜和食用色素一起加入杏仁糊中，使用大支橡皮刮刀以折拌的手法，將兩者混合均勻，得到扎實、流動性低、顏色一致的馬卡龍麵糊。

8 接下來，我們要進行一個稱為「macaronner」的動作，也就是刻意稍微攪拌過度的意思。若是省略這個步驟，擠出來的一片片小圓餅頂端會留下一個無法消失的小尾巴。當馬卡龍麵糊完成後，我們再故意多攪拌約 20 秒，提起橡皮刮刀任麵糊自然滴落盆中觀察——若滴落的麵糊和盆中的麵糊在 15 秒內能彼此融合不見紋路，那就是正確的狀態了；若紋路無法在短時間消失，那麼就再追加攪拌 10 秒，並重複進行測試判斷。

9 將完成的馬卡龍麵糊填入裝有 ⅜ 吋圓形擠花嘴的擠花袋中。雙手握住擠花袋，和鋪有烘焙紙或矽膠墊的烤盤彼此垂直，擠花嘴正正朝下，擠出每個直徑約 4cm 的圓形。千萬不要擠超過這個大小，每顆之間要距離 2.5cm，行與行之間交錯排列。擠好的馬卡龍，放在室溫下風乾 45 分鐘，或直到表面結出一層硬皮；風乾的時間會因環境溼度不同而有所不同。烤箱預熱 300°F／150°C，並將網架移放到烤箱的中間層。

10 將麵糊送進烤箱並放置於中間層，一次烤一盤，烘烤 15 分後取出，徹底放涼後才將小圓餅一一從烘焙紙或矽膠墊上取下。

11 兩兩配對，將其中一半小圓餅翻面，依喜好擠或塗上約 5g 的內餡，再蓋上另一片。兩片黏合後，裡頭的內餡應剛好被推擠開來，從側

我要再提出一個能證明蛋白有抗菌之效的事實，好讓你放心。當我有輕微的切燙傷時，我會剝取新鮮蛋殼的內膜來療傷。以蛋殼內膜完全覆蓋住傷口後，再黏上一個普通的 OK 繃，每天更換一次蛋膜，傷口癒合得非常快。

如果使用烘焙紙，或許會發現在擠完每個小圓餅、提起擠花袋時，烘焙紙也跟著被黏起。在烤盤的四個角落塗少量的麵糊，再將烘焙紙黏在烤盤上就可以改善。

面可見。完成夾餡的馬卡龍，直接放進冰箱（不用蓋保鮮膜）靜置48小時，直到中間的部分回潮溼潤。如果還未達到溼潤口感，就需要再多冷藏一天。確定中間部分熟成溼潤後，馬卡龍才算完成，可供享用。

完成了？完成了！

烘烤好的馬卡龍小圓餅（殼）摸起來硬硬的但沒有任何焦黃。小圓餅的底部和其他部位相比可能會略顯深色些，但是整體來說，小圓餅應正確呈現添加進去色素的顏色才對。

保存

將冷藏後已達溼潤口感的馬卡龍，移放冷凍庫可保存1個月。

排除失誤

馬卡龍麵糊流動性太低、過硬
可能是糖漿溫度過高，使得製作出來的蛋白霜已接近太妃糖硬度的緣故。如果糖漿不小心加熱超過 244°F／118°C，可以加入¼杯水降溫，然後再重新煮到 244°F／118°C 後馬上離火。

馬卡龍在烘烤的途中產生龜裂
沒有徹底風乾，或像大多數學生會犯的錯誤，尺寸擠得太大了。擠得太大的馬卡龍，相對含有較多水分，加熱烘烤時，這些多餘的水分蒸發會造成龜裂。風乾的時間因所在環境的溼度而有所不同。若是在炎熱潮溼的夏季裡，可能需要較長的時間風乾。

馬卡龍歪一邊
如果你的馬卡龍在烘烤時流向某一邊，在 6 分鐘時，需要幫烤盤轉個方向。另外，檢查烤箱裡的網架是否水平，同時確認麵糊是在風乾結皮之後才送進烤箱烘烤。

私藏祕技

→ 馬卡龍小圓餅一定是由杏仁粉製作而成，唯一的變化在於顏色，而通常會以內餡的種類來決定顏色，例如：內餡是開心果，就用綠色，覆盆子就用紅色，檸檬酪奶油霜則是黃色，依此類推。通常，馬卡龍小圓餅本身，是沒有口味變化的，因為無論添加任何香料都會影響口感質地，烘烤條件也會大大不同。

→ 必須使用穩定度高的夾餡。奶油糖霜、甘納許、酸酪（curd）或果醬都是很適合的選擇。我建議採用不太甜的口味，如咖啡、巧克力、焦糖或檸檬，都很不錯，能平衡馬卡龍小圓餅的甜膩。

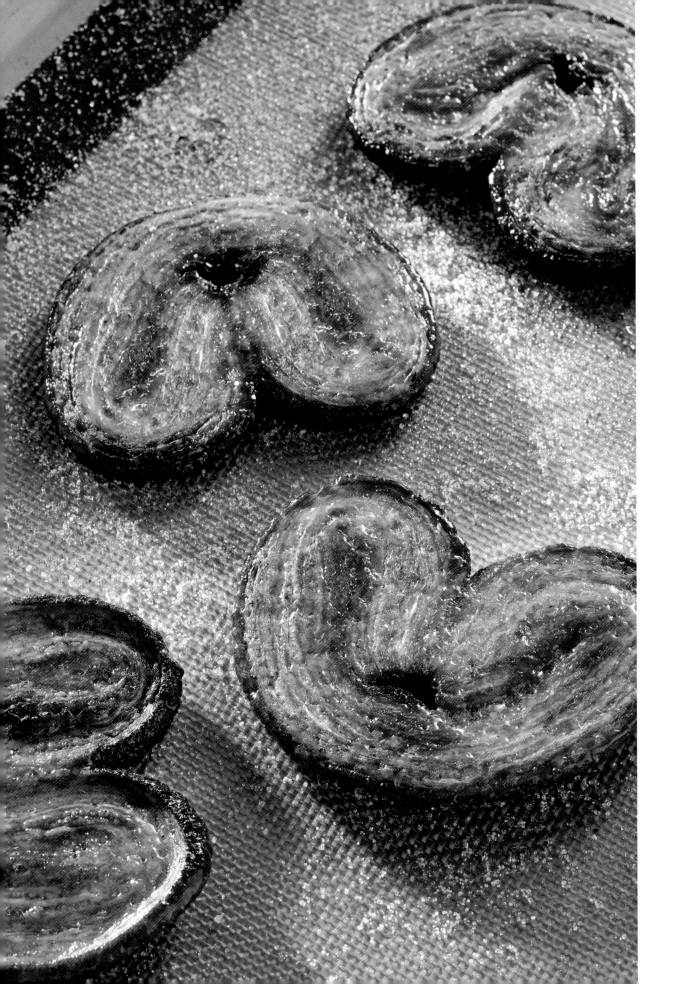

蝴蝶酥
Palmiers

份量 | **24** 份餅乾

2 天的製程

材料	重量	體積或盎司（略估）
千層酥皮麵團（28頁，僅需折疊四次）	½ 份	½ 份
砂糖	**150g**，或視需要調整用量	**¾ 杯**，或視需要調整用量

我還真沒遇過不喜歡酥脆蝴蝶酥的人。層次豐富的千層酥皮與砂糖互擁製成，是款非常極簡的餅乾。千層酥皮摺疊成長條狀後切片，一開始先以高溫快烤，再降溫慢烤，將酥皮烤乾的同時，砂糖也進行焦糖化，造就了層次分明的效果。膨起的每一層酥皮由焦糖夾層支撐著，奶油飄逸濃醇的堅果香──徹底烤熟的千層酥皮，奶油被烤成棕色，帶有榛果香氣。這滋味多麼令人難以抗拒！

就如同所有的烘焙一樣，製作蝴蝶酥需要花時間練習。愈成功的千層酥皮，才會有愈酥脆的蝴蝶酥。千層酥皮必須朝著同一個方向整齊均勻的膨起分層，每一份蝴蝶酥才會一樣厚，烘烤之前，先將麵團在冰箱中靜置乾燥一段時間，才能維持完美的形狀，避免在烘烤時鬆散開來。

蝴蝶酥是少數幾樣我從七、八歲就開始學著製作的糕餅。每當父親有用剩的千層酥皮麵團，也不打算拿來利用的話，我就可以用它們來創作。有時放學回家，父親正在睡午覺，若桌上有剩餘的麵團，我就會詢問母親是否可以給我。母親總會樂得答應，因為這樣我就不會煩她了。我會在麵團上撒了一些糖，然後調整成各種不同的造型，接著將這些作品送進父親才剛使用過，依然帶有高溫的磚造烤爐裡。如果玩著玩著，麵團變得太軟了，我會將它們放進冰箱裡，得它們變硬後才繼續使用。我就是這樣學習如何處理千層酥皮的。

通常用剩的塔派麵團，很難回收再利用，但是千層酥皮麵團絕對是個例外。用剩的千層酥皮可以做成蝴蝶酥，棒狀酥餅或千層酥派（116頁）。如果製作千層酥皮麵團時，配方中有額外添加糖，用這種麵團做成的蝴蝶酥，滋味更是大躍進。

開始之前

→ 準備好以下工具，並確定所有材料都已回到室溫：

電子秤，將單位調整為公制
製作千層酥皮麵團的工具（28頁）
4個小型攪拌盆
1支長刀
2～3個鋪有烘焙紙的烤盤
1支中型有折角的抹刀

→ 請認真把食譜讀兩次。

蝴蝶酥是由千層酥皮麵團製成。基礎的千層酥皮麵團不含糖分，因此當製作蝴蝶酥時，在最後兩回合的折疊步驟裡，改以砂糖來防沾黏。如此一來，酥餅才會有甜度，烘烤過後也會具有焦糖化的香氣及光亮效果，搭配上層層分明的酥餅，著實令人難以抗拒。烘烤任何千層酥皮，一開始需要使用高溫，迫使水分轉化成蒸氣逸散後，撐出層層分明的效果。但是因為蝴蝶酥含糖量較高，所以不要調到 400°F／200°C 這麼高，而是稍微低一點的 375°F／190°C，以免麵團中的糖在酥皮烤熟前就先燒焦了。

私藏祕技

→ 一般的千層酥皮烘烤時是向上膨起，而蝴蝶酥餅則是側向膨開。因此，片與片之間需留有足夠的距離，讓酥餅的層次展開。

→ 配方中瘋狂的糖用量，一定嚇壞很多人，但成品嚐起來其實不會太甜。

作法

第 1 天

準備 ½ 份千層酥皮麵團（28 頁），進行到折疊四回合的階段後，放冰箱隔夜備用。

第 2 天

如果你製作了一整份千層酥皮麵團，對切後將其中一半放回冰箱冷凍保存，記得要標註只進行了四次折疊。將食譜中的糖均分成四等分並分別裝在四個碗中。

1 第一碗：將這碗砂糖放在矽膠墊旁或工作檯面上，取代防沾黏麵粉的作用。在矽膠墊上或工作檯面上撒大量的砂糖，放上麵團後，在麵團表面再度大方的撒上足量砂糖。將麵團擀開（28 頁），準備進行下一回合的折疊。就和使用麵粉防沾黏的作法一樣，擀開的過程中隨時在麵團底部及表面添補砂糖。當麵團擀好準備進行折疊時，在麵皮正中間三分之一的部分撒上一層砂糖，將一側三分之一麵皮向中間折蓋上去，再撒上砂糖，再把另一側三分之一的麵皮向中間折蓋上去，如此便完成第五回合的折疊。在麵團表面再撒上砂糖，以保鮮膜包裹好，放進冰箱休息 30 分鐘。

2 第二碗：使用這一碗砂糖，重複以上的步驟，完成第六次（最後一次）折疊。結束時，也一樣在麵團表面撒上砂糖，以保鮮膜包裹好，放進冰箱休息 30 分鐘。

3 第三碗：將這碗砂糖放在矽膠墊旁或工作檯面上。千層酥皮麵團開成 33×66cm 大小的長方形麵皮，在麵皮底部及表面撒上足量砂糖。我們的目標是要將千層酥皮麵團擀開成 30×60cm 的長方形，但因為麵團會回縮，所以操作時永遠要擀得略大一些。用尺在長邊上量出中間點，以小刀背面或尺，按壓一下做記號。將一側四分之一的麵皮向中間翻折，使麵皮的側邊對齊中心，另一側也如此。接著再沿中心線對折，得到一個四層麵皮的千層酥皮麵團。將麵團放在鋪有烘焙紙的烤盤上，冷凍 30 分鐘。

4 將麵團移到砧板上，垂直長邊約每 1.3cm 切一段，共可切 24 片。將切好的麵團，切面朝下依序放到鋪有烘焙紙的烤盤上，每片開口上下交錯擺放，彼此間隔 5cm。要放置 24 片麵團，會用到 2～3 個烤盤。接下來，將麵團的兩端稍微拉開成 Y 字形（如右頁圖），使用食指輕輕的在中間按壓幫助定型。

5 整形完成後，將烤盤放進冰箱裡乾燥 2 小時。這個步驟可以避免烘

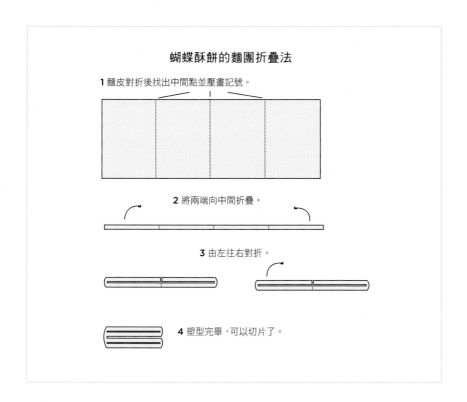

蝴蝶酥餅的麵團折疊法

1 麵皮對折後找出中間點並壓畫記號。

2 將兩端向中間折疊。

3 由左往右對折。

4 塑型完畢，可以切片了。

烤時，形狀鬆散開來。

6 第四碗：烤箱預熱 375°F／190°C。使用第四碗糖，撒在蝴蝶酥麵團上。一次只烘烤一盤，約烤 20 分鐘，直到餅乾徹底膨開後取出，將烤箱溫度調降至 325°F／160°C。以有角度的抹刀，將蝴蝶酥翻面後，再次送入烤箱，烘烤 15～20 分鐘，徹底烤熟焦糖化。從烤箱取出後，徹底放涼才享用。剩下的幾盤，也依相同的作法完成烘烤。如果焦糖化發生得太快，那麼將烤箱溫度調降至 300°F／150°C。

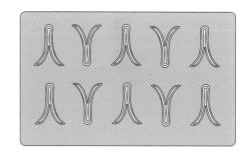

完成了？完成了！

烘烤完成的蝴蝶酥，從頭到尾都會呈現一致的淡棕色。砂糖在焦糖化後則是具有光亮感的琥珀色。

保存

將蝴蝶酥收藏於密閉容器裡，是最佳的保存方法。也能冷凍保存，食用前再以 325°F／160°C 加熱 5～10 分鐘，就能再次恢復酥脆。

第五章

蛋糕、冰淇淋

接下來我們要介紹的甜點，都可說是法國烘焙界的「必讀」。蛋糕是一般人對烘焙的第一印象，無論是充滿豐腴奶油的磅蛋糕、輕盈雅緻的慕斯蛋糕，還是清涼的冰淇淋蛋糕。法國孩子人生中製作的第一個甜點，通常也是蛋糕。

如果你是蛋糕新手，可以從由磅蛋糕與甘納許夾餡組成，簡單又有趣的迪爾貝克（233 頁）入門。上手後，再挑戰更進階的蛋糕。蛋糕和許多其他甜點一樣，是由基礎食譜慢慢建構起來的——若成功做出海綿蛋糕（237 頁），就能做出果醬海綿蛋糕捲（241 頁）。接著試試無麵粉巧克力海綿蛋糕（246 頁），成功的話，就能製作頗具複雜度的經典蛋糕，如巧克力與榛果樹幹蛋糕（249 頁）和黑森林蛋糕（259 頁）。

做蛋糕時，可以試著把自己想像成建築工程師，成功率就會大大提升。海綿蛋糕是地基，樓板則由慕斯構成，牆面抹上奶油糖霜。如果不抱著像進行工程一樣小心翼翼的心情，蛋糕成品會時好時壞，說好聽是「手作感」。假設有一顆慕斯層過量而海綿蛋糕層不足的蛋糕，基礎結構薄弱，可想而知撐不了多久就會崩塌。如果你是個稱職的蛋糕工程師，就不會讓這種事情發生，即便是我的現代版黑森林蛋糕也難不倒你。

有一些廣受喜愛的「蛋糕」其實不是由「蛋糕體」組成，如聖黑諾蛋糕（253 頁），是由泡芙麵糊為基底架構，接著再使用熱焦糖將一顆顆的泡芙彼此黏牢，技術上來說是精緻甜點，非常值得一試。還有最近很紅的玻璃杯蛋糕（267 頁），好看、有趣又好吃。

蛋糕和冰淇淋是好朋友，甚至有時也會用冰淇淋做蛋糕，於是我

決定將它們收編為同一章節。製作冰淇淋蛋糕的結構原則和慕斯蛋糕類似，不過駕馭冰淇淋又是另一項挑戰。從基礎出發，先學會香草冰淇淋，這是所有冰淇淋口味的基礎，花點時間練習，徹底了解「給予冰淇淋充分的時間在冷凍庫裡冰凝得當」的奧義。接下來，往複雜一點的冰凍夾心蛋糕（281 頁）邁進。這款蛋糕是以馬林糖為地基，打發鮮奶油是「結構牆」，以水果口味的冰淇淋或雪酪當「樓板」，酸酸甜甜的正好和具有甜度的馬林糖達成平衡。

冰凍甜品可不僅僅有冰淇淋或雪酪而已，還有冷凍的慕斯甜點。如咕咕霍夫冰淇淋蛋糕（275 頁），使用特殊的波浪紋路模具（Bundt-shaped mold）填裝蜂蜜口味的冷凍慕斯製作而成。下次宴客，也許能招待客人一人一杯咖啡與巧克力凍慕斯（289 頁），上頭搭配酥脆的咖啡胡桃瓦片餅乾以及一球瘦長蛋形的香料鮮奶油。

當我看見漂亮、美味的蛋糕作品時，總有股衝動想把它擺到王座上膜拜。在你仔細閱讀、練習這些食譜後，一定能在自家客廳裡，為你的賓客們呈現出他們此生所見過最美麗的蛋糕，我想他們也會跟我一樣，心生膜拜的衝動。

迪爾貝克磅蛋糕
Deerback

份量 | 1 條

材料	重量	體積或盎司（略估）
軟化奶油，塗抹烤模用	30g	2 大匙
杏仁片（帶皮膜）	75g	¾ 杯
可可粉	16g	3 大匙
糖粉，過篩	60g	略少於 ½ 杯
杏仁粉（去皮膜，白色）過篩	80g	¾ 杯（滿尖）
低筋麵粉	20g	2 大匙
玉米粉	18g	2 大匙
奶油（法式，82% 脂肪含量）	52g	1⅘ 盎司
杏仁粉（去皮膜，白色）過篩	75g	¾ 杯
糖粉，過篩	30g	¼ 杯
蛋黃	50g	3 顆
蜂蜜	20g	2 小匙
全蛋	50g	1 顆
香草萃取液	5g	1 小匙
檸檬皮	½ 顆	½ 顆
柳橙皮	¼ 顆	¼ 顆
蛋白	160g	⅔ 杯或 4½ 顆
砂糖	80g	⅓ 杯
甘納許（72 頁）	75g（製作半份食譜量，將剩餘未使用的部分妥善保存可供日後使用）	2³⁄₁₀ 盎司

開始之前

→ 準備好以下工具，並確定所有材料都已回到室溫：

電子秤，將單位調整為公制
製作甘納許所需的器具（72 頁）
1 支烘焙專用毛刷
1 個長條形烤模
1 個篩網
烘焙紙
1 個小煮鍋
1 支寬的橡皮刮刀
桌上型攪拌機，搭配槳狀和氣球狀攪拌頭
1 個大型的攪拌盆
1 個小型的攪拌盆
1 支橡皮刮刀
1 支小型有角度的抹刀
1 個烤盤
1 支小刀
1 張網架
1 條茶巾
保鮮膜
1 支鋸齒刀

其實這款蛋糕被我遺忘好一陣子，一直到我開始著手進行這本書時，才又想起這款我在史特拉斯堡當學徒時常常製作的巧克力杏仁磅蛋糕。書寫本書的同時，也激起我許多過往回憶，從抽屜裡翻出很多珍藏超過二十年的食譜。這裡為大家介紹的是改良版本的迪爾貝克磅蛋糕，有濃郁的巧克力及杏仁片外層，裡面則是檸檬、柳橙香氣，溼潤感十足的杏仁蛋糕體，還夾有海量的甘納許，簡直是邪惡等級的美味。

→ 請認真把食譜讀兩次。

作法

1 以烘焙專用的毛刷，在長條形的烤模內刷上大量的軟化奶油，倒入杏仁片，由各個方向、不同角度拍打模具，使杏仁片均勻黏附在烤模內側，這層杏仁片將會是蛋糕的外皮。杏仁片均勻裹上烤模內側後，將烤模翻轉過來，讓沒沾黏上、多餘的杏仁片掉落，另外保存可做他用。將烤模送進冰箱冷藏 15 分鐘。

2 烤箱預熱 350°F／180°C，並將網架移放到烤箱的中間層。可可粉、60g 糖粉和 80g 杏仁粉，一起過篩置於烘焙紙上備用。另取一張烘焙紙或小攪拌盆，盛裝過篩的低筋麵粉及玉米粉備用。

3 小煮鍋內放入奶油，以小火加熱融化後，不時以橡皮刮刀攪拌持續加熱約 5～7 分鐘，直到顏色轉為淡棕色，熄火，將奶油過濾至一個小碗中，以免餘溫持續作用使顏色過深，靜置一旁冷卻 5 分鐘。

4 在桌上型攪拌機的攪拌盆中，加入已過篩的 75g 杏仁粉、30g 糖粉，並加入蛋黃、蜂蜜、全蛋以及香草萃取液，使用槳狀攪拌頭中速攪拌 5 分鐘，直到混合物輕盈且呈現淡黃色。倒入微溫的棕色奶油，再次以中速攪拌 30 秒。將攪好的杏仁糊倒到另一個大型的攪拌盆中，使用寬大的橡皮刮刀，輕巧拌入檸檬、柳橙皮、低筋麵粉及玉米粉。立即以清潔劑及熱水清洗桌上型攪拌機的攪拌盆，確實擦乾後再次裝上機器，換上氣球狀攪拌頭。接著馬上進行下一個步驟，以免麵糊等待過久。

5 將蛋白倒入桌上型攪拌機的攪拌盆中，以氣球狀攪拌頭中速攪拌 10 秒後，加入砂糖，調成最高速打發 1.5～2 分鐘，直到蛋白霜溼性發泡（垂垂小尖角），留意避免打發過度失去光澤顯得乾乾的。從機器上取下攪拌盆，在另一個小碗中秤出 120g 蛋白霜，以折拌的手法加入麵糊中，小心不要過度攪拌以免消泡，烤出來的蛋糕會又乾又硬。剩下的蛋白霜回到機器上，以最低轉速持續攪打避免消泡，維持豐盈蓬鬆。

6 停下機器，以橡皮刮刀將混合好的可可粉、60g 糖粉和 80g 杏仁粉輕輕拌入剩下的蛋白霜內，倒入鋪滿杏仁片的烤模中，並使用小支的有角度抹刀將可可蛋白霜均勻抹開，鋪滿烤模的內壁，這層可可蛋白霜烤後會形成蛋糕殼。

7 接續在烤模中倒入麵糊，以有角度的小抹刀將頂端抹平。烤模應會被裝填至 ¾ 滿，將其放在烤盤上，送進烤箱以 350°F／180°C 烘烤 25 分鐘後，將溫度調降為 325°F／160°C 再烤 20 分鐘，直到蛋糕定

杏仁粉有極佳的吸水性，當製作堅果風味的磅蛋糕時，杏仁粉總是我的首選。其他堅果粉皆有較高比例的脂肪含量，水脂不融，因此吸水力也就相形遜色。

將打發的蛋白加入磅蛋糕能使得蛋糕更輕軟，所含的空氣泡泡同時也能抓住水分，讓蛋糕溼潤。一般來說，我在製備蛋白霜時會加入鹽或塔塔粉，但這份食譜中不適合添加，因為這兩樣材料和巧克力的天然酸度有所衝突。建議使用筋度最低的低筋麵粉和玉米粉，這樣蛋糕才不會過於扎實或有嚼勁。添加了檸檬皮和柳橙皮，使得蛋糕有一絲酸勁及柑橘芬香。藉著緩慢加熱融化而成的棕色奶油，具飽滿堅果香氣，若以高溫加熱奶油，奶油很容易就燒焦了，燒焦的奶油一點都不美味。

甘納許建議製作一整份（72 頁），因為小量的甘納許在製作時難以控制溫度，更容易失敗。多的甘納許可以冷凍保存，手邊隨時擁有一些備用甘納許，那是多麼美好的習慣。

型，以小刀刺入蛋糕的中心，拔出後沒有任何沾黏就是烤好了。若是有沾黏麵糊，則再繼續烘烤 5～10 分鐘。烤好後馬上從烤箱中取出，在網架上翻轉脫模，以茶巾將蛋糕覆蓋包好，室溫下放涼約 1 小時。

8 製作甘納許（72 頁），以保鮮膜包妥後，送進冰箱冷卻 30 分鐘。秤出 75g，剩下的包裹妥當，冷藏或冷凍保存。（多的甘納許可以變身好喝的熱巧克力：在一杯熱牛奶中，加入一大匙甘納許，攪拌均勻，完成！）

9 將蛋糕移到砧板上，沒有杏仁片的那面朝上。以長鋸齒刀平行蛋糕長邊，傾斜 45 度角由蛋糕邊緣往內切到中心點，兩邊各切一刀，切出一個 V 字型。將切出的三角柱形狀蛋糕小心拿起來，以小抹刀在切口處塗抹上 75g 甘納許，再將 V 字型蛋糕組合回去，稍微向下施壓讓蛋糕和甘納許黏合。完成後，將蛋糕裝回烤模裡，送進冰箱冷卻 30 分鐘，靜待甘納許凝結變硬、定型。從冰箱取出，室溫下回溫 30 分鐘後脫模。完成！

完成了？完成了！

可可蛋白霜殼和蛋糕體都必須是溼潤的，甘納許則是美好滑順的滋味。

保存

以保鮮膜包裹好，放置於陰涼處可保存 2～3 天。

私藏祕技

→ 出爐後必須立刻脫模，否則蛋糕體的熱蒸氣逸散不及，接觸到烤模後凝結成水氣，會使得蛋糕變得溼黏。

→ V 字切對新手來說頗具挑戰，也可以將蛋糕水平切成 2～4 片，做成夾層蛋糕。不過這樣就要使用更多甘納許，成品也會有更顯著的巧克力風味。

→ 這款蛋糕若是以榛果粉或胡桃粉製作，滋味也會很棒。建議只替用一半的份量，保留住一半的杏仁粉，這樣才不會喪失了溼潤的口感，巧克力、榛果或胡桃，和柳橙是絕佳的組合。

海綿蛋糕
Génoise

材料	重量	體積或盎司（略估）
奶油（法式，82% 脂肪含量），依照下方說明製作澄清奶油	125g 製作成澄清奶油後，取 100g	4⅖ 盎司製作成澄清奶油後，取 3½ 盎司
軟化的奶油，用於模具防沾黏	30g	1 盎司
低筋麵粉	120g	1 杯
玉米粉	14g	1½ 大匙
全蛋	200g	約 4 顆
砂糖	100g	½ 杯
香草萃取液	10g	2 小匙
蜂蜜	20g	1 大匙

　　新鮮出爐，溼潤、充滿奶油香氣且有著如同羽毛般輕盈酥鬆的海綿蛋糕，實在少有其他甜點可以相提並論。看看那香腴的棕色外皮，我甚至完全不介意海綿蛋糕稍微被烤過頭。海綿蛋糕在糕餅領域裡占有重量級的地位，在很多甜點應用中都能看見它的蹤影，在眾多傳統蛋糕裡，海綿蛋糕更扮演要角。盤裝甜點、冰淇淋蛋糕、迷你款的獨享糕點或杯裝甜點（verrines），也都常使用到它。

　　海綿蛋糕有幾種常見的口味變化，我個人最喜愛香草口味，也是許多甜點師偏愛的基本款。另外，我也很喜歡帶有柑橘風味的海綿蛋糕。也可以添加可可粉，就變成巧克力口味。有些烘焙師傅會添加榛果抹醬或榛果粉，製作出充滿濃郁堅果氣息的海綿蛋糕。

作法

1 準備澄清奶油。在小煮鍋中放入 125g 奶油，以小火緩慢加熱至沸騰。煮滾的奶油由於內含的水分沸騰時和鍋子底部碰撞，會產生一些聲音，可試著觀察看看。持續小火加熱 2～3 分鐘，水分隨著沸騰完全逸散後，聲音就會消失。此時可以看見一些固體狀的蛋白質漂浮在表面，用撈油網或大湯匙將這些蛋白質撈撇乾淨。在煮鍋的底部也會發現蛋白質固體，再持續加熱 3 分鐘後熄火（小心不要燒焦了），室溫下靜置 30 分鐘，利用細目濾網或製作起司的麻布，將

開始之前

→　準備好以下工具，並確定所有材料都已回到室溫：

電子秤，將單位調整為公制
1 個小煮鍋
1 支電子溫度計
1 支撈油網，或大湯匙
1 個細目濾網，或普通濾網鋪上製作起司專用的麻布
1 個小碗
1 支烘焙專用毛刷
1 個 9 吋蛋糕烤模
烘焙紙
剪刀
1 個篩子
桌上型攪拌機，搭配氣球狀攪拌頭
1 支不鏽鋼打蛋器
1 個大型攪拌盆
1 支大型橡皮刮刀，或打蛋器
1 個烤盤
1 支小刀

→　請認真把食譜讀兩次。

製作以烤模烘烤的海綿蛋糕時，我習慣先將蛋液和砂糖以水浴加熱至 149°F ／65°C 後再打發，這能在打發蛋液的同時讓蛋白質開始凝結，比起常溫打發蛋液（cold method，我用於製作樹幹蛋糕的蛋糕捲，249 頁），以水浴法製作的蛋糕麵糊較穩定，因為凝結的蛋液抓空氣泡泡的能力也更強。砂糖具有緩衝作用，避免蛋液受熱過速凝結。

蜂蜜為非常甜的轉化糖，其結構有助於蛋黃脂肪的乳化，因而和食譜材料中的水分結合得更好。

我採用麩質含量最低的低筋麵粉，蛋糕才會鬆軟。我見過使用高筋麵粉製作海綿蛋糕的食譜，那通常是因為蛋糕中的奶油含量極高，需要高筋度麵粉的支撐力，蛋糕體才不會過於攤軟。配方中的玉米粉不含筋度，又有支撐蛋糕體的功能。

海綿蛋糕的溼潤口感來自於油脂。液體油脂保溼度最好，但是誰會想要吃一塊吸滿油的蛋糕呢？液態油的風味遠遠不及奶油，所以最好是使用澄清奶油，其水分已逸散，蛋白質也分離出來並撇除乾淨，這樣處理完成的澄清奶油，能強力保溼，同時保有奶油的美好風味。

奶油過濾到小碗中，這樣的處理方式可將奶油中的固形物移除乾淨，即是澄清奶油。秤取 100g 澄清奶油，靜置一旁放涼至 105°F ／41°C 備用。如果還有剩餘的澄清奶油，冷藏保存，也很適合用來炒菜。將溫度計清洗乾淨並擦乾。

2 烤箱預熱 350°F ／180°C，並將網架移放到烤箱中間層。在 9 吋蛋糕模內刷上軟化奶油。將烤模放在烘焙紙上，以鉛筆描出圓周，再以剪刀將烘焙紙剪成略小的圓形，放進烤模底部。再剪出一條寬同烤模高度的長條烘焙紙，沿著烤模內壁鋪一圈。

筆記：避免使用液體油脂或市面上號稱防沾黏的噴霧，這兩者會使得成品嚐起來有油膩感。

3 低筋麵粉及玉米粉，一起過篩置於烘焙紙上備用。

4 在小煮鍋內注入 2.5cm 高的水。在桌上型攪拌機的攪拌盆中，秤入全蛋、砂糖、香草及蜂蜜，隨後將攪拌盆放於小煮鍋上方（盆子底部不可以接觸到水），以最小火水浴加熱，同時以打蛋器持續攪打，過程中不時轉動攪拌盆，確保每個部位均勻受熱，沒有蛋花的情況產生。當溫度達到 149°F ／65°C，立刻從水浴中取起，架放到桌上型攪拌機中。

5 使用氣球狀攪拌頭，最高轉速打發 3 分鐘。此時，蛋液會呈現輕盈蓬鬆，淡淡的鵝黃色，隨後將轉速調降為中速，再攪打 3 分鐘。

6 確認澄清奶油已降溫至 105°F ／41°C，將攪拌機轉速再調降，將奶油緩慢地倒入蛋液中。

7 停下機器，以大型橡皮刮刀將蛋糊刮到另一個大型攪拌盆中。加入一半的麵粉及玉米粉，輕巧地以寬大的橡皮刮刀折拌混合，麵粉很容易沉降到蛋液的底部，所以每次攪動都要將刮刀觸及盆底撈起，隨後再加入剩下的另一半粉類，以相同的手法折拌直到看不見乾粉。有些師傅會以打蛋器取代橡皮刮刀，我並不反對，但打蛋器多圈的金屬構造會使得拌勻效率遠遠高過橡皮刮刀，所以要更加小心不要過度攪拌，否則會導致整盆蛋糕麵糊消泡。

8 以橡皮刮刀，將完成的海綿蛋糕麵糊全部刮入烤模中，抹平表面。

9 將烤模放在烤盤上，送入預熱好的烤箱烘烤 30～35 分鐘，直到蛋糕蓬鬆呈現淡淡金黃色，以小刀刺入取出後沒有沾黏的麵糊，即是完成。在網架上脫模，蓋上茶巾自然放涼。

完成了？完成了！

蛋糕顏色為金黃棕色，內部具有溼潤口感。以小刀刺入蛋糕，取出後沒有沾黏麵糊，是檢查蛋糕是否烤熟的原則。若有麵糊沾黏，則一次多烤 5 分鐘直到烤熟。

保存

烤好的蛋糕以保鮮膜包裹好，可冷藏保存 2～3 天，冷凍保存 1 個月。

口味變化

將食譜中的玉米粉換成可可粉，就能做出巧克力海綿蛋糕。

私藏祕技

→ 除了使用烘焙紙防沾黏之外，也能使用奶油麵糊（8 頁）。
→ 若是使用矽膠材質的蛋糕模，不需塗抹奶油以及鋪烘焙紙。也能選用各種不同造型的金屬烤模烘烤海綿蛋糕。在阿爾薩斯，復活節時我們會使用陶製的小羊造型烤模烘烤海綿蛋糕，稱為 lamele 或 lamala。若是使用造型特殊的烤模，可用奶油麵糊（8 頁）做防沾黏處理。

在我跟隨約翰・克勞斯開始學徒生涯的前三個月，某個12月初的早晨，老闆指派我製作要做樹幹蛋糕用的海綿蛋糕，那是聖誕節必備的應景甜點。店裡使用的海綿蛋糕食譜，一份需要用到40顆蛋及1200g砂糖，同樣以水浴法製作麵糊。約翰・克勞斯知道我是烘焙新手，臂力還不夠強壯，一次打發40顆蛋對我來說難度太高，於是同意我先做一半份量就好。儘管如此，20顆蛋對當時的我來說，依然沒有足夠的臂力應付。我曾經是個足球員，比起臂力，腿力還比較強。當我開始攪拌蛋糊，幾分鐘過後居然抽筋了，我非常慌張，知道自己必須要停下來，不妙的是約翰・克勞斯正緊盯著我，我愈攪拌手愈痛，他開始露出懷疑的眼神。幾分鐘後，我把爐火關了，向他承認我做不到。他立刻暴跳如雷的對著我粗口咆哮，說我是個沒用的、糟糕的窩囊廢，這輩子休想在業界立足。

甜點師最需要的是前臂跟手腕的力氣，我總是鼓勵學生不要輕言放棄，學習烘焙之初，一定會有體力不支甚至疼痛的狀況，但是只要意志堅定、努力付出，就能順利克服，也會愈來愈強壯。被師父痛罵的隔年，我手臂的強度晉級了，一個人負責製作整個店裡需要的樹幹蛋糕用海綿蛋糕。那天我共做了40回合海綿蛋糕，每一次都使用40顆蛋，就像是臺專門生產蛋糕的機器一樣，輕鬆完成不揮一滴汗。我非常自豪，因為我靠著努力撐過了難關。

海綿蛋糕捲
Génoise Roulade

份量 | 30.5×63cm 海綿蛋糕 1 片（一個烤盤大小）

材料	重量	體積或盎司（略估）
融化的奶油，模具防沾黏用	視需要	視需要
全蛋	190g	3 顆，加上 1½ 大匙的打散蛋液
砂糖	90g	⅓ 杯＋2 大匙
香草萃取液	5g	1 小匙
蜂蜜	5g	¾ 小匙
中筋麵粉	45g	⅓ 杯
玉米粉	45g	⅓ 杯

這份食譜可以做出一片長方形且具溼潤度的海綿蛋糕，常應用於樹幹蛋糕、果醬蛋糕捲或多層造型蛋糕。按照我的配方和作法，蛋糕片成品就會有足夠強度易彎可捲。這款麵糊不需要以水浴法加熱蛋液，而是在常溫環境下，直接打發蛋液和砂糖，再利用烤盤烘烤出片狀蛋糕。成品必須要有十足的溼潤度，捲起時才不會乾裂破碎。不加熱蛋液，能有效避免食材裡的水分喪失。

作法

1 在烤盤上鋪烘焙紙，並在烘焙紙上刷上薄薄一層融化奶油。不要使用液體油脂或防沾黏噴霧，這兩者會使得成品嚐起來有油膩感。烤箱預熱 400°F／200°C，將網架移放到烤箱的中間層。

2 在桌上型攪拌機的攪拌盆中秤入全蛋、砂糖、香草萃取液以及蜂蜜，以氣球狀攪拌頭低速攪拌 30 秒，使材料融合。

3 將轉速調到最高，攪打 5 分鐘。此時蛋液呈現輕盈蓬鬆、淡淡的鵝黃色。隨後將轉速調降為中速，再攪拌 3 分鐘。

4 麵粉及玉米粉，一起過篩置於烘焙紙上備用。

5 使用大型橡皮刮刀將打發的蛋液刮入另一個大型攪拌盆中＊。加入一半篩好的麵粉和玉米粉，輕巧地以寬大的橡皮刮刀折拌混合，麵粉很容易沉降到蛋液的底部，每一次攪動都將刮刀觸及盆底。加入剩下的粉類，以相同的手法折拌直到看不見乾粉。

開始之前

→ 準備好以下工具，並確定所有材料都已回到室溫：

電子秤，將單位調整為公制
1 個鋪有烘焙紙的烤盤
1 支烘焙專用毛刷
桌上型攪拌機，搭配氣球狀攪拌頭
1 個篩網
烘焙紙
1 支大型的橡皮刮刀
1 個大型的攪拌盆
1 支有或無折角的長型抹刀

→ 請認真把食譜讀兩次。

＊譯註：在專業的烘焙廚房裡，攪拌機的行程排得很滿，一旦完成機器攪拌的部分，會將剩下的步驟轉移到一般攪拌盆裡操作。若是自家廚房，可繼續使用同一個攪拌盆接續加入麵粉。

蜂蜜是甜度很高的轉化糖，其結構有助於蛋黃脂肪的乳化，也能將脂肪顆粒分解成更小的體積，使得麵糊更輕盈蓬鬆。

一般的海綿蛋糕只會用到麵粉，但我偏好一半麵粉加一半玉米粉。玉米粉不具有任何筋度，可增進蛋糕體的柔軟度及可塑性。

私藏祕技

→ 烤好的蛋糕出爐後，最好繼續將蛋糕留在烘焙紙上，直到要用時才將烘焙紙撕除。與所有的海綿蛋糕一樣，海綿蛋糕片烤好後可冷凍保存（生麵糊無法冷凍保存）。冷凍前，先以保鮮膜妥善包裹兩層（擠出空氣），如果有兩片以上，片與片之間以烘焙紙隔開，再以保鮮膜包裹。

→ **學到賺到：** 如果海綿蛋糕不小心烤過頭而變得乾硬，可將蛋糕放在烤盤上，直接放進冰箱裡冷藏一夜（不包保鮮膜），待蛋糕吸收冰箱裡的溼度，就會再次回軟。

6 使用橡皮刮刀，將完成的海綿蛋糕麵糊，全部刮入烤盤中，將表面抹平，盡量使麵糊均勻分布。利用長型的金屬抹刀（有折角的為佳）在麵糊表面多次來回塗抹均勻（抹刀和麵糊表面要有一點角度），一邊以橡皮刮刀將黏在抹刀上的麵糊刮回烤盤裡。抹平麵糊的步驟，需要敏捷快速地進行，以免麵糊消泡。完成後的麵糊約一公分厚，且肉眼可見許多小氣泡。

7 將烤盤送入預熱過的烤箱，烘烤 7～8 分鐘，直到金黃上色。取出後置於網架上放涼。

完成了？完成了！

蛋糕顏色為金黃棕色，內部具溼潤口感。蛋糕片的四邊可能會上色的比中間稍微深一些，但不至於硬脆。烘烤溫度對於這麼薄的蛋糕來說，乍看之下似乎偏高，但正由於蛋糕很薄，所以才需要高溫快烤，才不會因為時間拖長而烤得過乾。

變化版

有些甜點師會在海綿蛋糕麵糊裡加入融化奶油，以提升豐腴的口感。添加的奶油量為食譜中用蛋量的 20%（若以此配方為例，就是38g 奶油）。我個人喜好使用澄清奶油（237 頁），但因為很少量，所以直接使用融化奶油也可以。以 50%的微波功率或小火加熱將奶油融化，當全數的麵粉都折拌進打發的蛋液中，完成海綿蛋糕麵糊後，取少量的麵糊加到澄清奶油或融化奶油中，攪拌均勻後再次倒回蛋糕麵糊裡輕巧地折拌均勻。

杏仁海綿蛋糕
Almond Biscuit Roulade

材料	重量	體積或盎司（略估）
軟化奶油，塗抹烤模用	視需要	視需要
杏仁粉（去皮膜，白色）	95g	1 杯＋1 大匙
糖粉	95g	1 杯
低筋麵粉	23g	¼ 杯
砂糖	30g	2 大匙＋1 小匙
全蛋	60g	超大型蛋 1 顆
全蛋	60g	超大型蛋 1 顆
蛋白	85g	⅓ 杯
砂糖	70g	5 大匙
海鹽	0.5g	一小撮
奶油（法式，82% 脂肪含量）	17g	1 大匙

和上一個海綿蛋糕捲相似，這是一款長方形的薄片狀杏仁海綿蛋糕，常見使用於果醬蛋糕捲或多層蛋糕。這種蛋糕的名稱中有「biscuit」（餅乾）這個單字，容易造成誤解，但其實這是指海綿蛋糕中加入了蛋白霜的意思；而普通的全蛋打發海綿蛋糕則是「génoise」。使用蛋白霜製作海綿蛋糕的目的，是為了得到更鬆軟質感的蛋糕，整形時更容易操控，不容易鬆散開來或碎裂。

作法

1 烤盤上鋪烘焙紙，並在烘焙紙上刷一層薄薄的融化奶油。不要使用液體油脂或防沾黏噴霧，這兩者會使得成品嚐起來有油膩感。烤箱預熱 400°F／200°C，將網架移放到烤箱中間層。

2 在桌上型攪拌機的攪拌盆中秤入杏仁粉、糖粉、低筋麵粉以及 30g 砂糖，以槳狀攪拌頭低速攪拌 30 秒，使材料融合。

3 停下機器，加入 60g 全蛋，再以中速攪打 4 分鐘。再次停下機器，以橡皮刮刀翻拌檢查是否有任何殘餘的乾粉留在攪拌盆底部。再加入 60g 全蛋，以中速攪打 4 分鐘。此時麵糊呈現輕盈蓬鬆、淡淡的鵝黃色。

開始之前

→ 準備好以下工具，並確定所有材料都已回到室溫：

電子秤，將單位調整為公制系統
1個鋪有烘焙紙的烤盤
1把烘焙專用毛刷
1個篩網
桌上型攪拌器，搭配槳狀和氣球狀攪拌頭
1支大型的橡皮刮刀
1個中型的攪拌盆
1個可微波的小碗
1個大型的攪拌盆
1把有或無折角的抹刀

→ 請認真把食譜讀兩次。

本食譜用到了很高比例的杏仁粉。相較其他堅果粉，杏仁粉有較低的脂肪含量，因此吸收水分的能力較高，能使蛋糕體含水度高，後續也容易操作。這也是為什麼許多堅果風味的蛋糕，大多選擇使用杏仁粉的原因。

也可以用其他堅果粉增添風味，如榛果粉、開心果粉、胡桃粉或夏威夷果粉。不過，請保留一半份量的杏仁粉，另一半再替代成其他堅果，否則蛋糕會有油膩感，尤其是開心果粉和夏威夷果粉，這兩種堅果的脂肪含量很高。若將杏仁粉全數替代成胡桃或核桃粉，會使蛋糕帶有苦味。

糖粉是研磨得很細的砂糖，糖粉能更快溶解、與其他材料混合，因此可以減少攪拌麵糊的時間，而使麵糊保有較多的氣泡。

4 橡皮刮刀，將麵糊全部刮入中型攪拌盆中。接著將桌上型攪拌機的攪拌盆以熱水和清潔劑徹底洗淨並擦乾。

5 洗淨擦乾的攪拌盆中加入蛋白、70g 砂糖和海鹽，以氣球狀攪拌頭中速攪打 3 分鐘，打至軟性發泡（69 頁），完成後的蛋白霜應該帶有光澤且氣泡綿密，舉起攪拌頭拉起蛋白霜的樣子，會像是稍微下垂的鳥喙而不是直挺挺的尖角（70 頁）。如果蛋白霜的狀態尚未到位，那就再多攪打 1 分鐘，小心不要過度打發，如果不幸過度打發了，就只好重新再來一次，或將打發過度的蛋白霜靜置於工作檯面上 30 分鐘，待消泡後再以最高速攪打 30 秒，順利的話，還是可以打出具有綿密氣泡、鬆軟的蛋白霜。若是蛋白霜太硬（硬性發泡），拌入麵糊中之後，會因需要更長時間拌勻而造成消泡。

6 將奶油放入可微波的小碗裡，覆蓋一張廚房紙巾，以 50%微波功率加熱 1 分鐘至奶油融化。

7 取一個大型攪拌盆，倒入一半份量的麵糊、一半份量的蛋白霜及融化奶油，以大型橡皮刮刀折拌。每一次攪拌都將刮刀觸及盆底，將底部的麵糊撈到表面的手法輕巧翻攪。

8 使用橡皮刮刀，將完成的海綿蛋糕麵糊，全部刮入烤盤中，將表面抹平，盡量使麵糊均勻分布。利用長型的金屬抹刀（有折角的為佳）在麵糊表面多次來回塗抹均勻（抹刀和麵糊表面要有一點角度），一邊以橡皮刮刀將黏在抹刀上的麵糊刮進烤盤裡。抹平麵糊的步驟，需要敏捷快速地進行，以免麵糊消泡。完成後的麵糊約一公分厚，且肉眼可見許多小氣泡。

9 將烤盤送入烤箱烘烤 8～10 分鐘，直到蛋糕定型且金黃上色。取出後置於網架上放涼。

完成了？完成了！

蛋糕顏色為金黃棕色，內部具有溼潤口感。以高溫快烤薄薄的蛋糕片，才不會因為烘烤時間拖得太長，而烤得太乾。若烤箱溫度不夠高，需要較長時間才能烤熟，就容易造成蛋糕口感過乾而失敗。

保存

　　烤好的蛋糕出爐後，最好繼續將蛋糕留在烘焙紙上，直到要用時才將烘焙紙撕除。與所有的海綿蛋糕一樣，海綿蛋糕片烤好後可冷凍保存（生麵糊無法冷凍保存）。冷凍前，先以保鮮膜妥善包裹兩層（擠出空氣），如果有兩片以上，片與片之間以烘焙紙隔開，再以保鮮膜包裹，這樣就很節省空間。

私藏祕技

→ **學到賺到**：非如果海綿蛋糕不小心烤過頭而變得乾硬，可將蛋糕放在烤盤上，直接進冰箱裡冷藏一夜（不包保鮮膜），待蛋糕吸收冰箱裡的溼度，就會再次回軟。

無麵粉巧克力蛋糕
Flourless Chocolate Sponge

材料	重量	體積或盎司（略估）
蛋黃	120g	約 8 顆
砂糖	70g	6 大匙
可調溫黑巧克力（64%）	70g	2⅕ 盎司
無糖黑巧克力	11g	⅖ 盎司
蛋白	150g	4½～5 顆
海鹽	一小撮	一小撮
砂糖	70g	6 大匙

開始之前

→ 準備好以下工具，並確定所有材料都已回到室溫：

電子秤，將單位調整為公制
2 個烤盤，其中一個鋪上烘焙紙
桌上型攪拌機，搭配氣球狀攪拌頭
1 支大型橡皮刮刀
1 個大型攪拌盆
1 個可微波或可以架在水浴上的小碗
1 支寬大的刮刀或大支的不鏽鋼打蛋器
1 支有折角的長抹刀
1 支小刀
烘焙紙

→ 請認真把食譜讀兩次。

又是一道無人不愛的甜點。這款蛋糕非常溫潤，口感微妙的介於海綿蛋糕跟甘納許之間，每一口都迅速在嘴中融化開來的滋味，是因為材料中沒有使用麵粉的緣故。無麵粉巧克力蛋糕在應用上，除了可以替代傳統的巧克力蛋糕之外，也因為它有冷凍後也不會變硬的特質，更適合用來做冰淇淋蛋糕。變身成巧克力塔或杯裝巧克力慕斯蛋糕（267 頁）也很棒。好好享用這簡單又美好的蛋糕，並發揮探險精神，開發出更多應用的可能性吧！

作法

1 烤箱預熱 350°F ／180°C，烤盤鋪上烘焙紙。

2 桌上型攪拌機的攪拌盆裡加入蛋黃和 70g 砂糖，以氣球狀攪拌頭高轉速攪打 3 分鐘。停下機器，以橡皮刮刀將噴濺到攪拌盆壁上的材料刮下後，再次開機，以中速攪打 3 分鐘，直到蛋黃液濃稠、蓬鬆，顏色變淡。停下機器，提起攪拌頭，觀察蛋黃糊落回盆中時是否留下如緞帶般的紋路（ribbon stage）。以橡皮刮刀將蛋黃糊全部刮入另一個大型攪拌盆中。接著，將桌上型攪拌機的攪拌盆以熱水和清潔劑徹底洗淨並擦乾。

3 將兩種巧克力放入小型攪拌盆中，隔水加熱融化，全程使用小火並留意不要燒焦了。或使用可微波的容器，以 50%功率微波 3 次，每次 30 秒。以橡皮刮刀小心攪拌，直到巧克力完全融化。

4 桌上型攪拌機的攪拌盆中加入蛋白和海鹽，以氣球狀攪拌頭中速攪

打 10 秒，加入 70g 砂糖，調高速攪打約 1.5 分鐘直到蛋白霜呈現硬性發泡且依然帶有光澤。調至最低轉速保持攪打，以維持蛋白霜的豐盈。

5 蛋白霜持續低速攪打的同時，以大型橡皮刮刀將融化的巧克力和蛋黃糊攪拌均勻。巧克力很容易沉降至底部，每一次攪拌都要將刮刀觸及盆底撈起。

6 停下機器，以寬大的刮刀或機器的氣球狀攪拌頭，輕巧地將蛋白霜攪拌進巧克力糊中。以多點式的倒法，將蛋糕麵糊平均倒入烤盤中，利用長型有折角的金屬抹刀將麵糊表面塗抹平順。抹平麵糊的步驟，需要敏捷快速地進行，以免麵糊消泡。

7 將烤盤送入烤箱烘烤 12 分鐘，若以小刀刺入蛋糕中心，拔出後沒有沾黏任何麵糊就是烤好了，將蛋糕取出放涼。

8 將蛋糕取出並撕除底部的烘焙紙。以小刀沿著烤盤四周和蛋糕交接處輕劃一圈，然後在蛋糕上放一張烘焙紙，接著再倒扣一個烤盤，使蛋糕被夾在兩個烤盤中間。緊抓著兩個烤盤並上下翻轉，拿掉上方烤盤，輕輕撕去烘焙紙。如果無法一口氣整片撕除，可以一次一小條的方式慢慢撕。

完成了？完成了！

　　烤好的蛋糕表面會有一層較光滑的皮，內部很溼潤，以小刀刺入測試不會沾黏麵糊。

保存

　　可冷藏保存 2 天或冷凍保存 1 個月。和其他海綿蛋糕一樣，未烘烤的生麵糊無法冷凍保存。

食材解密

無麵粉蛋糕因為沒有麵粉的支撐，所以無法使用一般圓柱狀的蛋糕模烤出高高的蛋糕。麵粉中的麩質成分能將食材架結起來，其內含的固形物能使讓蛋糕烤後固定形狀。因此，當製作這類蛋糕時，需要含有足夠固形物的材料來取代麵粉的支撐功能，蛋糕才得以成形。蛋白裡含有 85～90% 的水分，並沒有太多固形物。蛋黃雖然提供了少許的固形物，但這款蛋糕最主要固形物來源還是砂糖及巧克力，這兩樣材料完全不含水分，儘管在加熱後會融化成液體，然而，它們冷卻後就會硬化，有助於成品的定型。

我喜歡在含有 64% 可可脂及可可固形物的巧克力裡，混入一點無糖黑巧克力，這樣能讓巧克力的餘韻更突出。過甜、缺乏可可香氣的巧克力製品總讓我感到厭煩，巧克力的滋味應該要能震撼味蕾。如果找不到無糖黑巧克力，可以將兩者用量相加後，以可可比例更高的巧克力替代，例如 85g 的 70% 黑巧克力。

千萬不要用牛奶巧克力或白巧克力製作無麵粉蛋糕，這兩種巧克力做出來的蛋糕會太甜膩。正因為沒有麵粉，這款蛋糕幾乎全靠糖當固形物支撐，配方中的含糖量已經很高了，如果再將黑巧克力置換成牛奶巧克力或白巧克力，其奶粉和乳糖成分，會使蛋糕甜得讓人受不了，不可能做出好吃的無麵粉巧克力蛋糕。

私藏祕技

→ 人人都會喜歡這款蛋糕，甚至可以應用於樹幹蛋糕（249 頁），隨時準備一些準沒錯！

巧克力、榛果樹幹蛋糕

Bûche de Noël

份量 | 16 吋樹幹蛋糕 1 條，可供 10～12 位賓客享用

材料	重量	體積或盎司（略估）
榛果抹醬（57 頁）	1 份食譜（一半抹醬，一半裝飾）	1 份食譜（一半抹醬，一半裝飾）
海綿蛋糕捲（241 頁，無添加奶油）	1 份食譜	1 份食譜
甘納許慕斯內餡		
鮮奶油（脂肪含量 35%）	250g	1 杯＋1 小匙
可調溫的黑巧克力（64%）	450g	1 磅
香草莢	1 根	1 根
鮮奶油（脂肪含量 35%）	415g	1¾ 杯＋1 小匙
奶油（法式，82% 脂肪含量）	50g	1¾ 盎司
蜂蜜	30g	1½ 大匙
裝飾		
可可粉	依喜好	依喜好
略壓碎的焦糖榛果	依喜好	依喜好
糖粉	依喜好	依喜好
香草卡士達醬（35 頁，可省略）	依喜好	依喜好

樹幹蛋糕是法國傳統的聖誕節節慶蛋糕。聖誕夜時，法國家庭都會在自家的壁爐裡點燃一根木材（Bûche）取暖，這根聖誕節專用的木材尺寸很大，足以燃燒到隔年元旦，傳統上人們認為這根木材燃燒後的灰燼是被祝福的，具有療效，也會將之當成作物的肥料。樹幹蛋糕就是這根大木材的象徵，有祈求豐收的意思。

父親的糕餅鋪裡，每年都會製作上百份樹幹蛋糕，整個家族包括叔叔、伯伯、伯母，嬸嬸，還有堂兄弟姊妹們，都會過來幫忙。樹幹蛋糕的內餡通常是香草、咖啡或巧克力奶油糖霜，外層則會抹上甘納許。

那時沒有烘焙紙可以用，糕餅師們會將麵粉袋裁成烤盤大小來用，當麵粉袋不夠用時，父親就會用報紙。小時候我常常看到報紙的

開始之前

→ 準備好以下工具，並確定所有材料都已回到室溫：

電子秤，將單位調整為公制
製作焦糖榛果（51 頁）跟榛果抹醬（57 頁）所需的工具
製作海綿蛋糕捲所需的工具（241 頁）
製作甘納許所需的工具（72 頁）
製作香草卡士達醬所需的工具（35 頁，可省略）
1 個鋪有烘焙紙的烤盤
1 支小型有角度的抹刀
桌上型攪拌機，搭配氣球狀攪拌頭
1 個大型攪拌盆
保鮮膜
1 個鋪有保鮮膜的烤盤
1 支中型或大型的刮刀
1 支不鏽鋼打蛋器
1 個電子溫度計
1 個擠花袋
1 支擀麵棍
1 個可微波的碗（依需要）
1 支鋸齒刀
1 組大小不同的圓形餅乾壓切模，或果醬瓶蓋

→ 請認真把食譜讀兩次。

筆記：將冰箱清出可放烤盤的空間。

油墨轉印在海綿蛋糕上頭，所以才發現了這個祕密。現在想起來，覺得十分恐怖，但當時從沒有人發現，也沒聽說有什麼食安問題。

製作樹幹蛋糕有三大步驟，仔細照著做，一定能得到與你付出的努力相等的回饋。建議可以提早最多兩週就先準備好焦糖榛果。溫潤的海綿蛋糕塗上薄薄一層榛果抹醬，上頭撒滿香酥的焦糖榛果，再加上巧克力慕斯內餡，外層抹上厚厚的甘納許，點綴一些焦糖榛果——罪惡等級的濃郁，絕對是歲末蛋糕的首選，美味得令人難以忘懷。

作法

1 製作焦糖榛果（51 頁），完成後取一半份量保存於密閉容器內，另一半製成榛果抹醬（57 頁）。

2 烘烤一份海綿蛋糕捲（241 頁，不加奶油），放涼後在蛋糕上放一張烘焙紙，接著再倒扣一張烤盤，抓住兩張烤盤，上下翻轉並移走上方的烤盤，輕輕撕去烘焙紙。

3 以小抹刀塗上薄薄一層榛果抹醬，從蛋糕片中央往外抹至距離四周邊緣約 1 cm 處。

準備巧克力甘納許慕斯內餡

1 將 250g 鮮奶油打發至有微微下垂小尖角的狀態（114 頁），包上保鮮膜送入冰箱保存備用。特別留意不要打得過發，若是鮮奶油打發得過於硬挺將無法順利和甘納許攪拌均勻，因而影響慕斯的滑順度。

2 烤盤上鋪層保鮮膜。製作巧克力甘納許（72 頁）。完成後秤取出700g，倒在鋪有保鮮膜的烤盤上並用橡皮刮刀抹開攤平，再以保鮮膜直接貼著表面包好，放進冰箱冷卻 15 分鐘。

3 將剩下的甘納許和打發好的鮮奶油混合，以打蛋器攪拌 20 秒，再換成橡皮刮刀輕輕混合均勻。此步驟中甘納許的最佳操作溫度大約是104°F／40°C，不要攪拌得太用力，只需攪拌到整體質地均一，巧克力慕斯內餡就完成了。

完成蛋糕捲

1 小心將完成的巧克力慕斯倒在已塗有榛果醬的蛋糕片上，以長型有角度的金屬抹刀，輕輕均勻推開，從中央往外抹至距離四周邊緣約1 cm 處，小心不要反覆塗抹造成慕斯消泡。

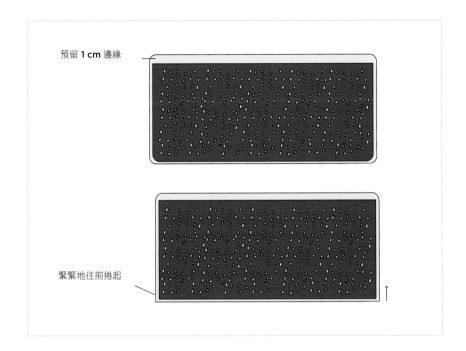

預留 **1 cm** 邊緣

緊緊地往前捲起

2 取一半份量的焦糖榛果，裝進擠花袋中，以擀麵棍打碎（不要太細碎），均勻撒在巧克力慕斯上。

3 可以開始捲了！首先，提起墊在蛋糕底部的烘焙紙兩角，幫助捲起蛋糕片。一邊捲一邊稍微用力讓每一圈蛋糕都內收扎實，同時一邊將烘焙紙往後剝下。捲好的蛋糕不該鬆散塌扁，而是挺立的圓柱狀。不用擔心蛋糕捲出現些許斷裂或外皮有點剝落，因為之後還會塗上厚厚的甘納許。將蛋糕捲放進冰箱冰鎮 20 分鐘。

4 從冰箱裡取出甘納許，確認一下溫度不會太冰，並且是好塗抹的軟硬度。如果太硬的話，倒入可微波的小碗中，以 50% 的功率短暫加熱 15 秒，再以橡皮刮刀攪拌均勻，視需要重複幾回合，直到軟硬度剛好適合抹開。

5 從冰箱中取出蛋糕捲，檢查蛋糕表面的結皮是否已經脫落；通常在捲的時候，皮就會隨著烘焙紙一起撕掉了。如果還在，就用手將那層結皮撕掉。接著以小抹刀塗上薄薄一層甘納許，功用在於隔絕蛋糕體可能剝落的碎屑，英文稱為「crumb coat」。將剩下的甘納許留一點備用，其他的全倒在樹幹蛋糕上，大致抹勻後，利用抹刀沿著樹幹的長邊水平刻畫出大小不一的線條，製造出樹皮的感覺。以鋸齒刀將樹幹前後端斜切下兩小段，黏在樹幹上，做成樹幹分岔的造型，並以預留的甘納許，塗抹在其交接處。在樹幹的斷面篩撒上可可粉，利用大小不同的圓形餅乾壓切模，壓出圈圈象徵年輪，視需

不正確，鬆散塌扁的蛋糕捲：無法維持樹幹蛋糕該有的造型。

正確，緊實的蛋糕捲：能維持樹幹蛋糕該有的造型。

要再篩一些可可粉美化。稍微壓碎的焦糖榛果隨意撒在樹幹上頭，然後篩撒上糖粉。放進冰箱冷藏 1 小時，蛋糕變硬定型後，從烘焙紙上取下，移到甜點盤上，食用前 2 小時從冰箱中取出回溫。

保存

樹幹蛋糕可冷藏保存 48 小時或冷凍保存 1 個月。欲冷凍保存時，將樹幹蛋糕直接放到冷凍庫 2 小時後，取出以保鮮膜妥善包裹好，再放進冷凍庫。欲解凍時，拿掉保鮮膜，將蛋糕放進冷藏約 6 小時。

聖諾黑泡芙蛋糕
Gâteau St. Honoré

份量 │ 9 吋蛋糕 1 個

2 或 3 天的製程 │ 做蛋糕前，至少提早一天預先準備千層酥皮麵團，前早兩天更好。讓擀開的麵團有至少整整一天的時間休息鬆弛筋度。

材料	重量	體積或盎司（略估）
千層酥皮麵團（28 頁）	150g	5³⁄₁₀ 盎司
泡芙麵糊（11 頁）	½ 份食譜	½ 份食譜
上色蛋液（7 頁）	1 份食譜	1 份食譜
輕奶油餡		
卡士達餡（39 頁）	1 份食譜	1 份食譜
冰涼的鮮奶油（脂肪含量 35%）	75g	⅓ 杯一1 大匙
香緹鮮奶油		
冰涼的鮮奶油（脂肪含量 35%）	200g	1 杯一1 大匙
香草萃取液	3g	¾ 小匙
砂糖	30g	2 大匙
焦糖		
砂糖	150g	⅔ 杯＋½ 小匙
水	50g	¼ 杯
玉米糖漿	50g	2 大匙
新鮮覆盆子	500ml	1 品脫

開始之前

→ 準備好以下工具，並確定所有材料都已回到室溫：

製作千層酥皮麵團所需的工具（28 頁）
製作泡芙麵糊所需的工具（11 頁）
製作卡士達餡所需的工具（39 頁）
製作焦糖所需的工具（47 頁）
1 個 9 吋塔環或塔模的底盤或盤子
剪刀
2 個鋪有烘焙紙的烤盤
1 個裝有 ½ 吋圓形擠花嘴的擠花袋
1 支烘焙專用毛刷
1 支叉子
桌上型攪拌機，搭配氣球狀攪拌頭
不鏽鋼打蛋器，或手持均質機
1 個小型攪拌盆
1 支橡皮刮刀
2 個中型攪拌盆
1 支小刀
1 個裝有¼吋圓形擠花嘴的擠花袋
錫箔紙
乳膠手套
1 隻小型有折角的抹刀
1 個裝有聖諾黑專用（見下方筆記）或
½ 吋星形擠花嘴的擠花袋

→ 請認真把食譜讀兩次。

筆記：聖諾黑專用擠花嘴具有特殊的深 V 形狀，可擠出直挺的尖角。

聖諾黑泡芙蛋糕是我最愛的法式甜點之一，因為它包含了四款深得我心的甜點元素：泡芙、卡士達餡，焦糖和千層酥皮，只能說是魔幻組合！千層酥皮底與泡芙麵糊一起烘烤後，排上一顆顆圓形泡芙，蛋糕和泡芙裡填有由卡士達餡和打發鮮奶油做成的輕奶油餡，並裹上焦糖，最後再以香緹鮮奶油擠花裝飾。覆盆子隱藏在卡士達餡裡，也用於裝飾，還有什麼比這更好的甜點！這款甜點可以做成大型，或是很多小顆以供不同場合享用。

以本食譜為例，9 吋蛋糕需要用到半份泡芙麵糊（11 頁），但是我仍建議製作一整份泡芙麵糊，剩下的可以擠成其他的形狀冷凍起來，冷凍庫裡常備一些圓泡芙、閃電泡芙或莎拉堡泡芙殼，真的非常方便啊！要記得預留讓千層酥皮麵團充裕休息的時間。當你完成了所有次數的折疊，並將麵團擀開後，理論上要讓擀平的千層酥皮麵團在冰箱裡休息一整天才切成所需的圓形。如果擀開的麵團沒有得到充分休息，將因筋度活化而回縮變成橢圓形。我曾多次親眼看見學生們省略這個步驟後，結果做出橢圓形的蛋糕。

作法

第 1 天

製作一份千層酥皮麵團（28 頁），若手邊存有一些用剩的千層酥皮麵團也可解凍使用，大約需要 150g。

第 2 天、第 3 天

1 將千層酥皮麵團擀開成 0.3cm 厚，放在烤盤上，以打洞滾輪或叉子，間隔一公分刺出小洞。放進冰箱冷藏休息數小時或隔夜。

2 將休息過後的千層酥皮麵團，放在砧板上，以 9 吋塔環、塔模的底盤或盤子靠著麵皮的邊緣擺放，切出一個 9 吋大小的圓形。將派皮翻轉後放在鋪有烘焙紙的烤盤上（烤盤需預留 13 顆泡芙的空間），放進冷藏備用。準備製作泡芙麵糊。

3 烤箱預熱 400°F／200°C。製作一份泡芙麵糊（11 頁）並倒進裝有 ½ 吋圓形擠花嘴的擠花袋中。

4 準備一份上色蛋液。將放有千層酥皮的烤盤由冰箱中取出，在酥皮邊緣輕輕刷上一圈少量蛋黃液。垂直握持著裝有泡芙麵糊的擠花袋，擠花嘴和酥皮相距 2.5cm，沿著刷有蛋液的圓周擠一圈泡芙麵糊。接著，由千層酥皮的中心開始往外緣擠出螺旋狀，圈與圈不要過於緊密，需留有約 2.5cm 的間隔，預留烤後膨脹空間。剩下的泡芙麵糊，應該還足夠擠出 13 顆直徑 2.5cm 的圓形泡芙。

5 在烤盤上擠出 13 顆直徑 2.5cm 的圓形泡芙。接著為烤盤上所有泡芙麵糊，都刷上適量的上色蛋液，並用叉子輕劃頂端好讓泡芙們膨脹得更均勻。

6 放入烤箱烘烤 10 ～ 15 分鐘，泡芙膨起後調降溫度 325°F／160°C 再烤 20 分鐘，這時圓形泡芙會呈現金黃棕色。在烘烤 35 ～ 40 分鐘後，將烤盤取出，拿走圓形泡芙，再把千層酥皮基底送回烤箱。動作要快，讓千層酥皮再烤 15 分鐘直到呈現金黃棕色，出爐放涼。

7 烘烤泡芙的同時，準備卡士達餡（39 頁）。卡士達餡做好後，放進冰箱降溫，同時取 75g 冰涼鮮奶油，打發至有垂垂小尖角（類似刮鬍泡）的狀態，然後刮進小碗，連同橡皮刮刀一起放入冰箱冰鎮備用。

食材解密

雖然這裡使用的是千層酥皮麵團，但也可以其他塔派麵團替用。酥皮上又擠了泡芙麵糊，需要較長的時間才能烤熟，因此，酥皮一定要擀得更薄（0.3cm）才能徹底烤熟。千層酥皮上還要覆蓋由卡士達餡和打發鮮奶油製成的輕奶油餡，如果沒有完全烤乾烤熟，很快就會因為餡料而變得溼軟。泡芙也需要徹底烤乾，才不會一填入餡料就立即溼軟。另外，在製作卡士達餡時，足夠的加熱也是很重要的一環，將水分煮掉，後續拌入打發鮮奶油後才不會流動性太高。請仔細複習製作焦糖的方法（47 頁），操作起來會更順手。

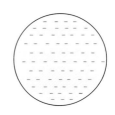
1 在千層酥皮上打洞。

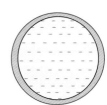
2 沿著千層酥皮的圓周擠一圈泡芙麵糊。

3 由千層酥皮的中心開始往外緣擠出間距 **2.5cm** 的螺旋狀泡芙麵糊。

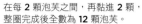

組合聖諾黑蛋糕

黏上 **4** 顆十字分布的泡芙。

在每 **2** 顆泡芙之間，再黏進 **2** 顆，整圈完成後全數為 **12** 顆泡芙。

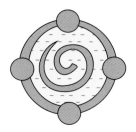 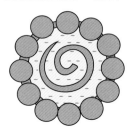

小歷史

你知道嗎？聖米歇爾（St. Michel）在歐洲文化中是雜貨店、海軍陸戰隊、傘兵及警察，還有甜點師的守護神。在法國，每年 9 月 21 日到 29 日，甜點師們會製作出許多歌頌聖人米歇爾的蛋糕。而聖諾黑（St. Honoré）則是磨坊及麵包師傅的守護神，奇怪的是，竟沒有任何讚揚他的節慶活動。然而，甜點店 MaisonChiboust 以聖人諾黑之名，為皇室創造出的聖諾黑蛋糕，如今早已隨處可見，又何嘗不是對聖諾黑全年無休的讚頌？當你動手製作聖諾黑蛋糕時，別忘了有兩位守護神正在看顧、保佑你信心滿滿的做出成功甜點；這樣想，實在令人安心。

8 卡士達餡冷卻後倒入攪拌盆中，以打蛋器、桌上型攪拌機或不鏽鋼手持均質機，攪打至滑順光澤且沒有結塊。以橡皮刮刀加入三分之一的打發鮮奶油，攪拌均勻後再加入剩下的打發鮮奶油，再次攪拌均勻，輕奶油餡就完成了。

9 以小刀或淺淺的擠花嘴，在圓形泡芙底部挖出直徑 0.6cm 的開口。在擠花袋裡裝 ¼ 吋圓形擠花嘴，填入半滿的輕奶油餡，將圓形泡芙一一擠滿餡料。若餡料溢出泡芙殼，可在攪拌盆邊緣刮抹乾淨。

10 準備香緹鮮奶油。在中型攪拌盆裡放入 200g 冰涼鮮奶油，連同香草、砂糖一起打發到有垂垂小尖角的狀態後，放入冰箱保存備用。

11 製作焦糖（47 頁）。小煮鍋裡倒進水、玉米糖漿和砂糖。旁邊準備一盆冷水，盆子大小需足夠能讓小煮鍋底部浸入。以中火加熱至焦糖溫度達到 325°F ／160°C 後，將小煮鍋底浸入冷水盆中 10 秒，迅速降溫避免餘溫持續加熱，可維持焦糖的色澤及香氣。隨後隨時保持溫熱，以維持焦糖的流動性。可以將整鍋焦糖放在網架上，下方墊一疊廚房紙巾或暖盤器，或不時回到爐火上小火回溫。

12 在烤盤上鋪烘焙紙或矽膠墊，在煮焦糖的小煮鍋邊緣包一圈錫箔紙。戴上隔熱乳膠手套，拿著泡芙的底部，將頂部浸入焦糖，讓整顆泡芙約三分之一的部分沾裹上焦糖。在包有錫箔紙的煮鍋邊緣刮去過多焦糖，完成後置於烤盤上。

13 當所有泡芙都沾裹焦糖後，若是鍋中焦糖有變硬的現象，回到爐上稍微加熱讓其恢復流動性。將千層酥皮基底擺好，拿取 1 顆泡芙，將底部浸入焦糖液裡沾裹，黏在酥皮圓周上。接著重複步驟，在對角線上再黏 1 顆，接著在垂直的對角線上再黏 2 顆，以此 4 顆為基準，平均黏完 12 顆泡芙。

14 將剩餘的輕奶油餡填進擠花袋中，在蛋糕中間擠入約一公分高的奶油層，將一半份量的覆盆子排壓進輕奶油餡中，然後再擠上一公分厚的輕奶油餡，以小抹刀將表面抹平。

15 在擠花袋中放入聖諾黑專用擠花嘴或 ½ 吋的星形擠花嘴，然後裝入香緹鮮奶油，在輕奶油餡上擠花。在蛋糕中心放上最後一顆泡芙，並使用剩下的一半覆盆子裝飾。

完成了？完成了！

泡芙和千層酥皮基底部分都應呈現金黃棕色。

保存

這款蛋糕使用了大量的卡士達餡和焦糖，最好當天食用。若是放冰箱保存，會變得溼黏。

私藏祕技

→ 用於製作輕奶油餡的卡士達餡可以添加咖啡、焦糖、巧克力或榛果抹醬，變化出不同的滋味。

→ 將泡芙沾裹焦糖的那端朝下放在矽膠墊上，冷卻後就會得到一片平面焦糖，藉此創造出不同的泡芙造型。

→ 將千層酥皮麵團切成直徑約 7.5 ～ 10cm 的圓，圓周擠一圈泡芙麵糊，中間不擠，每份黏上 3 顆泡芙，就是獨享版的小聖諾黑蛋糕。

黑森林蛋糕
Black Forest Cake

2 天製程

材料	重量	體積或盎司（略估）
巧克力海綿蛋糕		
蛋糕模子防沾黏處理的麵粉奶油糊（若使用非活動底的烤模，8 頁）	1 份食譜	1 份食譜
低筋麵粉	75g	⅔ 杯
可可粉	20g	2½ 大匙
蛋黃	75g	4～5 顆，依雞蛋大小而定
砂糖	45g	3 大匙
蛋白	110g	3 顆＋2 大匙
砂糖	60g	¼ 杯
海鹽	一小撮	一小撮
糖酒漬櫻桃		
黑櫻桃，去籽	285g	10 盎司
砂糖	100g	½ 杯
有機櫻桃汁	165g	⅔ 杯
櫻桃白蘭地	5g	1 小匙
香草卡士達醬（35 頁）	½ 份食譜	½ 份食譜
巧克力慕斯（78 頁）	1 份食譜	1 份食譜
櫻桃糖酒液		
吉利丁	1.5g	½ 小匙
有機櫻桃汁	5g	1 小匙
櫻桃汁（取自糖酒漬櫻桃）	100g	⅓ 杯＋1 大匙
櫻桃白蘭地	10g	2 小匙
巴伐利亞奶餡		
鮮奶油（35%脂肪含量）	105g	½ 杯
吉利丁	2.5g	1 小匙
水	12.5g	略少於 1 大匙
櫻桃白蘭地	10g	2 小匙
香草卡士達醬（35 頁）	150g	約 ⅞ 杯
可調溫黑巧克力（64%），裝飾用	50g 一塊	1⅖ 盎司一塊
櫻桃、可打發鮮奶油、糖粉，裝飾用	依喜好，適量	依喜好，適量

開始之前

→ 準備好以下工具，並確定所有材料都已回到室溫：

電子秤，將單位調整為公制
1 個 6¾ 吋或 7 吋活動底蛋糕模，或 7 吋金屬蛋糕烤模
1 個篩網
桌上型攪拌機，搭配氣球狀攪拌頭
1 個大型攪拌盆
1 支橡皮刮刀
1 個烤盤
1 支小刀
1 個網架
保鮮膜
1 個小煮鍋
1 支小型不鏽鋼打蛋器
1 個過濾篩網
2 根 2cm 厚的條狀物
1 支鋸齒刀
1 個小碗
1 組水浴工具
1 支烘焙專用毛刷
1 個中型攪拌盆
1 個 3 吋餅乾切壓模或，削皮器（刨巧克力花用）
1 支中型有折角三抹刀
1 個電子溫度計
1 條 5cm 寬的塑膠片（適用裝飾方法 2）
鋪有烘焙紙的砧板（適用裝飾方法 2）

→ 請認真把食譜讀兩次。

這款非常受歡迎的蛋糕有過各種版本。四十年來，我除了見過傳統造型，還有做成半球、迷你版，甚至盤裝版。無論以何樣貌呈現，櫻桃、巧克力、打發鮮奶油和加有櫻桃白蘭地的香草卡士達醬或慕斯，是這款蛋糕的固定組成元素。

具有滋味多樣性以及微妙的搭配，是黑森林蛋糕之所以成功的原因。酸甜的櫻桃和巧克力是天堂級組合，但酸櫻桃和偏苦的巧克力是行不通的。材料間要互相加成提味而非爭鳴搶味；這也是成功烘焙通用的原則。

我的故鄉位於法國西邊，靠近德國黑森林的發源地，黑森林蛋糕更是常見的甜點。世界各地都可以見到黑森林蛋糕的蹤跡，可見有許多浪跡各地的甜點師們（我就是其中之一），處處散播幫忙打響黑森林蛋糕的知名度呢！

時間分配

比起其他蛋糕，製作黑森林蛋糕很花時間，但也絕對值得。它的組成很複雜，建議至少要提前一天做好準備。「今天晚上就要舉辦老伴的生日派對了，來做個黑森林蛋糕吧！」這種事是不可能發生的。以下是建議的時間安排：

第 1 天
製作巧克力海綿蛋糕
製作糖酒漬櫻桃
製作香草卡士達醬
準備巧克力慕斯

第 2 天
準備櫻桃糖酒液，塗抹在蛋糕上
製作巴伐利亞奶餡
組合蛋糕
準備裝飾用的巧克力刨花
完成巧克力慕斯
裝飾蛋糕

作法

第 1 天

製作巧克力海綿蛋糕

1 烤箱預熱 350°F ／180°C。如果使用一般 7 吋的蛋糕模而非活動底的烤模，先使用麵粉奶油糊（8 頁）做防沾黏處理。麵粉連同可可粉一起過篩備用。

2 蛋黃和 45g 砂糖，放進桌上型攪拌機的攪拌盆裡以氣球狀攪拌頭，調高速打發 3 分鐘，隨後調低至中速再攪打 3 分鐘，此時蛋黃糊應呈現淡黃色且充滿綿密氣泡。利用橡皮刮刀，將蛋黃糊刮進另一個大型攪拌盆中。將攪拌機的攪拌盆和氣球狀攪拌頭，以熱水和清潔劑徹底洗淨並擦乾，因為接下來要用於打發蛋白，請確認器具內沒有蛋黃殘留。

3 桌上型攪拌機的攪拌盆內放入蛋白、60g 砂糖和一小撮海鹽，高轉速攪打約 1 分鐘，直到蛋白霜軟性發泡，有微下垂小尖角（69 頁）。

4 以大型橡皮刮刀，將麵粉和可可粉，及三分之一的蛋白霜加入蛋黃糊裡，輕輕攪拌均勻，每一次攪動都將刮刀觸及盆底撈起。接著再加入剩下的蛋白霜，輕輕攪拌至整體顏色一致。

5 將蛋糕模放在烤盤上，小心地將蛋糕麵糊倒進烤模，放進烤箱烘烤 30〜35 分鐘，出爐前以小刀刺入蛋糕中心，若小刀沒有沾黏麵糊就表示熟了。若是有沾黏，再多烤 5 分鐘。

6 蛋糕脫模，在網架上冷卻 1 小時後，以保鮮膜包裹，室溫下保存。

製作糖酒漬櫻桃

在小煮鍋裡放入去核的櫻桃、糖、櫻桃汁，攪拌使糖溶解，以中火加熱到沸騰後再持續煮 5 分鐘。熄火後，加入櫻桃白蘭地。隨即以保鮮膜蓋好，冷卻 1 個小時後移到冰箱保存。

製作香草卡士達醬

製作香草卡士達醬（35 頁）。秤出 150g 準備製成巴伐利亞奶餡，剩下的可做為淋醬。妥善包裹好，冷藏保存。

準備巧克力慕斯

製作巧克力慕斯（78 頁）。於第 1 天準備甘納許，冰箱冷藏隔夜，第 2 天再打發成慕斯。

出爐後必須立刻脫模，否則蛋糕體的熱氣無法即時逸散，在烤模裡凝結成水珠，將使蛋糕變得溼黏。

黑森林蛋糕的巧克力海綿蛋糕層配方是經過特殊設計的，目的是要吸附大量糖水，因此不含奶油成分而且特意提高麵粉的用量，製作出稍微偏乾、但吸水能力很好的蛋糕體。櫻桃糖酒液裡添加了吉利丁，因此即使蛋糕吸了飽飽的液體也不會崩塌，一定要把所有的糖酒液都刷完，否則蛋糕會太乾。製作海綿蛋糕時，我習慣使用低筋麵粉，沒有人喜歡有嚼勁的蛋糕。請盡量不要用天然的可可粉製作巧克力口味的海綿蛋糕，因為大然可可粉帶有一些突出的酸度，會破壞成品的平衡。我喜歡採用去酸處理過的可可粉（Dutch-process cocoa powder），有較強烈的巧克力香氣，顏色比天然可可粉更深。

巴伐利亞奶餡是一款由卡士達醬加上打發鮮奶油，比慕斯流動性高的餡料。配方中添加少許吉利丁，能使其更穩定。巴伐利亞奶餡的口感非常滑順豐腴，除了用來當蛋糕夾層，也可以成為獨當一面的慕斯，搭配莓果或香酥顆粒享用。

配方中的糖酒漬櫻桃，如果是產季，我會用新鮮的黑櫻桃，若不是產季，就使用冷凍黑櫻桃。不要用罐頭櫻桃或莫利洛櫻桃（morello cherry），前者沒有風味，後者過酸。一般而言，新鮮櫻桃是最好吃的，由於櫻桃的風味不如其他有核水果強烈，通常我不會用來做慕斯。先將櫻桃以果汁及糖水煮過，能提升香氣並維持色澤鮮艷。櫻桃一旦被切開與空氣接觸後，就會開始氧化、變色，加糖一起煮，或使用酸性物質（例如醋）醃漬，可避免氧化作用的發生。

櫻桃白蘭地可以帶出櫻桃最美好的香氣，是製作黑森林蛋糕必加的材料。這份食譜使用的量不多，但如果想要再更少的酒精含量，可以再減量三分之一。

第 2 天

1 將糖酒漬櫻桃裡的櫻桃瀝出，保留汁液。在蛋糕模中鋪上保鮮膜。

2 巧克力海綿蛋糕放在砧板上，兩側各放一根 2cm 厚的條狀物。使用鋸齒刀和砧板保持平行，倚靠著條狀物，慢慢鋸開蛋糕。要切出漂亮的蛋糕片，關鍵在於刀面要保持水平，平貼在條狀物上面，不能用力切割，而是輕輕前後拉鋸，緩慢片開。蛋糕頂面被片下來後，以保鮮膜包妥冷凍保存，可應用於他處。將底部那片蛋糕放進鋪好保鮮膜的蛋糕模裡。

準備櫻桃糖酒液

在小碗中倒入吉利丁粉及 5g 櫻桃汁，攪拌後靜置 2 分鐘使吉利丁粉軟化、吸飽水分，接著隔水加熱攪拌直到混合物溶解為液體，離開水浴，加入 100g 糖酒漬櫻桃的汁液及櫻桃白蘭地。使用毛刷將完成的糖酒液刷在蛋糕上，靜待 5 分鐘，蛋糕吸收液體之後，再刷一次，重複進行直到糖酒液都使用完。接著均勻鋪上瀝乾的酒漬櫻桃。

製作巴伐利亞奶餡

1 鮮奶油打至中性發泡，拉起有半硬挺尖角，保存於冰箱冷藏備用。在中型碗中放入 2.5g 吉利丁及 12.5g 水，混合後靜置 2 分鐘，隔水加熱至融化，離開水浴，加入櫻桃白蘭地及預留的 50g 香草卡士達醬。如果奶餡很快就變得濃稠難攪拌，表示溫度降得太快，可回到水浴中，稍微加熱 1 分鐘，就會鬆弛好攪散。接著，離開水浴加入剩下的 100g 香草卡士達醬，以橡皮刮刀將打發的鮮奶油折拌均勻。

2 倒在鋪有櫻桃的蛋糕上，放入冷凍庫 1 小時，等待蛋糕凝固變硬。

完成巧克力慕斯

1 蛋糕在冷凍庫裡冰鎮的同時，製作巧克力刨花及完成前一天準備的巧克力慕斯。取一塊巧克力磚，利用餅乾壓切模、削皮器或巧克力刨花專用器具（xxiv 頁），刮出一大盆巧克力刨花。

2 將前一日準備好的甘納許裝進桌上型攪拌機的攪拌盆，以氣球狀攪拌頭調最高速攪打 1 分鐘，刮下噴黏在盆壁上的甘納許，再以高速攪打 1 分鐘就完成了。注意不要過度攪拌，否則會結塊。將完成的慕斯放進冰箱裡冷藏備用。

裝飾蛋糕

以下介紹兩種裝飾蛋糕的方法。

方法 1：蛋糕脫模放在砧板上，以中型有折角的抹刀將巧克力慕斯均勻抹在蛋糕頂面及四周，以湯匙舀起巧克力刨花，沾裹在蛋糕底部四周，若有掉落，以乾淨的小抹刀撈起，輕輕壓沾黏在蛋糕上。在蛋糕頂端均勻撒上大量刨花（手溫會將巧克力融化，每次只抓取一點並快速操作），使用寬大的抹刀，小心將蛋糕移到盤子上，送進冰箱冷藏慢慢解凍 2 小時，或室溫下解凍 1 小時。篩撒糖粉，以打發的鮮奶油在蛋糕頂上擠數朵玫瑰花並加櫻桃裝飾，食用時搭配香草卡士達醬。

方法 2：這個方法較費工夫，需要搭配調溫巧克力的技術。使用 5cm 寬（大約會比蛋糕的總高度多 0.6cm）的塑膠片（食品等級），裁剪成比蛋糕圓周多 2.5cm 的長度。調溫 100g 黑巧克力（208 頁）。

從冷凍庫取出蛋糕，脫模後放在鋪有烘焙紙的砧板上。工作檯面上，平放裁切好的塑膠條，使用小抹刀塗上薄薄一層完成調溫的黑巧克力，隨即雙手各抓起塑膠條的兩端，巧克力面朝向蛋糕，由左至右順時針環繞貼附上去，兩端交接處會有些重疊是正常的現象，靜待 5 分鐘巧克力冷卻結晶後，再反方向將塑膠條撕去，留下巧克力環。接著在蛋糕頂端撒上大量刨花，室溫下解凍 1 小時或送進冰箱冷藏緩慢解凍 2 小時後食用，最久可保存 48 小時。食用前篩撒糖粉，擺上櫻桃裝飾，搭配香草卡士達醬享用。

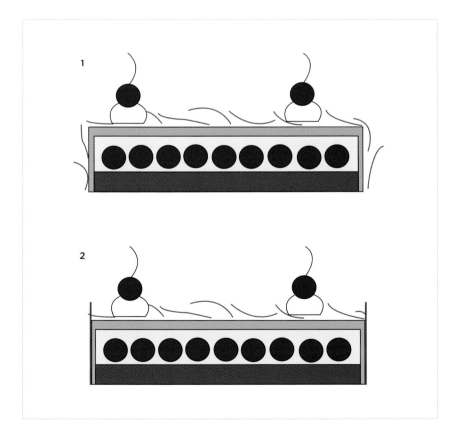

方法一

利用中型有折角的抹刀將巧克力慕斯均勻抹在蛋糕的頂面及四周，將巧克力刨花輕輕壓沾黏住蛋糕底部四周，並在蛋糕頂端均勻撒上大量的刨花。

方法二

使用小抹刀在塑膠條上塗薄薄一層完成調溫的黑巧克力，抓起塑膠條的兩端，巧克力面朝向蛋糕，由左至右順時針環繞貼附上蛋糕的邊緣。

完成了？完成了！

　　慕斯部分的口感應柔軟沒有冰晶感，海綿蛋糕嚐起來溼潤但是不會過分溼軟。一口咬下，櫻桃、巧克力、香草和櫻桃白蘭地彼此交錯的層次豐富分明。可依個人喜好，增加或減少櫻桃白蘭地的用量（建議不要增加超過配方用量的 5%，以免酒味過重），如果不喜歡酒精，可以完全不添加。

保存

　　完成的蛋糕可冷凍保存最多 1 個月，或冷藏保存 2～3 天。

黑森林蛋糕總讓我想起在芝加哥喜來登飯店工作時，雇用的一位名為基岡・格哈德（Keegan Gerhard）的年輕廚師，他如今擁有兩家餐廳。

芝加哥的喜來登飯店，擁有美國中西部最大的宴會廳，當時基岡應徵的是甜點師助理，在那之前他是位經驗豐富的廚師，除了缺乏甜點實務經驗之外，所有廚師該具備的特質他一樣不缺──主動、極高的自我要求以及好的態度。我總對學生們說，技術誰都可以教，但態度是教不來的。好的態度能讓人成功，而基岡就是憑著這點打入烘焙界。在他剛加入新團隊的第二天，與其他八個新進員工一起進行飯店導覽時，我將他拉出隊伍問：「基岡你有德國血統對吧？你知道怎麼做黑森林蛋糕嗎？」

他回答：「會！在我小時候曾經和奶奶一起做過一次。」

「太好了！」我說，「後天之前，我們需要完成 368 個 9 吋的黑森林蛋糕。」

他驚訝到下巴掉了下來，但是依然回：「好的！」

這正是我想聽到的回答，不像大多數的人會說些藉口推託，殊不知這只是我的小測試。從此之後，我知道他是個可以安心託付工作的可靠人選。其實我早就組好了黑森林蛋糕製作團隊，但我改讓基岡擔任領班。他的第一個蛋糕有些粗糙，但最終所有的蛋糕都非常完美，可見重複與練習絕對是甜點的致勝關鍵。

當時我的團隊專門負責大型宴會，這使我們必須非常有制度。我要求大家計時，擺盤好四千份蛋糕，總共需要多少時間，這樣才能回推出充裕的準備時間，讓甜點準時上桌。演練一回之後，我算出平均擺好一份蛋糕需要 4 秒，乘以 4000 就是 4 小時又 45 分鐘。材料也需要經過計算、秤量再乘以 4000，確定所有最後擺盤需要的食材足夠不會短缺。長久訓練下來，我的團隊組員們可以精確地知道半公升草莓、藍莓、覆盆子大約會是幾顆。專業廚房使用的十號大小的箱子裡可以裝幾顆櫻桃，這些細節對於我們來說非常重要。

也許這輩子你都不會面臨要準備四千份黑森林蛋糕的情況，但或許當你做好一個黑森林蛋糕開始，說不定也就具備了完成四千份的能力呢！

杯裝巧克力慕斯蛋糕

Gâteau Mousse au Chocolate n Verrine

份量 | 8 人份

2 天的製程

材料	重量	體積或盎司（略估）
巧克力慕斯		
鮮奶油（脂肪含量 35%）	390g	1¾ 杯
玉米糖漿	33g	1 大匙＋1 小匙
蜂蜜	33g	1 大匙＋1 小匙
可調溫的黑巧克力（64%）	158g	5½ 盎司
杯裝甜點		
巧克力慕斯（78 頁）	1 份食譜	1 份食譜
焦糖榛果（51 頁）保留整顆或略壓碎（依喜好）	80g	½ 杯
無麵粉巧克力海綿蛋糕（246 頁）	1 份食譜	1 份食譜
巧克力牛軋脆片（59 頁）	40g	2⅘ 盎司
榛果抹醬（57 頁）	100g	½ 杯
巧克力刨花，裝飾用（378 頁）	20g	⁷⁄₁₀ 盎司
裝飾（可省略）		
長淚滴狀焦糖榛果裝飾（376 頁）	8 份	8 份

將甜點裝進玻璃杯裡，是個很不錯的概念。我特地收錄了這一種法文稱作「verrine」（玻璃）的甜點呈現方式。藉此讓讀者明白，如何利用手邊現有的甜點元素，製作出快速又令人印象深刻的甜點。杯裝甜點已經在法國風行十幾年了，原則上是以三種主要口味，及三到五種不同口感元素來混搭，在透明的杯子中層層疊起，展現出特殊風情。杯裝甜點能讓顧客整杯買回家直接享用，非常方便。

若你已經練習了許多基礎食譜，在製作某些品項時，應該會很樂意而且感到輕鬆地加倍製作，如冷凍的海綿蛋糕（237 頁）、香酥顆粒（9 頁）或焦糖杏仁及榛果（51 頁）都可以當作自家的甜點存糧，專業甜點師都會這麼做。若要做一個蛋糕，不如各個元素都多做一些冷凍起來，就能組合出其他甜點。假設冷凍庫裡有一些無麵粉巧克力海綿蛋糕（246 頁）、一罐焦糖榛果（51 頁）、一罐巧克力牛軋脆片（59

開始之前

→ 準備好以下工具，並確定所有材料都已回到室溫：

電子秤，將單位調整為公制
製作巧克力慕斯的器具（78 頁）
製作焦糖榛果的器具（51 頁）
製作無麵粉巧克力海綿蛋糕的器具（246 頁）
製作牛軋脆片的器具（59 頁）
製作榛果抹醬的器具（57 頁）
製作焦糖的器具（47 頁），如果欲使用長淚滴狀焦糖榛果裝飾
8 個高筒玻璃杯
圓形餅乾壓切模，或小刀
1 個裝有 ½ 吋圓形擠花嘴的擠花袋
1 支削皮器

→ 請認真把食譜讀兩次。

頁），可以做成榛果抹醬的焦糖榛果（57 頁），現在只需要再做一些巧克力慕斯，就能組出杯裝慕斯蛋糕了。這份食譜是八杯份，有些材料比基礎食譜配方多出一些。巧克力慕斯非常簡單，只是需要提前一天製作，冰鎮一天，隔天再打發完成。這幾種甜點元素能變身成美麗且張力十足的杯裝甜點，讓賓客們感到尊貴。

法式待客之道

當你樂於煮食或烘焙，那麼邀請朋友到家中作客的意願與機會就會不自覺大大增加。對法國人來說，舉辦家宴是很重要的生活樂趣之一，我們很強調日常生活及自家、餐廳用餐品質的提升，這是法國文化很重要的一環，聯合國教科文組織（UNESCO）甚至將法國的傳統美食精神列為世界非物質文化遺產之中。

在這個科技逐漸取代人性的時代，我們需要致力於維護家宴的待客之樂。否則，人們將會完全喪失傳統的社交能力，最終只能透過電腦螢幕與家人朋友共進晚餐。可想而知，那時一定嚐不到這杯華麗美味的甜品。

作法

第 1 天

以本食譜材料用量製作巧克力慕斯（78 頁，第 1 天製程），保存於冰箱中冷藏過夜。

第 2 天

1 打發巧克力慕斯（78 頁，第 2 天製程），留意不要打發過頭，以免慕斯結塊。

2 準備 8 個玻璃杯。我個人喜歡高筒型的杯子，能讓甜點的層次更分明。接下來的用量及層疊順序，並沒有硬性規定。每一層的厚度，會因所選用的杯子大小而有差異，建議用量也只是提供概略的想法，方便估算備料。如果你對於用量沒有概念，可將每個元素秤好放在烘焙紙上比較，或試著先組裝一杯，你就會對於要用多少材料有更明確的想法。

3 配合杯子大小，切出 16 片圓形海綿蛋糕。如果你使用的是錐狀的馬丁尼玻璃杯，為配合杯子由下到上不同大小的截面積，需仔細挑選適合的壓切模，才能讓蛋糕片和杯子吻合。將牛軋脆片打碎成一公分小塊狀。裝有 ½ 吋圓形擠花嘴的擠花袋裡填進榛果抹醬。另一個擠花袋同樣使用 ½ 吋圓形擠花嘴，填進準備好的巧克力慕斯。如果你只有一個 ½ 吋擠花嘴，那麼榛果抹醬以湯匙挖取即可。

4 在杯子底部擠入 25g 巧克力慕斯，隨後撒上少量（約 5g，整顆或略壓碎）焦糖榛果。接著疊上一片圓形無麵粉巧克力海綿蛋糕，再擠 25g 巧克力慕斯。再放上一片量（約 5g）的牛軋脆片塊，加入薄薄一層榛果抹醬（約 12g），再撒上約 5g 焦糖榛果。如此重複交疊，將海綿蛋糕及巧克力慕斯使用完畢。記得保留一些牛軋脆片，甜點上桌前作最後裝飾。我的杯裝慕斯裡只放了一層榛果抹醬，如果有多餘的也能多放幾層。做好後，冷藏保存。

5 製作 8 大片帶有弧度的巧克力薄片（378 頁），8 顆長淚滴狀焦糖榛果裝飾（376 頁），及預留的 8 片牛軋脆片。這些裝飾素材可事先備好，收藏於密閉容器內。

6 甜點上桌前，以牛軋脆片、淚滴狀焦糖榛果和巧克力薄片裝飾。

保存

　　最多可以提前三小時準備，但是我習慣一小時前才準備，以確保甜點杯裡的各項元素都維持該有的口感。甚至可將製作杯裝甜點當作餘興節目，在賓客面前完成裝杯。

> ### 私藏祕技
>
> → 長淚滴狀焦糖榛果裝飾雖然可以省略，但是它們能為整杯甜點帶來奇特視覺效果及口感。
>
> → 本食譜的組成元素及用量，僅提供參考，非常鼓勵大家發揮創意自行研發更多組合。

香草冰淇淋
Vanilla Ice Cream

份量 | 1 公升

2 天的製程

材料	重量	體積或盎司（略估）
全脂鮮奶（**3.5%**脂肪含量）	520g	2⅓ 杯
鮮奶油（35%脂肪含量）	250g	1 杯＋1½ 大匙
蛋黃	80g	約 4½ 顆
糖，均分成 **2** 份	175g	1 杯－2 大匙
香草莢	1.5 根	1.5 根

美國的冰淇淋消費是全世界最高的，我自己也是冰淇淋的支持者，對冰淇淋或雪酪絲毫沒有招架之力。

冰淇淋製作的發展史非常有趣，可追溯到與「雪」一樣久遠，雪地就是冰品的發源地──有人在雪花裡或冰塊上，加上調味料後食用。後來又發現鹽有吸收熱量的功能，如果將一盆液體泡在鹽水中，就能達到降溫的目的，而這個原理也可以用來製作冰淇淋。直到冰箱發明後，製作冰淇淋變得輕鬆許多，如今有我們有了冰淇淋機，實在很難想像幾百年前的甜點師，竟能在完全沒有這些機器的幫助下製作出滑順，沁涼的冰淇淋。

這道入門款配方很適合冰淇淋新手，只要做過香草卡士達醬（35頁），就一定能做出這款滑順的香草冰（glace）。若不添加香草籽，就是一份可變身為多種口味的冰淇淋基底，可以添加咖啡、茶、香料、花、乾果或其他各種乾燥香料（如香草莢）。

無論要製作什麼口味的冰淇淋，原則都是提前一天準備冰淇淋基底糊，然後冷凍一夜。只要你有家用冰淇淋機，就能很有效率地做出風味絕佳的綿密冰淇淋。

作法

製作香草卡士達基底糊的前一天，秤取食譜中鮮奶，取 50g 放入小煮鍋或碗中。縱剖開香草莢，以刀尖刮取下香草籽，連同莢殼一起加入鮮奶裡，保鮮膜包好，放進冰箱一夜。如果要省略這個步驟，在製作的當天將鮮奶和香草籽和莢殼一起加熱到 158°F／70°C，熄火後以保鮮膜妥善覆蓋住鍋子，靜置 15～30 分鐘，讓香氣釋放。

開始之前

→ 準備好以下工具，並確定所有材料都已回到室溫：

電子秤，將單位調整為公制
製作香草卡士達醬的器具（35 頁）
1 個小煮鍋或碗
1 支小刀
1 個 1 公升容量的容器
1 支手持均質機
1 臺電動冰淇淋機

→ 請認真把食譜讀兩次。

食材解密

製作冰淇淋時，需要精算正確比例的脂肪、固形物、水分和糖分，才能達到滑順豐腴的口感。過多的固形物會使得冰淇淋有顆粒感，太多脂肪含量也會因脂肪結晶，而讓成品有結塊感。糖分太高則會使得冰淇淋不易結晶，糖分不足的冰淇淋則是會流動性太高且有冰晶感。

本食譜中的糖用量比標準卡士達醬（35頁）稍微高一些，這樣的比例在加熱後，分子結構也會不同，能做出更滑順，較少冰晶感的冰淇淋。

第1天

1 以本食譜的材料用量製作香草卡士達醬（35頁），冷藏一夜。

第2天

2 將1公升容器放進冷凍庫裡冰鎮。從冰箱取出香草卡士達醬，以手持均質機攪打1分鐘後，倒入冰淇淋機器裡，依照機器的指示操作。完成後，將冰淇淋糊倒進冰鎮過的容器內，放進冷凍庫冰凍至少3小時，直到冰淇淋糊變得扎實。

3 食用前，確認冰淇淋的硬度。如果太硬，先移到冷藏15～30分鐘，讓冰淇淋稍微軟化、恢復滑順口感。

保存

妥善包裝的冰淇淋可以保存1個月。

製作水果口味的冰淇淋

　　我不建議使用新鮮水果來製作冰淇淋，新鮮水果往往含水量過高，例如新鮮草莓有近 85% 水分，檸檬則是高達 91%，這些水分都會使冰淇淋有冰晶口感。水分含量低的香蕉是唯一例外，但是，必須是熟度足夠的香蕉，除了香氣充足之外，水分含量也會更少。以下提供兩種製作水果口味冰淇淋的方法。

1 使用冷凍的乾燥水果，用量為總配方重量 4%。

　　桃子跟草莓適用於這個方法，也可以挑戰看看覆盆子、芒果或香蕉。但是，不建議使用西洋梨或蘋果，這兩種水果的香氣不夠濃郁。以本食譜為基底，約需使用 41g 水果，約占冰淇淋基底糊（總重 1025g）的 4%。美國大多數超級市場皆有販售脫水或冷凍的乾燥水果，而且出乎意料的美味。如果你有食物乾燥機，也能自己準備乾燥水果，先將水果切成 1mm 的薄片，然後放進機器裡數小時直到乾燥。完成卡士達醬，熄火後馬上加入乾燥水果，攪拌均勻，放進冰箱冷卻一夜。隔天，使用手持均質機將水果絞碎，如果喜歡完全滑順的口感，可以過篩一次將水果的纖維移除，接著倒入冰淇淋機依照指示操作即可。

2 在最後冷凝攪動的步驟時，加入稍微糖漬過的水果。

　　製作糖漬水果：準備 200g 切塊水果（約一公分大小），裝在碗中備用。500g 水加入 675g 糖，煮成簡易糖水。趁熱將糖水倒入水果中，放進冰箱冷藏一夜。隔天，將水果瀝出，在冰淇淋糊最後「冷凝攪拌」（churning）的步驟時加入。

　　也可以用另一種常溫糖漬水果的方法，這個方法需要耗時六天，好處是沒有加熱的步驟，能讓水果保有天然的酸勁滋味。將水果切成約一公分小塊，加入水果重量 20% 的砂糖（200g 水果加入 40g 糖），攪拌後，以保鮮膜包好，放入冰箱一夜。接續下來的五天，每天都取出來攪拌一次再放回冰箱，六天之後就醃漬完成了。使用前先濾去糖水，糖水可留著作為其他甜點的淋醬。

咕咕霍夫冰淇淋蛋糕
Kougelhof Glacé

材料	重量	體積或盎司（略估）
沙布列塔皮麵團（144 頁）	半份食譜，約 350g	半份食譜，約 12³⁄₁₀ 盎司
焦糖口味冰淇淋		
蛋黃	80g	4½ 顆
全脂鮮奶（3.5%脂肪含量）	520g	2 杯＋2⅓大匙
鮮奶油（35%脂肪含量）	250g	1 杯＋1 大匙
香草莢	1.5 根	1.5 根
水	60g	¼ 杯＋1 小匙
砂糖	185g	⅞ 杯
玉米糖漿	60g	3 大匙
海鹽	0.5g	一小撮
冷凍慕斯		
冰冷的鮮奶油（35%脂肪含量）	325g	1½ 杯－1 小匙
焦糖杏仁（51 頁）	100g	⅔ 杯
乾燥杏桃（可省略）	50g	¼ 杯
老化蛋白（222 頁）	85g	約 3 顆
水	15g	1 大匙
砂糖	45g	3 大匙
玉米糖漿	25g	2¾ 小匙
蜂蜜	70g	¼ 杯－1 小匙
裝飾		
可可粉，篩撒裝飾用	依需要，適量	依需要，適量
新鮮或冷凍杏桃，可省略	100g	3½ 盎司
砂糖，可省略	15g	1 大匙
打發鮮奶油，可省略	依需要，適量	依需要，適量

開始之前

→ 準備好以下工具，並確定所有材料都已回到室溫：

電子秤，將單位調整為公制
製作焦糖杏仁所需的器具（51 頁）
製作沙布列塔皮麵團所需的器具（144 頁）
保鮮膜
1 個中型攪拌盆
1 個小煮鍋或可微波的容器（碗或杯子）
1 支小刀
1 個大型攪拌盆
冰塊
1 個大型不鏽鋼煮鍋
1 支耐熱橡皮刮刀
1 支烘焙專用毛刷
1 個裝半滿冰水的大型攪拌盆
1 支電子溫度計
1 個白色的小盤子
1 支湯勺
1 支不鏽鋼打蛋器
1 個篩網
1 個小布丁杯
1 個 9 吋矽膠或金屬的咕咕霍夫模
1 支手持均質機
1 臺冰淇淋機
桌上型攪拌機，搭配氣球形攪拌頭
1 支長刀
1 支有折角的小抹刀
1 支擀麵棍
1 臺果汁機

→ 請認真把食譜讀兩次。

特殊的金屬波浪紋路造型蛋糕模（Bundt-shaped mold），或容易脫模也較有效率的矽膠咕咕霍夫蛋糕模，都能製作出這款精緻升級版的冰淇淋蛋糕。歷史上第一個咕咕霍夫冰淇淋蛋糕是由一位阿爾薩斯甜點師——莫里斯・法勃（Maurice Ferber）所創造研發出來的。莫里

焦糖口味冰淇淋，作法和香草冰淇淋（271頁）大同小異，唯一差別在於要先把糖煮成焦糖。特別留意不要將焦糖煮得太深色，以免冰淇淋成品帶有苦味。如果焦糖不小心煮過頭，無論用盡任何方法都無法掩蓋苦味，只能倒掉重新來過。如果不是很有把握，建議再仔細讀一遍焦糖製作說明（47頁）。焦糖是轉化糖，冷凍後不會像一般的糖那樣變硬，因此製作而成的冰淇淋口感會非常滑順綿密。海鹽能讓焦糖香氣更凸顯，也能平衡甜度，使口味不膩。

由義大利蛋白霜製成的冷凍慕斯，具有輕盈、空氣感十足的口感。蜂蜜除了貢獻獨特息香氣，也是轉化糖的一種，冷凍過後不會完全硬化。正是義大利蛋白霜及蜂蜜，讓冰淇淋擁有極度鬆軟的特性，冰淇淋的配方中，需要使用具有結構功能的食材，才能支撐起冰淇淋的硬挺度，扮演這個角色的就是打發鮮奶油。焦糖堅果讓冰淇淋蛋糕有酥脆口感，絕對不要使用未烘烤過的堅果，在冰淇淋糊裡容易變得溼軟不脆。配方中選用杏桃果乾而不是新鮮杏桃，是因為糖漬過的果乾冷凍後不會完全硬化。然而杏桃乾也可以換成當季成熟的水果，削皮去籽後加入水果總重10～15%的砂糖，一起打成泥，就是很棒的水果醬汁，不需煮過——烹煮加熱會讓水果天然的酸香滋味殆盡無存。

斯在烘焙界是很有名望的精神導師，指導過眾多學生，但其中最有成就的徒弟，莫過於他自己的女兒，也就是果醬女王克莉絲汀‧法勃。

咕咕霍夫冰淇淋蛋糕有很多不同作法，我的版本是鹽味焦糖冰淇淋和拌有焦糖堅果及杏桃果乾的蜂蜜慕斯內餡，蛋糕底部則是用沙布列餅乾，享用時，若能搭配略酸的杏桃醬更好。

時間規劃上，最好在二至三天前先做好沙布列麵團及冰淇淋糊，隔天組合好蛋糕後，需足夠的時間（至少24小時）讓蛋糕冷凝硬化，後續脫模時才會輕鬆順利，尤其使用矽膠模時，蛋糕要徹底冰硬才能脫模。提前製作還有一個好處，是當發現冰得不夠硬時，還有餘裕再多冰一段時間。正式享用前，將蛋糕移到冰箱冷藏室15～30分鐘，讓蛋糕回到最佳賞味溫度及滑順口感。

作法

第1天

1 準備一份焦糖杏仁（51頁）及沙布列塔皮麵團（144頁），將麵團均分成兩份並以保鮮膜包裹好，一份放置於冷藏備用，另一份保存於冷凍庫裡。

2 製作焦糖口味冰淇淋。秤取蛋黃放入中型碗裡備用。在小煮鍋或可微波的容器裡，倒進鮮奶和鮮奶油，香草莢縱剖開，以刀尖刮下香草籽，連同莢殼一起加入，備用。在大盆子裡裝進半滿的冰塊備用。

3 準備焦糖。不鏽鋼大煮鍋內倒入水，在鍋子的正中央加入砂糖，以耐熱橡皮刮刀小心輕攪，並留意不要讓糖水液濺起沾到鍋壁。加入玉米糖漿，繼續輕輕攪拌。細心檢查鍋子，如果有任何糖水、糖噴濺到鍋壁，以沾溼的毛刷，刷下至鍋中。開始加熱後就不能再攪動糖水了。

4 在攪拌盆或其他裝得下大煮鍋的容器中，倒入足量的冷水，備用。開中火加熱大煮鍋，直到糖水沸騰，過程中切勿攪動。糖溶解後，放入溫度計並持續加熱，當糖水溫度達到300°F／150°C的同時，開始加熱步驟2的鮮奶／鮮奶油。

5 當糖水溫度達到325°F／160°C時，糖水液呈現淡金黃棕色，熄火並將大煮鍋泡入事先準備好的冷水盆中10秒，避免鍋子的餘溫讓焦糖繼續加熱。以橡皮刮刀取一些焦糖滴在白色盤子上，靜待約15秒冷卻，嚐看看焦糖的風味是否達到你喜歡的程度。白色盤子有助於觀察焦糖的顏色，顏色愈深，苦味也會愈重。依喜好調整煮焦糖的時

間，但不要煮得過於焦苦。當確定焦糖煮到你喜歡的程度後即可熄火，舀一匙熱過的鮮奶／鮮奶油加進焦糖裡，一開始焦糖會產生許多泡泡及冒起大量蒸氣，差不多維持 5 秒，接著以耐熱橡皮刮刀攪拌 10 秒，重複同樣的步驟，直到第三勺鮮奶／鮮奶油時，將橡皮刮刀改成手持均質機，當所有的鮮奶／鮮奶油都加進焦糖裡後，加入海鹽。留下來的香草莢殼用廚房紙巾擦乾、完全晾乾後，收藏起來。

6 在裝有蛋黃的中型碗裡，慢慢邊攪拌邊加入三大勺的熱焦糖／鮮奶油液調溫，接著再將蛋黃焦糖糊全部倒回煮鍋中。將原本裝蛋黃的容器，洗淨擦乾，擺上過濾用的篩網一旁備用。開小火加熱煮鍋，一邊以橡皮刮刀以畫 8 的手法持續不斷攪拌，每個角落都要攪拌到，直到整鍋均勻濃稠。提起裹覆有醬汁的橡皮刮刀，以指尖劃過，觀察是否能留下一道溝槽，若有，就是稠度夠了。或用溫度判斷，放入溫度計，小火加熱一邊攪拌的同時，當溫度達到 165 °F／75°C ～ 185°F／85°C 之間，就可熄火。

7 立即將煮好的冰淇淋糊倒入乾淨的盆中，放進事先準備好的冰浴裡。盆子下面可墊一個小布丁杯，以免冰塊融化後盆子傾倒。先持續攪拌數分鐘，接著靜置幾分鐘，再攪拌一下，重複動作直到溫度降下來。任何由雞蛋製作的混合液體，都必須在 20 分鐘以內快速降溫，以免沙門桿菌繁殖。如果冰塊不夠，也可以將整盆冰淇淋糊放進冷凍庫裡，每幾分鐘攪拌一下，直到溫度降低後，再移到的合適容器中，用保鮮膜貼著冰淇淋糊表面包好，冷藏靜置至少 2 小時或一夜。

第 2 天

1 將矽膠蛋糕模或金屬波浪紋路造型模放進大型攪拌盆裡，一起放進冷凍庫冰鎮備用。將焦糖冰淇淋糊從冷藏室裡取出，以手持均質機攪打 1 分鐘後，倒入冰淇淋機，依指示操作完成冰淇淋。將冰淇淋倒進冰過的模具中，利用橡皮刮刀將冰淇淋均勻沿著模具的內壁抹開呈碗狀，冷凍 1 個小時。家用的冰淇淋機有時製作出來的冰淇淋凝結得不夠好，抹開後可能會一直沉回到底部，因此在冷凍的過程中，需視情況需要反覆將沉回到底部的冰淇淋往上推抹。

2 製作冷凍慕斯。鮮奶油打發至軟性發泡、有微下垂小尖角的狀態，移到攪拌盆中冷藏備用。將焦糖堅果略切碎，杏桃果乾也切成 0.6cm 的小塊，一旁備用。

3 打發蛋白。在攪拌盆裡放入蛋白，以低速開始攪打，同時以雙手碰

觸攪拌盆底部感受溫度，確認蛋白有回到室溫，若是偏低溫，可暫停機器，取下攪拌盆，將攪拌盆浸入約 2.5cm 高的熱水浴中，約 1 分鐘後，將水分擦乾，再次感受攪拌盆溫度，應該要不冷也不熱。將攪拌盆裝回到機器上，繼續以低速攪打。

4 等待打發蛋白的同時，取一小煮鍋內倒入水，在鍋子的正中央加入砂糖，以橡皮刮刀小心輕攪，小心留意不要讓糖水液濺起到鍋壁。加入玉米糖漿和蜂蜜。細心檢查鍋子，如果有任何糖水、糖噴濺到鍋壁上，以沾溼的毛刷，輕輕刷下使其流回至鍋中。以中火加熱，當整鍋糖漿開始沸騰後，就不要再攪動了，以免結晶反砂。放入電子溫度計，耐心等待溫度達到 244°F／118°C。

5 煮糖漿的同時，隨時留意蛋白打發的狀態。大約在糖漿溫度抵達 230°F／110°C 時，蛋白霜打發的程度會剛好是微微發泡的狀態，如果尚未發泡，將攪拌機的轉速調高一些。當糖漿溫度煮至 239°F／115°C 時，再度查看蛋白霜，此時的打發程度應該已經適合倒入糖漿了。確認攪拌盆底部是否有未攪打到的蛋白，可以非常輕微地傾斜一下攪拌盆，讓底部的蛋白也能攪打到，使整體均勻發泡。

6 攪拌機調至最高速，當糖漿溫度達到 244°F／118°C，馬上熄火，並小心緩慢地，瞄準攪拌頭和攪拌盆中間的位置，將糖漿倒入攪拌盆中。請務必小心操作，若是糖漿接觸到正在轉動的攪拌頭，不但會噴濺造成燙傷，也會濺飛黏到攪拌盆壁，影響食譜比例。糖漿全部加入後，維持高速攪打 2 分鐘，調至中速再攪打 6 分鐘，此時蛋白霜應該已降至室溫。取下攪拌盆，以橡皮刮刀輕巧的拌入打發鮮奶油、切碎的焦糖堅果及杏桃果乾，完成慕斯糊。

7 從冷凍庫中取出蛋糕模，將蜂蜜慕斯糊倒入冰淇淋中間，以小抹刀抹平表面，放進冷凍庫一夜。

第 3 天

1 烤箱預熱 325°F／160°C。將沙布列麵團擀開成 0.3cm 厚，裁切出一片略小於蛋糕模底部一公分的圓形。如果你使用的蛋糕模中心有洞，就將沙布列麵團麵皮中間也切出一個同樣大小的洞。裁切好的沙布列麵團，送進烤箱烘烤 20 分鐘呈現金黃棕色，取出後放涼。將蛋糕模自冷凍庫裡取出，輕輕地將烤好的沙布列塔皮壓黏在蛋糕底部與慕斯黏合，接著將蛋糕脫模放在盤子上。如果使用金屬模，將四分之三的蛋糕模浸入熱水中 30 秒，擦乾模具上的水分後，翻轉倒在盤子上，馬上再放進冷凍庫冷凍 30 分鐘，讓因浸熱水脫模而融化的部分再次凝結。

2 食用前 30 分鐘，將蛋糕由冷凍庫取出，篩撒上可可粉，移放到冷藏室。

3 搭配杏桃醬享用。成熟的杏桃，清洗後去皮去籽，連同 15g 砂糖以食物調理機絞碎至滑順。切一片冰淇淋蛋糕，搭配一球打發鮮奶油，淋上杏桃醬一起盛盤上桌。

完成了？完成了！

可可粉篩撒薄薄一層即可。若硬度適中，即使在冷凍的狀態下也能輕易的切片。沙布列塔皮若烘烤正確的話，也很容易切片。

保存

冷凍保存可達 1 個月。

這輩子最豐厚的小費：冰淇淋蛋糕的故事

在我當學徒時，老闆偶爾會指派我們外出送貨，這項任務對我們來說簡直如同假釋出獄般令人雀躍。雖然每次回去後總會被老闆大聲斥責，質疑我們在外面逗留過久，但一切值得！我們用三輪車（triporteur）執行外送任務，有點像是古早的冰淇淋車，車頭裝有一個木製箱子，兩個前輪一個後輪，無論騎多快都不會失速翻倒，非常過癮。

有一天，老闆指派我快遞一顆冰淇淋蛋糕。那是春意盎然美好的一天，冰淇淋蛋糕與保冷劑一同在木箱裡，我一路上快樂地吹著口哨，享受著片刻悠閒時光。我騎得很快，但忽然間，右手邊出現了一位美麗的女孩，我們眼神對上了幾秒，接著，我就躺在路面上了。原來我迎面撞上一輛轎車，整個人飛了出去。轎車駕駛怒氣沖沖質問我在哪裡工作，我哭著懇求他不要跟我老闆提起這件交通意外，更再三的強調如果老闆知道的話我會有多慘。好在他的車子沒有任何損傷，最後憤怒地離開，放我一馬。

我把三輪車停好，檢查一下蛋糕，它被摔爛了！我把爛掉的蛋糕送達目的地，買家是一位中年女士，她原本很開心的看見我帶著蛋糕出現，卻發現我滿臉淚水，馬上關心慰問：「你還好嗎？」我告訴她事發經過，當然沒說出的真正的原因（看到美女）。我全身瘀青，但只擔心壞掉的蛋糕。我們一起把蛋糕從木盒中取出，「喔！真的壞了！」她說。我請求女士絕對不能讓老闆知道，因為他一定會殺了我！我寧可跑路也不要面對他。那天本來有可能是我學徒生涯的最後一天，但我依然懇求她讓我試著修復蛋糕，那位女士非常善良，答應了我的要求。憑著廚房裡的兩支抹刀，我盡全力把蛋糕修復到完美，就在蛋糕送進冷凍庫後，那位女士甚至要打賞我小費。我說：「不用了，您願意給我修復蛋糕的機會，已經是我這輩子收過最豐厚的小費，我非常感激！」

法修蘭冰凍夾心蛋糕
Vacherin Glacé

（成品照片見 230 頁）

2～3 天的製程

材料	重量	體積（略估）
馬林糖		
法式馬林糖（65 頁）	1 份食譜	1 份食譜
杏仁片	25g	¼ 杯
香蕉冰淇淋		
全脂鮮奶（3.5%脂肪含量）	520g	2⅓ 杯
鮮奶油（35%脂肪含量）	250g	1 杯＋1½ 大匙
砂糖	100g	½ 杯
香草莢	1 根	1 根
蛋黃	80g	約 4.5 顆
砂糖	100g	½ 杯
熟透的香蕉，去皮	去皮後 260g	中型，2 根
現榨檸檬汁	20g（半顆）	1½ 大匙（半顆）
肉豆蔻粉	一小撮	一小撮
鳳梨雪酪		
新鮮鳳梨，去皮去心	645g	1 顆小型鳳梨
玉米糖漿	45g	2 大匙
砂糖	55g	¼ 杯
蜂蜜	15g	2¾ 小匙
芒果醬		
新鮮成熟的芒果，去皮切丁	280g	約 1⅓ 杯果肉或中型芒果約 1½ 顆
蜂蜜	15g	2¾ 小匙
裝飾及蛋糕抹面		
鮮奶油	450g	2 杯
糖粉	75g	¾ 杯
香草萃取液	5g	1 小匙
水果，裝飾用	依喜好	依喜好
糖粉，篩撒裝飾	依喜好	依喜好

開始之前

→ 準備好以下工具，並確定所有材料都已回到室溫：

1 個烤盤
鉛筆
烘焙紙
一個裝有 ¾ 吋擠花嘴的擠花袋
1 支平直無折角的抹刀
1 個大型攪拌盆
冰塊
1 個布丁杯或扁淺的杯子
1 個中型煮鍋（勿使用鋁製）
1 支小刀
1 個中型攪拌盆
1 支中型不鏽鋼打蛋器
1 個小盤子
1 個中型過濾篩網
1 支大型橡皮刮刀
1 個電子溫度計
1 支手持均質機
1 臺果汁機或食物調理機
1 臺冰淇淋機
1 個 8 或 9 吋底部可拆的活動蛋糕模或烤環（可省略）
1 支小型有折角的抹刀
1 支長刀

→ 請認真把食譜讀兩次。

冰淇淋蛋糕即使在冷凍的狀態下也必須好切，是很重要的原則。我曾經吃過一個以義式硬脆餅（biscotti）當蛋糕底座的冰淇淋蛋糕，當場咬壞了我一顆牙。義式硬脆餅本來就是硬度高的餅乾，冷凍過後更是硬上加硬，簡直是自找麻煩。馬林糖冷凍過後依然好切，食用時甚至會直接融化在嘴中。法修蘭冰凍夾心蛋糕以具有超強保溫能力的馬林糖，和打發鮮奶油將冰淇淋夾心圍繞起來。馬林糖由砂糖及蛋白打發製成，蛋白中的白蛋白能抓住許多空氣泡泡，烘烤後的硬脆馬林糖宛如保麗龍的空心質感，而打發後的鮮奶油也具有一樣的結構，只是其中抓住空氣泡泡的不是白蛋白而是脂肪。因此，這兩個元素都有很好的保冰作用。我曾將做好的成品從冰箱冷凍取出，裝進保冰盒裡，運送回家，全程大約 3 個小時，食用時蛋糕的中心依然維持冰凍的狀態。

另一個冰淇淋蛋糕的美味關鍵，是各個元素的口感都要相近，不會有任何一層太硬，難以切片，或太軟，容易融化而造成蛋糕崩塌。玉米糖漿和蜂蜜都是轉化糖，在冷凍過後不會完全硬化，使得雪酪和果醬的口感也很像冰淇淋，法修蘭冰凍夾心蛋糕的每一層都滑順柔軟，不會有冰晶感。

香蕉請挑選顏色深黃並且帶有一些棕色斑點，熟度恰好的。過熟的香蕉有個汽油味，不適合製成冰淇淋。香蕉可以放在室溫下，靜待成熟。若香蕉還太生，可連同蘋果或番茄一起以棕色袋子裝好，加速催熟。水果成熟的過程中會釋放出乙烯，這種氣體能活化酵素合成進而促使澱粉及酸基分解成糖，也能軟化水果的細胞壁。蘋果和番茄能產生大量的乙烯氣體，因此能加快水果熟成的速度。

每當我享用或製作法修蘭冰凍夾心蛋糕時，美好回憶就會湧上心頭。1975 年夏天，我們全家前往阿爾薩斯伊爾奧森市（Illhaeusern）一家名為 L'Auberge de l'Ill 的知名米其林三星餐廳用餐。我在那間餐廳吃到了無敵美味的法修蘭冰凍夾心蛋糕，兩層馬林糖夾著大溪地香草冰淇淋與覆盆子雪酪，這麼簡單的組合，只要仔細製作，就非常好吃。當時我十四歲，想成為一位甜點師的想法才剛在心中萌芽，而那次的體驗幫助我下定決心，確認了志向。

這幾年來我嘗試過很多版本的法修蘭冰凍夾心蛋糕，這次要介紹給讀者的是熱帶風味的蛋糕。香濃的香蕉冰淇淋內餡、滑順的芒果醬，還有我在參與法國最佳工藝師競賽時設計的、酸香十足的鳳梨雪酪。兩片法式馬林糖夾著冰淇淋，外層塗上有香草風味的打發鮮奶油，再黏上條柱狀的馬林糖。咬下去滿是果香且極為清爽，水果的酸度和馬林糖的甜脆相映成趣非常美味。

馬林糖需要事先烘烤，冰淇淋也需提前製作靜待滋味熟成，因此這份食譜需要至少兩天的製作時間。經驗上來說，一般家用冰淇淋機剛完成的冰淇淋往往有不夠冰、硬度不足，建議在第二天時，預留充裕的再度降溫時間。如果要用於宴客，我會建議將製程拉長到三天，最後的裝飾步驟留到第三天進行。

作法

第 1 天

製作馬林糖和冰淇淋基底糊的先後順序可依喜好安排。

製作馬林糖

1 烤箱預熱 325°F／160°C。將杏仁片鋪在烤盤上，烘烤 15 分鐘，直到金黃上色後取出放涼備用。將烤箱溫度調降為 250°F／120°C。

2 用鉛筆在烘焙紙上畫出兩個直徑 18cm 的圓形，翻面鋪放到烤盤上。另取一張烘焙紙，用鉛筆畫出 12 個 5×2cm 的長方形，翻面後放到烤盤上。

3 製作一份法式馬林糖蛋白霜（65 頁），將蛋白霜填進裝有 ¾ 吋圓形擠花嘴的擠花袋中，雙手垂直捧住擠花袋，擠花嘴距離烘焙紙約 2.5cm，由圓心向外一圈貼著一圈擠出圓盤。重複步驟完成兩個圓盤。剩下的蛋白霜，擠成 12 個 5×2cm 的長條。在長條狀馬林糖上撒上一些杏仁片。圓盤狀及長條狀的馬林糖蛋白霜上都篩撒上糖粉。送進烤箱，烘烤 1 小時，取出後以扁平的金屬抹刀取下馬林糖，放涼後保存於室溫下備用。

香蕉冰淇淋

1 在大型攪拌盆內裝滿冰塊，中央放一個布丁杯。

2 取出 50g 鮮奶（約 ¼ 杯）一旁備用，在煮鍋中倒入剩餘的 470g 鮮奶、所有的鮮奶油及 100g 砂糖。縱向剖開香草莢，以刀尖刮下香草籽，連同莢殼一起加入煮鍋。以中火加熱，攪拌 10 秒確保砂糖沒有沉在鍋底。

3 加熱的同時，取一中型攪拌盆，加入蛋黃及 100g 砂糖，立即攪打 30 秒。徹底攪勻蛋黃和砂糖，糖分子會包裹住蛋黃，形成一層緩衝膜，可避免加入熱牛奶後蛋黃凝結成蛋花狀。接著加入保留的 50g 鮮奶，攪勻後一旁備用。

4 當鮮奶沸騰後熄火，取出香草莢殼，若上面還附有香草籽，把它們刮下攪回鮮奶液中。莢殼可乾燥後另做他用，例如放在砂糖裡製作成香草糖。邊攪拌邊倒入約 2 杯的沸騰鮮奶到蛋黃糊中調溫，然後再將所有的液體倒回小鍋中。如果只有一個中型攪拌盆，迅速洗淨擦乾，然後放置在冰浴中備用。

筆記：在鍋子下面墊一張廚房專用防滑紙（shelf paper）或餐巾紙，能防止容器隨著攪拌動作而滑動。

5 開小火將煮鍋再次加熱。以橡皮刮刀持續不斷、以畫 8 的手法仔細攪拌，直到整鍋均勻濃稠。將煮鍋離火，提起裹覆有卡士達醬的橡皮刮刀，以指尖劃過，觀察是否能留下一道溝槽，若有，就是濃稠度足夠了。或使用溫度計判斷，當溫度達到 165°F／75°C ～180°F／82°C 之間，冰淇淋基底糊就完成了。

6 立即將冰淇淋基底糊倒入冰浴裡的中型攪拌盆中，盆中的小布丁杯能防止攪拌盆隨著冰塊融化而傾倒。先持續攪拌數分鐘，接著每靜置幾分鐘再攪拌一下，直到溫度降下來。任何由雞蛋製作的麵糊都需要在 20 分鐘以內快速降溫，以免沙門桿菌繁殖。如果冰塊不夠，也可將整盆冰淇淋基底糊放進冷凍庫，每幾分鐘攪拌一下，直到溫度降低。在等待降溫的同時，以手持均質機將香蕉打成泥狀。當冰淇淋基底糊冷卻後，倒入香蕉泥一起攪打均勻，移到合適容器中，以保鮮膜貼著冰淇淋糊表面包好，放進冰箱冷藏一夜。

製作鳳梨雪酪

將食譜中鳳梨雪酪的材料全部放進食物調理機裡，攪打到徹底滑順後，裝進容器中放進冰箱冷藏一夜。

大約在一百五十多年前，艾貝林家族（Haeberlin family）在阿爾薩斯，伊爾奧森市的伊爾河畔旁創辦了一家家常料理餐廳，也就是現在知名的 L'Auberge de l'Ill。除了在兩次世界大戰，阿爾薩斯被德軍占領的時期之外，這間餐廳在艾貝林家族管理之下，成功的將家傳的精緻飲食知識完整保留下來，並在 1967 年得到米其林三星的肯定，這殊榮代表著無瑕的料理、無可挑剔的服務品質、完美的廚藝，到令人放鬆的愉悅氣氛。

餐廳建築是一間傳統的阿爾薩斯老豪宅，在天氣好或溫暖的夏季傍晚，顧客們可以在前廊享用開胃酒，放眼望去是一片草原以及柳樹河岸的美好景緻。餐廳內部，則是阿爾薩斯和極簡主義的複合風格。

自從我在這間餐廳裡頓悟了人生方向的數十年以來，艾貝林家族一直以高標準維持經營。無論貧富，法國人遇到重大節日時，常會到米其林三星等級的餐廳慶祝；以我們家而言，重大節日就是祖父七十大壽，或結婚紀念日等。

三十多年後，我和家人受皮耶·茲瑪曼（Pierre Zimmermann）的邀請，再次造訪。無論是料理或感受上，就和我初次的用餐經驗一樣美好，一樣令人玩味再三。皮耶是位傑出的烘焙師傅，也是世界烘焙大賽兩次的冠軍得主，受邀聚餐的幾年之後，他加入了我所經營的廚藝學校，負責糕點烘焙部門。

第 2 天

組合蛋糕

1 將兩片馬林糖圓片放在盤子上，送進冷凍庫裡冰鎮備用。

2 以手持均質機，攪打香蕉冰淇淋糊 1 分鐘後，倒進冰淇淋機裡按指示操作。完成後，檢查硬度，視需要將冰淇淋放入冷凍庫 1～2 小時，直到冰淇淋達到足以塑型但又不會太硬的程度。

3 盤子上放一片冷凍過的馬林糖圓片（平整的那面朝下），利用活動蛋糕模或蛋糕環圈住馬林糖，以幫助組合蛋糕（不用也可以）。以橡皮刮刀挖取約 1 公升的香蕉冰淇淋疊在馬林糖上，用小抹刀均勻推抹開來，在中間處稍微整出一個可以容納芒果醬的凹陷空間，動作要迅速，完成後送回冷凍約 15～30 分鐘冷卻定型。

4 等待冷卻的同時，以食物調理機將新鮮芒果打成泥，秤取 80g 芒果泥加入蜂蜜攪拌均勻成為蜂蜜芒果醬。剩下的芒果泥以容器裝妥，冷藏保存。

5 鳳梨雪酪糊從冰箱取出，再次攪打均勻後，倒進冰淇淋機裡製作成雪酪。完成後檢查一下硬挺度，依需要放入冷凍 1 小時，直到雪酪達到足以塑型但又不會太硬的程度。

6 將冰淇淋蛋糕從冷凍庫中取出，在冰淇淋凹槽倒入 200g 芒果泥，將表面再次抹平，送回冰箱冷凍至少 30 分鐘。

7 接著，倒上完成的鳳梨雪酪，以小抹刀均勻抹平蛋糕表面後，疊上另一片馬林糖（平整的一面朝上），冷凍至少 1 小時，隔夜尤佳。

8 等待時，將鮮奶油打發到可以擠花的硬挺程度，留意不要過度打發以免產生結塊。快完成前加入糖粉及香草萃取液，再最後攪打 5 秒。

9 將蛋糕脫模（若有使用模具）。取三分之二份量的打發鮮奶油，以小抹刀均勻地塗抹一層在蛋糕的側邊及頂面。接著在蛋糕側面平均黏上 12 根柱狀馬林糖。將剩下的打發鮮奶油填進裝有 ½ 吋圓形擠花嘴的擠花袋中，在柱狀馬林糖之間擠花裝飾，也可僅以帶皮的杏仁片裝飾。蛋糕頂端也擠上淚滴狀或大顆圓球狀鮮奶油裝飾。完成後，再次冷凍至少 1 小時，讓所有元素冷卻穩定。

10 食用前 1 小時將蛋糕移到冷藏，以喜愛的水果裝飾表面，篩撒糖粉，連同蜂蜜芒果醬一起盛盤上桌。切片時，先將長刀浸一下熱水後擦乾再切，每一刀都重複這樣的步驟，就能完美的分切蛋糕。

完成了？完成了！

　　冰淇淋入口應非常柔軟，但是不至於融化，更不該滴得到處都是。

保存

　　以保鮮膜妥善包裹好，可冷凍保存 1 個月。

私藏祕技

→ 你可以改變冰淇淋或／和雪酪的口味，原則是每一層會需要用到一公升的冰淇淋或雪酪。果泥的部分也可以改用別種水果製作。如果買不到新鮮芒果，就用冷凍芒果。

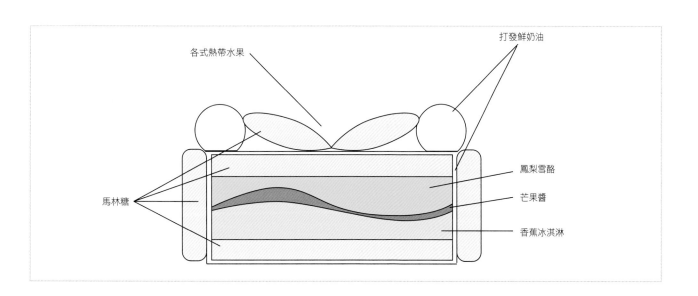

各式熱帶水果

打發鮮奶油

馬林糖

鳳梨雪酪

芒果醬

香蕉冰淇淋

雪酪

雪酪一般是指配方中不含乳製品（鮮奶或鮮奶油），主要成分為水、糖與水果所製成的冰品。雪酪水分含量愈高，食用起來冰晶感就會愈重，而若是固形物比例太高，則會造成質地不滑順帶有粗糙的口感。我見過許多烘焙書籍裡所收錄的各式各樣計算雪酪成分（糖／水／水果）的建議比例或公式。還有一種奇妙的判斷方法是，在完成的雪酪糊裡放一顆雞蛋，如果雞蛋可以浮起來，就表示雪酪糊比例正確。我想，我們都已經可以飛上月球了，應該有更科學的方法來計算出雪酪的最佳比例才是。也有一些食譜會採用固定的糖水比例來製作雪酪，這個方法大部分的時候都可以做出不錯的成品，但也不是每一次都行得通。

水果主要的成分是水，而水果中固形物的主要成分則是包括纖維素（fiber 或 cellulose）和糖（果糖或葡萄糖為大宗）。不同水果成分的液、固比差異極大，如檸檬是由 9% 固形物和 91% 水分組成，而草莓是 17% 固形物及 83% 水分，香蕉是由 25% 固形物加上 75% 水分。也就是說，檸檬有高水分和低固形物的天然條件，如果要製作檸檬雪酪的糖漿基底，必須增加糖減少水。相反的，如果製作香蕉雪酪，則是要減少用糖和增加水量。

再來談談風味。一些雪酪食譜的作法是將材料中的水、糖和水果全部一起煮到滾再放涼，接著丟進冰淇淋機裡製作成雪酪。而我製作雪酪時從不煮水果，因為水果一旦經過滾煮，不但會喪失其天然的酸香氣息，而且還會使成品有股膩口的蜜餞味。

由於水果本身飽含水分，有時候甚至可以直接在水果裡加糖，不需要另製作糖水，鳳梨雪酪的作法就是如此，這樣製作出來的雪

酪水果風味也會更加濃厚。加一點高甜度的蜂蜜，可以避免水果的水分在冷凍後形成結晶。玉米糖漿和蜂蜜都是轉化糖，都有抑制水凝結成冰晶的作用。

每種水果各有不同的果糖含量，因此製作雪酪時的糖用量無法定量。習慣上，我會將所需的砂糖部分比例以玉米糖漿取代，有時候也會再加一些蜂蜜，這兩種糖有阻止冰晶形成的功能。我的原則是，使用整體重量 5% 的玉米糖漿和 15% ～ 20% 的砂糖，再加上個人對於甜度的喜好斟酌調整。

大多數的水果都具有天然酸度，其含量足以防止自身腐敗或變色（你沒看過腐壞的檸檬雪酪吧？）但也有少數的水果，如西洋梨，變色的速度就遠遠超過其他水果。這類容易變色的水果，我建議在雪酪糊裡額外添加些檸檬汁，可以有效防止氧化。儘管如此，仍有極少數的水果，像是櫻桃，即使加了檸檬汁，依然會很快的變褐色。對付這些頑固的水果，可以採用低溫烹煮處理，將水果連同其重量 10% 的糖，以 149°F ／ 65°C 加熱 30 分鐘後，冰浴降溫即可。

咖啡、巧克力凍慕斯

Mousse Glacée au Café et au Chocolat

材料	重量	體積或盎司（略估）
咖啡慕斯		
咖啡豆	39g	½ 杯
香菜籽（coriander seed）	1 粒	1 粒
全脂鮮奶（3.5%脂肪含量）	264g	1⅛ 杯
可調溫的黑巧克力（64%）	40g	1⅖ 盎司或約 ¼ 杯鈕扣狀巧克力
冰冷的鮮奶油（35%脂肪含量）	176g	¾ 杯
砂糖	126g	½ 杯＋2 大匙
蛋黃	55g	約 3 顆
深色蘭姆酒（Dark rum）	6g	約 1½ 小匙
蜂蜜	22g	1 大匙＋¼ 小匙
香草萃取液	6g	1⅛ 小匙
咖啡瓦片餅乾		
濃縮咖啡	85g	⅓ 杯＋1 小匙
鮮奶油（35%脂肪含量）	35g	2 大匙
海鹽	0.5g	一小撮
砂糖	70g	5 大匙
玉米糖漿	35g	2 大匙
奶油（法式，82% 脂肪含量）	18g	1 大匙（滿尖）
胡桃，略切	50g	⅓ 杯＋1 大匙
香料打發鮮奶油		
冰冷的鮮奶油（35%脂肪含量）	250g	1 杯＋1 大匙
肉桂粉	1g	½ 小匙
肉豆蔻粉	0.3g	¼ 小匙
薑粉	0.3g	⅛ 小匙
小豆蔻粉	一小撮	一小撮
糖粉	30g	¼ 杯（扎實）
裝飾（可省略）		
糖漬檸檬皮（87 頁）	依喜好	依喜好
巧克力弧片（378 頁）	依喜好	依喜好

開始之前

→ 準備好以下工具，並確定所有材料都已回到室溫：

電子秤，將單位調整為公制
桌上型攪拌機，搭配氣球形攪拌頭，或手持均質機
1 個擠花袋
1 支擀麵棍
1 個中型煮鍋
保鮮膜
1 支長刀
2 個小型攪拌盆
2 個中型攪拌盆
1 個鋪有麻布的過濾篩網
1 支不鏽鋼打蛋器
1 支耐高溫橡皮刮刀
1 支電子溫度計
1 支手持均質機
8 個布丁杯或烤布蕾杯（直徑 10cm／高 2cm）
1 支有折角的抹刀
2 個以上鋪有矽膠墊的烤盤，烤盤底部需是平整的
1 支測量用的小匙，或直徑 2.5cm 的冰淇淋挖勺
1 支深湯匙

→ 請認真把食譜讀兩次。

製作冷凍慕斯的技術，展示了香草卡士達醬另一種層次的應用。在鮮奶裡加入咖啡豆和香菜籽，製成具有香氣的鮮奶——當液體裡所含的水分愈高，浸泡出香氣的效率就愈高，為了能有強烈的咖啡香氣，使用水分含量較高的鮮奶製作卡士達醬基底，而非以往的鮮奶油。

略壓碎的咖啡豆能提供較圓潤溫醇的香氣，和蛋香也會結合呼應得很好，不是即溶咖啡比得上的。咖啡豆壓得愈細碎所釋放出的風味就愈濃厚，在這份食譜中，我們只把咖啡豆稍微壓碎，因此咖啡味不會過於強烈，製成的卡士達醬也不會有難以過篩的粉末狀咖啡殘留，維持滑順的口感。選用咖啡豆時，建議使用淡棕色輕度烘焙的豆子，重烘焙咖啡豆苦味過重，會和巧克力的苦味衝突。配方中的咖啡量有點大，若有咖啡因攝取或口味偏好上的考量，可以採用低咖啡因的咖啡豆或減量 10%。

這道宜人的甜點結合了多種不同的口感和滋味，布丁杯裡的冷凍慕斯兼具有咖啡、香菜籽及巧克力的多層次香氣，以打發的香料鮮奶油及美味硬脆的咖啡胡桃瓦片餅乾裝飾。製作簡單，絕對可以在一天之內完成，然而想保險一點可以提前 2～3 天製作。慕斯的部分可以冷凍保存 1 個月，瓦片餅乾於密閉容器內可保存 1 週。

作法

製作冷凍慕斯

1 將欲使用於打發鮮奶油的容器，放進冰箱裡冰鎮 15 分鐘。

2 咖啡豆和香菜籽裝進拋棄式擠花袋裡，抓緊開口處，以擀麵棍輕輕打碎，不要打得過於細碎而成粉末狀。

3 在中型煮鍋裡倒進全脂鮮奶、打碎的咖啡豆和香菜籽，小火加熱至沸騰後，立即熄火，以保鮮膜蓋好，靜置一旁讓咖啡及香菜籽香氣釋出。

4 若你選用的巧克力是大塊磚狀，這時先以長刀在砧板將巧克力切碎，裝進攪拌盆裡，一旁備用。

5 將 176g 冰冷的鮮奶油倒進冰鎮過的攪拌盆裡，使用桌上型攪拌機搭配氣球狀攪拌頭，或以手持均質機，中速打發鮮奶油至中性發泡、有半硬挺小尖角的狀態（114 頁），攪拌時務必留意盯看，不要讓鮮奶油打發過硬，過硬的鮮奶油後續將無法和咖啡慕斯混合均勻。打好的鮮奶油移至另一個小攪拌盆，冷藏備用。

6 取一個過濾篩網，鋪上製作起司專用的麻布，將篩網架在中型碗上，將煮過的鮮奶倒入過濾。應會得到 187g 鮮奶，如果短少請添加一些補足。麻布及濾出的咖啡豆和香菜籽可直接丟棄。

7 將配方中的砂糖分成兩等分，每份 63g。在中型攪拌盆裡加入蛋黃、四分之一咖啡鮮奶、63g 砂糖，及深色蘭姆酒、蜂蜜和香草萃取液，攪拌均勻。另一份 63g 砂糖加入鍋中剩下的咖啡鮮奶中，以橡皮刮刀攪拌均勻，加熱至微滾，稍微攪拌後熄火。稍待至咖啡鮮奶不是沸騰的狀態後，邊攪拌邊將熱鮮奶倒入蛋黃糊中。然後再將蛋黃／鮮奶液體倒回煮鍋中，小火加熱，以橡皮刮刀或打蛋器一邊攪拌，直到溫到達到 179.6 °F／82°C。過程中必須持續且觸及每個角落地不停攪拌，以免液體有結塊的現象。如果不小心煮過熱而開始有些許結塊，可以用手持均質機處理後再過濾。當溫度達到 179.6°F／82°C，離火，再持續攪拌 30 秒。咖啡口味的卡士達醬就完成了。

8 裝有巧克力的容器，上方架好濾網，一起放到電子秤上，將電子秤歸零，倒入 120g 熱的咖啡卡士達醬，以橡皮刮刀或打蛋器，攪拌至巧克力融化整體均勻一致。

9 快速將剩下的咖啡卡士達醬倒入桌上型攪拌機的攪拌盆裡，以中速攪打 8 分鐘，或直到整體打發有綿密泡泡，舉起攪拌頭滴落的液體可以看見緞帶般的痕跡，這個步驟必須趁熱操作，不要等到咖啡卡士達醬冷卻了才進行。在卡士達醬尚熱的狀態攪打到降溫，能使蛋黃糊收縮的同時，抓住許多空氣泡泡。常溫或冷卻過後的蛋黃糊，再怎麼攪打也沒有辦法抓住空氣蓬鬆起來。

10 桌上型攪拌機工作的同時，將巧克力糊以手持均質機攪打 30 秒至滑順。分別在 8 個布丁杯裡倒入薄薄一層（不超過 0.3cm 高）巧克力糊，可能需要稍微將布丁杯轉一轉，以利巧克力糊在布丁杯的底部均勻流散分布。放進冰箱冷藏 20 分鐘。

11 取下桌上型攪拌機的攪拌盆，若覺得不好操作，可將打發好的咖啡卡士達醬移到較廣口的攪拌盆中。以大型橡皮刮刀，輕巧地折拌進中度打發的鮮奶油，即為咖啡慕斯。從冰箱中取出布丁杯，將咖啡慕斯舀進杯中。表面以有折角的小抹刀抹平，不需覆蓋，直接送入冰箱冷凍至少 2 小時。如果不是當天食用，2 小時後再以保鮮膜包妥，繼續冷凍保存。

製作瓦片餅乾

1 配方中的濃縮咖啡、鮮奶油、海鹽、砂糖、玉米糖漿和奶油，倒入中型煮鍋裡，以中火加熱至 230°F ／110°C，準備好的餅乾糊應是接近膏狀的濃稠質感，確實加熱到 230°F ／110°C 是很重要的關鍵，否則餅乾糊流動性會太高，不利於操作。將餅乾糊離火，倒到小碗裡冷卻 30 分鐘，麵糊會再更濃稠且流動性降低一些。

2 等待降溫時，烤箱預熱 325°F ／160°C，烤箱內網架置於中間層，烤盤鋪上矽膠墊。以長刀將核桃切成約 0.3cm 大小的碎塊，拌入咖啡餅乾糊裡。

3 以測量用的小匙或很小的冰淇淋挖勺，挖取 4 匙餅乾麵糊，放到鋪有矽膠墊的烤盤上，這款餅乾烘烤時流散開來的範圍很廣，因此每一份之間至少需距離 5cm。同時，烤盤也必須是完全平整的，烘烤時才能均勻擴散開來。在第二個烤盤上重複相同步驟。一次烤一盤，每盤約烤 12 ～14 分鐘，直到餅乾呈現深棕色，堅果烤香上色。從烤箱取出放涼 15 分鐘。不要心急，剛出爐的瓦片餅乾非常脆弱，如果太快拔取下來，會很容易碎裂。冷卻後將矽膠墊翻轉，輕輕地

咖啡的香氣釋放到鮮奶裡之後，再將咖啡香草卡士達醬煮到 179.6 °F ／82°C，接著攪拌到冷卻降溫，達到濃稠、綿密起泡的作用。凝結成糊狀的蛋黃，從熱的狀態攪打到降溫，會使得蛋黃糊收縮，抓住許多空氣泡泡，呈現近似慕斯的質感。隨後，拌進打發鮮奶油，冷凍起來。

冷凍慕斯的美味關鍵在於「即使冷凍起來也不會完全變硬，口感依然豐腴滑順」。於是，我們使用甜度很高的轉化糖——蜂蜜，還有深色蘭姆酒這兩個材料，有效地防止液體在冷凍時結晶，同時又能維持冷凍慕斯的綿滑口感。

咖啡瓦片餅乾裡滿是焦糖、堅果以及咖啡三種香氣，而且彼此平衡提襯得恰到好處，口感猶如法式牛軋糖薄脆甜香，堅果香氣更是媲美榛果抹醬。瓦片餅乾的酥脆和打發鮮奶油及冷凍慕斯，三者非常合拍。香料口味，綿密質地的打發鮮奶油，在這道甜點裡有畫龍點睛之效。

剝下餅乾，保持完整。烤好的瓦片餅乾裝進密閉容器內，可以保存1週。

組合

1 將 250g 的鮮奶油打發至開始發泡，加入糖粉及香料粉，再繼續打發到中性發泡。留意不要過度打發，以免看起來有粗糙結塊感。正確的質感應是滑順柔軟，又有足夠的硬挺度能做出瘦長雞蛋造型。

2 食用前約 10～15 分鐘，將裝有巧克力糊及咖啡慕斯的布丁杯從冷凍庫移到冷藏。

3 裝盤。將一支深湯匙泡進熱水裡備用。每一個布丁杯裡先放上一片瓦片餅乾，接著用熱湯匙挖打發鮮奶油。將熱湯匙放入打發的香料鮮奶油中，慢慢地扭轉，在湯匙上捲起出一顆瘦長雞蛋狀且表面平順的球，再滑放到瓦片餅乾上頭。接著篩點糖粉，如果喜歡的話，可以再多放一片餅乾倚靠在鮮奶油上。最後，選擇性地使用巧克力弧片或糖漬檸檬果皮裝飾。

完成了？完成了！

底部的巧克力層口感非常輕柔。冷凍慕斯依然保持冰涼結凍，同時很綿密豐腴。餅乾的口感薄脆。

保存

若想提前製作盛於布丁杯裡的冷凍慕斯，冷凍保存可達 1 個月。瓦片餅乾，保存於密閉容器內可達 1 週。

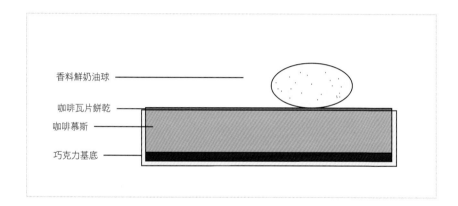

香料鮮奶油球

咖啡瓦片餅乾
咖啡慕斯

巧克力基底

第六章

阿爾薩斯的甜、鹹糕點

接下來要介紹的，都是我的真愛。每一道食譜都能喚起我孩提時的美好時光。如適合早餐享用的阿爾薩斯版肉桂捲（315頁）、咕咕霍夫麵包，有波紋的環狀麵包，麵包體類似布里歐許且均勻分布葡萄乾，頂端鑲有杏仁果粒，阿爾薩斯居民每個週六都會買，那是我們最愛的週日早餐。阿爾薩斯還有許多類似布里歐許的各式麵包，如非常受歡迎的「蜂蟄布里歐許麵包」（311頁）──以蛋糕烤模烘烤，上方鋪撒香酥顆粒，卡士達餡夾心，表面布滿甜脆的杏仁片。不新鮮的布里歐許麵包切片後，沾裹杏仁糖漿，抹上薄薄一層的杏仁奶油霜，並鋪上滿滿的杏仁片，送進烤箱烤到金黃酥脆，是阿爾薩斯版的法式吐司，我們稱為「香酥杏仁布里歐許」（319頁）。

其實本書裡隨處可見阿爾薩斯經典食譜，許多餅乾、塔派都不知不覺摻入了阿爾薩斯的飲食文化精神與歷史。阿爾薩斯人以家鄉所生產的各種農作物為傲：乳製品、肉類，蔬菜水果還有葡萄酒。我們的料理和法國其他區域比起來，風格較豪邁，有療癒作用。如果你不知道所謂「療癒食物」是什麼，一定要試試「溫暖的阿爾薩斯肉派」（367頁）──鮮嫩的酥皮派，裡頭包著以麗絲玲葡萄酒醃釀過的豬肉及小牛肉絲；還有，由慢煮洋蔥及培根做成的「洋蔥塔」（357頁）；法式蔬菜塔（361頁），在阿爾薩斯會以啤酒調味；當然還要有阿爾薩斯最具代表性的「火焰薄餅」（364頁），一片如同紙一般薄的餅皮，上盛著酸味鮮奶油、洋蔥和培根丁，使用傳統燃燒木材加熱的烤箱烘烤。火焰薄餅美味至極，為了在芝加哥也能重現家鄉味，我甚至從阿爾薩斯運來專用的烤箱。

阿爾薩斯和法國其他各處相似，每一餐都一定要有麵包，我們的麵包風格很樸實誠懇，如口感十足的「種籽麵包」（346 頁），是製作三明治的最佳首選。好吃極了的「啤酒麵包」（341 頁），有著超乎想像異常溼潤的外皮。既然提起啤酒，就必須說到「扭結餅」（351 頁），這是道地的阿爾薩斯人最常搭配啤酒的小點心，鬆軟的內部和鹹香乾脆的表面，著實令人上癮！

　　許多食譜都是有季節性的。櫻桃季時，我們用新鮮黑櫻桃做出既簡單又美味，好吃得要命的「櫻桃麵包布丁」（339 頁）。到了聖誕節，則是香料麵包、各種餅乾的天下，還要加上無敵豐腴，很像義大利聖誕麵包（panettone）也像布里歐許的「史多倫麵包」（303 頁）。超好吃，灌滿新鮮覆盆子果醬的「貝奈特」（323 頁）、柳橙口味的「嘉年華炸餅」（331 頁）在狂歡節（Mardi Gras）攜手登場。儘管在狂歡節之前，有禁斷享樂飲食的習俗，但是，因為這些節慶特殊糕餅，全阿爾薩斯人民都非常期待狂歡節的來臨。希望透過這些美味糕點，你能情不自禁地神遊阿爾薩斯，並沉醉其中。

咕咕霍夫麵包
Kougelhof

份量 | 2 份中型（6 吋）或 1 份大型（9 吋）咕咕霍夫麵包

基礎溫度 | 60°C

材料	重量	體積或盎司（略估）
液種		
冰全脂鮮奶（脂肪含量 3.5%）	50g	3 大匙＋2 小匙
乾燥酵母	12g	1 大匙＋¼ 小匙
中筋麵粉	50g	⅓ 杯
麵團		
金黃色葡萄乾	120g	⅔ 杯
櫻桃白蘭地	10g	1 大匙
砂糖	80g	½ 杯－1½ 大匙
高筋麵粉	450g	3½ 杯＋1 大匙（滿尖）
全蛋	125g	約 2½ 顆超大型雞蛋
全脂鮮奶（脂肪含量 3.5%）	125g	½ 杯＋2 小匙
海鹽	10g	1¼ 小匙
奶油（法式，82% 脂肪含量）	150g	5³⁄₁₀ 盎司
杏仁果（整顆）	40g	28 顆杏仁
水	50g	略少於 ¼ 杯
奶油（法式，82% 脂肪含量），室溫軟化，塗抹模子防沾黏用	依喜好	依喜好
糖粉，篩撒裝飾	依喜好	依喜好

　　咕咕霍夫麵包是阿爾薩斯在節慶時很受歡迎的麵包。幾乎沒有任何一個家庭不在週六時購買或自製這款麵包。換句話說，阿爾薩斯的麵包師傅們在週末時都會超級忙碌。咕咕霍夫麵包是種類似布里歐許的奶油麵包，麵包體均勻分布著吸飽櫻桃白蘭地的金黃色葡萄乾，頂端鑲有杏仁果粒，表面均勻篩撒糖粉，它不像來自巴黎的布里歐許麵包那樣豐腴厚重，奶油含量相對少。阿爾薩斯地區常在戰時被德軍占領，使得這裡的傳統較為節約。

　　咕咕霍夫和布里歐許麵包最大的不同之處還在於形狀，咕咕霍夫使用特殊上釉的陶瓷烤模烘烤，因此中心處有個獨特的凹洞。據記載，這些特別造型的模子，早在中世紀時，阿爾薩斯就開始使用至今。

開始之前

→ 準備好以下工具，並確定所有材料都已回到室溫：

電子秤，將單位調整為公制
桌上型攪拌機，搭配鈎狀攪拌頭
1 支橡皮刮刀
1 個小碗（容器）
1 個麵團專用刮板
保鮮膜或溼茶巾
1 支烘焙專用毛刷
1 個 9 吋或 2 個 6 吋的陶瓷或矽膠咕咕霍夫造型模子
1 個烤盤

→ 請認真把食譜讀兩次。

作法

1 準備一份基礎溫度（23 頁）60°C 的液種。以這份食譜為例，假設室溫、麵粉都是 20°C，室溫加麵粉溫度（20°C＋20°C＝40°C），再以 60°C 基礎加總溫度減去：60°C-40°C＝20°C，得出需要使用 20°C 的鮮奶。將鮮奶倒入攪拌盆中，加入酵母攪拌均勻，在表面撒上中筋麵粉，接著靜置 10～15 分鐘，直到表面的麵粉開始產生裂痕時，表示酵母已在進行發酵作用。這就是「液種」，作用同發酵頭，促使酵母活化開始進行發酵作用。

2 在小碗裡放進葡萄乾，倒進櫻桃白蘭地，稍微翻攪後，靜置一旁備用。如果不想要酒精，就改用一大匙水浸泡。

3 另一份 125g 鮮奶也調整到所需的溫度，倒進攪拌盆後，加入砂糖、高筋麵粉、雞蛋，最後才加入海鹽。以勾狀攪拌頭低速攪拌 1 分鐘後，停下機器，以橡皮刮刀將盆底未攪入麵團的殘餘材料刮起，幫助麵團均勻成形。此時，如果麵團太過乾硬，斟酌加入 1 大匙的鮮奶，若是太過溼軟，則是添入少許麵粉。

4 再次啟動機器，轉速調為中速，攪打 5 分鐘。再停下機器，以刮板將黏在盆壁以及勾狀攪拌頭上的麵團刮下，這個動作能使麵團更快的均勻成團。再次開中速攪打 5 分鐘，停下機器，刮下盆壁及攪拌頭上的麵團，打開機器，攪打 5 分鐘。這時麵團應已滑亮有光澤，彈性十足，且整團很自然的攀黏在勾狀攪拌頭上，這就代表麵團的筋度已活化。麵團必須確實攪打到這樣的程度，才有辦法吸收接下來加入的軟化奶油。

5 再次確認奶油已經軟化，建議可以提前一天由冰箱取出，置於室溫下自然放軟，或微波 5～10 秒，但不要加熱過頭讓奶油融化了。在麵團裡加入一半份量的軟化奶油，以中速攪打 3～5 分鐘，直到看不見奶油。隨後再加入剩下另一半軟化奶油，一樣以中速攪打 3～5 分鐘，直到看不見奶油，徹底和麵團融合。此時麵團應看起來均勻光亮，充滿彈性。

6 將已經浸泡到飽合的葡萄乾濾乾，加入麵團中，以桌上型攪拌機慢速攪拌 1 分鐘，或用手揉到葡萄乾在麵團裡均勻分布，小心不要把葡萄乾擠破了。接著，移去攪拌頭，在麵團表面篩上薄薄一層麵粉，再以保鮮膜或茶巾覆蓋住攪拌盆。讓麵團在不超過 80.6°F／27°C（若是高於這個溫度，奶油會融化從麵團裡分離出來）的室溫環境下休息，發酵至兩倍大。發酵時間依室溫而定，可能需要 1～1.5 小時。可利用烤箱自製一個理想的發酵環境：取一個小鍋子，

我採用了兩種不同筋度麵粉，因為美國市售的高筋麵粉，筋度實在太高了，這會使得麵團彈性過高，烤出的麵包也過於有咬勁。加入中筋麵粉，可以調整筋度含量，進而改善口感。

讓葡萄乾吸滿櫻桃白蘭地，雖非必要程序，但可以讓你享受活生生的阿爾薩斯氣息。如果不喜歡酒精，就改成以水浸泡，葡萄乾吸飽的水分會轉移到麵團裡，具有維持麵包溼潤新鮮的功能。

鹽能延緩酵母發酵，因此太多量就會抑制發酵作用，導致麵團不蓬鬆；但如果太少，發酵作用則容易失控。此外，要絕對避免鹽和酵母直接接觸，否則酵母會立即死亡。

咕咕霍夫雖然不像布里歐許有那麼高的奶油含量，但依然具有非常溼潤的口感，若已出爐 48 小時，要吃的時候可以稍微回烤一下，美味依舊。製作這些種麵包很重要的是，奶油一定要軟化了才能加入麵團裡。可以提前將奶油放在室溫下一夜，或短暫微波 5～10 秒。

咕咕霍夫模

陶瓷的咕咕霍夫模，隨著每次使用都會吸收香氣，並貢獻到下一批麵包裡。麵團在陶模裡經由長時間烘烤，造就了麵包金黃鬆脆的外殼。這是金屬材質烤模所做不到的，金屬加熱過快，無法達到這樣的效果。陶瓷咕咕霍夫模除了從阿爾薩斯訂購，也可以試著上網搜尋「陶瓷咕咕霍夫模」，或者是「猴子麵包模」（monkey bread molds），也可以到烘焙材料行尋寶。如果想直接從阿爾薩斯訂購，可以試試 www.alsace-depot.com，他們有海外寄送服務。

矽膠咕咕霍夫模也是個好選擇，可上網或到烘焙材料行購買。

一般來說，發酵麵包不會使用陶瓷模烘烤，但阿爾薩斯人打從中古世紀以來就是這麼製作咕咕霍夫麵包的。除了像是皇冠中間有個深洞的咕咕霍夫模具，我們還有各式各樣的陶瓷麵包模，而且配合不同的節日，每個造型都有其代表意義。鳩尾花造型是歌頌富裕的國王，星星形狀是聖誕節專用，小羊模子代表復活節，還有用於結婚場合的戀人造型。我一直有在蒐集阿爾薩斯的陶瓷模，第一個戰利品──黑色陶瓷咕咕霍夫麵包模，是在我父親的糕餅鋪出清時，即時搶下的。

盛裝半滿的沸騰熱水，放進烤箱底層，連同欲發酵的麵團也一起放進烤箱中，關上烤箱門（不適用於瓦斯烤箱）。隨時確認發酵溫度，不要超過 80.6°F ／27°C。

7 當麵團發酵時，將杏仁粒裝於小碗中加水浸泡。

8 以烘焙專用毛刷沾取軟化奶油，塗抹在咕咕霍夫模子內部防沾黏。如果使用矽膠模則不需塗奶油。將泡好的杏仁瀝乾，在模子底部的每一個溝槽排進一顆杏仁，放置杏仁時，尖端朝向中心，可以避免烘烤時，杏仁尖端烤焦。

9 當麵團發酵至體積膨脹成兩倍大後，移到撒有麵粉的工作檯面上。若是製作 2 個 6 吋麵包，使用刮板平直的一端將麵團均勻分切成兩等分，手掌拱起呈半圓杯狀，一手揉一份麵團，揉的時候手掌側邊應該始終貼在桌面上，以順時針壓揉的手法將麵團揉圓。接著，以拇指在麵團中心壓穿出一個洞，對準模具的中心，將麵團放進模子裡並稍微施力按壓，使麵團和模具底部的杏仁黏合。如果你只有一個 6 吋模，可以將另一半麵團先放於攪拌盆中，以保鮮膜包覆好，冷藏保存使發酵作用停止。烘烤前，先讓麵團恢復到室溫，再揉圓、穿洞、入模即可。

10 以保鮮膜或茶巾，將裝有麵團的模具包好，室溫下發酵約 1.5 小時，直到麵團體積膨脹成兩倍大。隨時確認發酵溫度，不可超過 80.6°F ／27°C。

11 烤箱預熱 350°F ／180°C，將網架放到比烤箱中間層稍低的位置。將發酵完成的麵團放在烤盤上（若要同時烤 2 份，彼此之間間隔 5 公分以上的距離。），送進烤箱烘烤。

12 9 吋咕咕霍夫，約需烤 1 小時；6 吋約需烘烤 50 分鐘。烘烤時，如果麵包頂部有上色過度的現象，以錫箔紙輕輕覆蓋在麵包上面，繼續烘烤。時間到後，以隔熱手套將麵包取出，在網架上倒扣脫模，放涼 30 分鐘至 1 小時。食用前篩撒上糖粉。

筆記：陶瓷模不需要、也不可以清洗，使用後趁還有些溫度時，以廚房紙巾輕輕擦拭即可。這樣的清理方式，能讓模具隨著每次的使用日漸蘊存麵包香氣。

完成了？完成了！

　　烤好的麵包，杏仁果會非常香脆。麵包的頂端呈現金黃棕色，而底部則會上色較深。

保存

　　烤好的咕咕霍夫麵包以毛巾包好或收藏於專用的布袋裡，室溫下可保存 2 天。冷凍 1 個月。如果要以保鮮膜包裹保存，必須非常確定麵包已完全冷卻，可能至少需要 1 小時。若沒有徹底冷卻就包起來，麵包裡殘留的水氣會讓麵包表面的脆皮變溼軟。法國人從不使用保鮮膜包麵包，家家戶戶都有裝麵包的專用布袋。

私藏祕技

→ 操作酵母發酵的麵團時，要記得麵團只能占攪拌盆一半的體積，才有足夠的空間膨脹。

→ 千萬不可以將麵包放進冷藏室。冷藏過的麵包會變得溼軟，而且冰箱的冷藏室很潮溼，容易讓麵包發霉，麵包也會吸附冰箱裡其他食物的氣味。

→ 想採購的矽膠咕咕霍夫模，可參考 Demarle（www.demarleathome.com）。矽膠模是很好的替代品，若你喜歡做小型的烘焙品，Demarle 有很多小尺寸的模具。Demarle 的小尺寸咕咕霍夫模，建議使用 75g 麵團。

史多倫
Stollen

份量｜一個史多倫，約 10～12 人份

基礎溫度｜60°C

材料	重量	體積或盎司（略估）
水果		
糖漬柳橙或檸檬皮（87 頁）	40g	1½ 大匙
金黃色葡萄乾	40g	略少於 ⅓ 杯
深色蘭姆酒	15g	1½ 大匙
液種		
全脂鮮奶（脂肪含量 3.5%）	50g	⅓ 杯－1 小匙
乾燥酵母	8g	2 小匙
中筋麵粉	50g	⅓ 杯
麵團		
全脂鮮奶（脂肪含量 3.5%）	90g	⅓ 杯＋1 大匙
砂糖	30g	2 大匙
高筋麵粉	220g	1⅔ 杯
全蛋	50g	1 顆大型蛋
杏仁粉（帶皮膜）	12g	3 大匙
小荳蔻粉	0.8g	略少於 ½ 小匙
海鹽	3g	½ 小匙
奶油（法式，82% 脂肪含量）	115g	4 盎司
杏仁，略切	75g	½ 杯的杏仁粒
亮釉		
奶油（法式，82% 脂肪含量）	30g	1 盎司
糖粉	30g	¼ 杯

開始之前

→ 準備好以下工具，並確定所有材料都已回到室溫：

電子秤，將單位調整為公制
1 支長刀
1 個中型玻璃罐
1 個電子溫度計
桌上型攪拌機，搭配鉤狀攪拌頭
1 支橡皮刮刀
1 片有弧度的刮板
1 個中型攪拌盆（視需要）
保鮮膜或茶巾
1 個鋪有烘焙紙的烤盤
1 支烘焙專用毛刷
1 個小煮鍋
1 個篩網

→ 請認真把食譜讀兩次。

　　史多倫自十五世紀以來，就一直是許多西歐國家用來慶祝聖誕節的節慶麵包，吃起來有點像布里歐許，或義大利的聖誕麵包（pannettone）。豐潤口感的長橢圓形麵包乘載著奶油、堅果、葡萄乾和糖漬柑橘皮，配方裡的蘭姆酒使麵包得以保存好幾週。出爐後的麵包趁熱在表皮刷上融化奶油，並撒上大量糖粉，形成一層膜封住麵包，以保持內部溼潤。史多倫麵包的形狀，是以襁褓的聖嬰為發想，故又稱為基督史多倫（Christstollen）。

食材解密

傳統的史多倫麵包可保存長達數週到數個月，但這個配方的口感我比較喜歡，做出來的史多倫像是含有豐富奶油的布里歐許，能保存 7 天。配方中採用兩種不同筋度麵粉——高筋麵粉含有很高的筋度，會使得麵團彈性高，烤出來的成品富嚼勁，加入一些中筋麵粉，可以調整筋度含量，進而改善口感。醃泡葡萄乾、柑橘皮的酒精（這裡使用蘭姆酒）同時具有保鮮的作用，可以讓史多倫保存多天。

鹽具有控制延緩酵母發酵的功能，因此太多會抑制發酵作用，導致麵團不蓬鬆；相反的，若鹽用量不足，發酵作用容易失控。千萬要避免鹽和酵母直接接觸，否則酵母會立即死亡。

大量奶油造就了麵包的豐富口感，同時能保存更久。小荳蔻使麵包滋味更豐富、增添層次。

作法

1 糖漬柑橘皮切小塊連同葡萄乾一起裝進玻璃罐，在室溫下以蘭姆酒醃泡。可以提前數天甚至數週進行。

2 準備一份基礎溫度 60°C 的液種。測量室溫和麵粉的溫度後，兩者相加。調整鮮奶的溫度，使三者溫度相加為 60°C。假設室溫為 21°C，而麵粉是 22°C，相加後 21°C＋22°C＝43°C，60°C 基礎加總溫度減去 43°C 得 17°C，就是鮮奶的溫度。

3 將 50g 鮮奶倒入攪拌盆中，加入酵母攪拌均勻後，在表面撒上中筋麵粉，接著靜置不動 10～15 分鐘，直到表面的麵粉開始產生裂痕，就表示酵母在進行發酵作用。

4 當酵母成功活化後，就可以開始製作麵團。將配方中的 90g 鮮奶溫度調整成正確溫度。開始製備麵團前，一旁預先準備約 ¼ 杯鮮奶，視麵團乾燥情況增加使用。依順序往液種裡加入砂糖、高筋麵粉、蛋液、杏仁粉、90g 鮮奶、小荳蔻粉，最後才加入海鹽。以桌上型攪拌機搭配鉤狀攪拌頭，中速攪拌 30 秒～1 分鐘，邊攪打邊觀察，若是感到麵團乾燥，無法成團，就少量添加鮮奶。通常麵團太乾的情形，會發生在天氣乾燥，麵粉也相對乾燥的環境下，所以需要添加比食譜比例還要稍多一些的水分。足足攪拌 1 分鐘之後，所有材料應差不多會聚集成團。務必邊攪拌邊觀察麵團，並適時的添加額外鮮奶，若在麵團剛成形時忽視其過乾的狀態，沒有即時增添額外液體的話，可能會產生難纏的麵粉結塊。持續以中速攪拌麵團約 5 分鐘，停下機器，以橡皮刮刀或有圓弧邊的刮板，將黏在攪拌盆底部跟盆邊的麵團刮起，如果麵團看起來非常溼黏，視情況加進少量中筋麵粉。打開機器，再攪打 5 分鐘後，重複此步驟兩次。依製作的麵團份量而定，理論上，攪打 15 分鐘後，會開始聽見啪嗒啪嗒的聲響，此時麵團非常具有彈性與光澤，且會整團包覆在鉤狀攪拌頭上。取一小份麵團，以雙手向四周拉扯，可以將麵團拉得非常薄透而不破，這個狀態就是所謂的「薄膜狀態」（windowpane，參考 24 頁圖）。

5 加入配方一半份量的軟化奶油，以低速攪打 2 分鐘。奶油一開始看似永遠無法融入麵團中，但最終兩者是能結合的。2 分鐘後停下機器，以橡皮刮刀或圓弧邊刮板，刮下未融合進麵團的奶油，打開機器再攪打 2 分鐘。最終，所有的奶油都會和麵團均勻融合。接著，加入剩下的另一半軟化奶油，以中速攪打 4～5 分鐘。當奶油都成

功地打進麵團，會得到光滑、彈性極佳飽含奶油的麵團。加入堅果、葡萄乾、糖漬柑橘皮，低速攪拌 1～2 分鐘，使它們均勻分布於麵團中。

6 將麵團移至中型攪拌盆中（如果桌上型攪拌機的攪拌盆沒有急著要另做他用，可接續使用），表面篩上薄薄一層中筋麵粉，以保鮮膜或茶巾覆蓋。讓麵團在溫暖的室溫環境下，發酵 1 小時至兩倍大。可利用烤箱製造一個理想的發酵環境。取一小鍋子，盛裝半滿沸騰熱水，放進烤箱底層，連同欲發酵的麵團也一起放進烤箱中，關上烤箱門（不適用於瓦斯烤箱）。隨時確認發酵溫度，不要超過 80.6°F ∕27°C，否則麵團裡的奶油會融化流出。

7 準備烤盤，鋪好烘焙紙。工作檯面上撲上薄薄一層麵粉。取出麵團，壓擠出第一次發酵時產生的氣體。雙手皆撲上麵粉防沾黏，取出麵團後，以多次折、包的方式整理成一顆球狀。利用雙手手掌左右罩住麵團，以順時針方向，向中心揉、壓施力。一開始，壓的力道可能需要大些，甚至麵團會稍微沾黏在工作檯上，邊揉邊壓的滾實麵團後，向下施壓的力道減輕，增加兩手往中心的力氣，施力的同時，手掌側邊應該隨時和桌面保持接觸貼合，將麵團整成緊實渾圓的球狀。若是麵團和工作檯之間的黏著性開始變高，再補撒少許麵粉，不要太多，否則導致麵團乾燥，難以塑型。在麵團表面撲上薄薄一層麵粉後，擀開成約直徑 23cm 的圓形，翻面，以烘焙專用毛刷均勻刷上少許水，然後像刈包般的從中對折。

8 整理好的麵團移放到烤盤上，放到溫暖的角落或自製的理想發酵環境烤箱裡，再次發酵 45 分鐘。預熱烤箱 375°F ∕190°C，將網架移放到烤箱中間層，並移走其他網架，以避免妨礙麵包膨脹。將發酵好的麵團送入烤箱，烘烤 35～40 分鐘，直到呈現金黃棕色。等待烘烤時，融化 30g 奶油，並備好一把烘焙用毛刷，糖粉及篩網一旁備用。

9 當麵包一出爐，趁熱刷上全數的融化奶油，然後篩撒上糖粉，於室溫下自然放涼。奶油和糖粉能在麵包表面形成一層脆脆的硬殼。放涼後才享用，可保存約 7 天。

完成了？完成了！

烤好的史多倫呈現深棕色。測試麵包是否烤熟，取一把小刀刺入麵包靜待 1 秒，取出後如果沒有任何麵糊殘留黏附在刀上，即是烘烤完成。

保存

史多倫麵包以茶巾包裹或麵包專用布袋裝著，室溫下可保存 7 天。不要用塑膠袋包裹，那會讓史多倫麵包更容易腐壞。若要冷凍，以保鮮膜密實包裹好放進冷凍庫，可保存 1 個月。

私藏祕技

→ 堅果、葡萄乾和糖漬柑橘都能依喜好自由替代。蘭姆酒和櫻桃白蘭地是史多倫麵包最常用的泡漬用酒類。

酥頂布里歐許
Streussel Brioche

份量 | 9 吋麵包 1 顆

2 天的製程

材料	重量	體積或盎司（略估）
布里歐許麵團（21 頁）	½ 份食譜	½ 份食譜
香酥顆粒（9 頁，櫻桃白蘭地依喜好選擇性使用）	125g	4²/₅ 盎司
融化奶油，模具防沾黏用	適量	適量
上色蛋液（7 頁）	1 份食譜	1 份食譜
糖粉，最後篩撒	適量	適量

　　酥頂布里歐許又是一款伴隨我長大的麵包。以布里歐許麵團為基底，撒上香酥顆粒一起烘烤，通常會與咖啡一起享用。介於麵包與蛋糕之間的口感，是法國很常見的一款「咖啡蛋糕」（搭配咖啡享用的糕點）。香酥顆粒在阿爾薩斯稱為「streusel」，英文稱作「crumble」，無論如何，其美好風味是無國界的。我喜歡的兩個甜點元素──細緻美味的布里歐許和酥脆奶香的香酥顆粒，因這款麵包而結盟。我喜歡篩撒上一些糖粉，趁還溫熱時佐自製果醬享用，配上早晨的咖啡歐蕾，彷若置身天堂。

　　和蜂蟄布里歐許（311 頁）一樣，這裡只會使用到半份的布里歐許食譜，但是我建議還是準備一整份布里歐許麵團（21 頁），把多準備的另一半冷凍起來。香酥顆粒（9 頁）也是，把多備的部分一併烤好，保存於冷凍庫裡，享用冰淇淋時隨手撒上一把，超好吃的呀！

開始之前

→ 準備好以下工具，並確定所有材料都已回到室溫：

電子秤，將單位調整為公制
製作布里歐許所需的工具（21 頁）
製作香酥顆粒所需的工具（9 頁）
1 個直徑 9 吋的圓形蛋糕模，矽膠材質的最好
1 支長刀
保鮮膜
1 支擀麵棍
1 支烘焙專用毛刷
1 個電子溫度計
1 張網架

→ 請認真把食譜讀兩次。

作法

第 1 天

1 製作一份布里歐許麵團（21 頁），冷藏一夜。

2 製作一份香酥顆粒（9 頁），自然放涼後秤取 125g 備用。剩下的妥善標示日期，保存於冷凍庫中。

第 2 天

1 蛋糕模內均勻塗抹奶油防沾黏（矽膠材質的不需要）。從冰箱取出

布里歐許麵團，秤重後切分成兩等份。將其中一份以保鮮膜包裹好，冷凍保存，或烘烤成標準的布里歐許麵包（21 頁）。

2 保持自己前方的工作檯面有足夠空間，能順利進行麵團揉塑整形的工作，撲上薄薄一層麵粉，並在進行前再次確認工作檯上以及揉麵的手掌皆撲上防沾黏的麵粉，雙手手掌側邊靠在桌面上，掌心鼓起罩著麵團，以順時針方向，同時揉、壓施力。一開始，往下壓的力道需要大些，甚至麵團會稍微沾黏在工作檯上，邊揉邊壓的滾實麵團後，向下壓的力道減輕，增強雙手往中心的力氣。揉好的麵團應是渾圓緊實的一顆圓球。接著以擀麵棍將麵團擀開，一個方向擀 5 秒，轉九十度，再擀 5 秒，如果麵團變得有些黏，再撲點麵粉防沾黏。重複進行，直到麵團擀成直徑 23cm 大的圓形。

3 將整好形的麵團放進烤模中，雙手稍微壓擠麵團，讓它均勻撲滿模具底部。表面輕輕刷上上色蛋液，均勻撒一層香酥顆粒，留意麵團中間處不要放太多，以免烘烤時太重而造成麵包下陷。

4 將麵團移到溫暖但不超過 80.6°F ／27°C 的室溫環境，發酵 1～1.5 小時。也可以利用烤箱自製一個理想的發酵環境。取一小鍋盛裝半滿的沸騰熱水，連同欲發酵的麵團一起放進烤箱中，關上烤箱門。少量的熱水提供溼度，溫暖了整個密閉烤箱，有非常好的發酵效果（不適用於瓦斯烤箱）。

5 檢查發酵進度，用手指輕壓麵團表面，如果很快回彈且麵團質地結實，那可能還需要再多發酵 20～30 分鐘。如果不回彈，且在麵團表面稍稍留下指紋，那就表示發酵已完成了。如果使用烤箱當發酵環境，發酵完成後，取出麵團並預熱烤箱 350°F ／180°C。

6 將麵包送入預熱好的烤箱烘烤 40～45 分鐘，直到金黃上色，頂部的香酥顆粒有脆脆口感。烤好後立刻脫模，在網架上放涼約 1 小時。享用前，篩撒上糖粉。

完成了？完成了！

布里歐許麵包側邊應該是金黃棕色，而上頭的香酥顆粒非常脆口。

保存

室溫下可保存 2 天，或冷藏保存 1 個月。

✦ 這款經典的阿爾薩斯麵包，非常簡單美味。香酥顆粒可以變化成多種不同的口味，參考香酥顆粒食譜（9頁）。

✦ 除了做成一顆大麵包，也能做成迷你獨享版。每小份使用 40g 布里歐許麵團及 15g 香酥顆粒。發酵約 75 分鐘，烘烤條件則是 350°F／180°C，烤 15～20 分鐘。

✦ 我做過數不清的各種版本酥頂布里歐許麵包，其中一種是「顛倒」版——將香酥顆粒先鋪撒在矽膠模子的底部，然後才放上布里歐許麵團。這樣能讓麵包能膨脹得更好，烤好後倒扣脫模，香酥顆粒的部分很平很整齊。

✦ 通常酥頂布里歐許麵包是當早餐吃，但我也曾將它變身成甜塔：使用一半份量的布里歐許麵團，擀扁後鋪進塔環中。在這之前，先以奶油、香草籽和砂糖炒軟切蘋果片／丁，冷卻後倒進鋪在塔環裡的麵團中，最後再均勻撒上香酥顆粒，烘烤後，這三項簡單的元素會結合出美妙成果。

蜂蟄布里歐許

Broiche Nid d'Abeille

材料	重量	體積或盎司（略估）
布里歐許麵團（21 頁）	½ 份食譜（準備一整份，冷凍不使用的半份）	½ 份食譜（準備一整份，冷凍不使用的半份）
卡士達餡		
全脂鮮奶（3.5%脂肪含量）	175g	略少於 ¾ 杯
鮮奶油（35%脂肪含量）	18g	4 小匙
奶油（法式，82% 脂肪含量）	30g	1 盎司
砂糖	18g	18g
香草莢，縱剖、刮取籽	1 根	1 根
玉米粉	11g	1 大匙＋1 小匙
中筋麵粉	6g	2 小匙
砂糖	18g	2 大匙＋略少於 2 小匙
蛋黃	36g	2 顆
鮮奶油（35%脂肪含量），打發使用	42g	3 大匙＋1 小匙
融化奶油，模子防沾黏	適量	適量
頂端配料		
砂糖	25g	1 大匙＋2 小匙
蜂蜜	25g	1 大匙
奶油（法式，82% 脂肪含量）	25g	⁹⁄₁₀ 盎司
杏仁片	25g	略少於 ¼ 杯

開始之前

➔ 準備好以下工具，並確定所有材料都已回到室溫：

電子秤，將單位調整為公制
製作布里歐許所需的工具（21 頁）
製作卡士達餡所需的工具（39 頁）
桌上型攪拌機，搭配氣球狀攪拌頭
1 個大型攪拌盆
保鮮膜
1 個直徑 9 吋的圓形蛋糕模，矽膠材質的最好
1 支長刀
1 支擀麵棍
1 個小煮鍋
1 支耐熱的橡皮刮刀，或木勺
1 個電子溫度計
1 支小型有折角的抹刀
1 個網架
1 支鋸齒刀
1 個裝有 ½ 吋星形擠花嘴的擠花袋

➔ 請認真把食譜讀兩次。

這份食譜非常簡單，一旦得心應手之後可以嘗試著變化成不同的版本。可試試以大顆粒天然粗糖（sugar in the raw，又稱為 Turbinado）取代砂糖，或一半紅糖一半砂糖混合使用。這裡使用味道較一般的「clover honey」，也能嘗試不同種類的蜂蜜，唯獨不建議採用栗子蜂蜜，栗子蜂蜜風味太過強烈。也可以換搭不同種類的堅果，使用時細心切成小塊，才烤得透。頂端的配料，先煮到 222°F ／ 105°C 才塗抹到生的布里歐許麵團上。如果省略煮的步驟，這樣配料流動性過高，隨著麵團發酵，配料會流落滴下，烤後口感也會太軟且黏牙。甜點師有句話說：「會黏在牙齒上的不是好作品。」

這是款非常美味，介於早餐麵包和甜點之間的一款布里歐許麵包，有時我們甚至稱它為「蜂蜜蛋糕」而非「麵包」。它是很傳統的阿爾薩斯糕點，任何當地的糕餅鋪都會賣。在布里歐許麵團上抹上一層由糖、奶油、蜂蜜及杏仁片的糊狀混合物，一起烘烤後，再夾入卡士達餡和打發鮮奶油製成的卡士達鮮奶油夾心。

這款麵包的法文是「nid d'abeille」，直譯為「蜂巢」。因為完成的麵包乍看之下，就像是布滿蜂蜜的蜂巢，而阿爾薩斯當地的叫法是「binenstich」，也就是「蜂螫」。另一款由波蘭廚師為法國女星碧姬‧芭杜（Brigitte Bardot）設計名為「聖特羅佩塔」（tarte Tropezinne）的糕點和蜂螫麵包非常相似，唯一不同之處在於聖特羅佩塔除了卡士達餡之外而額外使用了奶油糖霜，表面有一層粗糖顆粒。

這份食譜需要兩天的製程。第一天先製作布里歐許麵團，保存於冰箱中冷藏發酵。配方中只會用到半份麵團，另外半份可以做成酥頂布里歐許（307 頁），或冷凍保存。備用的布里歐許麵團永遠不嫌多。

作法

第 1 天

1 製作一份布里歐許麵團（21 頁），冷藏一夜。

2 製作卡士達餡。烤盤先以保鮮膜鋪好，預留配方份量中的 ¼ 杯鮮奶備用，剩下的加入中型不鏽鋼煮鍋內，同時放入 18g 鮮奶油、30g 奶油、18g 砂糖、香草籽、香草莢，攪拌均勻後以中火加熱。

3 同時在另一中型攪拌盆中，將玉米粉、麵粉、另一份 6g 砂糖及預留的 ¼ 杯鮮奶和蛋黃，以打蛋器打散攪勻。

4 鮮奶沸騰後熄火，取出香草莢殼放置於盤子上，晾乾。在蛋黃混合液裡，邊攪拌邊倒入一半份量的沸騰鮮奶調溫，然後再全部過濾回煮鍋中。

5 煮鍋再次以中火加熱，一邊以打蛋器不時攪拌，留意鍋底、鍋邊、各個角落都要攪拌到，卡士達餡才不會黏鍋燒焦。若發現液體開始有些許黏鍋的現象，馬上離火，並持續攪拌 30 秒，直到整鍋液體變濃稠且質感一致，這樣能提供蛋白質足夠的時間慢慢凝結，使卡士達餡完美滑順。再次回到爐火上，中火加熱的同時不斷攪拌，沸騰後再多煮 1 分鐘，將液體中的粉類煮熟。

6 卡士達餡煮好後馬上倒入鋪有保鮮膜的烤盤中，均勻攤平後，貼著餡料表面封上一層保鮮膜，避免卡士達餡和空氣接觸，形成結皮。將烤盤放入冷凍庫中，迅速降溫阻止細菌繁殖增生，整個降溫過程

必需在 15 分鐘以內完成。降溫後，從冷凍庫中取出，移放到冷藏室保存。

7 同時，在大型攪拌盆中打發 42g 鮮奶油至中性發泡（114 頁），加入放涼的卡士達餡，輕輕折拌均勻融合。以保鮮膜包好攪拌盆，冷藏一夜備用。

第 2 天

1 蛋糕模內均勻塗抹奶油防沾黏（矽膠材質的不需要）。從冰箱取出布里歐許麵團，秤重後均勻切分成兩等分。將其中一份以保鮮膜包裹好，冷凍保存，或烤成標準的布里歐許麵包（21 頁）。

2 保持自己前方的工作檯面有足夠空間，能順利進行麵團揉塑整形的工作，撲上薄薄一層麵粉，並在進行前再次確認工作檯上以及揉麵的手掌皆撲上防沾黏的麵粉，雙手手掌側邊靠在桌面上，掌心鼓起圍罩著麵團，以順時針方向，同時揉、壓施力。一開始，往下壓的力道需要大些，甚至麵團會稍微沾黏在工作檯上，邊揉邊壓的滾實麵團後，減輕向下壓的力道，增強雙手往中心的力氣。揉好的麵團應是渾圓緊實的一顆圓球。接著以擀麵棍將麵團擀開，一個方向擀 5 秒，轉九十度，再擀 5 秒，如果麵團變得有些黏，再撲點麵粉。重複進行，直到麵團擀開成直徑 23cm 大的圓形。

3 將圓形麵團放進烤模中，雙手稍微壓擠麵團，使它均勻撲滿模具底部。

4 準備麵包頂端的配料。小煮鍋裡秤入砂糖、蜂蜜、奶油，以中火加熱約 5 分鐘至 222°F ／105°C 後即離火，一旁靜置 1 分鐘後加入杏仁片，稍微攪拌 10 秒。

5 立刻將配料倒到鋪進烤模的麵團上，並以小抹刀均勻塗抹開來。

6 將麵團移到溫暖但不超過 80.6°F ／27°C 的室溫環境，發酵 1～1.5 小時。也可以利用烤箱自製一個理想的發酵環境，取一小鍋盛裝半滿的沸騰熱水，連同欲發酵的麵團一起放進烤箱中，關上烤箱門。少量的熱水提供溼度，溫暖了整個密閉烤箱，有非常好的發酵效果（不適用於瓦斯烤箱）。檢查發酵是否完成，以手指輕壓麵團表面，如果很快回彈且麵團質地結實，可能還需要再多發酵 20～30 分鐘。如果不回彈，且在麵團表面稍稍留下指紋，那就表示發酵已完成了。

7 若使用烤箱當發酵環境，取出發酵完成的麵團並預熱烤箱 350°F ／180°C。將麵包送入烤箱烘烤 30～40 分鐘，直到金黃上色，頂部的香酥顆粒有脆脆口感。烤好後立刻脫模，在網架上放涼約 1 小時。

→ 先將上面一片麵包分切成 12 片之後才疊放回夾餡上，可以避免在切分時擠壓而造成夾餡流溢，上下兩片麵包滑開。如果不想事先切過，那麼在分食時最好使用電動鋸齒刀，或銳利的鋸齒刀，才容易切得漂亮。

→ 除了做成一個大麵包，也可以做成迷你獨享版。建議使用矽膠材質的瑪芬模，在每個模具裡放入 10g 蜂蟄配料，以 350°F／180°C 烘烤 10 分鐘後徹底放涼。再將整形完畢並壓扁的 40g 布里歐許麵團放在配料上頭，發酵約 1 小時又 15 分鐘，烘烤條件是 350°F／180°C，烤 15～20 分鐘，直到金黃上色。出爐後，讓麵包留在瑪芬模內徹底放涼，約 45 分鐘後再脫摸，以裝有 ¼ 吋圓形擠花嘴的擠花袋，一顆顆注入卡士達鮮奶油內餡。

→ 我做過許多不同版本的蜂蟄布里歐許麵包，有時改用不同的堅果，有時使用不同口味的卡士達餡。例如將配料換成榛果，內餡則是巧克力榛果口味的卡士達，有誰能拒絕這種美味？我可不行啊！

8 將徹底放涼的麵包放在砧板上，水平從中對切成兩片。上半部移開備用。在裝有 ½ 吋星形擠花嘴的擠花袋中，填入卡士達鮮奶油。在對切後底部的麵包片上，由外圍開始擠出一顆顆並排的一圈淚滴狀擠花（13 頁）。擠完最外圍的一圈之後，以交錯排列的方式往內擠第二圈，直到麵包片布滿淚滴狀擠花。上半片麵包以鋸齒刀均勻等切成 12 份，再依序疊放回餡料上，組合成一整份的圓形夾心麵包。可立即享用，或冷藏保存。冷藏過的蜂蟄麵包，在享用前 1 小時先於室溫下退冰，口感才會好。

完成了？完成了！

　　布里歐許麵包側邊應該是金黃棕色，上頭的蜂蟄配料該是金黃棕色且非常脆口。中間夾餡則是滑順具光澤感。

保存

　　蜂蟄麵包冷藏可保存 2 天。

阿爾薩斯肉桂捲
Chinois

份量│肉桂捲 **12** 份

2 天的製程

材料	重量	體積（略估）
布里歐許麵團（21 頁）	½ 份食譜	½ 份食譜
杏仁奶油餡（43 頁）	1 份食譜	1 份食譜
肉桂粉	1g	½ 小匙
核桃或胡桃，略切成小塊	75g	¾ 杯
黑或金黃葡萄乾	70g	½ 杯
亮釉糖霜（5 頁）	75g（½ 份食譜）	½ 份食譜

　　這款麵包非常適合在早餐時享用，我家鄉的糕餅鋪，週日是不營業的，因此幾乎所有的家庭都習慣在週六製作或提前購買足量的早餐麵包，以供週日早晨食用。這份食譜以布里歐許為麵包體，包裹有奶香十足的杏仁奶油餡以及核桃和葡萄乾，是阿爾薩斯版本的肉桂捲。將所有的麵包捲擠進蛋糕模子裡，烘烤後捲捲溼潤美味，像蛋糕一樣。一出爐就刷上亮釉糖霜，冷卻後會形成一層閃亮動人的脆糖亮釉。

作法

第 1 天
製作一份布里歐許麵團（21 頁），進行第一次發酵後，壓出空氣，以保鮮膜包裹好，冷藏一夜備用。

第 2 天
1 製作一份杏仁奶油餡（43 頁），在最後攪拌步驟時加入肉桂粉。

2 使用 9 吋蛋糕模／環，塗抹上軟化的奶油防沾黏。如果使用環狀模，放在鋪有烘焙紙的烤盤上備用。

3 從冰箱取出前一日製備的布里歐許麵團，秤重後均勻切分成兩等分。將其中一份以保鮮膜包裹好，冷凍保存，或烤成標準的布里歐許麵包（21 頁）。另外一半麵團擀成 25cm×40.6cm 大小，厚度約 0.6cm 的長方形麵皮。將擀好的麵皮，長邊靠近自己水平放好，均勻塗抹上杏仁奶油餡，並於遠離自己的長邊，留白 2.5cm 不塗，在

開始之前

→ 準備好以下工具，並確定所有材料都已回到室溫：

電子秤，將單位調整為公制
製作布里歐許所需的工具（21 頁）
製作杏仁奶油餡所需的工具（43 頁）
保鮮膜
2 個直徑 9 吋的圓形金屬蛋糕模或環
2 個烤盤，若使用環狀烤模，需鋪上烘焙紙
1 支長刀
1 支擀麵棍
1 支橡皮刮刀
1 支烘焙專用毛刷
1 張網架，下方鋪烘焙紙

→ 請認真把食譜讀兩次。

留白處刷上少許水。

4 在杏仁奶油餡上，均勻的鋪撒略切過的核桃塊及葡萄乾。從靠近自己的長邊開始，先折一公分後，再扎實的一路捲起，直到最後捲完所有麵皮像是一條大蛇，收口接縫處朝下放好，以長刀均分切成 12 片，每捲厚度約 3.4cm。將每一捲的收口往下折壓至其中一個切面下，並將壓有收口的那面朝下，排放進蛋糕模子裡。一個蛋糕模裡放 7 捲麵團——繞著圓周放 6 捲，中心放 1 捲。剩下的 5 捲，排放在另外一個模具裡。

5 將排列好的麵團放在溫暖的環境下，發酵約 1 小時，至膨脹到體積兩倍大。也可以利用烤箱自製一個理想的發酵環境，取一小鍋盛裝半滿的沸騰熱水，連同欲發酵的麵團一起放進烤箱中，關上烤箱

食材解密

這款肉桂捲因為含有杏仁奶油餡，因此麵包體不適合使用太過油膩的麵團，布里歐許麵團是恰好的選擇。有些肉桂捲會使用可頌麵團，但我認為這樣的搭配總油脂含量實在太高了。

葡萄乾具有迷人的果香，而核桃能增添香脆口感，兩者大大提升了杏仁奶油餡的風味。如果想自行變化內餡，原則是使用乾燥且烘烤時不會流出任何液體的食材，因此新鮮水果是絕對行不通的。

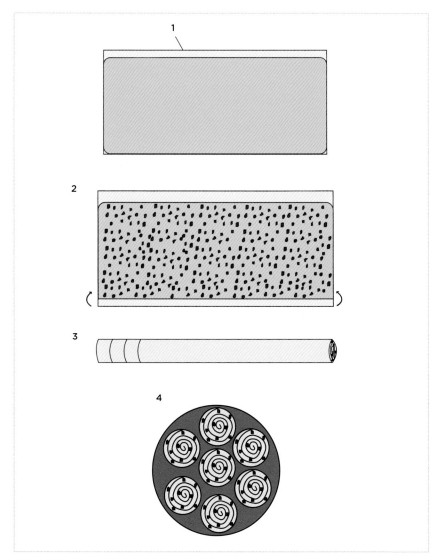

1

長邊靠近自己水平放好，均勻塗抹上杏仁奶油餡，並於遠離自己的長邊，留白 2.5cm 不塗，在留白處刷上少許水。在杏仁奶油餡上，均勻的鋪撒略切過的核桃塊及葡萄乾。

2

從靠近自己的長邊開始，先折一公分後，再扎實的一路捲起。

3

捲完後的麵團像一條大蛇，收口接縫處朝下放好，以長刀均分切成 12 片，每捲厚度約 3.4cm。

4

將每一捲的收口往下折壓至其中一個切面下，並將壓有收口的那面朝下，排放進蛋糕模子裡。一個蛋糕模裡放 7 捲麵團——繞著圓周放 6 捲，中心放 1 捲。

門。少量的熱水提供溼度，溫暖了整個密閉烤箱，有非常好的發酵效果（不適於瓦斯烤箱）。確認發酵溫度不超過 80.6°F ／27°C，以免麵團中的奶油融化流溢出來。

6 等待肉桂捲麵團發酵的同時，製作一份亮釉糖霜（5 頁）。

7 當麵團體積發酵膨脹為兩倍大後，將麵團自發酵環境中取出， 預熱烤箱 375°F ／190°C。將麵包送入烤箱烘烤 35 分鐘，直到麵包捲呈現深棕色。烤好後立刻在下方墊有烘焙紙的網架上脫模，趁熱刷上亮釉糖霜，稍微放涼 10 分鐘後，微溫享用。

筆記：也能常溫享用，或食用前再次以烤箱 400°F ／200°C 短暫加熱 2～3 分鐘。

完成了？完成了！

肉桂捲的表面會呈現飽滿的深棕色，刷上亮釉糖霜之後則會帶有閃亮的光澤感。

保存

烘烤完成的肉桂捲以保鮮膜包裹妥當，室溫下能保存 2～3 天，冷凍可達 1 個月。而未烘烤的肉桂捲麵團，可以冷凍保存 1 個月，欲烘烤時，排列進塗抹奶油防沾黏的蛋糕模裡，解凍 1 小時後，在溫暖的環境發酵 2 小時直到體積脹大成兩倍，接著依指示烘烤。

香酥杏仁布里歐許
Brioche Bostock

份量 | 足夠 **4** 人享用

材料	重量	體積或盎司（略估）
杏仁糖漿		
水	125g	½ 杯＋1 大匙
砂糖	125g	½ 杯＋2 大匙
杏仁粉（去皮膜，白色）	13g	2 大匙
砂糖	13g	略少於 1 大匙
杏仁萃取液（**Almond extract**）	2 滴	2 滴
橙花水（**Orange blossom water**，可省略）	7g	1½ 小匙
融化奶油，塗抹網架用	25g	略少於 2 大匙
出爐數天，不新鮮的布里歐許麵包（21 頁）	½ 份食譜（一條布里歐許麵包）	½ 份食譜（一條布里歐許麵包）
杏仁奶油餡（43 頁）	100g	3½ 盎司
杏仁片	25g	略少於 ¼ 杯
糖粉	13g	2 大匙

在不景氣的時期，家廚們費盡心思讓已出爐數日不再新鮮的布里歐許麵包再次恢復美味，因此而創造出來的糕點包括法式吐司（pain perdu）、櫻桃麵包布丁（339 頁），切成搭配沙拉或湯品的小麵包丁（croutons），打碎成麵包粉（bread crumbs）。我父親讓布里歐許麵包回春的方法，是將麵包帶去我的奶奶家，奶奶家的農場裡有兔子，餐桌上則會有芥末籽兔肉（lapin à la moutarde, Hasenpfeffer），搭配布里歐許麵包變身的德國麵疙瘩（spaetzle），就是一頓大餐。

另一個傳統作法，是將不再新鮮的布里歐許或可頌麵包製成香酥杏仁麵包。將布里歐許麵包切片，短暫快速的浸一下杏仁糖漿再抹上薄薄一層的杏仁奶油餡，及均勻撒上杏仁片，然後以烤箱烘烤到金黃酥脆，好吃得要命啊！

開始之前

→ 準備好以下工具，並確定所有材料都已回到室溫：

電子秤，將單位調整為公制
製作杏仁奶油餡所需的工具（43 頁）
1 個中型煮鍋
1 支不鏽鋼打蛋器
1 個比煮鍋大的中型攪拌盆
1 張網架
1 個烤盤
1 支烘焙專用毛刷
1 支鋸齒刀
1 個鋪有烘焙紙的烤盤
1 支有折角的小抹刀

→ 請認真把食譜讀兩次。

作法

1 煮鍋中加入水及 125g 砂糖一起煮到沸騰。同時,在中型攪拌盆中加入杏仁粉和 12.5g 砂糖,待煮鍋裡的糖煮溶於水後,將熱糖水倒入中型攪拌盆中,滴進杏仁萃取液。將煮鍋清洗擦乾,倒入約一公分高的水,爐火上以中火加熱,將中型攪拌盆靜置在煮鍋(水浴)上,隔水加熱,讓杏仁味道釋出 15 分鐘。

2 隨後,將攪拌盆自水浴上取下,一旁放涼至 95°F／35°C,接著加入橙花水(若有),攪拌均勻。

3 將網架放在烤盤上,並在網架上塗抹大量的融化奶油。

4 以鋸齒刀將布里歐許麵包切片(約厚一公分),將麵包片快速地浸入杏仁糖漿裡,不要超過 1 秒——這點很關鍵,如果在糖漿裡停留過久,麵包會變得過溼易碎。將麵包片在網架上排列整齊,等待 15 分鐘,讓多餘的液體滴落。同時,預熱烤箱 450°F／230°C。

5 將排好麵包片的網架放到鋪有烘焙紙的烤盤上,使用有折角的小抹刀,在每一片麵包上塗抹薄薄一層約 0.3cm 厚的杏仁奶油餡,接著撒上杏仁片及糖粉,送入烤箱烘烤 10～12 分鐘,直到麵包呈現金黃棕色。出爐後,再次篩撒上糖粉,趁熱享用。

保存

　　香酥杏仁布里歐許,可以在未烘烤的狀態下冷凍保存。要烤的時候,將冷凍香酥杏仁布里歐許排放在塗有奶油防沾黏的網架上,靜置約 30 分鐘,解凍後依照上方說明烘烤即可。也能先烤熟後再冷凍保存,享用前放在鋪有烘焙紙的烤盤上解凍,之後以 475°F／250°C 短暫烘烤 1 分鐘。我個人喜歡現烤後趁熱享用。

貝奈特
Beignets

材料	重量	體積或盎司（略估）
液種		
水	90g	⅓ 杯＋1 大匙
乾燥酵母	5g	1¾ 小匙
中筋麵粉	75g	½ 杯＋1 大匙
麵團		
水	80g	⅓ 杯＋1 小匙
砂糖	25g	2 大匙－1 小匙
高筋麵粉	200g	1½ 杯
蛋黃	55g	約 3 顆
海鹽	5g	¾ 小匙
奶油（法式，82% 脂肪含量）	50g	1⅘ 盎司
葡萄籽油或油菜籽油，油炸用	約 1～2 公升	約 1～2 夸脫
貝奈特裹糖粉及內餡		
砂糖	100g	½ 杯
肉桂粉	3～5g	1～2 小匙
覆盆子果醬（80 頁）或卡士達餡（39 頁），依喜好選用	160g	½ 杯

新鮮起鍋還帶有些溫熱，裡頭填有覆盆子果醬的貝奈特，實在是令人難以抗拒呀！這些貝奈特像是奶油含量大大降低的布里歐許麵包，一樣透過酵母發酵製成。小時候，每年唯有在狂歡節才吃得到。通常是以飽滿的圓碟狀呈現，裡頭灌有滿滿的果醬。每次我的孩子都會在新學期開始時問我，「什麼時候要教貝奈特？」而當日子接近時，他們又會不斷提醒我要在教學時多做一些，帶回家給他們吃。小孩子超愛貝奈特，他們甚至會主動要求把生日時的蛋糕換成貝奈特。

貝奈特和甜甜圈一樣，都是油炸酵母發酵的麵團，但我和孩子們不曾渴望過甜甜圈，儘管貝奈特早在兩百年前就被法國人傳播到紐奧良（New Orleans），成為甜甜圈的祖先。但甜甜圈是無法跟貝奈特相比擬的！雖然我這輩子嚐過不少好吃的甜甜圈，但是絕多數完全不值得回味。那是因為大多數的甜甜圈是由起酥油製造，甚至以起酥油油

開始之前

→ 準備好以下工具，並確定所有材料都已回到室溫：

電子秤，將單位調整為公制
1 支電子溫度計
桌上型攪拌機，搭配勾狀攪拌頭
1 支橡皮刮刀
1 片麵團專用的刮板
1 個中型的攪拌盆
保鮮膜
1 個淺寬的大鍋子，或平底的中式炒鍋
1 個烤盤
2 條茶巾
1 個大型攪拌盆
1 個大鍋子或中式炒鍋
1 張網架，下方墊放 1 個烤盤
1 個撈取用的瀝勺
1 個計時器
1 個裝有 ¼ 吋擠花嘴的擠花袋（若要填餡）

→ 請認真把食譜讀兩次。

這個配方的麵團和布里歐許麵包相似，然而以水取代鮮奶，也大大減少了奶油的用量。布里歐許因為高奶油含量造就了香濃豐腴的滋味，而貝奈特因為要油炸，因此不能再添加太多奶油。

我習慣使用葡萄籽油或油菜籽油來油炸，因為這兩種油脂本身沒有太過強烈的獨特味道。正確的油溫是油炸成功的必要條件，務必等待油溫達到340°F／171°C後才將待炸物下鍋。這個溫度非常關鍵，當貝奈特麵團一接觸到熱油時，高熱的溫度馬上將表面的麵團燙熟而形成一層麵皮，這層皮能隔絕油脂繼續滲透進麵團裡。如果油溫不夠，相對的就需要較長的油炸時間，麵團也會因此吸進油脂。一般而言，油炸食物使用的油溫是375°F／190°C，然而在製作貝奈特時，麵團內部也需要時間炸熟，如果使用過高的油溫，會造成貝納特麵團內部還沒有熟透，但是表面卻已焦黑的窘境。謹慎的作法是先試炸一顆麵團，藉此找出最適合的油炸時間長度。

炸而成。雖然有人說，甜甜圈就是要靠起酥油的特性製作質感才對味，但我認為使用奶油或澄清奶油能造就的美味層級，是起酥油所無法達到的境界。

我很鼓勵學生們創業，而且鼓勵他們使用這份食譜，天天常態性的供應新鮮製作的貝奈特。這份食譜的美味，已經成功地經過時間考驗。也可以大方地做成甜甜圈形狀，甚至將貝奈特改名為甜甜圈也沒關係，但一定要按照食譜製作，並使用品質好的材料，提供這款甜點的糕餅鋪一定會大排長龍。據統計，美國人每年足足會吃上一百億個甜甜圈。若這一百億個甜甜圈都是用優質的材料新鮮製作，該有多美好啊！

作法

第1天

1 準備一份基礎溫度54°C的液種。測量室溫和麵粉的溫度後，兩者相加。調整食譜中水的溫度，使三者溫度相加為54°C。將90g水倒入桌上型攪拌機的攪拌盆中，加入酵母攪拌均勻，在表面撒上中筋麵粉，靜置10～15分鐘，直到表面的麵粉開始產生裂痕，這就表示酵母已順利進行發酵作用。酵母發酵的過程中產生的微弱迷人酸氣，能為貝奈特注入獨特滋味。

2 當酵母活化之後，就可以開始製作麵團。預先準備小份量已調整成所需溫度的水，視麵團乾燥情況增加使用。依順序往液種裡加入水、砂糖、高筋麵粉、蛋黃，最後才加入海鹽。以中速搭配鉤狀攪拌頭，攪拌30秒～1分鐘，邊攪打邊觀察，若是感到麵團乾燥且有不均勻的結塊，依情況添加水。通常麵團太乾的情形，會發生在天氣乾燥，麵粉也相對乾燥的環境下，因此需要添加比食譜標示還要稍多一些的水分。以中速足足攪拌1分鐘之後，材料應已聚集成團。務必邊攪拌邊觀察麵團，並適時添加額外的水，若在麵團剛成形時忽視其過乾的狀態，會產生難纏的結塊。持續以中速攪拌麵團約5分鐘，停下機器，以橡皮刮刀或有圓弧邊的刮板，將黏在攪拌盆底部跟盆邊的麵團刮起，如果麵團看起來非常溼黏，視情況加進少量中筋麵粉。打開機器，同樣的步驟重複兩次。依製作的麵團份量而定，理論上，攪打15分鐘後，會開始聽見啪嗒啪嗒的聲響，此時麵團非常具有彈性與光澤，會整團包覆在鉤狀攪拌頭上。取一小份麵團，以雙手向四周拉扯，可以將麵團拉得非常薄透而不破。

3 加入軟化奶油，以低速攪打2分鐘。一開始奶油看似永遠無法融入

麵團中，不需擔心，2 分鐘後停下機器，以橡皮刮刀或圓弧刮板，刮下未融合進麵團的奶油，再開機攪打 2 分鐘，最終所有的奶油都能成功地打進麵團，得到光滑、彈性極佳飽含奶油的麵團。

4 將麵團移至中型攪拌盆中（若桌上型攪拌機的攪拌盆沒有要另做他用，可接續著使用），表面篩上薄薄一層中筋麵粉，以保鮮膜或茶巾覆蓋。讓麵團在溫暖不超過 80.6°F ／ 27°C，的室溫環境下，發酵至兩倍大體積，發酵時間依實際室溫而定，可能需要 1～1.5 小時左右。也可以利用烤箱自製一個理想的發酵環境，取一小鍋盛裝半滿的沸騰熱水，連同欲發酵的麵團一起放進烤箱中，關上烤箱門。少量的熱水提供溼度，溫暖了整個密閉烤箱，有非常好的發酵效果（不適用於瓦斯烤箱）。隨時確認發酵溫度，不要超過 80.6°F ／ 27°C，否則麵團裡的奶油會融化流出。

5 當麵團體積發酵膨脹兩倍大後，使用手掌或拳頭拍打麵團將第一次發酵產生的氣體拍壓擠出，過程中能聽見氣體被迫從麵團中排出的聲音，接著置於冰箱中發酵 2 小時，時間到後，麵團會再次發酵脹大，變得冰涼。

6 再次拍壓出麵團中的氣體，以保鮮膜或茶巾覆蓋於攪拌盆表面，冰箱中靜置隔夜。

第 2 天

1 麵團經過一夜的休息後，可以開始整形了。工作檯面上撲上薄薄的一層麵粉。烤盤準備好，鋪上一條茶巾或毛巾，並篩撒一層麵粉。利用刮板圓弧的一端，將所有麵團自攪拌盆中取出，放到工作檯面上，均勻分切成每份約 35g 的小份麵團。保持自己前方的工作檯面有足夠空間，才能順利進行整形工作。

2 整形前再次確認工作檯面以及雙手皆撲上麵粉，一次取一小份麵團，以手掌心罩住小麵團，以順時針方向，同時揉、壓施力。一開始，往下壓的力道需要大些，甚至麵團會稍微沾黏在工作檯上，邊揉邊壓的滾實麵團後，減輕向下壓的力道，增強往中心的力氣。多練習幾次就能領會出正確施力的要訣。當單手揉麵團練習得很順手了，可以進階成雙手並用，左右手各揉一份麵團。揉好的麵團會是渾圓緊實的一顆小球。若是麵團和工作檯之間的黏著性開始變高，再補撒一些麵粉，不要太多，太多麵粉會導致麵團乾燥難以塑型。將所有的小麵團都揉圓之後，以手掌拍扁，然後排放到鋪有茶巾的烤盤上，間隔 2.5cm。在小麵團的上面篩撒一層薄薄的麵粉，一點點就好，然後再覆蓋上一條茶巾。

3 將排列好的貝奈特麵團放在溫暖的環境下（不超過 80.6°F／27°C），發酵 1～1.5 小時，直到體積膨脹成兩倍大。等待發酵的同時，將砂糖及肉桂粉在大型攪拌盆中混合均勻，後續沾裹用。

4 在大鍋子（不建議使用太深的鍋子）裡倒入 1～2 公升的油菜籽油或葡萄籽油。鍋子垂直高度至少需 7.6cm 高，直徑要大過爐火大小，一次可炸數個貝奈特的鍋口直徑尤佳。平底的中式炒鍋也很適。若鍋子外圍有任何油漬務必擦拭乾淨。

5 當貝奈特麵團發酵得差不多了，以手指輕壓麵團表面，若很快回彈且麵團質地結實，可能還需要再多發酵一段時間。如果回彈速度緩慢，且在麵團表面稍稍留下指紋，那就表示貝奈特已發酵完成。將油鍋放到爐火上以中火加熱，直到油溫達 340°F／171°C。油炸時，全程將溫度計放在油鍋裡，以便隨時監控油溫並及時調整火力大小，使油溫固定保持 340°F／171°C。

6 當油溫加熱到 340°F／171°C，輕柔小心地放入一顆貝奈特麵團。很多人怕被燙到，遠遠地將麵團投進油鍋裡，其實這樣反而會濺起熱油而燙傷。最安全的方式是將麵團放在瀝勺上，並輕輕地讓麵團滑進熱油中。當麵團一放進熱油裡，立即以瀝勺或湯勺快速翻面，定時 2 分半鐘，時間到後翻面一次，再炸 2 分半鐘。接著以瀝勺撈取貝奈特，放到下方墊有烤盤的網架上。等候 3 分鐘，讓油瀝掉，隨後輕輕放進肉桂砂糖裡均勻沾裹。沾裹砂糖的步驟，必須趁著貝奈特還熱熱的時候進行，其表面殘留的油脂能讓砂糖黏附得更好。從中撕開第一顆炸好的貝奈特，看看是否完全熟透，藉此微調接下來幾顆貝奈特所需的油炸時間。如果表面上色過深，那麼將每一面油炸的時間減短 30 秒，如果內部帶有生麵團感，那麼就延長為每一面油炸 3 分鐘。

7 每炸完一回合後，必須待油溫回到正確狀態後才再進行下一批。經過第一顆試炸找出正確的油炸時間之後，接下來依所使用的油鍋口徑大小，一次可以炸 3～5 顆。不要一次炸太多顆，因為炸的過程貝奈特會膨脹變大，若是一次下鍋太多顆，會過於擁擠使操作不易，而不小心炸太久，也會讓油溫驟降，造成貝奈特吸入油脂。一定要在稍微放涼及瀝去多於油脂 3 分鐘之後，就馬上著手進行沾裹肉桂糖的步驟。當全數的貝奈特完成油炸之後，將熱油靜置冷卻一夜，千萬不要在油溫還很滾燙時傾倒丟棄。

8 如果要填餡，在裝有 ¼ 吋擠花嘴的擠花袋中填進覆盆子果醬或卡士達餡，將擠花嘴刺進貝奈特中，將餡料擠填進去，持續施力擠餡，直到擠花嘴附近開始溢出餡料，就是填擠飽滿了。

貝奈特麵團一放進熱油裡，一定要馬上快速翻面，才能確保熱油將麵團兩面迅速炸定型，不會過度膨脹。如果忘記在第一時間翻面，在單面油炸了 2 分半鐘後，你會發現沒有接觸到熱油的那一面鼓脹的很大，使得形狀不對稱，一翻面就會自動翻回來。這時唯一的挽救方法就是一直、多次的強行將沒炸到的那一面翻進油鍋中。

完成了？完成了！

貝奈特兩面均呈現金黃棕色，內部熟透，猶如麵包的質感。

保存

室溫下保存，盡量當天食用完畢。雖然貝奈特也能冷凍保存，但是風味及口感遠遠不及現炸的美味啊！

私藏祕技
→ 各種不同口味的果醬或卡士達餡，都很適合作為貝奈特的內餡。

貝奈特曾經差一點讓我放棄實習工作，好險後來沒有發生。但是，那時我真的考慮過一走了之。我在十五歲時開始學徒生涯，當同輩的朋友們都在正無憂無慮熬夜狂歡的同時，我卻必須擔負起一名甜點師所有的責任，辛勤生產日常販售的烘焙商品。

　　1月是每年最不忙碌的時期，法國所有的糕餅鋪會關店休息一週，我和店裡的其他員工也趁機前往阿爾卑斯山度假。不是什麼高級的滑雪之旅，而是我們幾個窮甜點師合租了一間農舍，終日在雪地裡胡鬧瞎玩，假裝自己在滑雪度假。我們喝著法國薩瓦省（Savoie region）的名產阿爾卑斯蒿酒（Génépi），緩解工作上帶來的疲勞與各種傷勢。這輩子第一次這麼勤奮的工作之後，這場旅行簡直讓我覺得身處天堂。

　　假期很快地結束了，再怎麼不情願都得回到現實生活中。一般糕餅鋪員工的每週休息日是從週日下午開始到週一。但在長假結束後，總會安排幾個學徒提前一天於週一回到廚房，以便準備一些需要兩天製程的產品，例如貝奈特。我偏偏是負責準備貝奈特麵團的員工，也就表示我就是那必須提前開始工作的人之一。

　　開工那天，我依照往常老闆的要求，秤出所有要用的材料，隨後約翰・克勞斯會親自檢視並問：「你確定這堆酵母是20g？」「是的，老闆！」我總是這麼回答。如果材料再放回秤上，卻不是精準的20g，那我就倒大楣了！

接著，我開始準備麵團，可能我的部分腦袋還遺留在阿爾卑斯山上，缺乏注意力的結果就是一開始加了太多的水，導致麵團無法攪打出筋度。約翰‧克勞斯用盡力氣大罵：「這批麵團沒救了！你這白癡！」我提議多加一些麵粉進去，這使得他更加憤怒，說後續添加的麵粉只會改變配方比例。然後他命令我將所有的材料全部重新秤一次，並全程站在我身後近距離監控。這實在讓我太過緊張了，於是，第二次的水量我反而加不夠，整份麵團看起來斑駁龜裂像是一塊茅屋起司（cottage）。約翰‧克勞斯鐵青著臉，用遍各種阿爾薩斯當地所能想到的所有髒話辱罵我。我在廚房狂哭到不自主地跪下，拚了命地一直道歉。「你這個沒用的東西！」他對著我狂吼，「我會從你的薪水中扣掉這些浪費掉的材料費！現在給我滾回你的房間去！」

　　當時我的月薪也才十美元，根本不夠扣，所以那個月我不但拿不到薪水，還必須付老闆錢！我拖著腳步爬上六樓的學徒房間，整天躲在裡面一直到晚上。就在傍晚，我暗自下定決心，趁著月黑風高大家都睡了的時候，就要火速打包行李，離開這個地方。但最後我冷靜下來，要自己為了理想撐下去。

嘉年華炸餅
Petits Beignets de Carnaval

份量 | 5×5cm 的炸餅 24 份

1或2 天的製程 | 麵團應休息至少 2 小時，隔夜尤佳。

材料	重量	體積或盎司（略估）
有機檸檬皮屑	½ 顆	½ 顆
有機柳橙皮屑	1 顆	1 顆
奶油（法式，82% 脂肪含量）	20g	⁷⁄₁₀ 盎司
中筋麵粉	160g	略少於 1¼ 杯
泡打粉	2g	½ 小匙
砂糖	35g	2½ 大匙
海鹽	1g	⅛ 小匙（滿尖）
全蛋	80g	1½ 大型蛋
葡萄籽油或油菜籽油，油炸用	約 1～2 公升	約 1～2 夸脱
糖粉，最後篩撒用	適量	適量

　　油炸甜點吃起來超罪惡又迷人，現炸、微溫、裹滿糖粉的小麵團，人人都想要來一塊！炸麵團甜點最早可以追溯到古埃及時期，當時的人認為，麵團在油鍋裡膨脹開來的過程象徵著重生及生命力旺盛。一直到現在，世界各地都有相似的甜點，無論何處我都可以找到不同形式的油炸麵團甜點，尤其是在宗教國家。通常這樣的麵團成分簡單，又因後續會油炸，所以麵團配方的油脂含量也多半偏低。

　　法國有許多油炸甜點，如由布里歐許麵團炸成的貝奈特（323頁）。在阿爾薩斯，糕餅師傅們每年從主顯節（Epiphany）開始製作這類型的油炸甜點，一直到狂歡節或嘉年華（Carnival）為止。習俗上，嘉年華這一天是封齋節（Christian Lent）前最後一天可以正常飲食的日子，也是油炸甜點大銷的日子。接下來要介紹一款不使用布里歐許麵團，而是以泡打粉作為膨鬆劑，以及添加了柑橘皮的簡單麵團製成的阿爾薩斯油炸甜點。

作法

1 以刷子將柳橙及檸檬外表清洗乾淨後並擦乾。以磨皮器磨下半顆檸檬皮及一顆柳橙皮，置於小碗中備用。

開始之前

→ 準備好以下工具，並確定所有材料都已回到室溫：

電子秤，將單位調整為公制
1 支洗蔬果的刷子
1 支磨皮器（microplane）
1 個小碗
1 個小煮鍋或可微波的容器
1 個篩網
桌上型攪拌機，搭配勾狀攪拌頭
1 支橡皮刮刀或麵團專用的刮板
保鮮膜
1 個淺寬的大鍋子，或中式平底炒鍋
1 支電子溫度計
1 個撈取用的瀝勺
1 個鋪有廚房紙巾的烤盤
1 支擀麵棍
1 個製麵專用的波紋滾輪切割器

→ 請認真把食譜讀兩次。

這款麵團非常簡單，先在攪拌盆裡秤入乾燥食材，再加入液體食材，一起攪打成團之後，擀開、切成菱形，油炸即成。麵團本身不含太多的油脂，要是油炸食物本身也很油，實在不太應該，不是嗎？

配方中使用泡打粉當作膨鬆劑，使麵團在油鍋裡受熱膨脹。任何含有泡打粉的麵糊／團，都應該在攪拌完成後，24 小時之內烘烤或油炸。否則泡打粉會失效，麵團裡還會出現惱人的鹹酸味。

我喜歡使用葡萄籽油或油菜籽油來炸東西，因為這兩種油不具特殊氣味，而且煙點很高。這款炸餅尺寸很小，需要快炸，才能保持麵團內部鬆軟。使用 375°F／190°C 高油溫，快速的炸熟餅的表面，讓內部維持溼潤。嘉年華炸餅很薄，很快就能熟透。製作炸物時，必須再三確認油溫足夠，否則無法迅速將麵團表面炸熟形成一層皮，以隔絕油脂繼續滲透進麵團，而這會使得油炸物變得非常油膩。

麵團裡添加的柑橘皮屑，增添怡人香氣，削皮時小心不要削到白色的部分，果皮的白色部分苦味很強烈。

2 以小煮鍋加熱奶油融化，或將奶油裝進可微波的容器，微波融化後，放涼備用。

3 將麵粉及泡打粉一起過篩進桌上型攪拌器的攪拌盆中，加入砂糖及海鹽，接著加入蛋、融化奶油以及兩種柑橘皮屑。先以勾狀攪拌頭中速攪拌 60 秒，停下機器，使用橡皮刮刀或有圓弧邊的刮板，將黏在攪拌盆底部跟盆邊的麵團刮起，確認攪拌盆底部沒有未攪拌到的乾粉，接著打開機器，攪打 30～45 秒或直到麵團聚集成團。將麵團倒到保鮮膜上，隔絕空氣包裹好後，送入冰箱休息至少 2 小時至隔夜。

4 在寬淺的鍋子或中式平底炒鍋裡倒入 1～2 公升（用量依鍋子實際大小而定，油至少要四公分高）的油菜籽油或葡萄籽油，以中火緩慢加熱到 375°F／190°C。全程將溫度計放在油鍋裡監測溫度，將瀝勺及鋪有廚房紙巾的烤盤備在一旁。

5 等待油加熱的同時，在工作檯面上撲上一層麵粉，取出麵團放到桌面上，拍點麵粉，將麵團擀開，每擀 5 秒就檢查一次麵團是否沒有黏桌，若開始沾黏，補撒一些麵粉，直到將麵團擀成 0.6cm 厚。以製麵專用的波紋滾輪切割器，將麵皮切成數份約 2.5cm 寬的長條，然後再以對角線的方向切出菱形方塊狀，並在每一小塊菱形麵皮中央橫切一道小開口。接著，把菱形麵皮的其中一端，穿過中間的切口，全部折好後，就可以準備油炸了。

6 當油溫到達 375°F／190°C，小心地放入 5～8 份麵團，份數依鍋子大小而定，不要讓油鍋裡過分擁擠，以免妨礙麵團膨脹。一次放入愈多麵團，油溫也會下降得愈多，炸出的成品也會因此吸入過多油脂。麵團一下鍋，馬上以瀝勺將它們翻面，確保兩面膨脹均勻，油炸的過程中不時翻動及翻面，才能均勻受熱。大約 3 分鐘後，炸餅應該呈現金黃棕色，以瀝勺撈起並在油鍋上方暫時停留幾秒，讓油滴回油鍋中，隨後將炸餅放到鋪有廚房紙巾的烤盤上。所有炸餅麵團都炸好後，剩下邊邊角角的麵團，可以聚集成團再重新擀開使用，但僅以一次為限，因為擀麵的動作會使得筋度活化，造成炸餅彈性太高，難嚼且偏硬。最後，篩撒上糖粉，就能享用了。

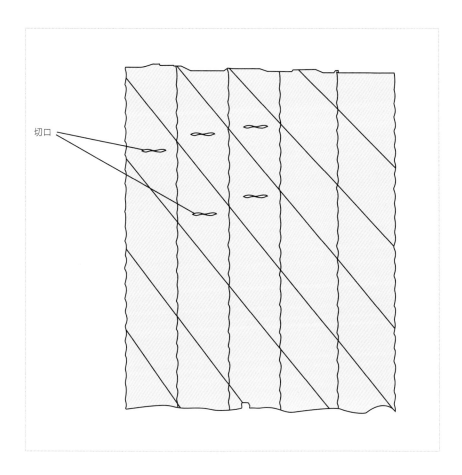

切口

完成了？完成了！

完成的炸餅呈現金黃棕色，表皮硬脆、內部溼軟。

保存

炸餅很快就會漸漸變硬，因此，保存期限不超過一天。最好是當天現做現吃，或提前數個小時製作，食用前再以烤箱 400°F／200°C 短暫加熱 2〜3 分鐘。

私藏祕技

→ 現炸的炸餅，搭配法式酸奶混合著新鮮莓果一起享用，是最簡單也最美味的吃法。炸餅麵團裡使用的柑橘類皮屑，可依喜好變化，也能添加香草籽或其他香料，製成不同口味。也能佐以果醬或蜂蜜享用。

我的第一份旅外甜點師工作，是在 1980 年兩伊戰爭期間跟隨著菲利浦·勒瓊上將（Admiral Philippe Lejeune）所帶領的海軍一起駐守在非洲吉布提（Djibouti）沿海。我們的軍艦是一艘長達二百公尺彷彿油槽般、專用於戰時為作戰的艦艇補充能源的補給艦。我在那艘船上服為期一年的義務兵役。當時，也只有海軍看重甜點師在軍隊裡的必要性。

　　在沒有空調系統的船上工作，已經非常刻苦了，加上又身處於溼熱的熱帶環境，簡直能把人逼瘋。在軍隊廚房裡，我們的標準穿著是 T 恤短褲加上露趾拖鞋，在狹小的廚房裡，被各式熱源包圍著，這樣一身制服還真不是好榜樣。那時我被分配到的職務是專做甜點給上將品嚐，菲利浦·勒瓊上將和其他海軍上將之間因為交際需要，需要具備很豐富的品酪品美食的經驗。而在得空閒的時候，也會做些甜品給艦上的其他夥伴享用。夥伴們很清楚知道，其他隊上的伙食有多糟糕，不外乎全是些罐頭、加工食品或冷凍麵包，因此，我在他們眼中就像是天使一般。

　　那一年狂歡節，我決定為上將製作嘉年華炸餅（後來證實這是個不太聰明的點子）。船上的廚房加掛於船體之外、面向海洋，氣候不佳時，爐火四周需要架起特殊的金屬條，以避免大浪來襲時打翻了爐火上的巨大煮鍋。那天早晨一片風平浪靜，沒有任何氣候差的徵兆，我弄好了麵團，接著起了熱油鍋，第一批炸餅沒有任何困難地順利完成。然而當我正油炸第二批時，一陣大浪忽然捲了過來，船身頓時劇烈搖晃，滾燙的油濺出鍋外朝著我直奔而來，所幸我閃躲得快才沒釀成重大傷害，但是腳還是無法倖免地被燙傷了。那疼痛感至今記憶猶新，超痛的！

　　當下我試著找冰涼的東西讓傷口降溫，但是船上只有冷水可用，軍醫給了我很嚴謹的照護治療建議，以確保我能趕快好起來。此後，嘉年華炸餅總能喚起我這段回憶。因此我誠心的建議：千萬不要穿露趾拖鞋進行油炸，還有，航海時也不宜進行。

薑味麵包
Pain d'Épices

材料	重量	體積（略估）
糖霜		
水	13g	2³⁄₅ 小匙
現榨檸檬汁	2g	⅓ 小匙
糖粉	50g	½ 杯
麵包／蛋糕體		
防沾黏麵粉奶油糊（8 頁）	適量	適量
蜂蜜	175g	½ 杯
黑糖（Brown sugar）	20g	2 大匙
全麥麵粉（whole wheat flour）	62g	½ 杯
裸麥麵粉（Rye flour）	62g	½ 杯
肉桂粉	0.75g	¼ 小匙（滿尖）
豆蔻粉	0.25g	½ 小匙
薑粉	0.25g	¼ 小匙
茴香粉	0.5g	¼ 小匙種籽
泡打粉	5g	1⅓ 小匙
全蛋	50g	1 顆
全脂鮮奶（3.5%脂肪含量）	50g	3 大匙＋2 小匙
糖漬柳橙或檸檬皮（87 頁），切成半公分小丁	37g	2 大匙
裝飾		
糖漬柳橙或檸檬皮（87 頁，可省略），切成半公分小丁	20g	1 大匙

開始之前

→ 準備好以下工具，並確定所有材料都已回到室溫：

電子秤，將單位調整為公制
1 個小型攪拌盆
1 支橡皮刮刀
直徑 4cm 的迷你瑪芬矽膠模，或杯狀紙模（45 個），或使用 12.5×23cm 或 10×25cm 大小的蛋糕模（1 個）
1 個小煮鍋
1 支電子溫度計
1 個篩網
桌上型攪拌機，搭配槳狀攪拌頭
1 支手動不鏽鋼攪拌器
1 支長刀
1 個裝有 ⅜ 吋圓形擠花嘴的擠花袋，或湯匙
1 支烘焙用毛刷

→ 請認真把食譜讀兩次。

　　法文 pain d'epices，直譯是香料麵包，也就是法國版的「薑味麵包」（gingerbread），通常以麵粉、蜂蜜及香料製成。因為含水度低又具酸度，因此保存期限拉長，被歸到「隨行糕點」（pain de voyage），適合長途旅行時攜帶著當糧食。這款麵包可以追溯到中世紀，軍人征戰時就是攜帶著薑味麵包當作口糧。

　　自古以來的配方中都有加蜂蜜，而香料的添加則始於十字軍東征由中東帶回歐洲之後才開始。我找到最早同時使用蜂蜜和香料製作薑

薑味麵包通常使用砂糖及蜂蜜，有些食譜甚至只使用蜂蜜，這兩種糖都具有吸水的特性，能幫助維持糕點的溼潤度。其中，蜂蜜的吸水特性，更是使得薑味麵包能保持好幾天溼潤的關鍵。蜂蜜同時具酸性且含水度低，因此不利於細菌生長，然而蜂蜜必須要妥善保存在玻璃罐中，否則它會吸收空氣中的水氣、發酵腐壞。蜂蜜的甜度很高，不會完全結凍，不過薑味麵包裡含有其他材料，因此是能在冷凍庫中完全結凍的。

全麥麵粉使得麵包具有大地氣息，而裸麥麵粉能帶進一絲酸氣，讓麵包的滋味更具趣味性。全麥麵粉含有很低的麩質（筋度極低），裸麥麵粉的筋度含量甚至又更低，因此這款麵包的口感不具有嚼勁或彈性。麵糊中添加適量的泡打粉，使得麵包能適當膨脹。糖漬柳橙、檸檬皮，賦予麵包甜美的果香氣息。

味麵包的文獻，是在西元 1108 年，由德國紐倫堡的一位麵包師傅所記錄的。那時薑味麵包很受歡迎，當地的牧師甚至出面宣導教友不要食用太多。在中世紀，香料被視為藥物，當時的醫生把薑味麵包當作瀉藥或用於傷口的敷料。

在阿爾薩斯，薑味麵包幾百年來一直被歸類為節慶甜麵包，雖然全年都可以吃到，但是特別在聖尼古拉斯節（St. Nicolas Day）或聖誕節時的能見度會更高上許多。傳統上，薑味麵包有兩種製法──先製成質感偏硬的麵團，擀開後切成不同形狀，或使用另一種較軟的麵糊，烘烤成磅蛋糕的形狀。我決定收錄第二個做法，因為麵糊較好變化，可以做成各種形狀。我添加了糖漬水果，糖漬水果能使得香料與蜂蜜的風味更為提升，也能額外添加 50g 的切碎堅果如杏仁、榛果或核桃，增添風味。

作法

1 製作亮釉糖霜（5 頁），保存於小碗或容器中備用。預熱烤箱，350°F／180°C。烤盤上放好 45 個直徑 4cm 大小的杯狀紙模，或以奶油麵糊做好防沾黏處理的小模具或矽膠材質的迷你瑪芬模。

2 在小煮鍋裡放入黑糖及蜂蜜，以橡皮刮刀邊攪拌邊加熱至溫度達 158°F／70°C。

3 全麥麵粉、裸麥麵粉、香料和泡打粉一起過篩後，倒入桌上型攪拌機的攪拌盆中。

4 在另一個攪拌盆裡，全蛋連同鮮奶一起打散後，倒入裝有粉類的攪拌盆中，以低速攪拌。停下機器，以橡皮刮刀或有圓弧邊的刮板，將黏在攪拌盆底的麵團刮起，確認攪拌盆底部沒有未攪拌到的乾粉。接著倒入熱蜂蜜／黑糖及切丁的糖漬柑橘皮，以中速攪打直到麵糊質地均勻。

5 使用湯匙或裝有 ⅜ 吋圓形擠花嘴的擠花袋，在每個杯狀紙模或瑪芬模具中倒／擠入約 1 小匙麵糊，每一個小模裡約填裝 ¾ 滿的麵糊，彼此至少距離兩公分，以利小蛋糕們均勻受熱膨脹。

6 放入烤箱烘烤 15～20 分鐘。

7 一出爐，趁熱以毛刷在蛋糕表面塗上亮釉糖霜。趁熱刷上糖霜是很重要的步驟，蛋糕上的熱度會蒸散糖霜裡的水分，留下美麗潔白的亮釉。最後撒上切丁的糖漬柑橘皮裝飾（可省略）。

完成了？完成了！

　　泡打粉使小蛋糕們得以膨脹長高，有時表面會有些裂痕。完成的顏色應是飽滿的深棕色。

保存

　　置於密閉容器中或冷凍，都可保存 1 個月。不要冷藏，蜂蜜會吸收冰箱裡的水氣，使蛋糕變得溼黏。

私藏祕技

→ 可用各種不同的香料相互替換，如肉桂、百草粉（allspice）、丁香或黑胡椒。有些香料氣味非常濃重，使用時務必再三斟酌用量。

→ 這份食譜也能使用長條狀烤模烘烤（烤模必須事先塗抹奶油麵粉糊防沾黏）。使用長型模具時，麵糊應填裝約 ¾ 滿，以 350° F ／ 180° C 烘烤 40 ～ 50 分鐘，直到蛋糕呈現深棕色。

櫻桃麵包布丁

Bettelman aux Cerises

份量 | 9 吋麵包布丁 1 個

2 天的製程 | 最好將麵包和鮮奶一起浸泡一夜。

材料	重量	體積或盎司（略估）
不新鮮的布里歐許或咕咕霍夫麵包	100g	3½ 盎司
全脂鮮奶（3.5%脂肪含量）	180g	¾ 杯
香草萃取液	5g	1 小匙
奶油（法式，82% 脂肪含量）	適量	適量
蛋黃	30g	2 顆
櫻桃白蘭地	2g	½ 小匙
肉桂粉	0.5g	¼ 小匙
砂糖	15g	1 大匙
杏仁粉（去皮膜，白色）	50g	½ 杯
蛋白	75g	2 顆
海鹽	0.2g	一小撮
砂糖	50g	¼ 杯
黑櫻桃，去籽	未去籽前 250g 或去籽後 200g	未去籽前 8⅘ 盎司或去籽後 7 盎司
杏仁片	30g	¼ 杯＋2 小匙
糖粉，篩撒用	適量	適量

開始之前

→ 準備好以下工具，並確定所有材料都已回到室溫：

電子秤，將單位調整為公制
1 支鋸齒刀
1 個可微波的碗或量杯
1 支橡皮刮刀
1 個中型攪拌盆
保鮮膜
1 個 9 吋鑄鐵煎鍋或陶瓷烤盤
1 支不鏽鋼打蛋器
桌上型攪拌機，搭配氣球狀攪拌頭

→ 請認真把食譜讀兩次。

　　櫻桃麵包布丁在法文稱為 Bettelman Aux Cerises，「Bettelman」在阿爾薩斯方言裡是「乞丐」的意思。這款美味的甜點是窮困的家庭，為了要使用掉不新鮮的布里歐許而發明的。那個年代，一分一毫的食物資源都不可浪費，任何材料都可以用來做甜點。老化的布里歐許或咕咕霍夫麵包，以香草口味的卡士達浸泡一夜，泡軟打碎後再拌入蛋白霜製作出輕盈的麵糊，隨後倒入淺寬的容器中（傳統上使用鑄鐵鍋，但陶瓷烤盤也可以），加入黑櫻桃，表面撒上杏仁片，烘烤後可趁熱品嚐，或搭配香草冰淇淋一起享用。

使用品質愈好的麵包，製作出來的麵包布丁也愈美味。若是使用超級市場工廠量產的麵包，做出的麵包布丁也會是超級市場等級。我喜歡使用老化的布里歐許或咕咕霍夫麵包，因為這兩款麵包本身就極具風味。當然，也能使用普通的白吐司，但是，相對的成品就不會美味。我習慣事先將麵包切大塊，進一步風乾，這樣處理過的麵包能吸收更多的香草鮮奶，製成的麵包布丁也會更溼潤。麵包需浸泡在鮮奶裡至少 2 個小時，但是，如果時間充裕的話，強烈建議讓麵包和香草鮮奶浸泡一夜，如此一來香草籽有足夠的時間釋放香氣。杏仁粉的保溼度好，能讓麵包布丁保溼而且具有堅果香。小時候我家的食譜，是不加打發蛋白霜的，但我的食譜特地加入以追求更輕盈口感的麵包布丁。當櫻桃盛產時，很適合使用來製作這款麵包布丁，隨著烘烤，櫻桃果汁會自然地在麵包布丁裡流溢。

也能使用其他種類的水果取代櫻桃，需留意不同水果的含水比例。建議使用水蜜桃、杏桃、覆盆子、黑莓或李子。蘋果跟西洋梨也適合，但是必須先行煮軟後才加入麵糊裡烤。瓜類水果如西瓜，還有葡萄或草莓，因為含水度太高了，會使得麵包布丁變得溼溼糊糊的，不建議使用。

私藏祕技

→ 這份食譜也能做成迷你獨享版，烘烤條件約須調整為 375°F ／ 190°C 烤 25 ～ 30 分鐘。

→ 杏仁也能以其他堅果取代，如榛果或胡桃，都是合適的選擇。

作法

1 以鋸齒刀將老化的布里歐許或咕咕霍夫麵包在砧板上切成兩公分大小的方塊。布里歐許塗刷過上色蛋液的深色部分，浸泡後不易軟化，所以切除不用。分切好後秤取 100g。

2 在可微波的容器或量杯中，倒入鮮奶及香草萃取液，短暫微波 20 秒稍微加熱。將切塊麵包置於中型攪拌盆中，到入溫熱的香草鮮奶，略攪拌後，以保鮮膜包好，在冰箱中靜置至少 2 小時。有時間的話，最好浸泡一夜，能得到更飽足的香氣。

3 預熱烤箱 375°F ／ 190°C。9 吋大小的鑄鐵煎鍋或鑄鐵、陶瓷烤盤，刷上一層軟化的奶油。以打蛋器將浸泡過後的麵包打碎成泥狀。在浸泡一夜後，麵包已將所有鮮奶液體吸收，或許看起來乾乾的，但應該是仍可以手動打成泥的狀態才是。隨後加入蛋黃、櫻桃白蘭地、肉桂粉及 15g 砂糖和杏仁粉。

4 在桌上型攪拌機的攪拌盆中加入蛋白、海鹽，以氣球狀攪拌頭先以低速攪打 10 秒，加入 50g 砂糖後，調成最高轉速將蛋白攪打至中性發泡（69 頁），約需 1 分鐘左右的時間。

5 使用橡皮刮刀輕輕將蛋白霜拌入麵包糊中，然後倒進煎鍋或烤盤中。將櫻桃均勻排入並按壓使其沒入麵糊裡，最後在表面撒上杏仁片及篩撒糖粉。

6 送入烤箱 375°F ／ 190°C 烘烤 40 分鐘，直到麵包布丁膨脹且邊緣呈現金黃棕色，再次篩撒糖粉，趁熱直接享用或搭配香草冰淇淋。

完成了？完成了！

完成的麵包布丁邊緣以及上面的杏仁片該是呈現金黃棕色，櫻桃隨著烘烤而釋放出果汁。

保存

一出爐後趁熱吃是最好的，但是也能冷藏保存 2 天左右。若經冷藏保存，食用前再次以 400°F ／ 200°C 加熱 15 分鐘。

啤酒麵包

Pain à la Bière

份量 | **2** 大個

2 天的製程 | 麵包需要兩天時間準備

基礎溫度 | 第 **1** 天 **55°C**、第 **2** 天 **65°C**

材料	重量	體積或盎司（略估）
前發酵麵團（老麵）		
水	63g	¼ 杯
乾燥酵母	0.4g	⅛ 小匙
高筋麵粉	100g	¾ 杯＋1 大匙
海鹽	2g	¼ 小匙
麵團		
馬鈴薯粉（potato flakes／flour）或未調味的馬鈴薯泥	15g 或 65g	2½ 大匙或 ⅓ 杯
水（若使用馬鈴薯粉）	50g	略少於 ¼ 杯
水	120g	½ 杯
高筋麵粉	125g	1 杯
裸麥麵粉	60g	½ 杯
海鹽	5g	¾ 小匙
乾燥酵母	2g	¾ 小匙
奶油（法式，82% 脂肪含量），軟化，塗抹防沾黏用	適量	適量
啤酒糊		
裸麥麵粉	25g	3 大匙
啤酒	45g	3 大匙
海鹽	1g	⅛ 小匙
乾燥酵母	0.5g	⅛ 小匙（滿尖）
裸麥麵粉，篩撒用	15g	2 大匙
水，製作蒸氣用	50g	略少於 ¼ 杯

開始之前

→ 準備好以下工具，並確定所有材料都已回到室溫：

電子秤，將單位調整為公制
1 支電子溫度計
桌上型攪拌機，搭配槳狀和勾狀攪拌頭
1 支橡皮刮刀
1 片有圓弧端的刮板
保鮮膜
2～3 個小型攪拌盆
1 支長刀，或三角形的麵團刮板
2 個烤盤，其中一個鋪上烘焙紙
1 支烘焙用毛刷
1 個篩網
1 片烘烤披薩專用的石板
1 張網架
1 個小烤盤
1 個小杯子或玻璃杯
1 支長柄麵團鏟（披薩鏟）

→ 請認真把食譜讀兩次。

　　啤酒麵包是阿爾薩斯頗具代表性的一款麵包。麵團使用了在地食材裸麥麵粉以及馬鈴薯，烘烤前在麵團表面刷上一層由啤酒及裸麥麵粉製成的混合麵糊，造就麵包的獨特長相和風味，也因而命名啤酒麵包。還能有什麼比啤酒更能代表阿爾薩斯的呢？全感謝這位法國最佳麵包工藝師（MOF boulanger）喬瑟夫·朵夫（Joseph Dorffer）在晚年研發出這款具指標性的麵包，在我的學校裡教導製作的許多款麵包

中，啤酒麵包我的最愛。和起司或香腸等鹹食一起吃，超級美味。或是抹奶油或果醬，竟然也很合拍。對我來說，啤酒麵包很像記憶中，父親製作的某一款擁有渾厚大地氣息與脆皮表面的麵包。

作法

第1天

1 準備一份基礎溫度 55°C 的前發酵麵團（老麵）。測量室溫和麵粉的溫度後，兩者相加。調整食譜中水的溫度，使三者溫度相加為 55°C。在攪拌盆中加入水、酵母，先以橡皮刮刀攪拌均勻後，再加入麵粉和海鹽，以槳狀攪拌頭以低速攪勻，再換成勾狀攪拌頭調成中速，攪打 5 分鐘。

2 再調高轉速，攪打 2 分鐘。將麵團由勾狀攪拌頭上刮下，並以保鮮膜包住整個攪拌盆，室溫下靜置休息 1 小時。

3 休息好的麵團從攪拌盆中取出，以手掌壓扁並整理成一顆球狀，以保鮮膜包好放在小碗裡，送進冰箱休息一夜。

第2天

1 將前發酵麵團由冰箱中取出，置於室溫回溫 30 分鐘。同時將馬鈴薯粉及 50g 水混合均勻。也可使用 65g 的未調味馬鈴薯泥，一旁備用。

2 麵包的麵團主體，使用基礎溫度 65°C 製作。測量室溫和麵粉的溫度（以°C 為單位）後，兩者相加。調整食譜中 120g 水的溫度（依然以°C 為單位），使三者溫度相加為 65°C。

3 攪拌盆裡加入水、高筋麵粉、裸麥麵粉、海鹽、乾燥酵母和前發酵麵團，以勾狀攪拌頭中速攪拌 2 分鐘。加入馬鈴薯糊／泥，繼續中速攪拌 2 分鐘直到麵團質地均勻。停下機器，以橡皮刮刀或有圓弧邊的刮板，將黏在攪拌盆底部跟盆邊的麵團刮起，打開機器，中速攪拌 5 分鐘後，調高轉速再攪打 2 分鐘。這時應該能聽見麵團啪嗒啪嗒的聲響，且麵團看起來具有光澤。

4 以保鮮膜包覆好攪拌盆，室溫下休息 1.5 小時。靜待酵母緩慢發酵，麵團會脹大並發展出獨特的香氣。

5 工作檯面上篩撒一些麵粉，將麵團移到桌面上，秤重後均切成兩份。先取其中一份，利用雙手手掌左右罩住麵團，以順時針方向，同時向中心揉、壓施力，施力的同時，手掌側邊應該隨時和桌面保持接觸貼合。一開始，壓的力道需要大些，甚至麵團會稍微沾黏在

所有的麵包都需要添加酵母，藉由發酵促成麵團膨脹。在麵團裡加酵母的方式有很多種，可直接將酵母、麵粉、鹽、水全部加在一起，也是大多數白麵包的製作方法，缺點是這樣製成的麵包可能平淡無味。另外一種就是，使用酵頭或液種，能讓麵包具有獨特的發酵風味。如布里歐許麵包（21頁）、可頌麵包（127頁）和種籽麵包（346頁）就是以這樣的方法製作的。還有以「酸麵種」（levain，sourdough starter）來發酵的方法，是利用所有麵粉中都天然存在的野生酵母來製成酵頭。在這份食譜中，我們則是先準備一份「前發酵麵團」（或可稱為老麵），靜待其發酵一夜之後，將這份麵團當作酵頭。以任何一種酵頭製作的麵包都會具有特殊的酸香氣味，我很喜歡出爐的麵包能有這樣的特色。

這款麵包使用了馬鈴薯以及裸麥麵粉，使得內部口感溼潤具香氣。烘烤過程中，麵團裡的水分轉變成水氣，這些水氣聚集在麵包表層，會造成些許降溫的現象，間接使得麵包在剛送入烤箱烘烤的前幾分鐘，還會更進一步的膨脹。水氣同時也會使糖和澱粉溶解，使麵包表面形成脆皮。麵團裡含有恰恰好的水分是很重要的關鍵，足夠的水分在烘烤後形成不多不少的水氣，不會使得麵包降溫太多。如果水分含量太高，蒸發成太多水氣，麵包就會降溫太多以致於無法在短時間內烤熟，如此一來，麵包表面的皮就會偏厚且硬。

工作檯上，邊揉邊壓的滾實麵團後，減輕向下施壓的力道，增強雙手往中心的力氣，將麵團整理成緊實渾圓的球狀。重複同樣的手法，將另一份麵團也滾圓。接著以保鮮膜包好，室溫下休息 20 分鐘。

6 最後整形。烤盤上先鋪一張烘焙紙，烘焙紙表面塗上適量的軟化奶油。我們要將麵團整成三角形：先拉起麵團的一邊往中間折，接著以同樣的方式也折好另外兩邊，折起的三邊折接縫捏黏固定。翻面，放在鋪有烘焙紙的烤盤上。另一份麵團，也用同樣方式整形完成後一起排在烤盤上。

7 準備啤酒糊。將所有材料（裸麥麵粉、啤酒、海鹽、酵母）在小碗中以橡皮刮刀攪拌均勻。接著以毛刷將啤酒糊刷在麵團上，並以篩網篩撒上適量的裸麥麵粉。注意不要再用保鮮膜覆蓋麵團了，否則麵粉會被黏掉。

8 烤箱預熱 450°F ／230°C，將烤披薩用的石板放在烤箱網架中間，在烤箱底部放一個小烤盤。確實讓烤箱至少預熱 1 小時，石板夠熱才能烤出麵包底部的脆皮。

9 將麵團放在不超過 80.6°F ／27°C 的溫暖環境下，發酵 1 小時又 15 分鐘。隨著麵團發酵膨脹，上頭的啤酒糊會產生裂紋，因而有獨特的虎皮紋路。

10 準備一杯 50g 的水。當麵團完成發酵後，利用長柄麵團鏟連同底部的烘焙紙一起將麵團鏟起，放進烤箱中的石板上。烤箱門不要開啟超過 30 秒，否則熱氣散失過多將會無法烤出麵包外表的脆皮口感。快速地打開烤箱門，在烤箱底部的烤盤中注入 50g 水，營造充滿水蒸氣的烤箱環境，快速關上烤箱門，等待 10 分鐘後，再次快速的開啟烤箱門，抽走底部的烤盤（小心燙！），將麵團底下的烘焙紙也抽掉，使麵團直接落在石板上，烘烤 25 分鐘，麵包呈現深棕色，輕敲底部有空曠的聲音，從烤箱中取出，網架上放涼。

完成了？完成了！

完成的麵包應呈現深棕色，表面布滿深色裂紋，以及略淺色的虎皮紋路。

保存

所有的麵包在出爐後都需要放涼至少 1 個小時，才能使水氣徹底散去。在某些特別乾燥的氣候環境，可以使用塑膠袋／保鮮膜包裹保存，但是在較潮溼的環境下，可以將麵包保存於麻布製的麵包袋中。麵包絕對、千萬不要冷藏保存。可用保鮮膜包裹好或置於密閉容器中，冷凍保存近 1 個月左右。食用前，打開包裹在室溫下靜置一夜解凍，並短暫的以 450°F／230°C 烘烤 1 分鐘。求快的話，可微波解凍 1 分鐘，然後放進高溫的烤箱裡再烘烤 1 分鐘即可。

私藏祕技

→ 營業用的石板，搭配不具風扇的大烤箱（commercial oven）是最適合用來烘烤麵包的烤箱。石板能延緩烘烤的速度並幫助麵包形成脆皮外表。而有風扇的烤箱對流過於旺盛，容易造成麵包在短時間之內，表面上色過快而內部卻未熟透的情況。在家用烤箱裡放石板，能模擬專業麵包坊烤箱的效果。

裸麥麵粉的顏色為灰白色，大多耕種於寒冷氣候國家以及土壤貧瘠的環境，常見分布於北歐斯堪地那維亞（Scandinavia）山區、法國部分地區和一些中歐、東歐國家。阿爾薩斯的地理條件非常優渥，但是依然發展了一些使用裸麥麵粉的食譜。除了這份食譜之外，來自阿爾薩斯的裸麥食譜還有薑味麵包（335 頁）、某些餅乾以及格狀鬆餅（waffles）。裸麥麵粉含有極低的麩質（筋度），因此通常需要搭配其他種類的麵粉使用，才能讓成品維持預期的形狀。裸麥麵粉有獨特的酸味和粗獷風味，和其他種類麵粉相較之下，更顯得與眾不同。

在糧食短缺的年代如二次世界大戰期間，麵包師傅們在麵團裡添加馬鈴薯，原意是以馬鈴薯或其他粉類替用珍貴的麵粉。但後來發現，以馬鈴薯替用部分麵粉能帶來很多好處。因為馬鈴薯澱粉的吸水及保溼度很好，製成的麵包體比起傳統全麵粉製作的麵包，能有更好的溼潤度。另外，滋味也會甜一些，更加美味。

麵粉、水、酵母和啤酒製成此款麵包特有的表面脆皮，這讓麵包有不同的層次口感，滋味上也更有特色。

2 天的製程

基礎溫度 | **60°C**

種籽麵包
Seeded Bread

材料	重量	體積（略估）
種籽		
葵花籽	25g	2 大匙＋1 小匙
芝麻籽	25g	2½ 大匙
亞麻籽	25g	2½ 大匙
燕麥片	25g	¼ 杯
南瓜籽	25g	2 大匙
水	180g	¾ 杯
液種		
高筋麵粉	170g	1⅓ 杯
水	170g	¾ 杯－2 小匙
乾燥酵母	3.5g	略少於 1 小匙
麵團		
高筋麵粉	250g	2 杯
海鹽	13g	2 小匙

開始之前

→ 準備好以下工具，並確定所有材料都已回到室溫：

電子秤，將單位調整為公制
1 個中型攪拌盆
1 支橡皮刮刀
保鮮膜
1 支電子溫度計
桌上型攪拌機，搭配勾狀攪拌頭
1 個濾網
1 個小杯子
1 條毛巾
1 條大的廚房用毛巾
1 個鋪有烘焙紙的烤盤
1 片烘烤披薩專用的石板
1 支長柄麵團鏟（披薩鏟）
1 支鋸齒刀，或麵包刀

→ 請認真把食譜讀兩次。

　　這款美味的麵包，一開始吃，保證一口接一口完全無法停下來。香脆的種籽——酥脆的葵花籽及南瓜籽，滿是堅果香氣的芝麻和大地氣息的亞麻籽，還有具嚼勁的燕麥片，讓每一口麵包都有趣多變。採用先行發酵 2 小時的液種，讓麵包嚐起來帶有一絲微弱的酸勁，更具有多層次的香氣。這款麵包的製作方式非常簡單，但因為需要將種籽浸泡一夜，因此製程上仍需耗時 2 天。浸泡過的種籽跟著麵團一起烘烤時，才不會因此變得乾硬，浸潤過的種籽香氣也更能釋出和麵團融合，因此，是否有浸泡種籽，對於成品的好壞影響很大。製作這份麵團的基礎溫度是 60°C。

作法

第 1 天

　　在中型攪拌盆中，加入所有種籽、燕麥以及 180g 水，以保鮮膜包好，冰箱中浸泡一夜。

使用多款種籽，能帶給麵包豐富香氣。製作前，必須先將種籽浸泡一夜，其中一個原因是由於大部分堅果、種籽、穀類或豆科植物，都含有天然的植酸（phytic acid）和蛋白酶抑制劑（protease inhibitors），目的是種籽發芽前的保護，但同時也會妨礙人體吸收重要的礦物質，而浸泡的過程同時也會幫助分解種籽內複雜的澱粉。由於種籽能吸收相當於自身重量100％～150％的水分，浸泡過後的種籽含水度高，製作出來的麵包也能非常溼潤。

這份食譜的乾燥酵母用量很低，因為發酵的時間拉長，天然存在麵粉裡的野生酵母就能活化參與發酵作用。配方中鹽的用量看似偏高，那是因為種籽需要調味，完成的麵包嚐起來並不會特別鹹。

第 2 天

1 準備一份基礎溫度 60°C 的液種。測量室溫和麵粉的溫度後，兩者相加。調整水的溫度，使三者溫度相加為 60°C。假設室溫是 21°C，而麵粉是 22°C，相加後 21°C＋22°C＝43°C，60°C 基礎加總溫度減去 43°C 得 17°C，這就是水的溫度。當水調整成所需的溫度之後，將所有液種材料加進桌上型攪拌機的攪拌盆中，以橡皮刮刀攪拌均勻後，用保鮮膜包蓋好，室溫下發酵約 2 小時，至體積膨脹成兩倍大。等待發酵的同時，將前一夜浸泡的種籽由冰箱中取出，瀝乾，置於室溫下回溫備用。

2 將種籽、250g 高筋麵粉和海鹽,加進膨脹兩倍的液種裡。手邊備好一小杯水,後續視情況可能需要使用。攪拌盆裝到機器上,開中速攪拌,在 1 分鐘之內,所有材料應該就會聚集成團,如果沒有,稍微添加一點水以幫助成團。持續以中速攪打麵團 5 分鐘之後,調為中高速再攪打 7 分鐘,麵團應具有彈性與光澤感。停下機器以保鮮膜覆蓋住攪拌盆,置於溫暖的環境下發酵 1 小時。可以利用烤箱自製一個理想的發酵環境。取一個小鍋盛裝半滿的沸騰熱水,連同欲發酵的麵團一起放進烤箱中(不適用於瓦斯烤箱)。隨時確認溫度不要超過 80.6°F /27°C。

3 在工作檯面上撲一些麵粉。將發酵好的麵團取出,秤重後均分成三等分。一次操作一份麵團,用手掌將第一次發酵作用產生的氣體拍擠出後,將麵團由四周往中間收整成一顆球狀,接著將麵團放在工作檯面上,掌心鼓起圍罩著麵團,以順時針方向,同時揉、壓施力。一開始,往下壓的力道需要大些,甚至麵團會稍微沾黏在工作檯上,邊揉邊壓的滾實麵團後,減輕向下壓的力道,增強往中心的力氣,揉麵的時雙手手掌側邊應該全程靠在桌面上,揉好的麵團會是渾圓緊實的一顆圓球。若是麵團黏在工作檯面上太多,在工作檯面上補撒少許麵粉,不要太多,否則會導致麵團乾燥,難以塑型。三份麵團都完成後,以毛巾或保鮮膜輕輕蓋住麵團,休息 15 分鐘。

4 將揉實並休息好的麵團以手掌壓扁,提起靠近自己一側的麵團,往前翻蓋對折,輕壓讓麵團黏住。接著,拉起遠離自己一端的麵團,往下翻蓋壓住前一折,一樣輕壓,讓麵團黏合。將麵團翻面,交接口朝下,以雙手前後來回,將麵團搓揉成兩端微尖的長條狀。整形好的麵團,移放到鋪有烘焙紙的烤盤上,接著完成另外兩份。上頭以毛巾輕輕蓋著,置於發酵環境下發酵 1 小時。如果使用烤箱當作發酵環境,預熱烤箱時,記得先將麵團取出,放置於其他溫暖處再接著發酵 45 分鐘。

5 烤箱預熱 450°F /230°C,並將石板放在烤箱網架中間,在烤箱底部放一個小烤盤。確實讓烤箱預熱 30～45 分鐘,同時準備一杯 50g 的水,一旁備用。如果石板夠大,可以同時烘烤三份麵團,如果石板大小一次只能烤一份,在烘烤第一份時將另外兩份麵團暫時放進冰箱中,以延緩發酵的進行。小心地將一份麵團放到長柄麵團鏟上,使用鋸齒刀或沾溼的麵包刀,在麵團的中間,沿著長邊中軸切割出一公分深的刻痕。然後用麵團鏟將麵團移進烤箱裡放在預熱的石板上,靠近烤箱門附近的位置。烤箱門不要開啟超過 30 秒,否則熱氣散失過多將會無法烤出麵包外表的脆皮口感。快速地打開烤箱門,

在底部烤盤中注入 50g 水，營造烤箱裡充滿水蒸氣的環境，快速地關上烤箱門，計時 5 分鐘後，再次快速地開啟烤箱門，抽走底部的烤盤。麵包總共需烘烤 25～30 分鐘，直到呈現深棕色，輕敲底部有空曠的聲音，以長柄麵團鏟將麵包從烤箱中取出，網架上放涼 45 分鐘。重複同樣的步驟，將三個麵包烘烤完成。麵包徹底放涼後，即可享用。

筆記：如果你的石板夠大，可以三份麵團同時烘烤。三個麵團至少間隔 2.5cm，才不會在膨脹之後發生沾黏。

完成了？完成了！

烤好的麵包，中線應該會裂開外翻，外表有一層酥脆的麵包皮。由烤箱中將麵包取出時，可以感受到麵包的輕盈感，輕敲底部有空曠的聲音。這些特徵，都代表麵團裡水分烘烤蒸散的程度適宜。

保存

收藏於麵包專用的布袋中，可以保存 2～3 天，或冷凍保存 1 個月。

私藏祕技

→ 可以嘗試著使用不同的種籽，以求口味變化。不同的堅果或種籽，能造就出種籽麵包不同的口感及香氣。

扭結餅
Breztzels

材料	重量	體積（略估）
液種		
全脂鮮奶（3.5%脂肪含量）	90g	⅓ 杯
乾燥酵母	10g	2½ 小匙
中筋麵粉	165g	1 杯＋3 大匙
麵團		
水	100g	7 大匙
高筋麵粉	165g	1 杯＋3 大匙
奶油（法式，82% 脂肪含量），軟化	35g	1 大匙＋¾ 小匙
海鹽	7g	1 小匙
奶油（法式，82% 脂肪含量），軟化，棋具防沾黏用	適量	適量
扭結餅專用鹼水粉末	15g	2¼ 小匙
冷水	500g	2¼ 杯
扭結餅專用粗鹽或一般粗海鹽	25g 或依喜好	1½ 大匙或依喜好

在我的家鄉，扭結餅是在咖啡廳裡才會享用的食物，法文稱為 bretzels。阿爾薩斯的扭結餅總是放在樹造型的木製檯架上並展示於桌子中央。正因為扭結餅是非常傳統的阿爾薩斯食物，以至於常常被用來作為烘焙的象徵。在阿爾薩斯，若因工作上表現優異對於地區文化而有所助益，當地的文化機構（Institut des Arts et Traditions Populaires d'Alsace）所頒予聲望最高的獎項就稱為「金扭結獎」（Bretzel d'Or）。很榮幸的，我在 2010 年獲此獎。

享用扭結餅可以有很多方式，我的父母搭喜歡配啤酒吃；我剛到美國時，發現大家喜歡趁熱搭配芥末醬吃。必須說，這輩子吃得到的最美味扭結餅，絕對是新鮮自家製作出爐的，不信可以問問我的家人，當我在家試做這份食譜時，全家人都陷入瘋狂。

軟軟有咬勁的扭結餅，是由奶油含量很低的麵包麵團所製成的，

開始之前

→ 準備好以下工具，並確定所有材料都已回到室溫：

電子秤，將單位調整為公制
1 支電子溫度計
桌上型攪拌機，搭配勾狀攪拌頭
保鮮膜或茶巾
1 支烘焙用毛刷
2 個烤盤，鋪上烘焙紙並塗抹奶油
1 支不鏽鋼打蛋器
1 個玻璃材質攪拌盆，或塑膠容器
1 個大型的垃圾袋，或保鮮膜
1 支平寬的撈取用瀝勺
乳膠手套
1 個小煮鍋

→ 請認真把食譜讀兩次。

這裡使用了非常簡單的發酵麵團，不需長時間攪打或休息，扭結餅也不追求天然發酵所夾帶的酸味效果，主要的滋味特色來自於鹼水及鹽粒。有些食譜使用植物油取代奶油，但兩者香氣簡直不能相比，我堅持使用奶油。食譜中使用了高筋麵粉和中筋麵粉，因為如果只使用高筋麵粉，會使得扭結餅過於有嚼勁。

這份食譜中，可能對於其中用於沾裹麵團的「食用等級的鹼水」會有些陌生。我曾試過使用其他的替換作法，像是烘焙用的蘇打粉加水泡成的溶液，但是，唯有鹼水才能得到那股道地正統的扭結餅滋味。鹼水的成分為苛性鈉（caustic soda），購買前務必確定是買到食用等級，供扭結餅製作專用的（xxxi 頁）。這個產品通常是一盒結晶粉末狀，加水攪拌溶解後使用，請務必詳閱產品說明書或標籤，一旦泡製成溶液狀態後，裝在密閉的塑膠容器中可保存數個月。容器外一定要明確仔細標示清楚，存放於小孩及寵物拿取不到的地方。

至於撒在扭結餅上頭的鹽粒，盡量使用已特殊處理過，遇水不溶，扭結餅專用的粗鹽（xxxi 頁）。一般粗顆粒的海鹽勉強還算堪用，唯一需要注意的是，在進烤箱烘烤的前一刻才能撒在扭結餅上，以免受潮溶解。

其中的奶油讓扭結餅麵團具溼潤度也較易操作。將麵團揉成長長的繩狀後，再折繞成傳統的扭結造型，據說扭結餅的造型發想自人們祈禱時雙手在胸前交叉的樣子。隨後，將扭結餅麵團沾裹上特殊的鹼水（lye solution），鹼水能讓扭結餅具有濃厚的堅果香氣以及令人上癮的海洋氣息。接著撒上粗顆粒的鹽，送入超高溫的烤箱裡烘烤，完成外皮香脆內在溼潤的扭結餅。

作法

1 準備一份基礎溫度 60°C 的液種。測量室溫和麵粉的溫度後，兩者相加。調整鮮奶的溫度，使三者溫度相加為 60°C。假設室溫是 21°C，而麵粉是 22°C，相加後 21°C＋22°C＝43°C，60°C 基礎加總溫度減去 43°C 得到 17°C，這就是我們需要使用鮮奶的溫度。

2 將 90g 的鮮奶調整為所需的溫度後，倒入桌上型攪拌機的攪拌盆中，加入酵母攪拌均勻後，在表面撒上中筋麵粉，靜置 10～15 分鐘，直到表面的麵粉開始產生裂痕，表示酵母已在進行發酵作用。酵母發酵的過程中產生的微弱迷人酸氣，能為麵包注入獨特滋味。

3 當酵母活化之後，就可以開始製作麵團。將 100g 水調整成與鮮奶相同的溫度，開始製備麵團前，一旁預先額外準備¼杯水，視麵團乾燥情況增加使用。在同一個攪拌盆裡依序加入高筋麵粉、水、軟化奶油，最後才加入海鹽。以鉤狀攪拌頭中速攪拌 1 分鐘，此時所有材料應該會聚集成團，如果沒有，視情況加少量的水。機器持續以中速攪拌麵團約 5 分鐘，停下機器，以橡皮刮刀或有圓弧邊的刮板，將黏在攪拌盆底部跟盆邊的麵團刮起，打開機器，以中速再攪打 7 分鐘，直到麵團非常有彈性與光澤，整團包覆在鉤狀攪拌頭上。

4 將麵團取出，整理成一團，再次放回攪拌盆中，蓋上溼布或保鮮膜，放在溫暖的環境下休息 20 分鐘。等待的同時，為兩個烤盤鋪上烘焙紙，並在烘焙紙上刷厚厚一層軟化奶油。

5 在玻璃攪拌盆或塑膠容器內，加入專用鹼水粉末和冷水，使用打蛋器攪拌至溶解。千萬不要使用金屬容器，以避免鹼水和金屬產生化學作用。備好的鹼水，暫時妥善放至於小孩和寵物無法觸及的地方。剪開一個大型垃圾袋，鋪在預備要為扭結餅沾裹鹼水的工作檯面上，將鹼水放工作區正中間，準備好的兩張烤盤放在右手邊。

6 麵團休息 20 分鐘後，分切成每份 60g 的小麵團，準備整形。在整形扭結餅時，不需撒任何防沾黏麵粉。取一份小麵團，由麵團四周往

中間收成一顆球狀，將著將麵團放在工作檯面上，掌心鼓起圍罩著麵團，以順時針方向，同時揉、壓施力。一開始，往下壓的力道可能需要大些，甚至麵團會稍微沾黏在工作檯上，邊揉邊壓的滾實麵團後，減輕向下壓的力道，增強往中心的力氣，揉好的麵團會是渾圓緊實的一顆圓球，將所有的小麵團都滾圓，排放在工作檯面上，始終保持自己前方的桌面仍有足夠的工作空間。當我們揉麵團的同時，筋度也會被活化起來，這使得麵團質感緊繃，因此必須先讓麵團休息 5 分鐘。麵團記得依照揉圓的順序擺放，因為接下來要依同樣順序塑型。麵團休息時，以茶巾輕輕覆蓋著。

7 拿取第一份麵團，以雙手手掌慢慢揉成 7.6cm 長的條狀，放到一旁。依序完成所有麵團，按順序排列放好，以茶巾覆蓋，休息 5 分鐘。接著，再依序將每一條麵團，揉長為 15cm。揉長麵團必須循序漸進，如果一口氣揉成所需的長度，麵團很容易斷裂或回縮。每次揉完都讓麵團休息 5 分鐘，依序排列並且以茶巾覆蓋著，重複揉麵數次，直到麵條長度達 53 公分，且中間較兩端略粗。

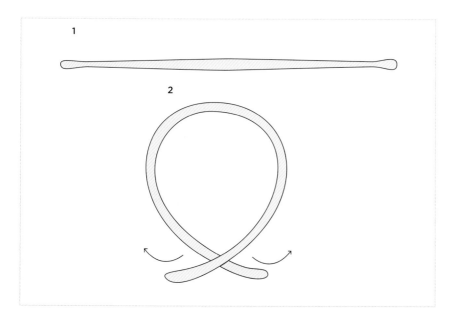

1
揉長的麵團，中間應該比兩端略粗。

2
將長麵團的右端壓放於左端上。

8 將長條麵團放在工作檯上，以拇指及食指一手拿起一端，舉起兩端往中間靠攏後，將右端壓放於左端上，鬆手，在交叉處再旋繞一次，造成兩個交叉點。接著將這個結向上翻折，讓兩個尾端黏在大圓弧上。完成塑型。

3

在交叉處再旋繞一次，造成兩個交叉
點。

4

將這個結向上翻折，讓兩個尾端黏在
大圓弧上

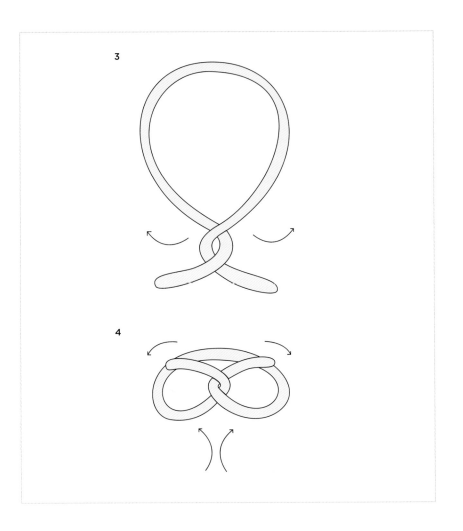

9 當所有的扭結餅塑形完畢後，戴上乳膠手套。準備好沾裹鹼水的工
作區——在工作檯面上鋪好大張垃圾袋，鹼水放在中間，扭結餅在
左，鋪有烘焙紙的烤盤在右。一次取一個扭結餅麵團，放在平而寬
的瀝勺上，浸入鹼水 1 秒後提起，停留數秒讓多餘的鹼水滴落回盆
中，然後將麵團放在烘焙紙塗抹有奶油的烤盤上。並在上頭撒上粗
鹽。重複進行，直到每一個烤盤放滿 5 份扭結餅，相隔至少兩公
分，以利均勻受熱。同樣的，將剩下的扭結餅麵團完成浸鹼水，撒
鹽的步驟，排放到第二個烤盤上。將完成的兩盤扭結餅放在溫暖的
環境下，發酵 30 分鐘。可以利用烤箱自製一個理想的發酵環境。取
一小鍋盛裝半滿沸騰熱水，連同欲發酵的麵團一起放進烤箱中（不
適用於瓦斯烤箱）。隨時確認溫度不要超過 80.6°F ／ 27°C，否則麵
團內的奶油會融化流出。時間差不多時，預熱烤箱 450°F ／ 230°C，
並將網架放到烤箱的中間層。

10 一次烘烤一盤，一盤約烤 15 分鐘，出爐後趁熱享用。

完成了？完成了！

完成的扭結餅應呈現金黃棕色，上頭的粗鹽不該融化，而是顆粒
分明。

保存

扭結餅出爐的當天是最好吃的，也能冷凍保存 1 個月。解凍時，
室溫下靜置 1 小時，再以 450°F ／230°C 烘烤 1 分鐘即可享用。

私藏祕技

→ 扭結餅專用的粗鹽粒，經過特殊處理，因此即使撒在浸泡過鹼水的
潮溼扭結餅麵團上，也不會溶解。如果無法找到扭結餅專用粗鹽，可退
而求其次使用粗顆粒的海鹽，等要進烤箱烘烤的前一刻，用刷子在麵團
上塗薄薄一層水，隨即撒上海鹽，接著馬上進爐烘烤。

→ 這份扭結餅麵團，也能製成三明治麵包。將麵團整形為圓形或橢圓
形，沾裹一下鹼水，以 375° F ／ 190° C 烘烤 20 分鐘。

金扭結獎
（ *Le Bretzel d'Or* ）

我自認為不是很感性的人，但是當我
被通知即將榮獲這項想望已久的金扭
結獎時，我的心徹底地失控了。金扭
結獎每年會頒發給 10～12 位，對阿爾
薩斯傳統文化推廣有力的人士，獲獎
者可能是廚師、詩人、建築師或藝術
家，學者、教授或工匠。阿爾薩斯地
區固有的藝術財產，在歷史上經歷過
無數次幾近被摧毀殆盡的邊緣，因此
當地政府一直致力於文化保存。阿爾
薩斯的命運多舛，其人民的性格不屈
不撓，能在任何艱困的環境下，自得
其樂享受人生。

獲頒這項殊榮，就如同是在阿爾薩斯
軍隊裡受封將軍一般，身為金扭結獎
的受獎者，就是被肯定為全力以赴捍
衛地區文化的尖兵。這些感受隨著時
間以及人生歷練發酵，年輕的時候不
認為傳統有什麼重要，但隨著年紀增
長，體悟出傳統是人生命中的重要價
值與基石。阿爾薩斯藉著金扭結獎，
讓傳統的火苗世代傳承不熄。而藉著
這本書，我也期望能散播一點點阿爾
薩斯惠我良多的生活之道。

洋蔥塔

Tarteà l'Oignon

份量 | 9 吋塔 1 個

2 天製程

材料	重量	體積或盎司（略估）
法式鹹塔皮（147 頁）	1 份 9 吋塔殼（½ 份食譜，約 350g）	1 份 9 吋塔殼（½ 份食譜）
培根	100g	3½ 盎司
黃洋蔥	450g	1 磅（2 顆大型或 3 顆中型洋蔥）
奶油（法式，82% 脂肪含量）	50g	3 大匙（滿）
阿爾薩斯產麗絲玲（Riesling）葡萄酒	50g	¼ 杯－1 小匙
海鹽	依喜好	依喜好
黑胡椒	依喜好	依喜好
肉豆蔻粉	一小撮	一小撮
全蛋	60g	1 顆超大型蛋
蛋黃	10g	約半顆蛋黃
鮮奶油（35%脂肪含量）	90g	⅓ 杯＋1½ 大匙
全脂鮮奶油（3.5%脂肪含量）	90g	⅓ 杯＋1½ 大匙
海鹽	3.5g	½ 小匙
黑胡椒	0.5g	¼ 小匙
肉豆蔻粉	一小撮	一小撮
上色蛋液（7 頁）	1 份食譜	1 份食譜

這款經典的阿爾薩斯鹹塔，習慣上會搭配沙拉葉享用。洋蔥塔成功地將慢煮奶油洋蔥、焦脆培根和酥香派皮三者的美好滋味展現無遺，溫熱食用，整份洋蔥塔的迷人滋味交融滿溢。

塔皮最好於前一天先行擀開，可以有效避免回縮或邊緣崩塌。洋蔥也是最好前一天烹煮，放置一夜讓洋蔥散去溼氣收得更乾，填入塔殼烘烤時，能避免滲出水分導致塔殼溼軟。

糕餅鋪週日是不營業的，因此週末到來時，備糧就成了家家戶戶的大事。也因為這樣，所有的糕餅鋪每逢週六都異常忙碌，大量的麵包、蛋糕、餅乾以及各式鹹塔，如洋蔥塔，都是以極快的速度銷售一空。而我家的糕餅鋪門前，更是一早六點就開始大排長龍，一直到了

開始之前

→ 準備好以下工具，並確定所有材料都已回到室溫：

電子秤，將單位調整為公制
製作法式鹹塔皮的器具（147 頁）
保鮮膜
1 支長刀
1 個寬淺的炒鍋
1 支橡皮刮刀，或瀝勺
1 個鋪有廚房紙巾的烤盤
2 個容器
1 支擀麵棍
1 個 9 吋塔模／環
1 個滾輪打洞器或叉子
烘焙紙，或製作起司的麻布
重石（盲烤用）
2 個中型攪拌盆
1 支不鏽鋼手持均質機
1 個濾網
1 支烘焙專用毛刷

→ 請認真把食譜讀兩次。

這款洋蔥塔很類似大家所熟悉的法式鹹塔（quiche），塔殼也是以法式鹹塔皮麵團製作。千層酥皮不適合用來做洋蔥塔，溼潤的卡士達醬以及洋蔥內餡很容易讓酥皮受潮。

我喜歡使用平底鍋慢慢煎炒小塊培根（bacon lardons），煎出油後，原鍋再加一些奶油接著炒洋蔥。緩慢、徹底地將洋蔥炒煮到透明略帶焦黃色，是重要關鍵，藉以完全帶出洋蔥的香氣。另外，麗絲玲白葡萄酒，務必花點時間煮到收乾，如果沒有確實煮乾，會使得後續烘烤時，液體從洋蔥裡釋出，會稀釋奶黃卡士達餡，使塔殼變得潮溼不脆。阿爾薩斯的麗絲玲白葡萄酒品質佳，較德國產的麗絲玲不甜且微澀，如果無法取得，可以其他口感偏乾的白葡萄酒替用。

奶黃卡士達餡是以全脂鮮奶以及鮮奶油製成的，有些食譜只使用脂鮮奶，也有些食譜則是全使用鮮奶油，只使用鮮奶油製成的法式鹹派非常好吃，但真的太罪惡了！我習慣使用全蛋再額外加上蛋黃，使奶黃卡士達更濃稠。蛋黃裡所含的卵磷脂是很好的乳化劑，能將水分和油脂結合起來，而蛋白則是黏著劑的角色。也可以只使用蛋黃，但會需要很大的用量，內餡才得以凝結固化，成品的蛋味也會極重。如果只使用全蛋，蛋白的比例又會太高，會讓內餡質感太硬。

這份洋蔥塔的塔皮必須先完全烤熟，因為一旦填入餡料後，溼潤的奶黃卡士達以及洋蔥，會使得塔皮難以烤乾烤脆。也因為洋蔥、培根和塔殼都已事先煮、烤熟了，所以這份塔的烘烤時間不需很長。

午後人潮才漸漸退去。

每週四下午，十歲的我總和母親趁父親午睡時，準備週末要販售的洋蔥塔內餡，好讓父親醒來後接著進行製作洋蔥塔。我從學校放學回家大約是下午四點，緊接著就開始備料儀式，如果母親剛好在店裡招呼客人，就由我獨立工作。我是欽點的洋蔥剝皮員，兩大袋各重五公斤的洋蔥是我每週的既定任務。剝完洋蔥皮之後，母親會將洋蔥全部切絲，然後以奶油慢火炒上四十分鐘，直到所有洋蔥變得透亮有光澤，這樣炒過的洋蔥看起來美極了，淡淡焦糖化散發出香氣，讓我深深沉醉其中。當然，我更記得那些洋蔥讓我毫無招架之力的淚流滿面，而且對於一位男孩來說，想出去玩的念頭，遠遠大過留在家裡剝這堆洋蔥皮。儘管如此，和母親一起工作的那些午後還是充滿了許多有趣的回憶，這些記憶至今仍圍繞我心。

作法

第 1 天

1 準備一份法式鹹塔皮麵團（147 頁），等分成兩份後，分別以保鮮膜包裹妥當，一份冷凍起來日後他用，另一份保存於冰箱中冷藏休息一夜。

2 以長刀將培根切成約半公分寬的小條狀。洋蔥去皮，切成一公分大小的洋蔥丁。烤盤裡鋪上廚房紙巾。

3 寬淺的炒鍋以中火加熱 2 分鐘，鍋熱後加入培根，翻炒約 5 分鐘，直到培根開始轉變成棕色，表皮略為酥脆。以瀝勺或橡皮刮刀，將培根盛到鋪有廚房紙巾的烤盤上。原鍋連同培根煎出的油脂，再加入 50g 奶油及洋蔥丁，轉小火，不時用橡皮刮刀慢慢翻炒 20 分鐘。緩慢地炒煮洋蔥使其變成透明且沒有過度焦糖化，焦糖化會使洋蔥變得太甜。接著加入麗絲玲白葡萄酒，再煮 10 分鐘，讓酒精揮發煮乾。最後再以海鹽、黑胡椒和肉豆蔻粉調味。熄火後，整鍋於室溫下靜置，自然徹底放涼的同時也讓多餘的水氣揮發。放涼後，裝進容器裡，不蓋蓋子放進冰箱裡冷藏一夜。煎香的培根也裝進適當的容器裡室溫下保存，備用。

第 2 天

1 擀開法式鹹塔皮麵團，鋪排進 9 吋的塔模裡（147 頁）。在塔皮上刺出許多間隔 2.5cm 的小洞，放進冰箱裡冷藏至少 2 小時，讓塔殼得以乾燥。

2 烤箱預熱 325°F／160°C。在塔殼裡鋪上烘焙紙或製作起司的麻布，再裝進重石、乾豆子或白米，盲烤 55 分鐘後，移走重物，室溫下放涼。此時，塔殼應該是烤熟的狀態，如果沒有完全烤熟，在沒有重物的狀態下，再多烤 10 分鐘，直到熟透為止，從烤箱取出後，自然放涼。

3 烤塔殼的同時，將洋蔥從冰箱裡取出，準備製作奶黃卡士達餡。在攪拌盆中加入全蛋、蛋黃、鮮奶油和鮮奶，以打蛋器攪打均勻後加入海鹽、胡椒和肉豆蔻，接著倒入洋蔥。

4 在烤好的塔殼內部，均勻地刷上一層上色蛋液，烘烤 5 分鐘，形成一層防水層以隔絕潮溼的餡料，防堵水分滲入塔殼孔洞中。取出後，放涼。隨後將烤箱調高溫度至 350°F／180°C。

5 將混合好的洋蔥卡士達餡，倒入塔殼中並撒上培根，送進烤箱烘烤 30 分鐘，直到內餡凝固。同時，預熱上火烤肉架*。

6 將洋蔥塔自烤箱取出後，放到上火烤肉架裡加熱 1～3 分鐘，隨時盯看以免烤焦，直到塔表面金黃上色，冷卻 30 分鐘，脫模，微熱享用。

完成了？完成了！

塔殼應熟透酥脆，內餡洋蔥透明具有光澤，帶有淡淡的棕色。培根則是金黃棕色，略微酥脆。

保存

洋蔥塔可冷藏保存 2 天，或冷凍保存 1 個月。再次加熱時，烤箱 450°F／230°C 烤 5 分鐘，讓塔殼恢復酥脆口感。

＊譯註：上火烤肉架（broiler）是一種高溫近距離短暫加熱的工具，能讓食物均勻烤上色。針對沒有上火烤肉架的家用烤箱，可以只開上火，並將洋蔥塔放高一些，接近熱源，就能達到相似的效果。

私藏祕技

➔ 洋蔥塔搭配沙拉葉是最佳的享用方式。

➔ 千萬不要用微波爐加熱鹹塔，微波會讓塔餡的水分蒸出，塔殼則受潮變得溼軟糊糊的。

➔ 只要不加培根，就是蛋奶素的洋蔥塔。

➔ 如果擔心熱量，可將奶黃卡士達的部分整個省略——準備洋蔥內餡，放進冰箱一夜。隔天，鋪進已完成盲烤的熟塔殼中，再加上培根（依喜好），然後送進烤箱烘烤即成。

啤酒鹹塔
Quiche à la Bière

材料	重量	體積或盎司（略估）
法式鹹塔皮（147 頁）	1 份 9 吋塔殼（½ 份食譜，約 350g）	1 份 9 吋塔殼（½ 份食譜）
培根	100g	3½ 盎司
黃洋蔥	200g	1 顆大型或 2 顆中型洋蔥
白色蘑菇	125g	4½ 盎司
胡蘿蔔	125g	1 條中型蘿蔔
奶油（法式，82% 脂肪含量）	50g	3 大匙（滿）
啤酒	250g	1⅛ 杯
海鹽	依喜好	依喜好
現磨黑胡椒	依喜好	依喜好
肉豆蔻粉	一小撮	一小撮
全蛋	60g	1 顆超大型蛋
蛋黃	10g	約半顆蛋黃
鮮奶油（35%脂肪含量）	115g	½ 杯
全脂鮮奶油（3.5%脂肪含量）	115g	½ 杯
海鹽	3.5g	½ 小匙
黑胡椒	0.5g	¼ 小匙
肉豆蔻粉	一小撮	一小撮
上色蛋液（7 頁）	1 份食譜	1 份食譜
瑞士起司，磨碎	65g	½ 杯（壓實）

法國大多數的糕餅鋪會同時販售鹹點及甜點，人們可一次購足麵包、晚餐和甜點。阿爾薩斯有不少美味的特色鹹點，這裡收錄的啤酒鹹塔就是其一。

由蘑菇、胡蘿蔔、洋蔥、瑞士起司和滑順豐腴的奶黃卡士達組成內餡的溫熱鹹塔，人人都想要來一塊。阿爾薩斯啤酒是這款塔的神祕

開始之前

➜ 準備好以下工具，並確定所有材料都已回到室溫：

電子秤，將單位調整為公制
保鮮膜
1 支長刀
1 支削皮器
1 個研磨器
1 個寬淺的炒鍋
1 支橡皮刮刀，或瀝勺
1 個鋪有廚房紙巾的烤盤
2 個容器
1 支擀麵棍
1 個 9 吋塔模／環
1 個滾輪打洞器，或叉子
烘焙紙，或製作起司的麻布
重石（盲烤用）
1 個中型攪拌盆
1 支不鏽鋼手持均質機
1 支烘焙專用毛刷

➜ 請認真把食譜讀兩次。

一般的洛林鹹塔（quiche Lorraine）是由火腿、瑞士起司及鮮奶、鮮奶油和蛋製成的奶黃卡士達所組合而成的塔、派。通常使用法式鹹塔皮麵團（147 頁）製成塔殼。若是使用千層酥皮，盛裝如此溼潤的內餡，將無法烘烤到酥脆。我使用蔬菜取代傳統的火腿，務必花點時間將蔬菜炒煮到位，如果沒有確實煮乾，會使得後續烘烤時，蔬菜再次出水，因而稀釋奶黃卡士達餡。啤酒在炒煮蔬菜時加入，讓蔬菜吸滿飽飽的啤酒香氣。啤酒一定要煮到收乾，如果沒有確實煮乾，會使塔殼潮溼不脆。使用全脂鮮奶、鮮奶油、全蛋和蛋黃，製成奶黃卡士達內餡，豐腴也不會過膩。塔皮必須先行完全烤熟，因為一旦填入餡料後，溼潤的奶黃卡士達以及蔬菜內餡，會使得塔皮難以烤乾。因為蔬菜、培根和塔殼都已事先煮、烤熟了，所以這款塔的烘烤時間不需很長。

佳賓，能使成品提升到更高的美味境界。啤酒的微苦餘韻，讓鹹塔的滋味更豐富。好吧！我必須老實承認，使用其他產地的啤酒也行得通，我只是單純想大力推廣阿爾薩斯的拉格白啤酒（pale lager）罷了。

這份食譜，可說是實實在在「吃在當地」（produit de terroir）的展現，所用的蔬菜、乳製品、啤酒，全由當地同一塊土壤孕育生產。身為阿爾薩斯人，我對於本地自產的農作物深深感到自豪，數個世紀以來，我們自給自足的同時也發展出許多特色食物，更因此促進本地的經濟活絡。

這份食譜需要兩天製程。塔皮麵團需要休息一夜，煮好的蔬菜餡料，也需要一夜的冷藏，讓水氣散去、乾燥。這樣蔬菜才不會在最後烘烤時出水。

作法

第 1 天

1 準備一份法式鹹塔皮麵團，等切成兩份，分別以保鮮膜包裹妥當，一份冷凍起來日後他用，另一份保存於冰箱中冷藏休息一夜。

2 以長刀將培根切成約半公分寬的小條。洋蔥去皮，切成一公分大小的洋蔥丁。清理蘑菇，並將菇梗切去不用，接著切成厚片。胡蘿蔔削皮後，刨成粗絲。

3 寬淺的炒鍋以中火加熱 2 分鐘，鍋熱後加入培根，翻炒約 5 分鐘，直到培根開始轉變成棕色，表皮略為酥脆。以瀝勺或橡皮刮刀，將培根盛到鋪有廚房紙巾的烤盤上。原鍋連同培根煎出的油脂，再加入奶油及洋蔥丁，轉小火，不時用橡皮刮刀慢慢翻炒 10 分鐘。緩慢的炒煮洋蔥使其變成透明且沒有過度焦糖化，焦糖化會使得洋蔥變得太甜。加入蘑菇片，繼續炒 5 分鐘，直到軟化出水。加入胡蘿蔔絲，持續翻炒 5 分鐘。接著加入啤酒，調整為中火，再煮 10 分鐘，讓酒精揮發煮乾。最後再以海鹽、黑胡椒和肉豆蔻粉調味。熄火後，整鍋於室溫下靜置、徹底放涼，讓多餘的水氣散去。放涼後裝進容器裡，不蓋蓋子放進冰箱裡冷藏一夜。煎香的培根也裝進適當的容器裡室溫下保存，備用。

第 2 天

1 擀開法式鹹塔皮麵團，鋪排進 9 吋塔模裡（147 頁）。在塔皮上刺出許多間隔 2.5cm 的小洞，放進冰箱裡冷藏至少 2 小時，讓塔殼得以進一步的乾燥。

2 烤箱預熱 325°F／160°C。在塔殼裡鋪上烘焙紙或製作起司的麻布，上頭再裝進重石、乾豆子或白米，盲烤 55 分鐘後，移走上面的重物，室溫下放涼。此時，塔殼應該是烤熟的狀態，如果沒有完全烤熟，在沒有重物的狀態下，再多烤 10 分鐘，直到熟透為止，從烤箱取出後，室溫放涼。

3 烤塔殼的同時，將蔬菜從冰箱裡取出，製作奶黃卡士達餡。在攪拌盆中加入全蛋、蛋黃、鮮奶油和鮮奶，以打蛋器攪打均勻後加入海鹽、胡椒和肉豆蔻。

4 在烤好的塔殼內部，均勻地刷上一層上色蛋液，烘烤 5 分鐘，蛋液會形成一層防水層隔絕潮溼的餡料，防堵水分滲入塔殼孔洞中。取出後放涼。將烤箱調高溫度至 350°F／180°C。

5 將蔬菜均勻地鋪排進塔殼裡，撒上培根和瑞士起司。以橡皮刮刀，將所有的奶黃卡士達液體倒入塔中。送進烤箱 350°F／180°C 烘烤 30～35 分鐘，直到內餡凝固。同時預熱上火烤肉架（359 頁「譯註」）。

6 將鹹塔放到上火烤肉架裡加熱 1～3 分鐘，隨時盯看以免烤焦，直到塔表面金黃上色，冷卻 30 分鐘，脫模，微熱享用。

完成了？完成了！

完成的鹹塔呈現金黃棕色，奶黃卡士達內餡烤後凝固，塔殼則應該是熟透酥脆。

保存

烘烤好的鹹塔可以冷藏保存 2 天，或冷凍可保存 1 個月。再次加熱時，烤箱 450°F／230°C 烤 5 分鐘，讓塔殼恢復酥脆口感。

私藏祕技

→ 可隨意替換不同蔬菜，變化口味，唯需切記要將蔬菜炒乾後才用。也能省略培根，做成奶蛋素版本。

→ 千萬不要用微波爐加熱鹹塔，微波會讓塔餡的水分蒸出，塔殼則受潮變得溼軟糊糊的。

→ 若將淡色拉格啤酒改為深色拉格啤酒，建議減半用量，以免鹹塔苦味太重。

火焰薄餅
Tarte Flambée

（成品照片見 294 頁）

材料	重量	體積或盎司（略估）
餅皮		
水	325g	1⅓ 杯＋1 大匙
酵母	7.5g	2 小匙
中筋麵粉	500g	3⅞ 杯
海鹽	11g	1½ 小匙
油菜籽油	25g	2 大匙
餡料		
法式酸奶（Crème fraîche）	385g	1¾ 杯
中筋麵粉	25g	2 大匙＋2 小匙
蛋黃	25g	2 大匙＋2 小匙
肉豆蔻粉	一小撮	一小撮
海鹽	適量	適量
黑胡椒	適量	適量
黃洋蔥	300～360g	中型，2 顆
厚塊培根	8 條	8 條
中筋麵粉（若使用披薩鏟，防沾黏用）	適量	適量
油菜籽油（若使用披薩鏟，防沾黏用）	適量	適量
粗粒小麥粉（semolina）或粗玉米粉（cornmeal）	適量	適量

開始之前

→ 準備好以下工具，並確定所有材料都已回到室溫：

電子秤，將單位調整為公制
桌上型攪拌機，搭配槳狀和勾狀攪拌頭
1 支橡皮刮刀
1 個麵團專用刮板
保鮮膜
1 個 14 吋鋪有保鮮膜的披薩烤盤
1 支擀麵棍
烘焙紙，或蠟紙
1 個烤披薩專用石板
1 個中型攪拌盆
1 支不鏽鋼手持均質機
1 支長刀
1 個披薩長柄鏟，或抹上薄薄一層植物油的披薩烤盤
1 支有折角的小抹刀

→ 請認真把食譜讀兩次。

火焰薄餅是阿爾薩斯名產，在當地眾多餐廳都有供應。扁薄酥脆的餅皮，上面鋪滿了法式酸奶、培根和薄切洋蔥，通常與阿爾薩斯產的麗絲玲白葡萄酒搭配著享用。火焰薄餅的發源地為科謝爾斯堡（Kochersberg），也是我的家鄉。當地為農業地區，專植甜菜、啤酒花、菸草和蘋果，傳統農夫自家中都會有座磚造烤窯，每週都會烤一次麵包。烤過麵包之後，烤窯的熱度還會維持很長一段時間，農夫們就會將剩餘的麵團擀成極薄圓盤狀，抹上厚厚的一層鮮奶油，送進烤窯裡快速地烤一下，就這樣，火焰薄餅誕生啦！法文「Flambée」就是

柴火的意思。

　　如今可以買得到鋼製的燒柴烤箱，但是，道地的阿爾薩斯人如我，還是特地從家鄉運來一座磚造烤窯到芝加哥的家中，讓家人和朋友們能貼近阿爾薩斯的生活實況。若使用普通家用烤箱，這款火焰薄餅約需 5 分鐘的烘烤時間，如果是溫度高的磚造烤窯，只需烘烤 60 秒。無論是什麼烤箱，都要用超高溫烘烤，完全破壞餅皮裡的筋度，因而得到酥脆的口感。

　　麵團擀得極薄，因此若先冷凍過，會比較好操作。當烤箱溫度夠熱了，將餅皮麵團從冷凍庫中取出，在冷凍的狀態下鋪好餡料，放在石板上送進烤箱裡烘烤。餅皮麵團最好提前製作，才有足夠的時間冷凍，否則在晚餐聚會上，光是忙著擀餅皮怎麼有時間招待賓客呢？若沒時間冷凍，也可以先快速烘烤麵團 2 分鐘，讓酵母停止作用，再開始鋪餡。

作法

1 測量室溫和麵粉的溫度後，兩者相加。調整水的溫度，使三者溫度相加為 65℃。假設室溫為 21℃，而麵粉是 22℃，相加後 21℃＋22℃＝43℃，65℃ 基礎加總溫度減去 43℃ 得到 22℃，這就是水的正確溫度。將正確溫度的水，與酵母一起放進桌上型攪拌機的攪拌盆中，攪拌溶解後，加入麵粉、海鹽和油菜籽油，以槳狀攪拌頭攪拌成團。停下機器，將麵團從盆壁和攪拌頭上刮下，換成勾狀攪拌頭以中低速攪打 5 分鐘，將轉速調為中高速，再攪打 2 分鐘。以保鮮膜將攪拌盆包蓋起來，放置於溫暖處發酵 1 小時。

2 將麵團均分成 8 等分，每份約重 100g。以布或保鮮膜覆蓋住，一旁備用。擀好的麵團會先冷凍，才烘烤成薄餅。建議的操作流程如下：在 14 吋大小的披薩烤盤上鋪一層略大的保鮮膜，取一小份麵團，在工作檯上擀開至極薄約 30.5cm 長後，移放到鋪有保鮮膜的披薩烤盤上，接著將四周保鮮膜稍大的部分，向上翻折蓋住餅皮邊緣，上面再貼附一層保鮮膜，然後放一張與餅皮差不多大小的烘焙紙或蠟紙。再鋪一層稍大的保鮮膜，再擀下一張麵皮，最後一樣以蓋上烘焙紙和另一層保鮮膜。依這樣的順序和操作模式，直到所有麵團都擀完，疊成一落後，再將整疊麵皮包好，冷凍至少 2 小時或可保存近 1 個月。

3 烘烤前 1 小時，開始預熱烤箱 500℉／260℃，若有專用石板就一起

盡力尋找並使用品質好，質地濃稠的法式酸奶。有些廠牌在烘烤時容易有油水分離的現象，配方裡的蛋和麵粉可以黏合材料，預防這樣的情況發生。我偏好使用切成細絲（0.3cm 粗、2cm 長）的黃洋蔥。

選購厚切、純天然、無添加防腐劑、煙燻，中間部位的培根。

私藏祕技

→ 如果你沒有時間事先冷凍餅皮，或擔心無法在麵團解凍變黏之前，送入烤箱烘烤。建議可將擀開的麵團先烤 2 分鐘至半熟，這樣也可以穩定麵皮，也無須擔心麵皮會黏在長柄鏟或工作檯面上了。若選擇先預烤半熟，鋪餡料後的烘烤時間要縮短 1 分鐘。

放進去預熱，或使用柴火式烤箱。

4 取一個中型攪拌盆，加入法式酸奶、麵粉、蛋黃、肉豆蔻粉、海鹽和胡椒，以打蛋器攪勻備用。洋蔥剝皮後，由根部到尖端對切成半，轉九十度後切成片，接著將洋蔥剝開成一絲絲。培根切成半公分寬的條狀。

5 長鏟柄拍上麵粉，或披薩烤盤抹上薄薄一層油，然後撒上非常薄的一層粗粒小麥粉或粗玉米粉。把冷凍餅皮麵團放在長柄鏟或披薩烤盤上，以小抹刀塗上薄薄一層大約 3 大匙的法式酸奶糊，餅皮四周留白不塗。各均勻放上約 60g 洋蔥絲（約¼顆洋蔥），和約一塊培根切成的培根小條。將長鏟上移送進烤箱裡的石板，或將披薩烤盤送入烤箱，烘烤 5 分鐘，直到餅皮邊緣酥脆呈現棕色，上面的餡料滋滋作響。因為餅皮極薄，烤箱溫度極高，需要隨時留心察看，以免烤焦。出爐後，趁熱享用。

完成了？完成了！

擀完成的火焰薄餅口感酥脆，且呈金黃棕色。底部及邊緣會有些微的焦黑。餡料洋蔥和培根熟透，滋滋作響。

保存

開的生麵團或烤半熟的餅皮，可冷凍保存 1 個月。烤好的火焰薄餅，最適合當場現吃。也可以試著冷凍烤熟狀態的火焰薄餅，只是有時會受潮變得溼軟，解凍後，再次以 400°F／200°C 快烤 1 分鐘，恢復乾爽酥脆口感。

變化版

阿爾薩斯人也很常做甜的蘋果口味火焰薄餅。在餅皮鋪上薄切的蘋果，塗一點奶油，再撒一點糖和肉桂粉，烤箱高溫烘烤完成，搭配蘋果白蘭地（Calvados）一起享用。在家裡，我會隨性地改以羅勒青醬、烤蕃茄片、波特菇（portabello mushroom）或莫扎瑞拉起司（mozzarella）當作餡料，儘管滋味變得很不阿爾薩斯，但是超級美味。

擀開酵母發酵麵團的訣竅

凡是酵母發酵過的麵團，如披薩麵團，因為筋度活化的緣故，在擀的過程中必須穿插幾次中場休息。由於擀的動作其實也就在拉扯筋度，不間斷、沒休息地擀，最後可能會造成麵團斷裂。擀開這些火焰薄餅麵團的最佳策略是，取一片先擀一分鐘，然後放到一旁休息 5～10 分鐘。第一片休息的同時，再擀第二片，一樣一分鐘後放一旁、換下一片。將這些擀到一半未完成的麵皮以烘焙紙隔開，一片片疊放起來，當全數擀完第一回合後，再次從第一片擀起，重複多回合，直到全部的麵皮都擀開至所需的厚薄度及大小。

溫暖的阿爾薩斯肉派

Pâté Chaud Alsacien

份量｜肉派 1 個（8 人份）

2 天的製程

材料	重量	體積或盎司（略估）
千層酥皮麵團（28 頁）	1 份食譜	1 份食譜
豬肩肉	520g	1 磅＋2 盎司
小牛肩肉	280g	10 盎司
阿爾薩斯產麗絲玲白葡萄酒	80g	½ 杯
捲葉巴西利（curly parsley），切碎	6g	2 大匙
紅蔥頭（shallots）	40g	中型 2 顆
海鹽	1g 或依喜好	¼ 小匙或依喜好
小荳蔻籽	1 顆	1 顆
黑胡椒粉	0.3g	略少於 ¼ 小匙
肉豆蔻粉	0.2g	略少於 ¼ 小匙
乾燥月桂葉	1 片	1 片
新鮮百里香	1 株	1 株
新鮮龍蒿（tarragon）	2 株	2 株
丁香	1 個	1 個
上色蛋液（7 頁）	1 份食譜	1 份食譜

開始之前

→ 準備好以下工具，並確定所有材料都已回到室溫：

電子秤，將單位調整為公制
製作千層酥皮麵團所需的器具（28 頁）
1 支長刀
1 個大型攪拌盆
保鮮膜
1 張大尺寸的矽膠墊
1 支擀麵棍
1 個鋪有烘焙紙的烤盤
1 支橡皮刮刀
1 個瀝水籃（colander）
1 支烘焙專用毛刷
1 個圓形餅乾壓切磨，或小刀
烘焙紙

→ 請認真把食譜讀兩次。

　　品嚐一份好的肉派，無疑是天堂級體驗。對我來說，一份肉派總能喚起小時候在外公家的美好回憶。外公家位於法國東部的孚日省（Vosges），一個滿是小山與丘陵的地方。夏季午後，我會和兄弟姊妹、母親及舅舅，一起採集藍莓、野生覆盆子、草莓和栗子。外公外婆家裡有一個種滿黃香李和紫李子樹的大花園，他們還養了兔子和雞（撿拾雞蛋是我的任務），還有兩頭乳牛及一匹巨大的阿丹役馬（Ardennais draft horse），是外公的副業夥伴，用來運送木材。二次世界大戰剛結束那時，外公僅靠斧頭和鋸子伐木，而不是使用電鋸。砍下的樹幹以鏈子捆綁在役馬身上，運下山後再以卡車分送到村子裡的人家。

　　外公的農場就和附近其他農場一樣，主要是為了自給自足用，供應大量雞蛋、牛奶、鮮奶油、水果、蔬菜和肉品。盛夏時分，我會幫忙除草、把乾草疊成大草垛。在八月的炎熱氣候下，這樣的勞力工作著實吃力，可以想見，當時年幼的我是心不甘情不願的，但是現在那

些都成為很美好的回憶。尤其是農場裡的食物完全有機，那時所喝到的超級無敵新鮮牛奶，之後再也沒有喝過能與之媲美的了。那些美好的滋味永遠鮮明地刻印在我的味蕾記憶裡。

阿爾薩斯肉派和一般法國常溫或冷食的肉派不同，是由千層酥皮包裹著豬肉及小牛肉製成，習慣上是趁熱上桌享用。傳統的作法會將肉切成條狀或方塊狀，連同麗絲玲白葡萄酒以及紅蔥頭丁、巴西利、香草和香料醃漬一天。以千層酥皮將肉餡包裹起來，頂端再黏蓋上另一片長方形的千層酥皮，刷上上色蛋液後，表面以刀尖刻畫出人字圖案。烘烤後的亮釉光澤非常華麗，內餡飽含肉汁及令人驚豔的撲鼻香氣，搭配著外層酥脆多層的派皮。

我在世界各地工作過的許多廚房，對肉派的需求度不高，一直到我開始進行這本書之前，已經有好一陣子沒有做這道派了。這道食譜對我有特殊意義，是小時候每次到外公家造訪，聚會餐桌上一定會出現的菜餚。外公會將醃好的肉帶到村子裡的糕餅鋪，請師傅幫忙包上千層酥皮，然後在店裡的大烤箱烘烤。我愛極了那美味的酥皮以及溫熱多汁的肉餡，當時的我一定沒有料想到，在長大的多年之後我居然在史特拉斯堡的外燴工作時，有機會為上百位賓客製作肉派。

製作這份肉派時，擀開的千層酥皮要特別留有充裕的邊緣，才足以將肉餡包裹起來，如果肉餡沒有妥善包好，在烘烤時肉汁流出會造成千層酥皮受潮變得溼軟。烤好的肉派，請趁熱或微溫搭配沙拉葉以及一瓶阿爾薩斯產的麗絲玲白酒一起享用吧。

作法

第 1 天

1 準備一份千層酥皮麵團（28 頁），進行到折疊四回合的步驟。

2 將豬肉及小牛肉外層的脂肪切掉，保留中間的脂肪。將肉塊沿纖維的垂直方向切片後，再切成一公分寬的肉絲，或肉塊肌理不明顯，也能直接切成一公分大小的方塊。將切好的肉倒入大型攪拌盆中。加入酒，切碎的巴西利和紅蔥頭丁、海鹽、香料及香草，攪拌均勻後以保鮮膜包蓋好，冷藏醃漬一夜。

當我在試做這份食譜的時候，我再次的深刻體會到肉的品質是一份好肉派的關鍵重點。建議花時間尋找值得信賴的肉販，跟他們聊聊這份肉派食譜，告訴他們你要如何使用這份肉，問他們是否可以幫忙處理。以肉派來說，需要用到豬肩肉（pork shoulder or pork butt），去骨並切去部分（外圍表面）的脂肪，但也不能完全沒有脂肪。

在阿爾薩斯，我們一向使用當地的麗絲玲白酒醃漬肉餡，但你也可以改用其他產地的不甜白酒，如白蘇維濃（sauvignon blanc）或灰皮諾（pinot grigio）。白酒的酸度或任何具酸性的液體（如醋或偏酸的果汁）能促進肉質軟化。當然，酸性物質必須能滲入肉塊中心才能達到軟化的目的，這也就是為什麼肉塊不要切大過於一公分的原因。另外，也不要使用過多的酒，剛好足夠淹過肉塊的量就好，過量的酒也會使肉塊變性，反而硬化。

我偏好使用香氣較有特色的紅蔥頭而非普通洋蔥，當然，也可以使用各半。在法國，我們會使用捲葉品種的巴西利，和平葉巴西利相較起來，捲葉巴西利香氣溫和而且帶有一絲肉豆蔻的氣息。說到醃漬肉餡所用到的香料，每一位阿爾薩斯人都有自己一套獨特的配方，而且他們都會說自己的配方是最棒的。你也能自己嘗試調出自己喜歡的香料組合跟比例，然而丁香、肉豆蔻及小荳蔻籽這三樣香料的味道非常強烈，使用時必須保守一點。或如果你想用乾燥香草，在用量上只需新鮮香草的一半即可。

第 2 天

1 未完成的千層酥皮，再接著進行剩下的兩次折疊步驟。兩次折疊之間，冷藏間隔 30 分鐘，完成最後一次折疊後，至少冷藏 1 個小時後才使用。

2 在撒了麵粉的工作檯面或矽膠墊上，將千層酥皮麵團擀開至厚度約 0.6cm 或更薄一些，切取 32×48cm 的長方形麵皮（之後會回縮成 20×35.5cm）並移放到鋪有烘焙紙的烤盤上，切剩下的部分以保鮮膜包好，冷藏保存。

3 醃漬的肉稍微攪拌一下，瀝去浸泡的液體，挑掉香草及香料（百里香、龍蒿、丁香、月桂葉，如果能找到小荳蔻籽的話也挑掉），嚐一小口紅蔥頭丁，再決定要加多少鹽調味。讓肉及紅蔥頭丁留在瀝網上，靜置瀝乾 10 分鐘。

4 等待的同時，準備一份上色蛋液。

5 將醃好瀝乾的肉舀到擀開的酥皮上，將肉餡聚集整理成長方形，四周至少保留 4～5cm 寬的酥皮。肉餡大約堆到高 3.2cm、長 25cm、寬 10cm。但是最主要還是要依據實際的酥皮大小而定，一定要留有充裕的四邊，才能將肉餡包裹妥當，烘烤時，肉汁才不會流出來。

6 將酥皮兩個長邊往中間向上翻折，兩個短邊塗上上色蛋液當黏著劑後，也往上翻折。這時，肉餡的側邊都被酥皮包蓋住，但中間仍是「露餡」的。四周刷上上色蛋液後送入冰箱。

7 接著再擀開另一片千層酥皮，厚度約 0.6cm，大小約 33×18cm 的長條狀（通常四邊會回縮 2.5cm 左右），這是肉派的上蓋。從冰箱中取出肉派，在表面刷上上色蛋液後，把上蓋貼上去，理論上大小應該會剛好覆蓋住整個派，四周稍微按壓使派皮交接處確實黏合，如果上蓋的尺寸太大，黏合後再修切掉多出來的部分。表面刷上上色蛋液，送進冰箱冷藏 10 分鐘。

8 等待冷卻的同時，準備一條 0.3cm 厚，寬度至少 5cm 的千層酥皮，使用直徑 5cm 的餅乾切壓器或小刀（前者操作起來會簡單些）切出兩個直徑 5cm 的圓形麵皮。在使用小刀或很小的餅乾切壓模或擠花嘴，在兩個圓形麵皮中間再挖出一個直徑 2cm 的洞，成為甜甜圈狀，一旁備用。

9 烤箱預熱 375°F／190°C。從冰箱中取出肉派，再刷一遍上色蛋液。用小刀刀尖在肉派派皮表面刻畫出人字圖案（約 2.5cm 長的傾斜線條，排與排間隔一公分寬）。在肉派頂端切出兩個直徑 2cm 的洞，以蛋液將兩個環狀千層酥皮小圓圈黏在洞的上方。裁切兩張 10×5cm 大小的烘焙紙，捲成筒狀，分別插在派上的兩個洞裡，當

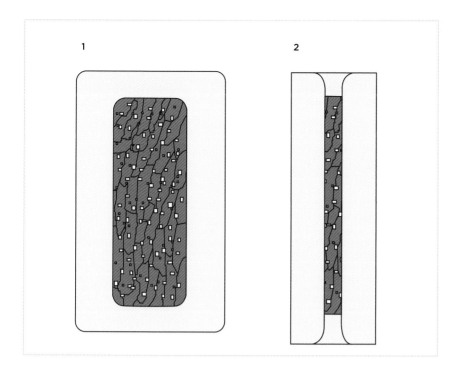

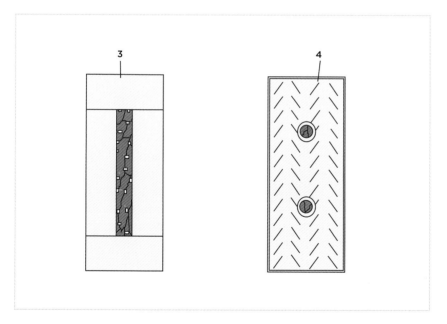

1

醃好瀝乾的肉餡舀到酥皮中央。

2

酥皮兩個長邊往中間向上翻折。

3

兩個短邊也往上翻折。

4

把第二片長方形麵皮貼蓋上去，刷上蛋液並以小刀刻畫出人字紋路。

在肉派頂端切出兩個直徑 2cm 的圓洞，再將兩個環狀千層酥皮小圓黏在洞的上方。

作小煙囪。這樣肉派在烘烤時，肉餡的蒸氣得以藉由煙囪散發出去。

10 將肉派送入烤箱，烘烤 50 分鐘，中途將肉派轉 180 度以求受熱均勻，直到派皮呈現深金黃棕色。出爐後，放涼 10 分鐘，以長刀切片（每片 2.5～4cm 厚）享用。

→ 如果你不喜歡豬肉，也可以全部使用小牛肉或甚至改為雞肉製作這份肉派。

→ 肉餡裡也能加入蔬菜，如蘑菇或胡蘿蔔。只需在加入肉餡烘烤前，先另行將蔬菜煮／煎熟才使用。

→ 肉派搭配上沙拉葉，熱熱的食用，即是一道主菜。

完成了？完成了！

外表酥皮呈現金黃棕色，裡頭的肉餡軟嫩熟透。

保存

肉派可以在欲上桌前幾個小時烘烤，或烤熟後冰箱冷藏可保存 2 天。最好趁熱或溫溫的享用。若要加熱，以 400°F ／200°C 烘烤 15～20 分鐘。

小時候，每年聖靈降靈節（Whitsunday，復活節過後五十天的一個宗教節日）我們都是在外公的農場度過的。外公家位在孚日省一個名為屢姿祿思（Lutzelhouse）的偏僻小鄉村，離我們家大約二十英里遠。每次前往外公家，父親會在家中唯一的送貨卡車後面想盡辦法架上四張花園椅，湊合成座位載上全家一起早早上路，以確保在中午以前抵達。阿爾薩斯人對於用餐時間很堅持，午餐就一定準時中午開飯，不能遲到。我們四個小孩坐在卡車「後座」，隨著上下坡，椅子滑過來又滑過去，開心的不得了，從沒想過這樣其實算是危險駕駛了呢！

抵達後，我的教父，阿曼德（Armand）和他的太太及兩位女兒會在農場迎接，外公外婆更是熱烈地歡迎我們的到來。接著，大人們聚在一起享用阿爾薩斯開胃酒（picon biere），而小孩們則奔向農場玩耍。我們絕對會先到兔子籠跟兔子們打招呼，完全沒有聯想到在某個階段或時間點，這些兔子會以一道菜餚的姿態配隨著芥末醬汁出現在餐桌上。看完兔子後，我們就在屋後的花園及田野間奔跑，忙著探險的同時還要小心看顧一身只有星期天才能穿上的好衣服，若是不小心弄髒了，接下來的一整天可有得受了。

中午 12 點半，家中男人們會前往糕餅鋪取回肉派（阿爾薩斯方言是 d'flaischpaschtet），而我總會跟著去。屢姿祿思村裡有一半的人口使用阿爾薩斯方言，由於阿爾薩斯位於具爭議性且靠近德國邊境的地理位置，歷史上也曾多次被占領，因而發展出這種類似德語的方言。屢姿祿思村在阿爾薩斯的東邊，是個更典型的阿爾薩斯村落，半村子的人使用阿爾薩斯方言，而另外一半人則只說法語──我的外婆能使用兩種語言，而外公則是只會說法語。

外婆會在我們來到的前一天醃製三公斤肉絲，足以餵飽十三張嘴，將肉帶到糕餅鋪裡，請師傅幫忙包上派皮，做成一份寬 25 公分、長 60 公分，像是大樹幹般的肉派，並用糕餅鋪裡的巨大磚造烤窯烘烤。當我們去取貨時，整個肉派已呈現金黃棕色，派皮膨起酥脆。酥脆派皮的香氣，以及滿是巴西利、紅蔥頭和白酒氣息的醃肉，美味至極，外婆做的阿爾薩斯肉派一向是當天的大亮點。

附錄

甜點裝飾：更加美好

甜點師們形容額外的點綴裝飾為「蛋糕上的櫻桃」（la cerise sur la gâteau）。甜點裝飾步驟，我一向不主張要強制執行，但如果有做，的確能為成品增色許多。有些裝飾技法一點都不難，像是單純的將榛果沾取熱燙的焦糖，拖出長長的尾巴，隨著焦糖冷卻硬化後，留下一道優雅的糖絲弧線（376 頁）。裝飾的作法各式各樣，可以是切絲的糖漬柑橘皮（87 頁），薄脆的瓦片餅乾（217 頁、289 頁），方塊狀或碎片狀的巧克力牛軋脆片（59 頁）。也能採取擠花裝飾，如奶油糖霜、慕斯琳奶油餡、打發鮮奶油或調溫巧克力（208 頁）。對調溫巧克力上手後，還可以擠成螺旋狀、做成弧片或巧克力刨花……，巧克力具有極為豐富的各種可能性。

書中介紹的裝飾方法，大部分不需太費時。但任何技術一樣，需要付出耐心，反覆練習才能順手。裝飾技巧如果使用得當，成品的層級將大大不同，讓你的賓客驚豔，甚至在不久的將來，向你下訂單也說不定呢！

長淚滴狀的焦糖榛果裝飾
Hazelnut Caramel Curls

材料	重量	體積或盎司（略估）
榛果整顆，去皮膜（53 頁）	8～15 顆	8～15 顆
焦糖（47 頁）	100g	約 ½ 杯

開始之前

→ 準備好以下工具，並確定所有材料都已回到室溫：

電子秤，將單位調整為公制
製作焦糖需要的器具（47 頁）
1 個鋪有烘焙紙的烤盤
1 張矽膠墊
8～15 枝牙籤
2 塊 500g 奶油塊（當作高塔基座）

→ 請認真把食譜讀兩次。

這真是一個既簡單，效果又好的裝飾技巧。利用有效率的方法，創造出美麗的事物，是所有廚師都夢寐以求的事。就烘焙來說，光是蛋糕本體都得花上大把時間才能完成，完成後早已精疲力盡。所以，當這種長淚滴狀焦糖榛果的裝飾點子出現時，真的是令人精神為之一振，眼睛一亮。到底是什麼讓這個裝飾技巧這麼引人入勝呢？只需使用廚房裡常備現有的材料跟工具：兩塊奶油、糖、堅果、牙籤和重力。奶油塊是用來疊成高塔基座的，牙籤刺進榛果裡，以便沾取焦糖，沾好後將牙籤另一端刺進奶油塊，讓焦糖自然向下流出一條尾巴。待焦糖冷卻硬化後，移去牙籤，就得了到帶著長尾焦糖的榛果。真是巧妙絕頂的作法啊！

作法

1 預熱烤箱 300°F／150°C。整粒榛果倒道鋪有烘焙紙的烤盤上，送進烤箱烘烤 15～20 分鐘，直到每一顆都均勻烤香上色。烤好後放涼備用。

2 製作一份焦糖（47 頁），煮好後將整個鍋子浸入冷水 5 秒，避免鍋子餘溫使焦糖煮過頭，接著靜置 5 分鐘。

3 分別以牙籤刺入每一顆榛果。

4 工作檯面上鋪一張矽膠墊，在墊子中央高高疊起兩塊奶油。當焦糖略冷卻，流動性變低呈現膏狀質感時，手指抓住牙籤的一端，將另一端的榛果浸入焦糖裡沾取。接著，馬上將牙籤和桌面平行，垂直插進奶油塔的高處，讓焦糖榛果懸空。靜待焦糖滴落，自然產生美麗的弧線。重複同樣的作法，完成所需的數量。一旦焦糖冷卻後，將牙籤拔除，硬化的焦糖榛果則於乾燥的地方保存，或以烘焙紙一一隔開，水平放在密閉容器裡保存。兩塊奶油功成身退，放回冰箱。

食材解密

製作長淚滴狀焦糖堅果時，形狀較圓、容易刺穿的榛果是我的首選。其次，夏威夷果或是杏仁也不錯。除此之外，比較大顆的堅果還有腰果或巴西堅果，應該也行得通，但我沒有嘗試過。而開心果、花生或是松子，因為太小顆了，無法彰顯裝飾的效果。

完成了？完成了！

整體看起來會是圓頭長尾狀。

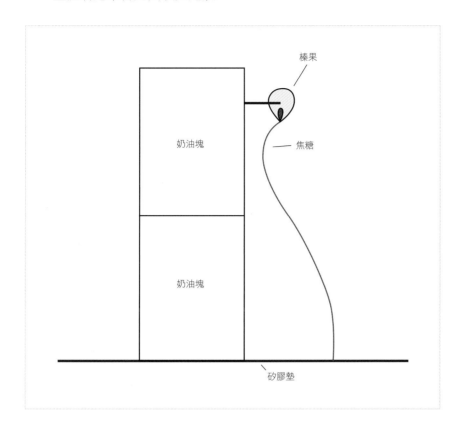

榛果

焦糖

奶油塊

奶油塊

矽膠墊

保存

完成的淚滴狀焦糖榛果，最好連同乾燥劑一起存放在密閉容器中，可保存數天。最要留意的是長長的焦糖尾巴很脆弱易斷，要非常小心拿取。

甜點發明

我不知道是否有某位特定的甜點師發明了淚滴狀焦糖榛果這個裝飾方法。在烘焙領域裡，全世界的甜點師自古以來都持續創造著各種甜點「發明」，要真正釐清誰是原創，理論上幾乎是不可能的。如果你有機會查看一些古老的食譜，可以發現精緻糕餅早在十六世紀就開始發跡。這也是為什麼，我從不會宣稱自己發明、創造了任何一款甜點。我深信每一位甜點師，無論專業或業餘，都是站前人的成果基石上發展。也正因為新想法和技術的頻繁交流，才使得甜點藝術這麼令人興奮。

私藏祕技

→ 這個裝飾技術可以運用於杯裝甜點如杯裝巧克力慕斯蛋糕（267 頁）或盤飾甜點。我也常用來裝飾迷你甜點、9 吋蛋糕或冰淇淋蛋糕。

巧克力弧片
chocolate curls

　　巧克力弧片是非常吸睛的裝飾方法，除了巧克力本身深受大眾喜愛之外，弧片的形狀更是令人注目。蛋糕上只要放一片簡單的巧克力弧片，便充滿魅力。

作法 1：從塊狀巧克力上刮下來

　　最簡單的製作方法就是從至少 2.5cm 厚，可調溫的巧克力磚上刮下弧片。無論白巧克力、牛奶或黑巧克力都可行。如果環境允許的話，將巧克力磚放在稍微溫暖的環境（介於 23.8°C～27°C）1 小時，讓巧克力稍微軟化但不至於融化。將巧克力磚放在桌面上，以吹風機用最低溫朝表面吹。接著，利用削皮刀在溫熱的那一面刮下弧片。理論上是讓巧克力軟化但不能融化，就能削下具弧度的巧克力片。如果削下的是細碎的巧克力刨屑，那表示加熱不夠，依情況用吹風機再吹久一點。削下的巧克力片，千萬不要用手去拿取，手溫會使得巧克力融化，最好用大湯匙或有角度的小抹刀去接，然後移放到烤盤上，保存在低溫的環境下，如有溫控的葡萄酒櫃就是最適合保存巧克力的地方。當刮下幾片弧片後，巧克力磚開始變硬了，可以把它翻轉九十度，再進行同樣的步驟。做好的巧克力弧片，妥善存放在陰涼的地方，可以保存數週。

作法 2

　　除了削皮刀，圓形餅乾壓切模也是不錯的工具。一樣將巧克力磚放在溫暖的室溫下稍微軟化，接著放在桌面，以吹風機低溫吹熱巧克力磚。以圓形餅乾壓切模的尖銳邊緣在巧克力上用力刮，就能得到一片弧度明顯的巧克力弧片。

作法 3：使用調溫巧克力

　　這是採用巧克力調溫步驟來製作巧克力弧片的方法。準備至少 100g 可調溫巧克力，並完成調溫（208 頁）。以有折角的小抹刀，在

大理石或花崗石工作檯面上，抹上厚度約 1mm 的巧克力，像刷油漆般地多次前後來回塗抹，直到巧克力即將要凝固，此時可可脂開始結晶，巧克力的顏色也會變得沒那麼深。停下塗抹的動作，等待 2 分鐘後，以大型圓形餅乾壓切模在巧克力片上朝自己的方向用力刮，如果巧克力整片捲起，表示巧克力軟硬度剛好；如果沒有成形，可能是巧克力還太軟，再多等 1～2 分鐘後再繼續。白、牛奶或黑巧克力都可以這樣做，但相較於作法 1 和 2，需要多多練習才能得心應手。這個方法可以製作巨大的巧克力弧片，甚至在盤飾甜點中用來裝盛醬汁。

謝辭

　　我想要寫一本像這樣的甜點書，已經想了至少二十年了。但是忙於創辦及經營法國烘焙學校讓我分身乏術。現在終於完成了，我要感謝所有曾經直接或間接幫助過我的人。書裡收錄的食譜、技巧和意見全是出自我的經驗累積，而我之所以成為現在的我，全因為這一路上許多人的相伴協助，讓我在此盡最大的全力不遺漏的獻上感謝。

　　首先，要感謝我遠在法國的家人們，自始至終的全力支持。當我年僅十五歲時，決定不繼續讀書而是成為一名甜點學徒，他們都全然支持。在當學徒期間，以及後來周遊列國的工作時期，每當我需要他們時，他們永遠都在。開始進行這一本書時，正是距離我學徒生涯的第三十五年，母親和兄弟姊妹們幫我重現了許多陳舊的回憶，這些故事才得以網羅進文章中。

　　Jean Clauss，糕餅達人，我的師父，我欠他一個最大的感謝。他獨特的教學方式，苛刻毫不留情面又或者該說是毫無商量餘地的把烘焙技巧教授給我，在我年紀尚輕時，烙下許多正確的基本概念，使我走在對的軌道上及擁有重要的核心價值——原

則、尊重和毅力。我當學徒的那段日子，艱困至極、不成人形，但也著實地改變了我的人生，就專業上來說是在我所遇過最好的一段經歷。

　　一定要特別提到那些在我遊歷四大洲工作生涯中所共事的廚師們，這本書無論是技術、祕訣或食譜配方，他們人人都貢獻了許多。廚師之間是很講義氣的，現在我將他們分享給我的，透過這本書也分享給你們。在我角逐法國最佳工藝師（MOF）時，有幸能和主廚 Kurt Fogle 一起合作，他跟著我沒日沒夜琢磨完美配方及技藝（在書裡收錄不少），他是毅力與奉獻的最佳典範，也是我這場歷險的得意助手。整個角逐法國最佳工藝師的過程，感謝製作人也是我們法國烘焙學校的傑出學生，Flora Lazar，策劃製作成為一部名為《甜點之王》（*Kings of Pastry*）的紀錄片。Flora Lazar 找來了紀錄片傳奇人物 D. A. Pennebaker 和 Chris Hegedus 拍攝製作這部片，感謝他們生動捕捉並精確傳達了這些經歷的精髓以及意義。

　　我要謝謝法國烘焙學校的全體員工，在過去十八年的時間，他們一直陪伴著這所學校。對學生日

常照顧無微不至，在本書製作期間也是我身後強大的支柱。Franco Pacini、Anne Kauffmann 和 Maggie Fahey 幫助我部分寫作，Joe Yakes 協助我製作書中的繪圖。學校裡兩位麵包領域的廚師，Pierre Zimmermann 和 Jonathan Dendauw 協助我改良關於麵包製作的細節與食譜，還有安排攝影事宜。

感謝甜點師 Sherry Yard，她是促使我終於開始這本書的重要人物，並且介紹食譜作家 Martha Rose Shulman 一起當共筆作者。Martha Rose Shulman 和我初次見面就一拍即合非常投緣，我必須說，如果沒有她，這本書就不會是現在看到的這樣了！她住在西岸，而我人在芝加哥，整整一年的時間的遠距合作，我多次傳送給她我用破爛英文寫出的食譜，她總不厭其煩地多次重新編寫。她用盡心思多次走進我難搞的大腦裡，成功地從中萃取出思維精華。能和她共事是很榮幸的一件事，很感謝幫忙修飾、誠意十足、鍥而不捨且幽默的她。

謝謝 Christina Malach 以及 Knopf 出版社的全體團隊對這本書從一開始就深具信心，並給予完美的編輯。還要謝謝我的經紀人 Janis Donnaud，引導我整個寫書過程。非常感激 Paul Strabbing，他是我們法國烘焙學校這十五年來的專屬攝影師，只有他能準確掌握到我的作品精髓。謝謝 Johanna Lowe，她著重細節，使用的道具和畫面構圖讓照片增添幾許歐洲風情。

最後，也最重要的，我要感謝和我情同親兄弟，也榮獲法國最佳工藝師的 Sébastien Canonne，我們在 1995 年一起創辦了這所學校。當年我們只是兩個年輕的法國廚師，沒有金援，只有滿腔熱血，在北美創立一間美國最好的烘焙學校。十八年後的今日，我能自信地說，我們沒有背棄這個目標。對品質的堅持與承諾，造就了學校今日的地位。如果沒有 Sébastien Canonne，也不會有這本書。

我要感謝我的美國家人。先從 Jo Kolanda 和 Bruce Iglauer 說起，他們是人人夢寐以求的岳父母，在寫書過程他們不藏私地給予我建議，在校稿時更是提供了強大的協助。謝謝我的兩位繼女 Hailey 和 Gabrielle。Hailey 很有烘焙天分，雖然一些技巧還尚需精進，希望這本書的誕生能鼓舞她踏進餐飲領域。Hailey 喜愛英文，在校訂時幫忙很多。她也深愛高品質的成品，每當我邀她試吃書中的作品或試讀一段文字，她總是不吝提供最真誠的建議。Gabrielle 吃素，但她喜愛烹飪也愛吃甜點，我曾經試著說服大家糖或巧克力應該和蔬菜一起享用，她很同意這個想法。還有我的女兒 Alexandra，她有敏銳的嗅覺及味蕾，我試做食譜時她能很精確的辨識不同食材造成的口味差異，提供我徹底誠實、直指重點的寫書建議。她也幫忙了部分的校訂。也要謝謝我們家的狗狗 Oliver，長達一年的時間，我在週末長時間的進行這本書的製作，而牠總

帶給我無限的歡樂。

　　最後，我要感謝我的太太 Rachel，很顯然的全靠她我才有家可歸。很多專業人士，機師、外科醫師或廚師，沒有辦法有正常的居家生活。廚師更是需要長時間的工作，特別是在週末及假日。Rachel 很有自己的一套，無論我向她提出什麼樣瘋狂的想法，她總是無條件地給予支援。沒有她，我的任何成就都沒有喜悅可言，而我也不會是現在這樣的我。還有更多更多，我永遠心存感激。

賈奇・菲佛
2013 於芝加哥

索引

關於法式烘焙學校

甘迺迪國王學院法式烘焙學校（The French Pastry School of Kennedy-King College），位於芝加哥城市學院（City Colleges of Chicago）裡，致力於提供創新，有效率的密集課程，訓練學生能在糕餅、烘焙及甜點藝術上習得技術，達到絕頂境界。

學校是由兩位法國最佳工藝師（MOF）獲獎人——Jacquy Pfeiffer 及 Sébastien Canonne 於 1995 年共同創辦經營。兩位同時也是校內最大的教學資產。第一個為期 24 週的密集糕點藝術課程（L'Art de la Patisserie）於 1999 年開始，美國藝術廚房（state-of-the-artkitchens）成立，烘焙設備進駐學院總部。隨後，在 2010 年 8 月，增添了 16 週的蛋糕藝術課程（L'Art du Gateau）。接著在隔年 2011 年 6 月，開始了工藝麵包課程（L'Art de la Boulangerie）。

世界各地的學生前往法式烘焙學校接受以上的課程，期間還時常舉辦不同主題的短期課程。在法式烘焙學校，採取傳統的師徒制上課方式：由具經驗的師父教授密集的實際操作課程，使用上等的材料及市面上最新穎的器具，訓練、幫助學生在職業（或是嗜好）上做最佳的準備。

無論是全職的證照課程或是再進修課程，學生們都能在極具經驗的糕餅工藝專家帶領下學習。法式烘焙學校的創校宗旨在於傳遞知識、承諾奉獻以及持續保有熱情，以督促學生們在烘焙藝術路上的不斷精進。

詳情請見官網 www.frenchpastryschool.com

作者

賈奇‧菲佛 Jacquy Pfeiffer

　　甜點主廚，甜點生涯從法國阿爾薩斯（Alsace）的史特拉斯堡（Strasbourg）一位著名的甜點師約翰‧克勞斯（Jean Clauss）門下當學徒開始。1995 年時，與 MOF 獲獎主廚塞巴斯汀‧卡儂（Sébastien Canonne）一起在美國芝加哥創立了法式烘焙學校（French Pastry School）。賈奇‧菲佛曾經參加多項國際甜點大賽如巴黎 World Chocolate Masters、里昂 Coupe du Monde de la Patisserie 等，也連續兩年被 Chocolatier 和 Pastry Art & Design 選為美國十大甜點主廚之一。2009 年，他為紀錄片《甜點之王》（*The Kings of Pastry*）擔綱主要取材對象，隨後又登上芝加哥烹飪博物館（Culinary Museum）的主廚名人堂。公認是國際上具有領導地位的甜點主廚。

瑪莎‧蘿絲薛曼 Martha Rose Shulman

　　獲獎無數的食譜作家。出版過逾 25 本食譜書，是《紐約時報》（*New York Times*）線上版的專欄作家。她是 Zester Daily 網站的創辦人之一，也是美國洛杉磯威尼斯餐飲學校（Venice Cooking School）的共同創辦人。個人網站：martha-rose-shulman.com。

譯者

妞仔（黃宜貞）

　　旅居英國多年，從對美食充滿熱愛的煮婦，一路進化到藍帶畢業的甜點師。喜愛研讀食譜，是作者也是譯者。著有《超簡單零失敗，我的第一堂甜點課》、《從一個人到兩個人的小家微食堂》、《只想窩在家的休日好食光》。

記錄生活、飲食經驗，廚房樂趣：
部落格「妞仔大驚小怪倫敦日記」
臉書專頁「妞仔大驚小怪廚房日記」
Instagram: neochai